中国核科学技术进展报告

（第八卷）

中国核学会 2023 年学术年会论文集

中国核学会◎编

第 1 册

铀矿地质分卷

铀矿冶分卷

科学技术文献出版社
SCIENTIFIC AND TECHNICAL DOCUMENTATION PRESS
·北京·

图书在版编目（CIP）数据

中国核科学技术进展报告. 第八卷. 中国核学会2023年学术年会论文集. 第1册，铀矿地质、铀矿冶 / 中国核学会编. —北京：科学技术文献出版社，2023.12
ISBN 978-7-5235-1042-1

Ⅰ . ①中… Ⅱ . ①中… Ⅲ . ①核技术—技术发展—研究报告—中国 Ⅳ . ① TL-12

中国国家版本馆 CIP 数据核字（2023）第 229974 号

中国核科学技术进展报告（第八卷）第1册

策划编辑：张　丹　　责任编辑：张瑶瑶　　责任校对：王瑞瑞　　责任出版：张志平

出 版 者	科学技术文献出版社	
地 址	北京市复兴路15号　　邮编 100038	
编 务 部	（010）58882938，58882087（传真）	
发 行 部	（010）58882868，58882870（传真）	
邮 购 部	（010）58882873	
官方网址	www.stdp.com.cn	
发 行 者	科学技术文献出版社发行　　全国各地新华书店经销	
印 刷 者	北京厚诚则铭印刷科技有限公司	
版 次	2023 年 12 月第 1 版　2023 年 12 月第 1 次印刷	
开 本	880×1230　1/16	
字 数	562千	
印 张	19.5	
书 号	ISBN 978-7-5235-1042-1	
定 价	120.00元	

中国核学会 2023 年
学术年会大会组织机构

主办单位　中国核学会

承办单位　西安交通大学

协办单位　中国核工业集团有限公司　　　国家电力投资集团有限公司
　　　　　　中国广核集团有限公司　　　　清华大学
　　　　　　中国工程物理研究院　　　　　中国工程院
　　　　　　中国科学院近代物理研究所　　中国华能集团有限公司
　　　　　　哈尔滨工程大学　　　　　　　西北核技术研究院

大会名誉主席　余剑锋　中国核工业集团有限公司党组书记、董事长

大 会 主 席　王寿君　中国核学会党委书记、理事长
　　　　　　　卢建军　西安交通大学党委书记

大会副主席　王凤学　张　涛　邓　戈　欧阳晓平　庞松涛　赵红卫　赵宪庚
　　　　　　姜胜耀　殷敬伟　巢哲雄　赖新春　刘建桥

高级顾问　王乃彦　王大中　陈佳洱　胡思得　杜祥琬　穆占英　王毅韧
　　　　　　赵　军　丁中智　吴浩峰

大会学术委员会主任　欧阳晓平

大会学术委员会副主任　叶奇蓁　邱爱慈　罗　琦　赵红卫

大会学术委员会成员　（按姓氏笔画排序）

　　　　　　　　于俊崇　万宝年　马余刚　王　驹　王贻芳　邓建军
　　　　　　　　叶国安　邢　继　吕华权　刘承敏　李亚明　李建刚
　　　　　　　　陈森玉　罗志福　周　刚　郑明光　赵振堂　柳卫平
　　　　　　　　唐　立　唐传祥　詹文龙　樊明武

大会组委会主任　刘建桥　苏光辉

大会组委会副主任　高克立　田文喜　刘晓光　臧　航

大会组委会成员　（按姓氏笔画排序）

　　　　　　　丁有钱　丁其华　王国宝　文　静　帅茂兵　冯海宁　兰晓莉
　　　　　　　师庆维　朱　华　朱科军　刘　伟　刘玉龙　刘蕴韬　孙　晔
　　　　　　　苏　萍　苏艳茹　李　娟　李亚明　杨　志　杨　辉　杨来生
　　　　　　　吴　蓉　吴郁龙　邹文康　张　建　张　维　张春东　陈　伟
　　　　　　　陈　煜　陈启元　郑卫芳　赵国海　胡　杰　段旭如　昝元锋

耿建华　徐培昇　高美须　郭　冰　唐忠锋　桑海波　黄　伟
黄乃曦　温　榜　雷鸣泽　解正涛　薛　妍　魏素花

大会秘书处成员　（按姓氏笔画排序）

于　娟　王　笑　王亚男　王明军　王楚雅　朱彦彦　任可欣
邬良苊　刘　宣　刘思岩　刘雪莉　关天齐　孙　华　孙培伟
巫英伟　李　达　李　彤　李　燕　杨士杰　杨骏鹏　吴世发
沈　莹　张　博　张　魁　张益荣　陈　阳　陈　鹏　陈晓鹏
邵天波　单崇依　赵永涛　贺亚男　徐若珊　徐晓晴　郭凯伦
陶　芸　曹良志　董淑娟　韩树南　魏新宇

技术支持单位　各专业分会及各省级核学会

专 业 分 会　核化学与放射化学分会、核物理分会、核电子学与核探测技术分会、原子能农学分会、辐射防护分会、核化工分会、铀矿冶分会、核能动力分会、粒子加速器分会、铀矿地质分会、辐射研究与应用分会、同位素分离分会、核材料分会、核聚变与等离子体物理分会、计算物理分会、同位素分会、核技术经济与管理现代化分会、核科技情报研究分会、核技术工业应用分会、核医学分会、脉冲功率技术及其应用分会、辐射物理分会、核测试与分析分会、核安全分会、核工程力学分会、锕系物理与化学分会、放射性药物分会、核安保分会、船用核动力分会、辐照效应分会、核设备分会、近距离治疗与智慧放疗分会、核应急医学分会、射线束技术分会、电离辐射计量分会、核仪器分会、核反应堆热工流体力学分会、知识产权分会、核石墨及碳材料测试与应用分会、核能综合利用分会、数字化与系统工程分会、核环保分会、高温堆分会、核质量保证分会、核电运行及应用技术分会、核心理研究与培训分会、标记与检验医学分会、医学物理分会、核法律分会（筹）

省 级 核 学 会　（按成立时间排序）

上海市核学会、四川省核学会、河南省核学会、江西省核学会、广东核学会、江苏省核学会、福建省核学会、北京核学会、辽宁省核学会、安徽省核学会、湖南省核学会、浙江省核学会、吉林省核学会、天津市核学会、新疆维吾尔自治区核学会、贵州省核学会、陕西省核学会、湖北省核学会、山西省核学会、甘肃省核学会、黑龙江省核学会、山东省核学会、内蒙古核学会

中国核科学技术进展报告
（第八卷）

总编委会

前　言

　　《中国核科学技术进展报告（第八卷）》是中国核学会 2023 学术双年会优秀论文集结。

　　2023 年中国核科学技术领域取得重大进展。四代核电和前沿颠覆性技术创新实现新突破，高温气冷堆示范工程成功实现双堆初始满功率，快堆示范工程取得重大成果。可控核聚变研究"中国环流三号"和"东方超环"刷新世界纪录。新一代工业和医用加速器研制成功。锦屏深地核天体物理实验室持续发布重要科研成果。我国核电技术水平和安全运行水平跻身世界前列。截至 2023 年 7 月，中国大陆商运核电机组 55 台，居全球第三；在建核电机组 22 台，继续保持全球第一。2023 年国务院常务会议核准了山东石岛湾、福建宁德、辽宁徐大堡核电项目 6 台机组，我国核电发展迈进高质量发展的新阶段。我国核工业全产业链从铀矿勘探开采到乏燃料后处理和废物处理处置体系能力全面提升。核技术应用经济规模持续扩大，在工业、医学、农业等各领域，产业进入快速扩张期，预计 2025 年可达万亿市场规模，已成为我国核工业强国建设的重要组成部分。

　　中国核学会 2023 学术双年会的主题为"深入贯彻党的二十大精神，全力推动核科技自立自强"，体现了我国核领域把握世界科技创新前沿发展趋势，紧紧抓住新一轮科技革命和产业变革的历史机遇，推动交流与合作，以创新科技引领绿色发展的共识与行动。会议为期 3 天，主要以大会全体会议、分会场口头报告、张贴报告等形式进行，同时举办以"核技术点亮生命"为主题的核技术应用论坛，以"共话硬'核'医学，助力健康中国"为主题的核医学科普论坛，以"核能科技新时代，青年人才新征程"为主题的青年论坛，以及以"心有光芒，芳华自在"为主题的妇女论坛。

　　大会共征集论文 1200 余篇，经专家审稿，评选出 522 篇较高水平的论文收录进《中国核科学技术进展报告（第八卷）》公开出版发行。《中国核科学技术进展报告（第八卷）》分为 10 册，并按 40 个二级学科设立分卷。

《中国核科学技术进展报告（第八卷）》顺利集结、出版与发行，首先感谢中国核学会各专业分会、各工作委员会和 23 个省级（地方）核学会的鼎力相助；其次感谢总编委会和 40 个（二级学科）分卷编委会同仁的严谨作风和治学态度；最后感谢中国核学会秘书处和科学技术文献出版社工作人员在文字编辑及校对过程中做出的贡献。

《中国核科学技术进展报告（第八卷）》总编委会

铀矿地质
Uranium Geology

目　录

基于土壤氡气测量的铀成矿信息综合提取技术

杨龙泉[1]，赵　丹[1]，刘俊峰[2]，李必红[1]

（1. 核工业北京地质研究院，中核集团铀矿资源勘查与评价技术重点实验室，北京　100029；

2. 湖南省核地质调查所，湖南　长沙　410007）

摘　要： 为推动砂岩型铀矿找矿新突破，为隐伏砂岩型铀矿勘查提供可靠的铀成矿信息，本文开展了土壤氡气测量技术在砂岩型铀矿勘查中的应用研究。基于能够较好反映砂岩型铀成矿地球化学信息的土壤氡气测量方法，结合能够有效反映砂岩型铀成矿环境信息的反射波地震勘探方法，构建了铀成矿信息综合提取技术。该技术的特色在于引入了能够提供地层、构造等信息的地球物理勘查方法，为解释氡迁移、锁定氡源体提供了重要信息，从而为准确圈定铀成矿有利范围提供了保障条件。

关键词： 砂岩型铀矿；土壤氡气测量；信息提取

土壤氡气测量是通过采集地表土壤中氡气的浓度，并根据氡气浓度分布特征来探测隐伏铀矿床的一种放射性勘探方法[1-3]。我国核地矿系统单位采用累积氡气和瞬时氡气测量方法在伊犁、吐哈、鄂尔多斯、二连、松辽等盆地典型砂岩型铀矿区及其外围开展大量的应用研究工作，总结了"双峰""两高夹一低""马鞍状""兔耳状""环状"等多种氡异常模型[4-13]。然而氡气浓度异常提取和异常的解释一直是困扰技术人员的关键点。就此问题，本文开展了以土壤氡气测量提供的地球化学信息为主，辅以地球物理勘查手段提供的地质结构信息，结合测区铀成矿地质特征，建立了基于土壤氡气的铀成矿信息综合提取技术，该技术能快速定位铀成矿有利部位。

1　技术流程构架

在参考以往砂岩型铀矿土壤氡气测量数据处理技术和应用效果的基础上，建立了基于土壤氡气测量的砂岩型铀成矿信息综合提取技术。该技术以土壤氡气测量提供的地球化学信息为主，辅以地球物理勘查手段提供的地质结构信息，结合测区铀成矿地质特征，通过线性分析或综合分析，圈定铀成矿有利范围。

下面重点从"技术流程构架"对各组成部分进行论述。在优选适用于反映深部铀矿化信息的地球物理和地球化学勘查技术的基础上，构建了基于土壤氡气测量的砂岩型铀成矿信息提取技术流程，如图1所示。首先，在铀矿重点勘查区内开展土壤氡气测量工作和反射波地震勘探工作；然后，对反射波地震勘探开展高分辨率数据处理，获取断裂构造、砂体展布、泥层展布信息，结合重点勘查区铀成矿地质特征，圈定深部铀成矿有利砂体范围；同时，对土壤氡气测量开展数据处理工作，获取多维土壤氡气浓度分布特征，结合重点勘查区铀成矿地质特征，圈定深部铀成矿有利空间；最后，通过综合分析，圈定深部铀成矿有利范围。

具体识别技术流程（图 1）详述如下：

（1）土壤氡气测量

在重点勘查区内开展同点位的土壤氡气测量，获取土壤氡气浓度数据。对数据进行多维信息处理，获取土壤氡气浓度分布特征。

作者简介： 杨龙泉（1987—），男，高级工程师，主要从事核地球物理勘探等科研工作。

基金项目： 中核集团集中研发项目"第四代铀矿勘查关键技术研究与示范（第一阶段）"（中核科发〔2021〕143 号）；湖南省地质院科研基金"铀矿区调资料在评价环境天然放射性水平中的应用研究"（HNGSTP202207）。

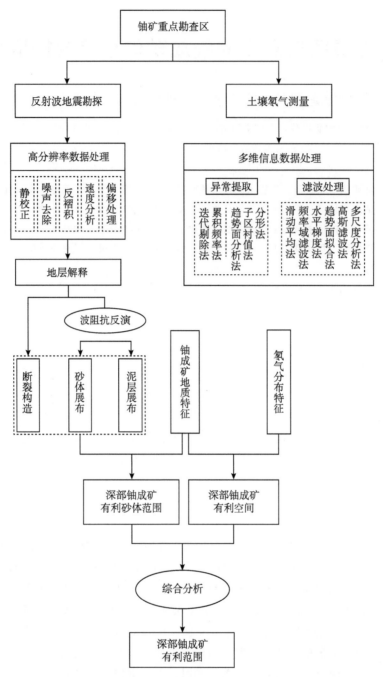

图 1　基于土壤氡气测量的砂岩型铀成矿信息提取技术流程

（2）反射波地震勘探

在重点勘查区内开展反射波地震勘探，获取地震勘探数据，以及高质量的地震解译剖面图。

（3）深部铀成矿有利砂体范围圈定

根据研究区反射波地震勘探解释结果与铀成矿地质特征，以及砂体的分布位置、孔隙度、成熟度等特征圈定深部铀成矿有利砂体范围。

（4）深部铀成矿有利空间圈定

根据研究区土壤氡气测量结果与铀成矿地质特征，进行综合分析，圈定深部铀成矿有利空间。

（5）深部铀成矿有利范围圈定

根据圈定的深部铀成矿有利砂体范围和深部铀成矿有利空间，进行综合分析，圈定深部铀成矿有利范围。

2 铀成矿信息提取

本文在二连盆地乔尔古试验区开展了上述构建的信息提取技术的应用研究工作。下面以试验区的应用效果说明构建的铀成矿信息提取技术的有效性。

（1）土壤氡气测量及地震测线分布情况

如图 2 所示，在乔尔古试验区内开展了面积性土壤氡气测量工作（测网：100 m×100 m），乔尔古试验区一条反射波地震勘探剖面（QRG＿L2）经过该试验区，测线方向为135°。

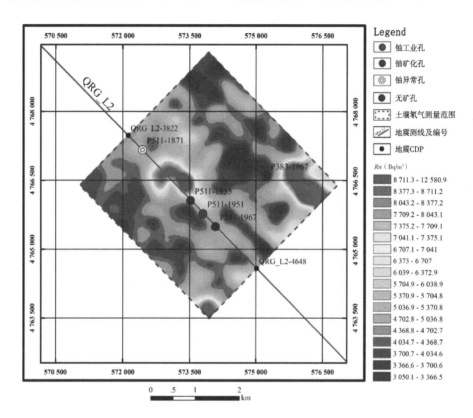

图 2　乔尔古试验区土壤氡气测量及反射波地震勘探线分布

（2）综合分析及验证

图 3 为 QRG＿L2 地震测线与对应氡气浓度剖面叠合图。图 3a 为 QRG＿L2 地震测线对应的土壤氡气浓度剖面图。乔尔古试验区网格化插值后的氡气浓度平均值 M（4890 Bq/m³）与均方差 δ（1338 Bq/m³）的和作为该氡气浓度剖面线的异常下限值 C_{RnA}（6228 Bq/m³）。图 3b 为 QRG＿L2 地震测线的地震处理剖面图，经与地震技术人员交流，圈定 S_{FA} 范围为铀成矿有利砂体范围。

结合图 3a、图 3b 两图，在图 3b 中铀矿（化）体未见明显断裂的情况下，认为土壤氡气浓度异常由下覆垂向方向的铀富集体产生，于是在铀成矿有利砂体范围 S_{FA} 内，圈定铀成矿有利范围 U_{FA}。在图 3b 对应位置中放入由钻探圈定的铀矿（化）体，发现部分铀矿（化）体位于推测的铀成矿有利范围 U_{FA} 内，说明构建的信息提取技术对勘查深部铀矿具有较好的指导作用，验证了该信息提取技术的有效性和适用性。

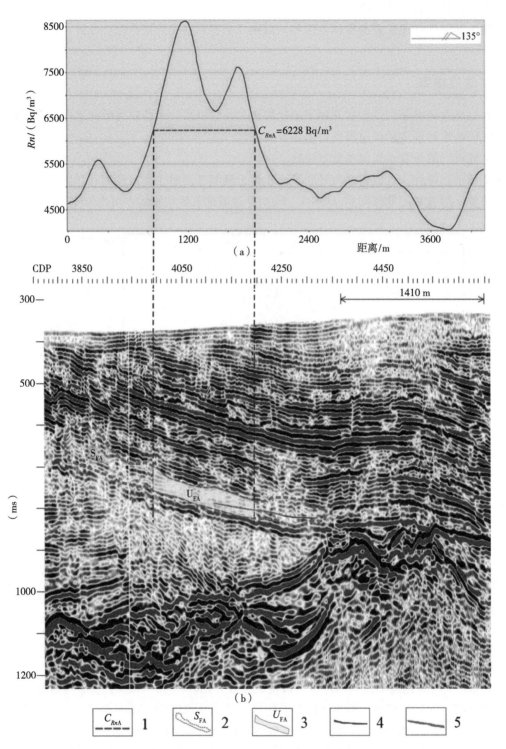

1—土壤氡气浓度异常下限；2—地震推测成矿有利砂体；3—地震与测氡综合推测铀成矿有利范围；

4—钻探圈定铀矿体；5—钻探圈定铀矿（化）体

图 3　乔尔古试验区 QRG _ L2 地震测线与对应氡气浓度剖面叠合图

（a）土壤氡气浓度剖面图；（b）地震处理剖面图

3　结论

通过在重点研究区进行土壤氡气测量和铀成矿信息提取应用研究工作，得到以下结论：

（1）本文建立了基于土壤氡气测量的铀成矿信息综合提取技术。该技术以土壤氡气测量提供的地球化学信息为主，辅以反射波地震勘探等地球物理勘查手段提供的地质结构信息，结合研究区铀成矿地质特征，通过线性分析或综合分析，可圈定铀成矿有利范围。

（2）在乔尔古试验区应用结果表明构建的信息提取技术对勘查深部铀矿具有较好的指导作用，说明了该信息提取技术的有效性和适用性。

致谢

论文的研究工作得到了核工业 208 大队、核工业 243 大队等单位领导和专家的支持、指导和帮助，在此表示衷心的感谢。

参考文献：

[1] 李子颖，秦明宽，蔡煜琦，等. 铀矿地质基础研究和勘查技术研发重大进展与创新 [J]. 铀矿地质，2015，31（A01）：141 - 155.

[2] 蔡煜琦，张金带，李子颖，等. 铀矿大基地资源扩大与评价技术研究进展与主要成果 [J]. 铀矿地质，2015，31（A01）：156 - 183.

[3] 蔡煜琦，张金带，李子颖，等. 中国铀矿资源特征及成矿规律概要 [J]. 地质学报，2015，89（6）：1051 - 1069.

[4] 李必红，吴慧山，赵丹，等. 基于放射性地球物理的深部砂岩型铀矿化信息提取技术 [J]. 地球物理学进展，2016，31（2）：683 - 687.

[5] 李必红，赵丹，杨龙泉，等. 二连盆地中部土壤氡气测量方法应用与研究 [R]. 北京：核工业北京地质研究院，2013.

[6] 李子颖，方锡珩，秦明宽，等. 鄂尔多斯盆地北部砂岩型铀成矿作用 [M]. 北京：地质出版社，2019.

[7] 刘武生，贾立城，刘红旭，等. 全国砂岩型铀矿资源潜力评价 [J]. 铀矿地质，2012，28（6）：349 - 357.

[8] 刘武生，贾立城，徐贵来，等. 二连基地铀资源扩大与评价技术研究成果报告 [R]. 北京：核工业北京地质研究院，2014.

[9] 刘武生，康世虎，贾立城，等. 二连盆地中部古河道砂岩型铀矿成矿特征 [J]. 铀矿地质，2013，29（6）：328 - 335.

[10] 秦明宽，李月湘，陈戴生，等. 二连盆地地浸砂岩型铀矿资源潜力综合评价 [R]. 北京：核工业北京地质研究院，2005.

[11] 孙晔. 砂岩型铀矿床的有机地球化学分带性及其与铀成矿的关系：以内蒙古皂火壕铀矿床为例 [J]. 铀矿地质，2016，32（3）：129 - 136.

[12] 杨龙泉，李必红，赵丹. 小波变换在土壤氡气测量数据处理中的应用 [A] //中国核科学技术进展报告（第六卷）. 中国核学会，2019.

[13] 赵丹，蔡煜琦，易超. 土壤氡气测量在北方砂岩型铀矿勘查中的应用研究 [A] //中国核科学技术进展报告（第六卷）. 中国核学会，2019.

Comprehensive extraction technology of uranium mineralization information based on soil radon survey

YANG Long-quan[1] , ZHAO Dan[1] , LIU Jun-feng[2] , LI Bi-hong[1]

(1. Key Laboratory of Uranium Resource Exploration and Evaluation Technology,

Beijing Research Institute of Uranium Geology, Beijing 100029, China;

2. Nuclear Geological Survey of Hunan, Changsha, Hunan 410007, China)

Abstract: To promote the breakthrough in the exploration of sandstone type uranium deposits, based on a survey of soil radon, the research on the extraction technology of uraniummineralisation information based on soil radon survey has been carried out. Based on the method of soil radon survey, which can reflect the geochemical information of sandstone type uranium mineralization, combined with the wide field electromagnetic method and reflection wave seismic exploration method, which can effectively reflect the environment information of sandstone type uranium mineralization, the extraction technology of uranium mineralization information is constructed comprehensively. The feature of this technology is that geophysical exploration methods which can provide information about strata and structures are introduced, which provides important information for the interpretation of radon migration and locking radon source, thus providing the guarantee conditions for accurately delineated favourable uranium or-forming scope.

Key words: Sandstone type uranium deposit; Soil radon survey; Information extraction

基于 Z-3 无人机的航放/航磁综合测量试验研究

李江坤[1,2]，杨金政[1]，李艺舟[1,2]，张光雅[1,2]，

武雷超[1,2]，吴　雪[1,2]，刘　忠[1,2]

[1. 核工业航测遥感中心，河北　石家庄　050002；2. 中核铀资源地球物理勘查

技术中心（重点实验室），河北　石家庄　050002]

摘　要：为满足小载荷无人机开展航放/航磁综合测量的需求，设计了基于 $CeBr_3$ 晶体的小型 γ 能谱探测器和基于 FP-GA 芯片、STM32 单片机的高精度航磁数据采集系统，实现了航放/航磁数据采集、存储的一体化。针对 Z-3 无人机的载荷、重心等特点，设计了安装结构，完成了该系统与 Z-3 无人机的集成。航放/航磁测量系统总重量 28 kg，其中 γ 能谱探测器重 11.5 kg，能量分辨率为 4.80%（^{137}Cs 的 0.662 MeV 峰），能谱峰漂优于 ±1.0 道；磁数据采集系统重 2.1 kg，动态噪声优于 0.08 nT。文章同时介绍了该测量系统的试验测试、系统标定及试验飞行情况。该无人机综合测量系统在黑龙江某地区开展了系统试飞和试验应用工作，可为铀矿勘查空白区或低工作程度区的填图工作提供快速高效的技术装备，也为核事故应急监测、环境辐射航空调查提供了技术和装备支撑。

关键词：Z-3 无人机；$CeBr_3$ 晶体；磁测量系统；试验飞行

　　航空物探测量是一种快速、经济、有效的地球物理勘探方法。核工业部门于 1955 年首次在湖南和新疆等地区开展了航空放射性测量（含航空磁测）工作[1]，主要用于寻找铀矿、钍矿、钾矿等放射性矿产资源，20 世纪 80 年代以后，逐渐将该方法扩展应用于油气勘查、环境放射性污染评价与核应急航空监测等工作[2-5]。无人机航空物探是航空物探技术的新兴分支，无人机航空物探测量系统具有小型化、智能化、机动性高、可不受白昼限制进行测量、部署便捷、应用成本低、测量效率和质量高、人员安全等特点，受到世界航空地球物理公司的广泛关注，在地质矿产调查和环境监测等领域具有广阔的前景，国内外相关研究方兴未艾。

　　国内无人机航空放射性测量在铀矿勘查和辐射环境监测等领域同时开展了研究工作。在铀矿勘查领域，核工业航测遥感中心在无人机航空 γ 能谱测量系统研制和航空 γ 能谱校准技术研究工作中处于国内前沿。2013 年，成功研制了基于彩虹 3（CH-3）无人机的 UGRS-5 航空放射性测量系统。该系统的探测器由 3～5 条 4.2 L 的 NaI（Tl）探测器组成，可探测 γ 射线能量范围 200 keV～3.0 MeV，能谱采用 256 道存储，具有自动稳谱功能。先后在黑龙江多宝山、新疆克拉玛依、新疆喀什等地区开展了应用示范工作[6-9]；2019—2020 年，在中国核工业地质局支持下研制了一套基于旋翼无人机的航空 γ 能谱仪，采用 2.1～4.2 L 的 CsI 探测器，开展了校准技术研究，使用 SY-120H 旋翼无人机在二连地区开展试验飞行，圈定了 HF-08 和 HF-09 异常的具体位置[10-11]。

　　在上述研究基础上，针对使用无人直升机开展航放/航磁综合测量或开展辐射环境监测工作，研制了基于 $CeBr_3$ 晶体的高分辨率探测器和高精度磁数据采集系统，并与 Z-3 无人直升机集成了航放/航磁测量系统，开展了应用试验。

作者简介：李江坤（1983—），男，河北邢台人，硕士研究生，正高级工程师，现主要从事地球物理仪器研发和方法技术研究工作。

基金项目：中国核工业地质局科研项目"无人机航放/航磁测量系统研究"（202141-4）。

1 总体方案设计

择载荷、续航能力满足要求的 Z-3 无人直升机作为搭载平台，自主研制小型化磁数据采集系统和高分辨率 γ 能谱探测器，研发测线自动规划软件，通过接口电路的软硬件研发及远程测控软件的研发，实现地面对机载系统的远程连续测控[12]。在此基础上，通过无人机改装与系统集成技术的研发，研制一套 Z-3 无人直升机航放/航磁测量系统。

1.1 无人机平台

Z-3 无人直升机由南京模拟技术研究所研制。该机型具备自主起降、定点悬停、三维程控、在线任务规划等功能和抗过载能力强、灵活机动等优点。主要技术指标见表 1。

表 1 Z-3 无人直升机主要技术指标

参数	技术指标
最大起飞重量	105 kg（海平面，ISA）
空机重量	≤68 kg
巡航速度	≥72 km/h
起飞高度	≮1000 m（海拔高度，100 kg，ISA）
使用升限	1500 m（海拔高度）
最大载荷能力	30 kg（海平面，ISA）
续航时间	≥1.0 h（25 kg 载荷，海平面，ISA）
测控距离	≮10 km
工作温度	−30～55 ℃（无人直升机，空中）

1.2 总体设计

系统由 $CeBr_3$ 晶体探测器（2 个三英寸晶体）、光泵磁探头、高精度磁数据采集系统、Z-3 无人机及辅助传感器组成，系统设计组成如图 1 所示。

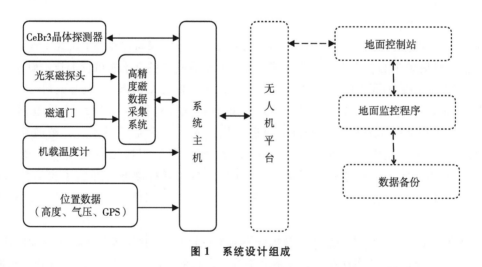

图 1 系统设计组成

2 关键技术

无人机航空物探测量系统研制和验证工作中，解决了磁数据采集系统小型化技术、高分辨率 γ 能谱探测器研制技术、测线自动规划技术和系统集成技术等关键技术。

2.1 磁数据采集系统小型化技术

小型高精度磁数据采集系统由数据采集板、主电源板和副电源板、磁传感器和辅助设备组成，系统设计如图 2 所示。

数据采集板包括信号整形电路、信号调理电路和数据采集电路。其中，基于数据采集电路上的 FPGA 芯片开发高精度测频软件，基于 STM32 单片机开发数据采集软件。主电源板和副电源板上包含多种电压转换芯片，对系统进行供电。外接的磁传感器包括 2 路铯光泵磁探头和 1 路磁通门，辅助测量设备包括 GPS/北斗定位系统、激光高度计和气压高度计。

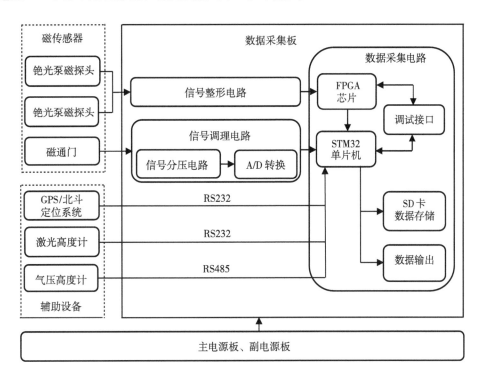

图 2 小型高精度磁数据采集系统设计

2.2 高分辨率 γ 能谱探测器研制技术

基于 Z-3 无人直升机的性能，研发了小型高分辨率 γ 能谱探测器，满足了基于 Z-3 无人机同时搭载航放/航磁设备的需求。采用具有高分辨率的 $CeBr_3$ 晶体，低功耗、小体积的 SiPM 光电转换器和机载工控机研制了一体化的小型高分辨率 γ 能谱探测器。

2.2.1 $CeBr_3$ 晶体

探测器晶体采用 $CeBr_3$ 晶体，具有低本底、高能量分辨率、高光输出、能量线性高、衰减时间短、时间分辨率优越等特点。$CeBr_3$ 晶体尺寸如表 2 和表 3 所示。

表 2 $CeBr_3$ 晶体尺寸 单位：mm

序号	设计尺寸	实测尺寸
1	直径 76×高 76	直径 76.05×高 76.08
2	直径 76×高 76	直径 75.96×高 76.03

表3 CeBr₃晶体（封装铝壳和玻璃窗口后）尺寸   单位：mm

序号	设计尺寸	实测尺寸
1	直径 84×高 82	直径 84.05×高 82.03
2	直径 84×高 82	直径 84.03×高 82.06

2.2.2 多道分析器

多道脉冲幅度分析器根据其电路结构，可分为模拟电路 MCA 和数字化 MCA，这两种都是对探测器输出的电流信号积分为电压信号后进行能谱测量。目前，航空 γ 能谱仪中主要使用数字化的 MCA[13]，设计框图如图 3 所示。

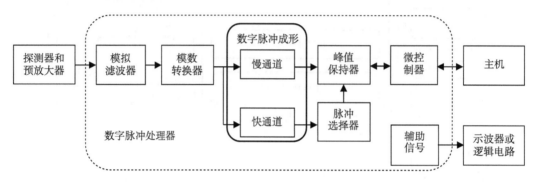

图3 数字化多道脉冲处理器设计框图

2.2.3 探测器集成

对晶体（含 SiPM）、多道分析器、数据采集系统及系统电源等组件进行了集成，在晶体箱内进行了装配。两条 CeBr₃ 晶体由 30 mm 厚的海绵保护，起到减震、保温的效果。多道分析器由挂环匝紧固定到晶体箱侧壁，收录系统通过铝板打孔，由螺母固定在底部，电源电路通过固定孔同样由螺母固定。探测器集成样机如图 4 所示。

图4 探测器集成样机

2.3 测线自动规划技术

开发了无人机航空物探作业测线自动规划软件。主要功能是按照测线的起点和终点，依据测区的数字高程模型（Digital Elevation Model，DEM）数据自动计算出适合无人机飞行作业的航迹。航迹的计算满足无人机最小作业速度、最大作业速度、最小作业高度、最大作业高度、爬升率、下降率的约束条件，尽量模拟无人机沿地形起伏的实际作业路线，减小人工设置飞行轨迹的工作量，提高了无人机航空物探的工作效率[14]。软件设计流程如图 5 所示。

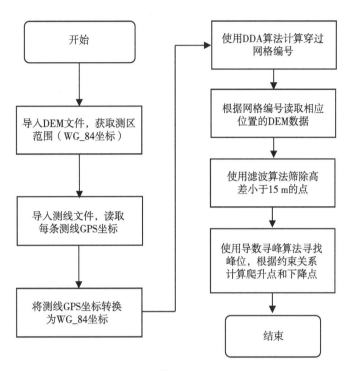

图 5　软件设计流程

2.4　系统集成技术

根据 Z-3 无人机的结构特点和载荷能力，设计了航放/航磁设备的安装位置、安装结构、安装方式及安装配件，集成照片见图 6。对外置设备采取缓冲减震措施，减轻剧烈冲击情况下对仪器设备造成损伤。

研制了安装支架，用于安装 γ 能谱探测器和磁数据采集系统主机；研发磁探头前置放大器、磁通门安装结构，采用卡箍结构进行固定；研制了碳纤维磁探头支架，光泵磁探头安装在 Z-3 无人机两侧，其中一侧为配重，小型磁数据采集器和晶体探测器安装在机腹下方，采用硬吊挂方式；研制了空中和地面电源接口，均采用三芯航空插头，便于切换。

图 6　测量系统和 Z-3 无人机集成

3 性能测试

参考《国际原子能机构 323 技术报告》[15]《航空 γ 能谱测量规范》[16]《航空磁测技术规范》[17]，对系统进行了系列测试。

3.1 技术指标

系统设计指标和实现情况如表 4 所示。

表 4 系统技术指标和实现情况统计

序号	设计指标	完成指标
1	航磁系统外机箱不大于 25 cm×18 cm×15 cm，重量不大于 2.5 kg	航磁系统外机箱体积 20 cm×16 cm×15 cm，重量 2.1 kg
2	2 路铯光泵磁磁探头输入	可接 2 路磁探头
3	能谱仪探测器机箱体积不大于 45 cm×20 cm×20 cm，重量不大于 12 kg	能谱仪探测器体积 45 cm×20 cm×20 cm，重量 11.5 kg
4	能谱数据 256 道	能谱数据 256/1024 道
5	晶体分辨率优于 5%	晶体 137Cs 分辨率 4.58%（137Cs 的 0.662 MeV 峰，1024 道）
6	能谱峰漂优于 ±1 道	能谱峰漂优于 ±1 道（208Tl 的 2.615 MeV 峰，1024 道）
7	磁静态噪声	0.003 52 nT
8	磁探头转向差	0.319 nT
9	整套系统重量不超过 30 kg	整套系统重量 28 kg

3.2 无人机航放系统校准测试

完成了航空放射性模型标定、动态灵敏度和高度衰减系数标定、水上综合本底标定工作[18]。

（1）航空放射性模型标定

开展了模型标定，校准顺序按本底模型、钾模型、钍模型、铀模型、钾铀钍混合模型依次进行，每个模型先后进行两次且连续完成，校准时探测器系统的中心位于模型中心正上方，本底模型校准时间为 20 min，其他模型校准时间为 10 min，计算剥离系数（表 5）。

表 5 剥离系数计算结果

剥离系数	α	β	γ	a	b	g
均值	0.273 58	0.441 48	1.062 83	0.057 95	− 0.006 05	0.003 45
方差	0.002 07	0.027 25	0.005 98	0.000 29	0.000 33	0.000 29

（2）动态灵敏度和高度衰减系数标定

开展了 35 m、55 m、75 m 和 95 m 的不同高度飞行，由测量数据可知，在 35～95 m 高度范围内，测量数据符合放射性衰减规律，计算动态灵敏度和高度衰减系数（表 6）。

表 6 动态灵敏度和高度衰减系数统计

高度衰减修正系数/m⁻¹	μ_{TC}	μ_K	μ_U	μ_{Th}
	-0.0076	-0.0088	-0.0077	-0.0068
60 m 高度灵敏度	$TC/$（s^{-1}/Ur）	$K/$（$s^{-1}/10^{-2}$）	$U/$（$s^{-1}/10^{-6}$）	$Th/$（$s^{-1}/10^{-6}$）
	6.10	3.52	0.36	0.19

（3）水上综合本底标定

在水库上方距水面约 20 m 高度悬停 10 min（地点在水库中间位置），计算测量系统的综合本底（表 7）。

表 7 综合本底测量结果　　　　　　　　　　　　　　　　单位：cps

TC	K	U	Th
11.91	1.55	0.28	0.32

4 试验飞行

飞行试验于张家湾试验区内进行，于试验区布设测线 16 条，线距 50 m，测线方向为北西向 285°，单条测线长 1.9 km，测网总长 30.4 km，测网布置情况如图 7 所示。试验期间共完成测线飞行 7 架次，平均飞行高度 61 m，飞行速度 18 km/h，共完成试验测线 32 km。航磁动态噪声一级资料占比 95.88%，二级资料占比 3.75%，三级资料占比 0.37%，无四级资料；晶体分辨率变化在 4.62%～4.95%，能谱峰漂在 -0.62～-0.97。

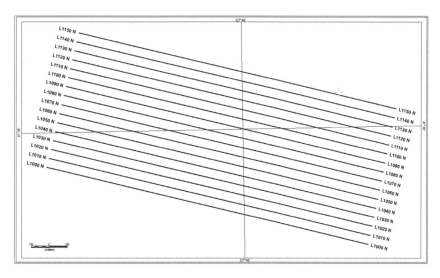

图 7 测网布置情况

通过试验获取了试验区比例尺为 1∶5000 的航磁等值线图与剖面图，可以清晰地分辨出区内磁场的分布，呈现西高东低的特征，如图 8 所示。

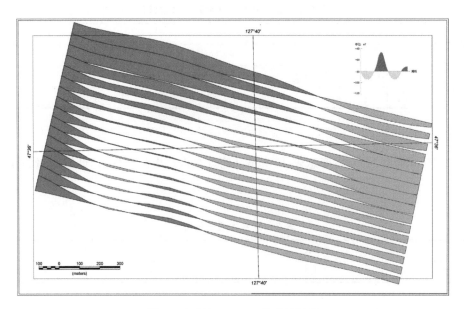

图 8　试验区 1∶5000 航磁剖面图

对试验区航放数据进行了处理,在航放总量等值线分布图上反映出试验区范围内磁场"西部高、中部低、东部偏高"的分布特征,如图 9 所示。说明使用 2 个 3 英寸的 CeBr₃ 晶体在当前作业条件下具有较好的探测效果,可清晰分辨放射性分布特征。

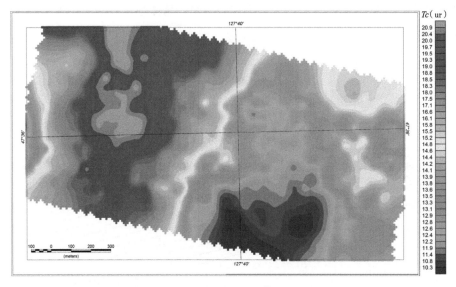

图 9　试验区 1∶5000TC 含量等值线图

5　结论

(1)测线自动规划软件自动生成的轨迹可以满足仿地飞行的要求,仅需调整个别航迹点即可满足实际飞行要求。减小人工设置飞行轨迹的工作量,提高了工作效率。

(2)通过地面静态测试及试验飞行,验证了 Z-3 无人直升机航放/航磁测量系统的能力,结果显示其工作稳定,性能优良,采集的航放航磁数据质量合格,能够满足针对不同勘查任务的小面积、大比例尺的航磁、航放或放/磁综合测量需求。

参考文献：

[1] 于百川．中国和世界几个主要国家航空 γ 能谱测量评述 [J]．国外铀金地质，1992 (4)：64-93.

[2] 李怀渊．航空放射性测量在环境检测中的应用 [J]．物探与化探，2004，28 (6)：515-517.

[3] 江民忠．萍乐坳陷西部地区航测遥感油气预测研究 [J]．地质科技情报，2002，21 (4)：60-64.

[4] 倪卫冲．核应急航空监测方法 [J]．铀矿地质，2003，19 (6)：366-373.

[5] 刘裕华，顾仁康，候振荣．航空放射性测量 [J]．物探与化探，2002，26 (4)：250-252.

[6] 李文杰，李军峰，刘士凯，等．自主技术无人机航空物探（放/磁）综合站研发进展 [J]．地球学报，2014，35 (4)：399-403.

[7] 刘士凯，高国林，李江坤，等．基于无人机的航空物探（电/放/磁）综合站测量技术研发与应用示范 [R]．北京：中国地质调查局，2017.

[8] 高国林，邱崇涛，王景丹，等．无人机航放测量新技术的示范应用 [J]．物探与化探，2016，40 (6)：1131-1137.

[9] 崔志强，胥值礼，李军峰，等．无人机航空物探技术研发应用现状与展望 [J]．物化探计算技术，2016，38 (6)：740-745.

[10] 李艺舟，李江坤，吴雪，等．旋翼无人机航空 γ 能谱测量在异常查证中的应用 [J]．矿产勘查，2023，14 (2)：237-243.

[11] 李江坤，李艺舟，刘士凯，等．无人机空放射性测量系统研制及试验应用 [C]//中国核科学技术进展报告（第五卷）．2017.

[12] 刘士凯，李江坤，李艺舟．基于无人机的航空伽玛能谱数据传输系统的设计 [J]．科技创新导报，2015，12 (3)：5-6.

[13] 葛良全，曾国强，赖万昌，等．航空数字 γ 能谱测量系统的研制 [J]．核技术，2011，34 (2)：156-160.

[14] 武雷超，李江坤，张翔，等．无人机航空物探航线自动规划软件开发 [J]．地质论评，2023，69 (S1)：455-456.

[15] IAEA. TECDOC-323. Airborne gamma ray spectrometer survey [R]. Vienna：IAEA，1991.

[16] 中国核工业集团公司．航空 γ 能谱测量规范：EJ/T 1032—2018 [S]．北京：中国核工业集团公司，2018.

[17] 国土资源部中国地质调查局．航空磁测技术规范：DZ/T 0142—2010 [S]．北京：国土资源部中国地质调查局，2010.

[18] 胡明考，张积运，江民忠，等．航空 γ 能谱仪通用校准技术 [C]//中国核科学技术进展报告（第一卷）．2009.

Research on airborne radiation/aeromagnetic measurement based on Z-3 unmanned aerial vehicle

LI Jiang-kun[1,2], YANG Jin-zheng[1,2], LI Yi-zhou[1,2], ZHANG Guang-ya[1,2], WU Lei-chao[1,2], WU Xue[1,2], LIU Zhong[1,2]

(1. Airborne survey and Remote sensing Center of Nuclear Industry, Shijiazhuang, Hebei 050002, China;

2. Key Laboratory for Geophysical Exploration Technology Center of Uranium

Resources, Shijiazhuang, Hebei 050002, China)

Abstract: In order to meet the requirements of small load unmanned aerial vehicles (UAVs) for airborne radiation/aeromagnetic integrated measurement, a small γ energy spectrum detector based on $CeBr_3$ crystal was designed and a high-precision aeromagnetic data acquisition system based on FPGA chips and STM32 single-chip microcontrollers achieve the integration of airborne radiation/aeromagnetic data acquisition and storage. According to the characteristics of Z-3 UAV such as load and center of gravity, the installation structure was designed and the integration of the system with Z－3 UAV was completed. The total weight of the airborne release/aeromagnetic measurement system is 28 kg, The energy spectrum detector weighs 11.5 kg, has an energy resolution of 4.80% (0.662 MeV peak of ^{137}Cs), and has a peak drift of better than±1.0 channels; The magnetic data acquisition system weighs 2.1 kg and has a dynamic noise better than 0.08 nT. The article also introduces the test, system calibration, and test flight of the measurement system. The UAV integrated measurement system has conducted systematic flight test and test application work in a certain area of Heilongjiang Province, which can provide fast and efficient technical equipment for the mapping work in blank areas or areas with low work level for uranium exploration, and also provide technical support for nuclear accident emergency monitoring and environmental radiation aviation investigation.

Key words: Z－3 UAV; $CeBr_3$ crystal; Magnetic measurement system; Test flight

含 IP 效应的宽频带大地电磁三维正演及其在砂岩型铀矿中的正演模拟

胡英才，张濡亮，王　恒

（核工业北京地质研究院，中核集团铀资源勘查与评价技术重点实验室，北京　100029）

摘　要：砂岩型铀矿是我国铀资源保障的重要铀矿类型之一，随着找矿深度的不断加大，第二找矿空间（500～2 000 m）成为"主战场"。大地电磁测深法是砂岩型铀矿深部探测的主要地球物理方法之一，特别是在前期大规模勘探中，相对地震勘探具有效率高、成本低等方面的优势，但在实际的砂岩型铀矿大地电磁探测中，往往只考虑了电磁效应，而忽略了 IP 效应，这与野外实际地质结构普遍存在 IP 效应的情况不相符。因此，要想获得地下准确地质结构的空间展布特征，需同时考虑电磁效应及激电效应。本文基于有限元法实现了含 IP 效应的宽频带大地电磁三维正演，并在含 IP 效应的砂岩型铀矿地电模型中进行的三维正演模拟研究，结果表明：①在含 IP 效应的砂岩型铀矿中进行大地电磁探测时，采用宽频带的 MT 既能获得深部准确的地质结构，同时又可以避免浅部探测的盲区，相对音频大地电磁探测具有优势；②IP 效应中各参数对三维宽频带大地电磁正演均有一定的影响，其中极化率对三维正演影响较大，主要降低砂岩型铀矿中高阻体（目标砂体）的异常响应特征，极化率越高，影响越大，特别是含硫化物岩性中，在对砂岩型铀矿开展电磁法探测时需引起重视。

关键词：大地电磁测深法；IP 效应；三维正演；砂岩型铀矿

频域电磁法在固体矿产勘查中应用比较广泛，其方法主要包括可控源音频大地电磁测深法（CSAMT）、音频大地电磁测深法（AMT）和大地电磁测深法（MT）等。由于砂岩型铀矿主要在沉积盆地中，地层电阻率较低（一般为几欧姆米到几十欧姆米），采用音频大地电磁等方法探测深度较浅，无法满足第二空间找矿需求，近年来主要采用宽频探头的大地电磁测深法，该方法采集频段范围广（10 000 Hz～0.000 1 Hz），可探测浅部至深部的地层结构、断裂构造及砂体范围，然而在实际的砂岩型铀矿大地电磁法的数据处理中，往往只考虑了电磁效应，而忽略了激电效应，这与实际地质情况不相符。

Pelton 等[1]通过岩石物理试验总结了描述岩矿石的复电阻率模型公式，即 Cole - Cole 复电阻率公式，随后，国内外众多学者开展了含 IP 效应的一维、二维和三维大地电磁正演模拟研究。曹中林等[2]对一维 MT 的激电效应正演模拟进行了研究，并在油气检测中进行了应用。符超等[3-4]开展了一维水平极化层中的 MT 带激电效应的正演模拟研究，讨论了低阻极化体对于视电阻率和相位的影响。董莉等[5]进行了一维带激电效应 MT 正演模拟及激电信息的提取研究。朱占升等[6]开展了考虑激电效应的二维大地电磁正演研究，指出激电效应的存在降低了视电阻率的值，且激电效应各参数对正演响应影响存在差异。王恒等[7]开展了考虑激电效应的二维大地电磁正演研究，指出激电效应不可忽略，极化率对正演响应影响较大，而频率相关系数和时间常数对视电阻率和相位没有太大影响。徐凯军等[8]和付振兴等[9]开展了三维大地电磁激电效应特征研究。同时很多研究人员也在反演中进行了激电效应参数的提取研究。尽管带激电效应的大地电磁正演模拟已经从一维发展到三维正演研究中，但更多的只是在理论模型中进行正演模拟试验，而针对具体的固体矿产，特别是砂岩型铀矿的模拟研究还比较少。

作者简介：胡英才（1985—），男，山西阳泉人，高级工程师，博士，主要从事地球物理正反演及应用研究工作。

基金项目：重点勘查区铀资源前景评价研究（物探部分）（编号：物 D2219 - 1）项目资助。

基于以上问题，本文首先采用有限元法实现了含 IP 效应的宽频带大地电磁法三维正演，其次在砂岩型铀矿中进行了模拟研究，总结了 IP 效应对砂岩型铀矿的影响规律，研究结果可为寻找砂岩型铀矿提供一定的指导作用。

1 含 IP 效应的三维大地电磁正演

1.1 三维正演理论

假设地下为各向同性的均匀介质，电磁场传播规律满足麦克斯韦方程[10]，取正时谐因子（$e^{i\omega t}$），则方程组表示为

$$\begin{cases} \nabla \times E = i\omega\mu H \\ \nabla \times H = (\sigma + i\omega\varepsilon)E \end{cases} \tag{1}$$

式中，E 为电场强度；H 为磁场强度；σ 为电导率；ω 为角频率；μ 为介质的磁导率；ε 为介电常数。

将式（1）中的第一项带入第二项得到电场强度的双旋度方程：

$$\nabla \times \nabla \times E + kE = 0。 \tag{2}$$

式中，k 为波速，加入第一类边界条件，则三维正演对应的边值问题为

$$\begin{cases} \nabla \times \nabla \times E + kE = 0, x \in \Omega \\ E = 0 \quad, x \in \Gamma \end{cases} \tag{3}$$

采用矢量有限元法求解式（3）可获得三维空间中各棱边上的电场强度，磁场强度计算可通过电场差分计算求得。三维大地电磁正演视电阻率（ρ）及阻抗相位（φ）如式（4）：

$$\begin{cases} \rho_{ij} = \dfrac{1}{\mu\omega} |Z_{ij}|^2 \\ \varphi_{ij} = \arctan(Z_{ij}) \end{cases} ,i = x,y; j = x,y。 \tag{4}$$

式中，Z 为阻抗张量；i、j 分别代表 x 方向和 y 方向。

1.2 IP 效应模型

在野外的实际地质条件下，地下的岩矿石普遍存在激电效应，常用的激电模型为 $Cole-Cole$ 模型[1]，其表达公式如下：

$$\rho(i\omega) = \rho_0 \left\{ 1 - m \left[1 - \dfrac{1}{1 + (i\omega\tau)^c} \right] \right\}。 \tag{5}$$

式中，ρ_0 为零频电阻率；m 为极化率，c 为频率相关系数，τ 为时间常数，这 4 个参数为激电参数；$\rho(i\omega)$ 为复电阻率，ω 为角频率。

1.3 三维正演结果验证

为验证本文三维正演计算结果的正确性，设置层状介质模型，与具有解析解的大地电磁一维正演进行对比验证。模型参数设置如下：第一、第三层电阻率为 100 Ω·m；第二层为低阻极化层，电阻率为 40 Ω·m，极化率为 0.6，频率相关系数为 0.2，时间常数为 100 s，层厚为 50 m。正演验证结果如图 1 和图 2 所示。从图 1（a）和图 2（a）中可以看出，一维与三维正演视电阻率和阻抗相位计算结果及变化趋势基本一致；从图 1（b）和图 2（b）误差曲线可以看出，各频点正演计算误差均小于 1.3％。由此可知，本文算法计算结果正确，计算精度较高。

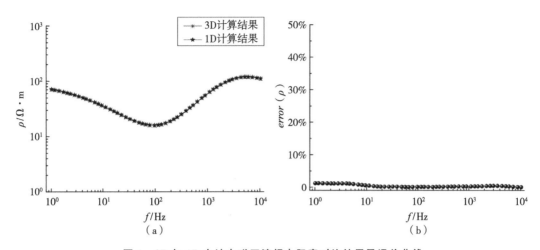

图1 3D与1D大地电磁正演视电阻率对比结果及误差曲线

（a）3D与1D视电阻率对比结果；（b）视电阻率误差曲线

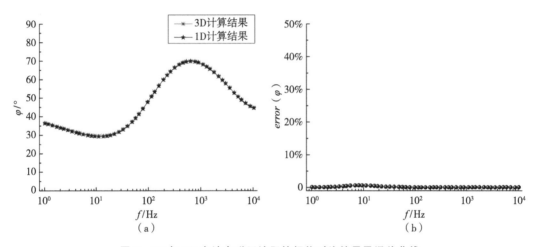

图2 3D与1D大地电磁正演阻抗相位对比结果及误差曲线

（a）3D与1D阻抗相位对比结果；（b）阻抗相位误差曲线

2　砂岩型铀矿中的三维大地电磁正演模拟

砂岩型铀矿是我国重要的铀矿类型，也是我国近年来主要的勘查方向之一。在部分矿床的砂体中含有侵染状电子导电矿物以及硫化物，而这些物质的存在导致整体岩性的极化率较高，有些甚至高达56％以上[11]，根据前人研究成果可知[6-7]，极化率会影响电磁法的观测响应值，特别是视电阻率和阻抗相位，因此有必要开展该参数在砂岩型铀矿中对大地电磁法正演的影响试验，以了解其对观测数据的影响大小和规律，指导砂岩型铀矿的找矿工作。

砂岩型铀矿主要在北方的沉积盆地中，以二连盆地阿巴嘎旗地区为例[12]，其围岩主要为泥岩，电阻率较低，一般为 $10\ \Omega \cdot m$，主要勘探目标体为砂体，电阻率一般在几十欧姆米，基底相对较深，模型参数具体设置如表1所示，砂岩的埋深为 100 m，分布在研究区中部，尺寸为 200 m×200 m×50 m。

表 1　三维正演模型参数表

名称	埋深/Ω·m	电阻率/Ω·m	极化率	频率相关系数	时间常数/s
泥岩	—	10.0	0.0%	0.0	0.0
砂岩	100 m	50.0	无IP/0.65%	0.3	100.0
基底	950 m	200	0.0%	0.0	0.0

　　图 3 为无 IP 效应下的三维大地电磁 XY 模式和 YX 模式下视电阻率和阻抗相位模拟结果图，图 4 为含 IP 效应时三维大地电磁 XY 模式和 YX 模式下视电阻率和阻抗相位模拟结果图，各图中从上到下分别为 1000 Hz、500 Hz、100 Hz 和 9 Hz 的正演计算结果，频率从高到低也基本代表着从浅到深的电性信息。从图 3（a）至图 3（d）可以看出，砂体的三维正演视电阻率主要表现为高电阻率特征（图中红色部分）和低阻抗相位特征（图中蓝色部分），相对围岩，异常响应特征比较明显。图 4 中，当砂体中存在 IP 效应时，其异常体位置显示出了明显的差别。对比图 3 与图 4 中的三维大地电磁不同频率下的正演响应结果，可以看出，当含有极化率时，其砂体表现的高电阻率

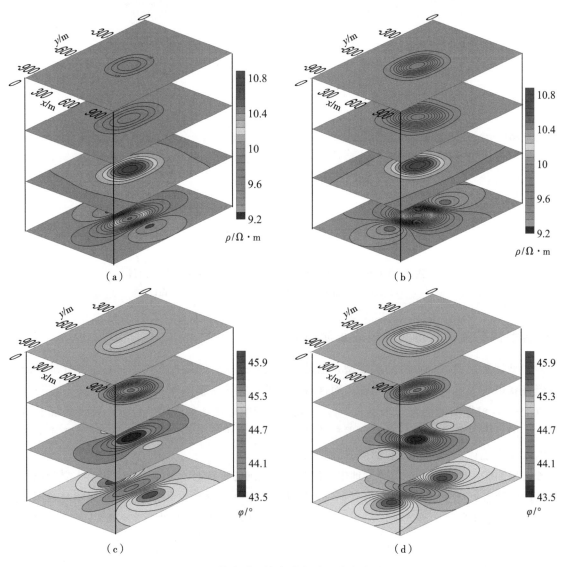

（a）　　　　　　　　　　　　　　　　（b）

（c）　　　　　　　　　　　　　　　　（d）

图 3　无 IP 效应时三维大地电磁正演响应结果

（a）ρ_{xy}；（b）ρ_{yx}；（c）φ_{xy}；（d）φ_{xy}

值逐渐降低，异常特征逐渐减弱，低阻抗相位逐渐升高，异常特征趋于围岩产生的值；因此，砂体含有极化率较大的岩性时，砂体的异常响应特征降低，不利于大地电磁法探测目标砂体。

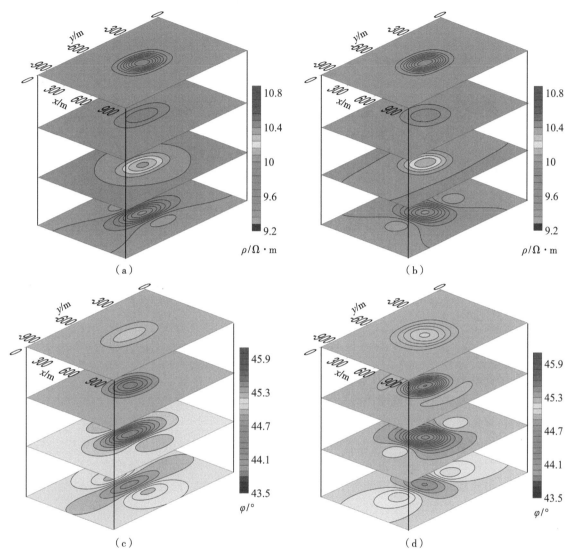

图 4　含 IP 效应时三维大地电磁正演响应结果

（a）ρ_{xy}；（b）ρ_{yx}；（c）φ_{xy}；（d）φ_{xy}

　　图 5（a）为音频大地电磁三维正演模拟结果图，从上到下分别为 8000～9 Hz 正演视电阻率计算结果；图 5（b）为宽频带大地电磁三维正演模拟结果图，从上到下分别为 8000～0.09 Hz 正演视电阻率计算结果。对比两幅图可以看出，采用音频大地电磁法观测频率不够低，在砂岩型铀矿中无法探测到 950 m 以下的深部基底高阻层位，而采用宽频大地电磁法，既包含了浅部信息，也可以探测深部的地质结构，且该方法相对 CSAMT 方法，不受近源效应的影响，具有一定优势，因此采用该方法进行砂岩型铀矿勘查相对较好。

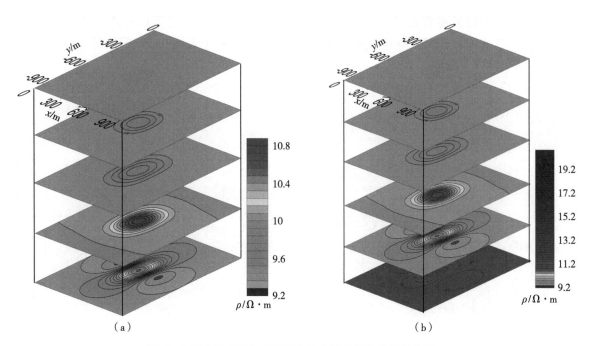

图 5 音频大地电磁与宽频带大地电磁三维正演模拟结果

（a）音频大地电磁三维正演结果；（b）宽频带大电磁正演结果

3 结论

（1）采用有限元法实现了含 IP 效应的三维大地电磁正演，通过三维正演模拟可知，采用宽频带的大地电磁法在砂岩型铀矿中既能探测深部地质结构，同时又可以避免浅部探测的盲区，相对音频大地电磁探测具有优势。

（2）对砂岩型铀矿中含 IP 效应的大地电磁进行三维正演模拟，结果表明极化率对三维正演影响较大，主要降低砂岩型铀矿中高阻体（目标砂体）的异常响应特征，极化率越高，影响越大。因此，在砂岩型铀矿中开展大地电磁法探测时不仅要测量岩性的电阻率，而且还需测量各岩性的激电参数，特别是含有硫化物的岩性。

参考文献：

[1] PELTON W H, WARD S H, HALLOF P G, et al. Mineral discrimination and removal of inductive coupling with multifrequency IP [J]. Geophysics, 1978, 43 (3): 588 - 609.

[2] 曹中林，何展翔，昌彦君. MT 激电效应的模拟研究及在油气检测中的应用 [J]. 地球物理学进展, 2006, 21 (4): 1252 - 1257.

[3] 符超，梁光河，蔡新平，等. 水平极化层 MT 激电效应的模拟研究 [J]. 中国煤炭, 2014, 40 (增刊): 19 - 26.

[4] 符超，李薇薇，李志远，等. 基于 Cole - Cole 模型的中间极化水平层大地电磁 IP 效应研究 [J]. 地球物理学进展, 2016, 31 (2): 501 - 507.

[5] 董莉，李帝铨，江沸菠. 差分进化算法在 MT 信号激电信息提取中的应用研究 [J]. 地球物理学进展, 2015, 30 (4): 1882 - 1895.

[6] 朱占升，谭捍东. 考虑激电效应的二维大地电磁正演 [J]. 地球物理学进展, 2011, 8 (4): 433 - 437.

[7] 王恒，李桐林，陈汉波，等. 考虑激电效应的二维大地电磁测深正演 [J]. 世界地质, 2018, 37 (4): 1226 - 1230.

[8] 徐凯军，石双虎，周家惠. 三维大地电磁激电效应特征研究 [J]. 西北地震学报, 2009, 31 (1): 31 - 35.

[9] 付振兴. 考虑激电效应的大地电磁三维正反演研究 [D]. 北京: 中国地质大学（北京），2018.

［10］ NABIGHIAN M N. Electromagnetic methods in applied geophysics ［M］. Beijing：Geological Publishing House，
1992.

［11］ 王恒，胡英才，张濡亮. 铀矿勘查中 MT 数据提取极化信息可行性研究 ［J］. 铀矿地质，2021，37（2）：269－275.

［12］ 胡英才，张濡亮，王恒. 伊和高勒地区砂岩型铀矿宽频大地电磁数值模拟及应用 ［J］. 铀矿地质，2020，36（5）：
432－440.

Broadband magnetotelluric three-dimensional forward modeling with IP effect and its numerical simulation in sandstone type uranium deposit

HU Ying-cai，ZHANG Ru-liang，WANG Heng

(Beijing Research Institute of Uranium Geology, Beijing 100029, China)

Abstract：Sandstone type uranium deposits are one of the important types of uranium deposits that guarantee China's uranium resources. With the increasing depth of prospecting, the second prospecting space （500－2000m）has become the "main battlefield". Magnetotelluric sounding is one of the main geophysical methods for deep exploration of sandstone type uranium deposits. Especially in large-scale exploration in the early stage, it has advantages over seismic exploration in terms of high efficiency and low cost. However, in actual magnetotelluric exploration of sandstone type uranium deposits, only electromagnetic effects are considered, while IP effects are ignored, which is inconsistent with the fact that IP effects are commonly present in actual geological structures in the field. Therefore, To obtain accurate spatial distribution characteristics of underground geological structures, it is necessary to consider both electromagnetic and IP effects. Based on the finite element method, this paper implements a broadband magnetotelluric 3D forward modeling with IP effects, and conducts a 3D forward modeling study under different polarization parameters in a typical geoelectric model of sandstone type uranium deposits with IP effects. The results show that：①When conducting magnetotelluric exploration in sandstone type uranium deposits with IP effects, using broadband MT can not only obtain accurate geological structures in the deep, but also avoid blind spots in shallow exploration, It has advantages over audio frequency magnetotelluric detection；②Each parameter in the IP effect has a certain impact on the three-dimensional broadband magnetotelluric forward modeling, among which the polarization rate has a significant impact on the three-dimensional forward modeling, mainly reducing the abnormal response characteristics of high resistivity bodies（target sand bodies）in sandstone type uranium deposits. The higher the polarization rate, the greater the impact, especially in the lithology of sulfur containing compounds. Attention should be paid to electromagnetic detection in sandstone type uranium deposits.

Key words：MT；IP；3D forward；Sandstone type uranium deposit

放射性废 TBP 处理技术

徐立国，何　赟，皮煜鑫，刘景骞，薛　鹏

（中核四川环保工程有限责任公司，四川　广元　628000）

摘　要： 核燃料循环中普遍采用磷酸三丁酯（TBP）作为萃取剂，用过的 TBP 即成为放射性有机废物。国外针对 TBP 处理开展了大量研究，提出的处理方法包括焚烧、热解、加碱水解、湿法氧化、直接化学氧化、酸性消化和蒸汽重整等，目前工程规模应用的方法只有热解和加碱水解。德国开发的球床热解炉工艺较好地解决了传统焚烧炉处理 TBP 的磷酸腐蚀问题，目前比利时采用这种工艺处理 TBP。印度、英国塞拉菲尔德的溶剂处理厂采用加碱水解处理 TBP，与热解相比，这种工艺的二次废物处理工作量更大。出于经济和技术考虑，到目前为止，不少国家仍对 TBP 进行暂存以待在未来有更好的处理方法。

关键词： TBP；热解；加碱水解；焚烧；腐蚀

核燃料循环中使用 20％～30％ 的 TBP/煤油混合物，重复使用过程中，TBP 及其稀释物通过水解和辐解作用降解，降解作用严重降低了溶剂的萃取性能，使得溶剂不再可能循环利用，有机液体变成废物，被暂时贮存。由于有机溶剂与核燃料溶液直接接触，其已可能成为含有铀、钚和裂变产物的有机废物，有机废液需要进行妥善的处理。

1　TBP 废物管理

液体有机废物最重要的特征是其流动性，挥发性，燃爆风险，易于引起污染扩散和安全生产隐患，需要对其进行合理的处理保存[1-4]。有机废物是易挥发和可燃的，或有助于其他废物的燃烧，某些液体有机物质具有低闪点的特点，这是由于贮存过程中有机 TBP/OK 的降解，如受到酸碱条件及辐解作用，会产生气体和具有较低闪点的轻馏分及氢。

液体废物比固体废物更易扩散，因此要求更紧密的包装及更严格的监管。鉴于液体废物的特性和数量，将其贮存在贮罐或其他适合液体贮存的容器中。

2　废物处理技术

2.1　焚烧

2.1.1　原理与流程

废物焚烧是一个放热反应工艺，利用热量和氧通过焚烧破坏有机物质。在很多情形下，废物本身的燃烧就能提供足够的热量维持自反应，有机废物的可燃性质使得焚烧成为完全破坏有机物的一项理想技术。该技术也能显著减少废物的体积和质量特点，完全燃烧后的产物是二氧化碳、水和其他组分（如磷、硫和金属）的氧化物，经过净化后排放。这种方法只要提供使全部废物燃烧的充足空气，适合处理量大的低放废物。

"焚烧系统"包括焚烧炉、废物进料制备和计量系统、卸灰系统和尾气处理系统（图 1）。废物进入焚烧炉（燃烧室）中后可通过重力、机械方式或介质流进入卸灰系统。

焚烧技术优点：将有机物质完全破坏成无机残留物，使废物体积和质量降级。该方法同时适用于固体、液体和混合物质的处理，适用范围广。灰烬产物易与标准的固定、固定基体（如水泥）

作者简介： 徐立国（1987—），本科学历，高级工程师，现主要从事核设施退役及放射性废物治理研究。

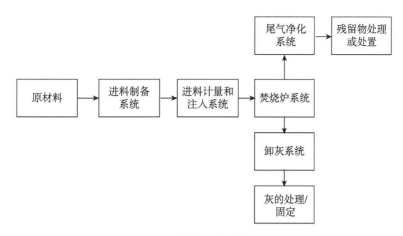

图 1　焚烧系统方框图

结合，得到完全整备的满足长期贮存或处置条件的废物体。但尾气中会产生副产物需要进化后进行排放。

2.1.2　美国工程应用

处理萨凡纳河场址上处理 PUREX 遗留废物的最合适方法是焚烧处理其有害的有机成分，之后固定仍留在灰烬中的有害金属成分和放射性成分。设施于 1997 年 4 月起运行，由西屋萨凡纳河公司代表能源部运营。CIF 最大的挑战是焚烧场址上 869 000 磅未稀释的液体 PUREX 溶剂，这些溶剂是萨凡纳河场址上的分离设施产生的。CIF 于 1997 年到 2000 年连续处理 PUREX 溶剂，处理流程见图 2，期间 PUREX 的量减少到 27 000 加仑，但 2000 年决定不再继续运行 CIF。

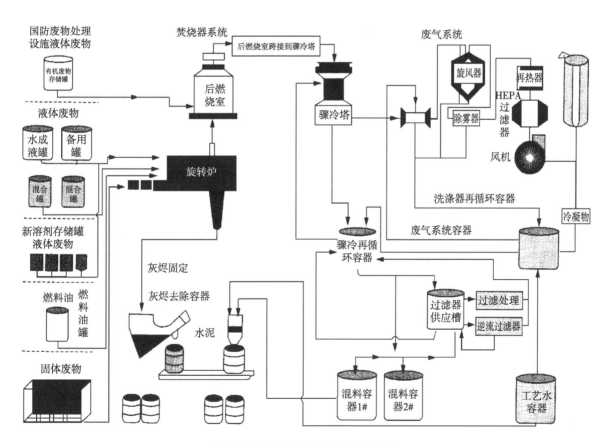

图 2　萨凡纳河焚烧炉设备-工艺流程

2.2 热解

2.2.1 原理与流程

热解是建立在热分解有机物质的基础上，在一个惰性的或缺氧的环境下破坏废物，将其转化为无机残留物。焚烧技术用于低放废物处理，而热解则更常用于中放废物处理。产生的热解气在一个简单的燃烧室中燃烧，之后在一个烟气净化部分处理。热解的工作温度为 300～550 ℃，大大低于常规焚烧的工作温度[5]。在该温度下，由于氧化物易于形成稳定的无机磷酸盐，腐蚀性物质（如磷的氧化物 P_2O_5）问题得到解决，STUDSVIK 热解处理设施流程见图 3。同样地，在较低的温度和较低氧含量的情况下，挥发性核素如钌和铯也主要残留在热解反应器中。

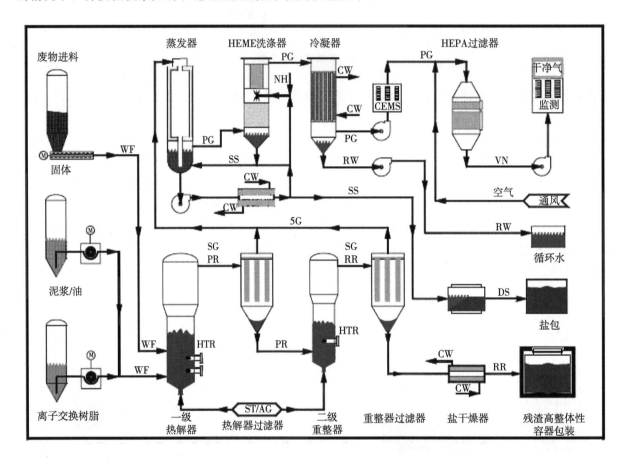

DS—干盐；CW—冷却水；NH—氢氧化钠；WF—废物进料；SS—盐溶液；PG—工艺气体；SG—合成气；
PG—热解残渣；RR—重整残渣；ST—蒸汽；AG—自热气；VN—排风；RW—循环水

图 3 STUDSVIK 热解处理设施流程

2.2.2 比利时工程应用

早在 20 世纪 70 年代，Eurochemic 在后处理过程中使用 20％ TBP/Shellsol 的溶剂萃取溶解的乏燃料中的铀和钚，产生了 17 m³ 的废溶剂。这些废溶剂应当被转化为合格的适合中间贮存和地下处置的产品。

Belgoprocess 的 TBP/OK 热解燃烧系统已经于 1999 年至 2002 年完成欧化厂 30 m³ TBP/OK 及其他有机废液的处理任务，工艺流程图见图 4。

国内引进德国关键设备，配套建成了 TBP 处理设施，目前该工程已经完成冷热试车，进入试运行阶段。

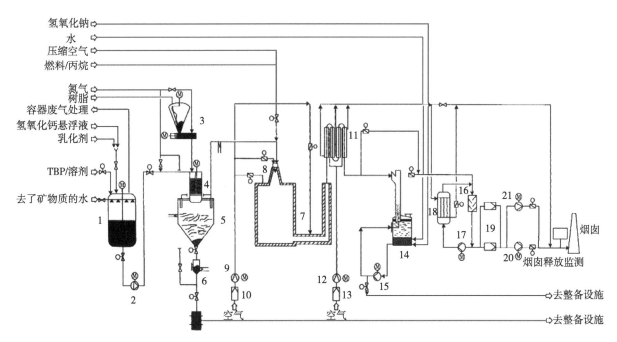

1—进料罐；2—计量泵；3—螺旋输送进料器；4—热解床；5—灰斗；6—卸料闸；7—燃烧炉；8—燃烧炉喷子；9/12—送风机；
10/13—进风过滤器；11—冷却器；14—喷射洗涤器；15—循环泵；16—混合器；17—循环风机；18—加热器；
19—HEPA过滤器；20/21—主鼓风机和辅助鼓风机

图 4   TBP/OK 或树脂热解处理工艺流程

2.3   加碱水解

2.3.1   原理与技术流程

加碱水解是一个湿法化学萃取工艺。在该工艺中，液体有机废物与一种含水的碱溶液接触，水解反应改变有机物质的性质，使放射性进入水相。随后经过相分离产生一种干净的有机液体。这种方法主要用于处理乏燃料后处理产生的乏溶剂（如 TBP/OK），使稀释剂循环使用。加碱水解工艺的简易性使其成为未来乏溶剂管理厂的优先选择。

TBP 是磷酸形成的一种易水解的酯。使用 NaOH 水解 TBP 得到的主要产物为磷酸二丁酯的钠盐（分别为 NaDBPO$_4$ 或 HDBP）和丁醇，反应方程为

$$(C_4H_9O)_3PO + NaOH \longrightarrow (C_4H_9O)_2POONa + C_4H_9OH \qquad (1)$$

HDBP 在碱性介质中更稳定，其进一步水解的程度有限。加碱水解的反应产物可溶于水，可进一步固定在水泥中。

加碱水解法是处理乏燃料后处理溶剂的一个成熟的化学工艺。主要优点是工作温度低，设施规模灵活。但该方法在放射性有机废物处理方面的应用有限，因为该方法通常产生复杂的需要进一步处理才适合贮存或处置的废物。

2.3.2   工程应用

（1）印度乏溶剂加碱水解工程规模示范设施

示范设施安装一个处理能力为 500 L 的反应釜，反应釜配有蒸汽加热夹套，在反应釜顶部装有一个机械搅拌器，在安全工作方面，反应釜设计为 100% 的余量，加碱水解工艺流程见图 5。水解器反应釜的进料包括 200 L 有机溶剂和 40 L 12.5 M NaOH。有机溶剂通过空气升液器输送到反应釜中。40 L NaOH 通过自重排入反应釜中。持续搅拌反应釜中的物质，使碱在有机溶剂中扩散。利用与尾气排风机相连的冷凝器通气孔使反应器压力低于大气压力。

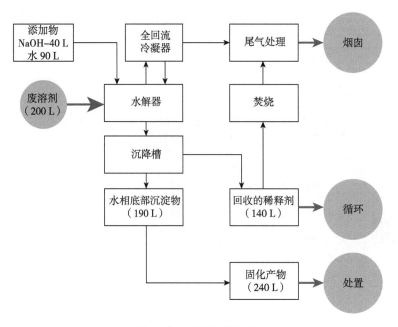

图 5　加碱水解工艺流程

（2）印度 Trombay 的乏溶剂管理设施 ETP

TBP 的加碱水解使 TBP 转化为可溶于水的产物，即磷酸二丁酯和丁醇的钠盐。在加碱水解的工艺过程中（图 6），所有与废物相关的放射性物质均转化为含水相。获得的稀释液实际上并无放射性，TBP 可再循环利用。如果得到的 TBP 不符合后处理的标准，可将其焚烧。研究发现，加碱水解工艺产生的含水废物与水泥兼容，可固化于水泥基体中。

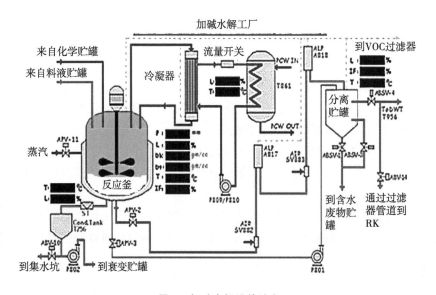

图 6　加碱水解设施流程

（3）英国塞拉菲尔德溶剂处理厂

加碱水解是英国塞拉菲尔德溶剂处理厂（STP）使用的主要化学处理方法。该处理厂设计为处理在 THORP 和美诺克斯后处理运行中产生的 750 m³ TBP/OK。2001 年试运行开始处理历史废物（自 1983 年起贮存的废物）和以后产生的废物，预期运行时间为 30 年。在 STP，如果溶剂中的铀含量高，则使用溶剂洗涤以防止在后面的阶段出现铀络合物沉淀。之后使用 7.4 M NaOH 进行加碱水解。

2.4 湿法氧化

湿法氧化是在与焚烧相似的处理过程中，将有机物质分解成 CO_2 和 H_2O 的一种方法。在催化剂的作用下，有机废物和过氧化氢在 100 ℃ 下与过量的水同时蒸馏或蒸发，剩下含有放射性的浓缩无机废物。该工艺的主要优点是操作温度低，含水废物易处理，图 7 为湿法氧化工艺简图。

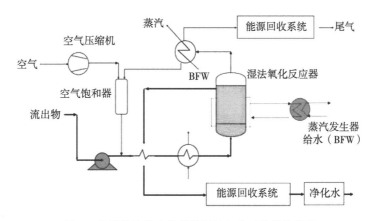

图 7 典型的液体废物持续湿法氧化系统设施流程

印度进行过采用湿法氧化对 TBP 矿化处理的试验研究，研究使用过氧化氢，在 95～100 ℃ 和加入铁盐氧化剂的条件下进行。

在试验中发现仅 TBP 成分可发生氧化反应。十二烷不参与该反应，位于反应产物的上层。这是由于十二烷作为饱和碱通常耐受湿法氧化的破坏。

TBP 的矿化反应方程为：

$$(C_4H_9O)_3PO + 36H_2O_2 \rightarrow 12CO_2 + H_3PO_4 + 48H_2O \tag{2}$$

TBP 被有选择地矿化，稀释物实际上未受影响。稀释物在反应产物混合物中形成单独的一层，回收量是一定的。约 95% 的 TBP 矿化可在 4 小时的时间内，在 95～100 ℃ 下、有铁盐催化剂存在，在回流和持续搅动的条件下，通过不断添加过氧化氢实现。反应中实际所需的过氧化氢量超过化学计量水平的 100%。

该方法使用可降解的氧化剂（如过氧化氢），适用于低浓度的可溶于水的有机废物。该方法通常依赖于可溶性重金属催化剂，并可导致不完全氧化而形成醇类物质。

2.5 直接化学氧化法

这种方法已经用于劳伦斯-利弗莫尔国家实验室研发的一项工艺。该工艺的目的是保留含水系统的优势（捕获粉尘而产物保留于液体介质）而通过使用过硫酸钠或过硫酸铵提高含水工艺的氧化效率。过硫酸盐离子是一种强氧化剂，氧化反应不需要催化作用[6]。

$$Na_2S_2O_8 + 有机物 \rightarrow 2NaHSO_4 + CO_2 + H_2O + 无机残留物 \tag{3}$$

操作温度通常为 80～90 ℃，最终的重硫酸盐离子进行循环使用，通过电解产生新的氧化剂。有机物质转化为二氧化碳和无机残留物，无机残留物用水泥固定。该方法的优点是采用工作温度低和压力低的反应介质，并且氧化效率高，缺点是只适用于液体有机废物[7]。

尽管已经用有机物质（包括 TBP 和其他溶剂）进行了试验，但该方法目前仍处于发展阶段。

2.6 酸性消化

该工艺使用强无机酸（硝酸和硫酸），在约 250 ℃ 条件下使废物的有机部分氧化。该工艺的主要优点是能够处理多种有机废物，工作压力低。但是，由于酸混合物的极强腐蚀特性，该工艺需要用昂贵的抗腐蚀性作用强的材料制成的设备实现。氧化反应导致氧化硫和氧化氮的形成[8]，由于这些气体不能排放到大气中，还需要大量的尾气处理工序。残留废物在水泥固定前也要求进行中和处理。

这种方法于20世纪70年代在比利时研发，在80年代，很多国家对该方法进行了研究，但只有德国和美国有大规模应用的经验。已经证明该工艺能够成功处理TBP，但像三氯乙烷和甲苯这样的有机液不易消化。目前没有该工艺的工业规模应用。

2.7 蒸馏

蒸馏方法包括两步，蒸发和冷凝。通过加热使废物的一部分挥发，待其冷却后作为干净液体加以回收。该方法广泛应用于废物分离和减容，法国和英国的后处理厂采用这种方法处理有机废液。

有机液体的大规模蒸馏需要先进的设备。如果蒸馏物可再利用，这种方法是非常有用的，因此主要应用于特定液体，如TBP。该方法的缺点是挥发性的放射性核素，比如氚，它们无法从蒸馏物中移除。该方法用于后处理流程产生的萃取剂（如TBP）去污以及重新使用，为此进行过研究。

2.8 蒸汽重整

2.8.1 日本原子能机构

蒸汽重整技术是用以减少难以焚烧的铀污染废物磷酸三丁酯/十二烷溶剂的体积和质量的一项技术。日本原子能机构（JAEA）已经研发了用以减少难以焚烧放射性有机废物的数量和质量的蒸汽重整技术。蒸汽重整是一个过热蒸汽和来自有机物质的可燃气体如氢和甲烷的综合反应。例如，该反应用于为燃料热室生产氢。在JAEA的技术中，蒸汽重整反应用于有机废物的气化和有机废物中的非挥发性核素如铀的分离[9-10]。

JAEA已对该技术进行了长期的中间规模实验。蒸汽重整技术包括蒸汽重整过程和浸没燃烧过程（图8）。在蒸汽重整过程中，废物以1~3 kg/h的速率进入气化室，在还原空气中与过热蒸汽进行蒸发和热解，非挥发性残渣如铀化合物则仍留在气化室中。分解气体中携带的少量放射性核素被收集在气化室尾端的过滤器中。在浸没燃烧过程中，分解气体在浸没燃烧反应器中完全燃烧。长期试验前已进行了短期试验，尽管气化室观察到了严重的腐蚀，但试验得到的数据显示TBP/十二烷废物的还原率至少为99.93％。之后腐蚀问题通过牺牲阳极解决，改进后系统可安全运行960小时，平均还原率达到99.96％，略高于短期试验的结果。

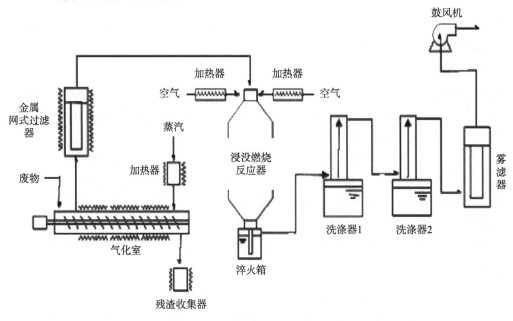

图8 示范规模蒸汽重整处理系统工艺流程

使用蒸汽重整技术对受到铀污染的 TBP/十二烷废物减容得到示范。短期处理试验的结果表明，JEAE 的蒸汽重整处理系统获得高减容效果，可从废 TBP/十二烷中分离铀。平均减容率超过 99％。在长期处理试验的整个过程中，尾气中 CO 和 NO_x 的浓度低于常规值。液体废物解控后可排放到环境中。气化室的腐蚀问题已使用牺牲阳极解决。

2.8.2 日本核燃料循环开发研究所

日本核燃料循环开发机构（JNC）开发了工程规模的蒸汽重整系统（SR）（图 9），用于处理核燃料循环设施中受到铀污染的 TBP/十二烷和卤化油，系统的进料率为 3 kg/h。使用模拟的非放射性废物进行试验以评估装置（系统）的处理性能。模拟使用的非放射性废物的气化率超过 98％，尾气中的控制物质如 CO、NO_x、HF 和 HCL 的浓度低于监管限值。超过 99％的氟化氢和氯化氢被收集在洗涤器中。使用工程规模的蒸汽重整系统成功地处理了所有的模拟有机废物。

- SR 工艺过程

由于焚烧 TBP/十二烷和卤化油产生的磷酸和卤化氢腐蚀炉壁和尾气处理系统，TBP/十二烷和卤化油被认为是难以处理的废物。焚烧炉的尾气处理系统使用抗腐蚀材料，因为焚烧炉需要一个大型尾气处理系统来处理大量含有放射性核素的尾气。

JNC 的 SR 处理设备包括两个主要过程，即气化过程和氧化过程。在气化过程中，TBP/十二烷和卤化油被汽化，之后在气化室中约 600 ℃的无氧环境中通过热解和水解被分解为小分子化合物。氧化过程在反应器 1200 ℃的高温下进行，小分子化合物被空气氧化成 CO_2、水和无机酸。气体中含放射性物质的微粒被安装在气化室之后的过滤器去除，仅气化的有机化合物被添加到反应器中。气体中的有机化合物和空气同时加热，在反应器中氧化成 CO_2 和水。降解气中的磷和卤化物分别转化为磷酸和卤化氢，这些磷酸和卤化氢被收集在洗涤器中，SR 系统排向大气的主要物质为 CO_2 和水蒸气。

图 9　工程规模蒸汽重整系统

使用工程规模的蒸汽重整系统，所有的有机模拟废物得到成功处理。有机化合物的汽化率超过 98％。尾气中的控制物质（CO、NO_x、HF 和 HCl）的浓度低于管理限值，超过 99.9％的氟化氢和氯化氢被收集在洗涤器中。

2.9　催化热解

催化热解反应是一种利用催化剂和热能来加速化学反应的方法，催化剂可以降低反应活化能，使反应速率加快。热能则可以提供反应所需的活化能，促进反应的进行。催化剂和热能相结合，可以使反应速率大幅提高，同时降低反应的温度和压力。催化剂在催化热解反应中起着重要的作用。它能够在反应中提供一个能量势垒，使得反应物分子可以更容易地转化为产物分子。同时，催化剂还可以增加反应物分子的有效碰撞率，使得反应速率更快。催化剂的选择和使用方法对热催化反应的效果有着重要的影响。相对于传统的热解方法，液相催化热解具有以下特点：①温度低；②催化剂作用明显；③产物选择性高。

在中试反应器中将Mex1Oy与TBP以质量比10∶1，150～220 ℃条件下反应1 h，产物如图10所示，产物组分如图11所示。

 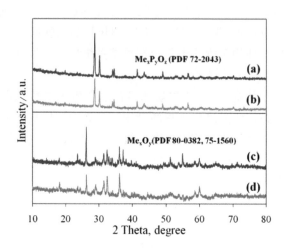

图 10　催化热解产物　　　　　　　　　　图 11　催化热解产物组分

3　结论

在世界范围内，针对TBP处理方法进行了大量的科学研究和实（试）验，这些方法包括焚烧、热解、加碱水解、直接化学氧化、酸性氧化、蒸汽重整等，除热解和加碱水解外，还没有用其他方法处理TBP废物的工程应用。

（1）针对总量较大放射性废TBP采用热解、加大事碱水解是不错的选择。

（2）针对总量较少，可采取直接化学氧化、酸性氧化、催化氧化较合理。

（3）在选择TBP处理技术路线时，需根据国家相关政策、技术储备情况和技术的适用性进行选择。

参考文献：

[1]　INTERNATIONAL ATOMIC ENERGY AGENCY. Application of Thermal Technologies for Processing of Radioactive Waste，TECDOC - 1527，IAEA，vienna（2006）．

[2]　INTERNATIONAL ATOMIC ENERGY AGENCY. Predisposal Management of Organic Radioactive Waste，technical reports series no. 427，IAEA，vienna（2004）．

[3]　INTERNATIONAL ATOMIC ENERGY AGENCY. Combined Methods for Liquid Radioactive Waste Treatment，TECDOC - 1336，IAEA，vienna（1997 - 2001）．

[4]　INTERNATIONAL ATOMIC ENERGY AGENCY. Treatment and Conditioning of Radioactive Organic Liquids，IAEA - TECDOC - 656，IAEA，vienna（1992）．

[5]　阎克智，张振涛，范显华，等．放射性有机废液焚烧装置的热运行［J］．辐射防护，1991.

[6]　张琳．模拟放射性废机油的电化学高级氧化处理研究［D］．绵阳：西南科技大学，2019.

[7]　刘艳．放射性废机油固化技术［C］//2016年版中国工程物理研究院科技年报．北京：中国原子能出版社，2016.

［8］ 成章. 废有机溶剂磷酸三丁酯（TBP）的处理研究 ［D］. 北京：北京化工大学，2008.

［9］ 冯文东，王瑞英，叶盾毅，等. 放射性废有机相（TBP - OK）处理技术综述 ［J］. 环境工程，2019，37（5）：92 - 98，104.

［10］ 林美琼，张存平，谢武成，等. 热解燃烧法处理 TBP - OK 研究 ［Z］. 中国原子能科学研究院年报，1994：173.

Radioactive TBP treatment technology

XU Li-guo，HE Yun，PI Yu-xin，LIU Jing-qian，XUE Peng

(Sichuan Environmental Protection Engineering Co., Ltd., Guangyuan, Sichuan 628000, China)

Abstract：In the nuclear fuel cycle, tributyl phosphate (TBP) is commonly used as an extractant, and the used TBP becomes radioactive organic waste. A large number of foreign studies have been conducted on TBP treatment, and the proposed methods include incineration, pyrolysis, alkali hydrolysis, wet oxidation, direct chemical oxidation, acid digestion and steam reforming, etc. Currently, only pyrolysis and alkali hydrolysis are applied on an engineering scale. The spherical bed pyrolysis furnace process developed in Germany is a good solution to the problem of phosphoric acid corrosion in traditional incinerator treatment of TBP, and Belgium uses this process to treat TBP. India and the solvent treatment plant in Sellafield, UK, use alkali hydrolysis to treat TBP, and compared with pyrolysis, the secondary waste treatment workload of this process is large. Due to economic and technical considerations, TBP has so far been temporarily stored in many countries for future action.

Key words：TBP；Pyrolysis；Alkaline hydrolysis；Incineration；Corrosion

二连盆地乔尔古典型铀矿区三维电阻率结构特征

王　恒，胡英才，刘　祜，程纪星，汪　硕，张濡亮

（核工业北京地质研究院，中核集团铀资源勘查与评价技术重点实验室，北京　100029）

摘　要： 作为具有一定潜力的铀成矿远景区与典型的地质剖面地段，乔尔古地区开展了大量的地球物理调查与试验研究工作。通过在该区内进行音频大地电磁法的数据采集、资料处理和三维非线性共轭梯度反演，获得了该区的三维电阻率模型，从电性结构角度刻画了以泥岩及砂岩为主的赛汉组上段沉积层与以泥岩为主的赛汉组下段沉积层的三维构造特征。结果显示：赛汉组上段泥岩、砂岩电性分别表现为低阻、中高阻特征；700 m 以深的赛汉组下段受深部高阻地层影响表现为高阻。通过与钻孔资料对比圈定出了砂体有利区的可能位置，为更加详尽的铀矿勘查提供了部署依据。三维电阻率模型结果也为在该地区进行不同地球物理方法间的对比试验提供了数据支撑与依据。

关键词： 砂岩型铀矿；音频大地电磁法；三维电性特征；二连盆地

目前，砂岩型铀矿已经成为我国最主要的铀成矿类型[1]，作为砂岩型铀矿类型之一，古河道型铀矿以二连盆地中部的巴彦乌拉矿床-赛汉高毕铀矿床-哈达图矿产地铀矿带（简称"巴-赛-齐"铀矿带）最为典型。目前，巴彦乌拉矿床已经进入地浸开采阶段，属我国首个建立矿山的可地浸古河谷型铀矿床[2]。乔尔古研究区位于"巴-赛-齐"铀矿带内，被认为具有一定勘探前景，已经进行了大地电磁二维勘探。古河道内充填砂体厚度仅 30～80 m，夹于泥岩之中，深度却为 400 m～800 m，受地质异常体旁侧效应影响，二维方法对砂体的勘探效果不佳，未能准确识别出砂泥互层中赛汉组上段泥岩为主地层[3]。因此，基于已有的多条 AMT 剖面数据开展三维电阻率反演试验研究，为砂岩型铀矿勘查砂体夹层探测提供新手段。

1　研究区地质与地球物理特征

1.1　地质特征

乔尔古研究区位于二连盆地"巴-赛-齐"铀矿带乌兰察布凹陷内，盆地是在内蒙古华力西晚期地槽褶皱带基础上发育的裂谷盆地，沉积盖层有侏罗系、白垩系、古近系、新近系和第四系[4]。下白垩世沿古河道沉积了赛汉组（K_1bs）含煤的粗碎屑岩建造，富含机质，是沉积后地下水的主要径流和汇集场所，也是铀成矿的主要赋矿层位。该组为一套粗粒岩段，主要为一套河流相、沼泽相沉积。从钻孔揭露情况看，该组下部为灰色粉砂岩、砂质砾岩夹泥岩，其底部为灰绿、绿灰色（蓝灰色）块状砂质砾岩层；中部为绿灰色泥岩夹炭质泥岩和褐煤线；上部为绿灰色、灰色砂质砾岩、含砾砂岩夹灰色或棕红色泥岩，迹象反映气候向干旱、半干旱转变。

1.2　地球物理特征

前人在研究区开展了大量电磁法和钻探、测井工作，对区内不同地层的岩石做了较系统的物性分析测试，认为区内可分为基底与盖层间、中生界与新生界间两个明显的电性差异层（图1）。从公开资料中电磁法地电反演剖面上可以看出，赛汉组不同粒度的砂岩间也存在着一定的电性差异，但差异较小，利用高精度的处理与解释手段方能区别开来，给铀矿勘查工作增加了一定难度。

作者简介： 王恒（1994—），男，安徽亳州人，工程师，硕士，主要从事电法勘探及电磁法正反演研究工作。

基金项目： 中国核工业集团核能开发项目"塔里木盆地砂岩型铀矿地球物理探测技术开发与应用"（物 HTLM2101-04）。

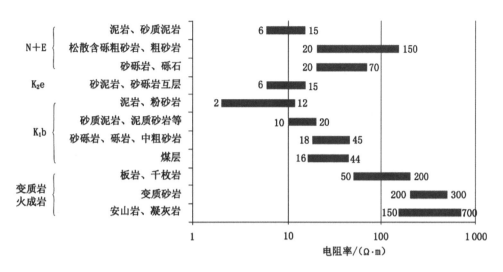

图 1　研究区主要岩性电阻率分布[3]

2　音频大地电磁测深方法与技术

音频大地电磁测深法是基于麦克斯韦电磁感应原理，利用岩石导电性差异的频率域电磁勘探方法。与二维 MT 正演不同，三维 MT 正演不能简单地解耦为两组互相独立的 TE 和 TM 极化方式，需要将电性场源或磁性场源分解成相互正交的两个等强度场源分量，分别计算这两种极化方式激发下产生的电场和磁场分布，并按照如下公式计算张量阻抗和倾子[5]：

$$\begin{bmatrix} Z_{xx} & Z_{xy} \\ Z_{yx} & Z_{yy} \end{bmatrix} = \begin{bmatrix} E_x^1 & E_x^2 \\ E_y^1 & E_y^2 \end{bmatrix} \cdot \begin{bmatrix} H_x^1 & H_x^2 \\ H_y^1 & H_y^2 \end{bmatrix}^{-1}, \tag{1}$$

$$\begin{cases} T_{zx} = \dfrac{H_z^1 H_y^2 - H_z^2 H_y^1}{H_x^1 H_y^2 - H_x^2 H_y^1} \\ T_{zy} = \dfrac{H_z^2 H_x^1 - H_z^1 H_x^2}{H_x^1 H_y^2 - H_x^2 H_y^1} \end{cases} \tag{2}$$

式中，右上角标 1、2 分别代表由两个互相正交的极化方式产生的电场分量 E 或磁场分量 H；下角标 x、y、z 表示空间坐标系中三个方向。阻抗张量是电磁法中最重要的概念之一，可有效描述地下介质的传输特性和地下电性结构[6]。

此外，可以根据阻抗张量，进一步计算出 MT 的视电阻率和相位响应，其公式如下：

$$\begin{cases} (\rho_a)_{ij} = \dfrac{1}{\omega \mu_0} \left| Z_{ij} \right|^2 \\ \varphi_{ij} = Arg (Z_{ij}) \end{cases} \tag{3}$$

式中，下角标 i 取 x、y 时，j 分别取 y、x；w 为角频事，μ_0 为真实磁导率；Arg 为反正切符号。

2.1　装置布设与数据采集

工区位于脑木根次级凹陷内，区内采集的 1655 个 AMT 数据点构成了面积行测量，共 42 条测线，测线方向 NW - SE，每条测线 39～42 个测点不等，线距和点距都为 100 m（图 2）。采用凤凰地球物理公司生产的 V8 多功能电法仪以"1 托 2"张量观测形式采集数据，以标准"十"字形布极方式为主。采集时长不低于 40 min，保证采集频率达到 0.43 Hz 左右。"1 托 2"采集形式是指一组排列由 1 个 V8 主机和两个 RXU - 3ER 接收机组成，采用磁道共享技术，每组排列同时测量 3 个 AMT 测点[7]。

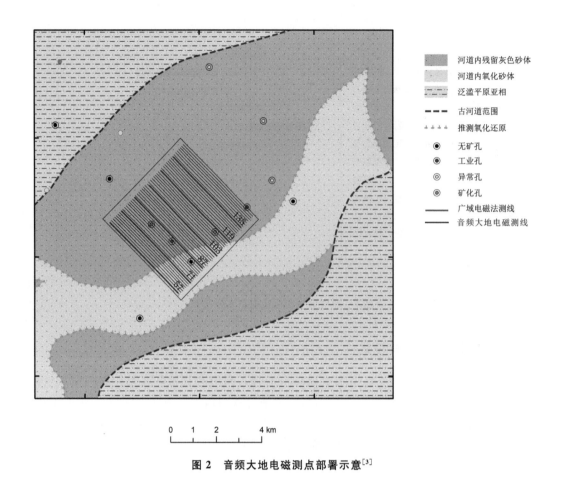

图 2　音频大地电磁测点部署示意[3]

图例：
河道内残留灰色砂体
河道内氧化砂体
泛滥平原亚相
古河道范围
推测氧化还原
无矿孔
工业孔
异常孔
矿化孔
广域电磁法测线
音频大地电磁测线

0　1　2　　4 km

2.2　实测数据三维精细处理

2.2.1　资料预处理与分析

高质量的数据是获得精细可靠结果的基础，首先对原始时间序列进行噪声压制、资料预处理、极化模式识别、静态校正等。通过对预处理后的大地电磁测深资料进行数据分析，可得到地下导电介质的维性信息、构造走向、电性基本分布特征等信息，这些信息能增加对构造特征的了解，也可为反演结果及其解释提供约束信息。

磁感应矢量是用来分析电性结构的一个重要物理参量，磁感应矢量实部反映地下介质导电性分布的横向不均匀性，矢量大小反映横向导电性差异的大小[8]，据此判断出研究区浅部二维性较好，中部为比较均匀的一维介质，深部的三维性较强。采用阻抗张量分解技术能压制近地表三维局部小异常体的影响，并获得随测点、频点变化的区域电性主轴方位[9]，获得了全频段电性主轴方向的统计玫瑰图，表明地下导电介质的主轴方向近似介于 EW（或 SN）和 NEE（或 NNW）方向之间，这与钻探施工剖面及电磁勘探剖面方向是一致的（图 3）。

2.2.2　三维反演

三维反演采用非线性共轭梯度三维反演算法程序，反演采用 XY 和 YX 模式的视电阻率和相位数据。频率方面，选取 10 400～3.4 Hz 之间总计 46 个频点。视电阻率的反演门槛误差设置为 3%，相应的相位门槛误差为 0.49°。三维模型计算核心区域采用 70 m×70 m 的均匀网格，边界乘以 1.5 的比例因子向外扩展；垂向网格的首层厚度为 10 m，按分段采用不同比例因子向深部扩展；最终生成的反演网格为 80（东西方向）×80（南北方向）×113（垂直深度方向，地势平坦，无空气网格），总反演网格为 723 200 个。

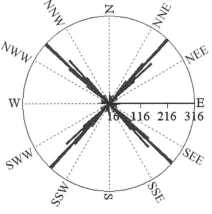

图 3　全频段统计玫瑰图

　　为了得到最终的三维电阻率模型，还需要设置三维反演的初始模型。目前设置初始模型的思路有两种：一种是基于同一地区二维结果与三维结果的相似性，以二维反演结果为初始模型进行三维迭代反演[10]；另一种是基于已有反演结果和均匀半空间模型之间的加权来确定下一步反演的初始模型[11]。本文采用第二种方式确定初始模型，最终获得了三维电性反演结果。

3　研究区反演结果与钻孔验证

3.1　三维反演结果及推断解译

　　从三维电性反演结果图中可以看出地下导电介质大致可分为三层，200 m 深度以浅以绿色至黄色为主，电阻率值介于 4～8 Ω·m；200～600 m 深度范围以蓝色为主，电阻率介于 2.5～4 Ω·m；600 m 以深以红色为主，电阻率介于 8～17 Ω·m。测区测线所穿过的区域地表多以第四系覆盖为主，地表无其他岩性露头。据钻孔揭露此地区主要岩性以上白垩统赛汉组和腾格尔组泥、砂岩地层为主，深部基底为二叠系变质岩。且一般情况下，砂岩粒度越大电阻率越高，据此确定了研究区内以砂岩为主、以泥岩为主及以砂泥岩和基底为主的解译结果（图 4）。

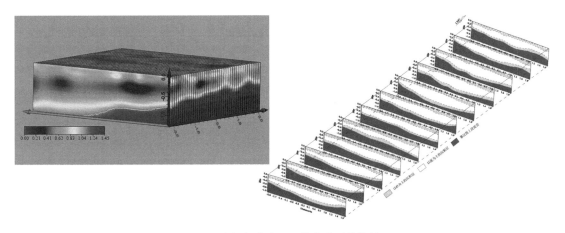

图 4　乔尔古试验区三维电磁反演结果

3.2　钻孔对比验证

　　工作区内有多口钻井经过 L87 线电磁剖面，其中 ZKH－2 钻孔通过剖面 2.1 k m 处，钻孔揭露在深度为 60 m、97 m、125 m、210 m 和 555 m 处发现有粗粒砂岩或砾岩。其中深度 125 m 和 555 m 处的砂岩层厚度分别为 60 m 和 104 m，相对较为厚大，其他砂岩层厚度一般为 15 m 左右的薄层。因此，可以将钻孔剖面分为浅部和深部粗粒砂岩或砾岩及中部泥岩夹薄层砂岩三套地层。从三维电阻率反演结果中截取与 L87 线相同位置的电阻率切片并进行钻孔验证，结果表明三维反演对识别具有一定厚度的中高阻地层具有较好的效果（图 5）。

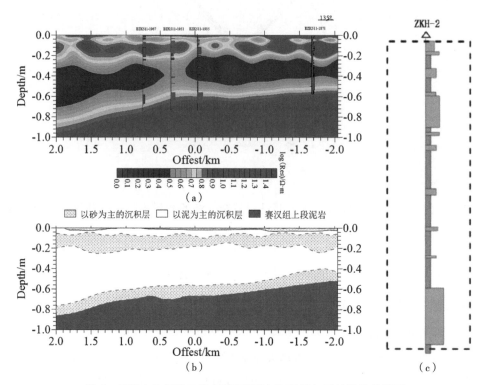

图 5   三维电法反演二维电阻率切片（L87 线）及钻孔柱状简图

（a）电法反演结果；（b）综合地质解译；（c）钻孔岩性柱状简图

4   解译结果分析

采用二维反演方法的前提是假设地下电阻率结构是二维分布的，并且测线与二维电阻率结构走向垂直。但是，通过对研究区进行磁感应矢量和电性主轴分析，证实了地下导电介质不是严格的三维电性结构，而是在浅部以二维、中部以一维结构分布的。测线方向也与主体电性结构走向近似垂直，若对这样的实测资料进行二维反演解释，很可能得不到可靠的地电模型，有时甚至会得到严重畸变的结果。此外，三维反演还可获得电磁剖面周围的电性结构，避免了旁侧效应对二维反演结果的影响。实际上，通过前文的钻孔结果对比，表明三维反演结果的二维电阻率切片可以很好地与钻孔岩性相对应，确定了赛汉组上段泥岩为主地层深度在 200～600 m，表现为低阻；赛汉组上段砂岩为主地层深度在 500～800 m，表现为中高阻。

5   结论

通过在二连盆地乔尔古地区砂岩型铀矿开展三维电磁探测技术试验研究，获得了全区及已知钻探剖面下方的三维电阻率分布特征，较连续地反映了地下砂体分布特征：

（1）三维反演比二维反演更切合实际，但三维反演计算更复杂也更耗时，在进行电阻率反演前，对工区进行磁感应矢量和电性主轴分析可以了解地下导电介质电性结构，从而决定采用二维反演还是三维反演。本例中浅部受第四系沉积影响表现为二维电性结构，中部为一维电性结构，因此在设置三维反演初始模型或二维初始模型时，也可以用二维反演结果或单点反演结果创建初始反演模型。

（2）通过在典型古河道型铀矿区开展三维电磁探测技术研究，有利于建立适用于砂岩型铀矿的三维电磁探测技术，可获得区内基于音频大地电磁数据的地下砂体空间展布，同时也为在该地区进行不同地球物理方法间的效果对比提供支撑。

致谢

感谢编辑处和审稿专家提出的宝贵建议和大力帮助，本文数据处理与分析使用了陈小斌教授团队开发的 MTPioneer 和 toPeek 软件，在此表示感谢。

参考文献：

［1］ 张金带. 我国砂岩型铀矿成矿理论的创新和发展［J］. 铀矿地质，2016，32（6）：321－332.

［2］ 鲁超，彭云彪，杨建新. 内蒙古二连盆地中部古河谷型铀矿［J］. 地质评论，2015，61（10）：351－352.

［3］ 汪硕，段书新，吕孝勇，等. 二连盆地乔尔古地区广域电磁法砂体识别技术研究［J］. 铀矿地质，2020（5）：36.

［4］ 内蒙古二连盆地巴-赛-齐地区铀矿资源调查评价成果报告［R］. 包头：核工业二〇八大队，2016.

［5］ 谭捍东，魏文博，邓明，等. 大地电磁法张量阻抗通用计算公式［J］. 石油地球物理勘探，2004，39（1）：113－117.

［6］ 孙思源. 大地电磁测深数据和重力数据三维联合反演研究［D］. 长春：吉林大学，2019.

［7］ 胡跃彬，汪硕，段书新，等. 音频大地电磁法在二连盆地伊和高勒地区砂岩型铀矿勘查中的应用［J］. 铀矿地质，2021，37（2）：276－283.

［8］ 陈小斌，赵国泽，詹艳，等. 磁倾子矢量的图示分析及其应用研究［J］. 地学前缘，2004，11（4）：626－636.

［9］ 蔡军涛，陈小斌. 大地电磁资料精细处理和二维反演解释技术研究（二）：反演数据极化模式选择［J］. 地球物理学报，2010，53（11）：2703－2714.

［10］ ZHANG L L，YU P，WANG J L，et al. Smoothest model and sharp boundary based two-dimensional magnetotelluric inversion［J］. Chinese journal of geophysics，2009，52（6）：1360－1368.

［11］ 叶涛，陈小斌，严良俊. 大地电磁资料精细处理和二维反演解释技术研究（三）：构建二维反演初始模型的印模法［J］. 地球物理学报，2013，56（10）：3596－3606.

Three dimensional resistivity structure of typical sandstone - type uranium deposits in Erlian Basin

WANG Heng, HU Ying-cai, Liu Hu, Cheng Ji-xing,
Wang Shuo, Zhang Ru-liang

(CNNC Key Laboratory of Uranium Resources Exploration and Evaluation Technology,
Beijing Research Institute of Uranium Geology, Beijing 100029, China)

Abstract: As a uranium metallogenic prospect area with certain potential and a typical geological section, a lot of geophysical investigation and experimental research work have been carried out in Qiaoergu area. Through data acquisition, data processing and three-dimensional nonlinear conjugate gradient inversion of audio magnetotelligme in this area, the three dimensional resistivity model of this area is obtained, and the three-dimensional structural characteristics of the upper Saihan Formation sedimentary layer dominated by mudstone and sandstone and the lower Saihan Formation sedimentary layer dominated by mudstone are described from the perspective of electrical structure. The results show that the electric properties of mudstone and sandstone in the upper member of Saihan Formation are characterized by low resistivity and medium high resistivity respectively. 700 m in depth, the lower member of Saihan Formation is affected by deep high resistivity strata. By comparing with the borehole data, the possible location of the favorable area of sand body is delineated, which provides the basis for the deployment of more detailed uranium exploration. The results of 3D resistivity model also provide data support and basis for the experimental comparison between different geophysical methods in this area.

Key words: Sandstone-type uranium deposit; AMT; Resistivity structure; Erlian Basin

二连盆地砂岩型铀矿勘探可控震源地震资料采集与处理技术研究

潘自强，乔宝平，黄伟传

（核工业北京地质研究院，北京　100029）

摘　要：近年来，地震勘探技术在铀矿勘探中得到了广泛应用。本文针对二连盆地砂岩型铀矿勘探需求，设计了地震观测系统参数，野外试验论证了高精度可控震源激发参数，获得了高质量原始地震资料。针对可控震源地震资料特征，开展了地震资料处理技术研究。利用层析反演静校正、叠前多域组合去噪、地表一致性预测反褶积、地表一致性振幅补偿、速度分析及地表一致性剩余静校正技术，建立了合理的叠加速度场模型，获得了高信噪比叠加剖面。通过偏移速度分析及 Kirchhoff 叠前时间偏移的多次迭代，对地下地质结构进行了较准确成像，获得了地下真实地质构造形态。最后，本文建立了一套可控震源地震资料采集与处理技术，获得了高分辨率、波组特征清晰、地层展布形态合理的成果剖面，为后续地震资料反演解释及有利成矿砂体预测奠定了良好基础。

关键词：砂岩型铀矿；可控震源；观测系统；地震资料处理

近 20 年来，地震勘探技术在砂岩型铀矿勘探中发挥了越来越重要的作用，能有效查明勘探区目标地层结构特征并确定有利成矿砂体分布特征。在国外，加拿大学者 E. Hajnal 等[1]在 Athabasca 盆地开展了二维和三维地震勘探，查明了该盆地铀矿目标地层结构特征。国内冯西会等[2]讨论了高分辨率地震勘探技术在砂岩型铀矿勘探中的数据采集、资料处理和测井约束反演方法。徐国苍等[3]研究了砂岩型铀矿勘探中的浅层地震技术，介绍了浅层地震勘探数据采集、处理及解释方法的具体应用。本文在前人研究的基础上，针对二连盆地砂岩型铀矿埋深浅，波阻抗差异小等特征，较深入地研究了可控震源地震资料采集与处理技术，形成了一套基于可控震源地震资料的高信噪比、高分辨率处理方法流程，得到了较好的处理效果。处理所得成果剖面为后续地质解释及反演奠定了良好基础。

1　研究区地震地质条件

研究区位于二连盆地，是一个以高平原为主体，兼有多种地貌的地区，地势南高北低，东、南部多低山丘陵，盆地错落其间，为大兴安岭向西和阴山山脉向东延伸的余脉。地表以草原为主，局部有沼泽、林地、庄稼地，大部分为第四系沉积物。局部地区为低矮丘陵，出露火成岩。地表高程在 1000～1200 m，最大高程差为 200 m。低降速带厚度在 5～50 m，低速层速度整体相对较低，大部分区域低速层速度为 500～700 m/s，局部地区相对较高，约 1000 m/s。主要产铀层位于二连组和赛汉组的薄砂体中，含矿砂岩与围岩波阻抗差异很小，地震勘探难度大。

2　可控震源地震资料采集

可控震源[4-5]地震勘探始于 20 世纪 50 年代的苏联与美国，距今已有 70 多年历史。目前已经在油气勘探、煤田勘探、工程地球物理等领域得到了广泛应用。与传统爆炸震源相比，可控震源具有安全、环保、高效、低成本、非破坏性等独特优势，其震源出力大小、扫描时间，激发频率范围、相位

作者简介：潘自强（1987—），男，甘肃天水人，高级工程师，硕士研究生，主要从事地震勘探数据采集与资料处理方法技术研究。

等参数均可根据研究区地震地质条件设计，并且可控震源在高密度，高覆盖[6]条件下的激发，能够获得优于或等同于传统爆炸震源激发的地震成像资料。本次针对二连盆地砂岩型铀矿勘探需求，震源采用了中石油最新一代高精度可控震源 EV56。经野外地震数据采集试验，确定本次可控震源激发参数为：震动台次 1 台 1 次，扫描频率 3～96 Hz，扫描长度 10 s，驱动幅度 65%，线性升频扫描。观测系统参数如表 1 所示。

表 1　观测系统参数

参数名称	参数值
观测系统类型	1 线×1 炮×240 道
纵向观测系统	1195－5－10－5－1195
CMP 间距	5 m
覆盖次数	60 次
道间距	10 m
炮间距	20 m
接收道数	240 道
检波器类型	20DX－10
检波器个数	1 串×5 个
组合方式	小面积组合
组合基距	1 m×1 m
采样间隔	1 ms
记录长度	3 s
前放增益	12 dB
高截滤波	250 Hz

3　关键数据处理技术

3.1　层析静校正

由于地表高程变化，低降速带纵横向上的不均匀性变化，造成地震原始记录时距曲线形态的扭曲而无法达到动校正后的水平叠加，进而影响叠加剖面质量及后续速度分析精度。为了消除地表高程及低降速带的影响，需要进行静校正处理。由炮检点高程变化情况、地表及近地表地质条件可知，本次数据处理静校正问题较突出，会对地震叠加剖面同相轴产生严重畸变影响。为了解决上述静校正问题，本次采用了先进的基于网格层析反演方法的层析静校正[7]。该方法是一种初至波旅行时反演方法，由于初至波旅行时是介质速度函数沿地震波射线路径的积分，层析反演就是在拾取初至波旅行时后来反演地下近地表速度模型。该方法假设将近地表划分为高密度的网格，而假定在每个网格内速度值恒定，对所有穿过速度模型的射线建立层析稀疏线性方程组，利用共轭梯度法迭代反演求解方程组，当正演计算的初至值与实际地震资料拾取的初至值的残差足够小时，就认为迭代反演得到了近地表速度值，再求出各点深度，最后计算得到炮点和检波点的静校正量。图 1 与图 2 分别为层析静校正前后的叠加剖面，可以明显看到，层析静校正后的叠加剖面上同相轴连续性得到增强，这表明，层析静校正能很好地消除地表高程和近地表低降速带对反射波带来的畸变影响。

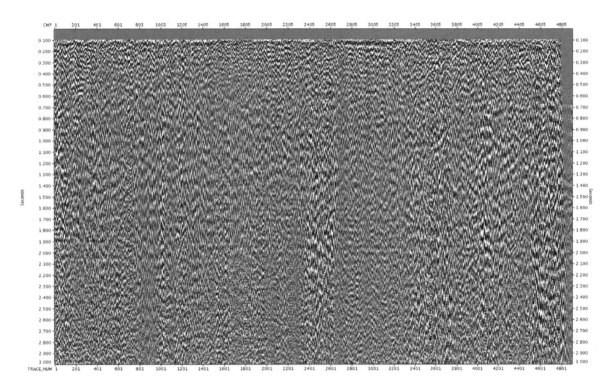

图 1 静校正前叠加剖面

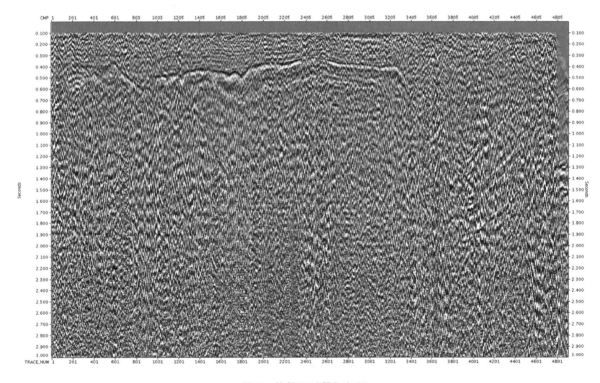

图 2 静校正后叠加剖面

3.2 叠前多域组合去噪

3.2.1 异常振幅噪声衰减

在单炮记录中，存在异常振幅极大值。异常振幅衰减处理时首先利用动校正速度划分不同时窗，然后针对每个时窗在空间上通过中值滤波宽度（即空间窗口）划分出更小的窗口，再将每个时窗内数据利用傅里叶变换转换到频率域，使用空间中值滤波，如果频带内的平均能量大于门槛能量值，则在这个频带内的振幅被视为异常振幅，这种异常振幅通过给定阈值系数来衰减或通过周围道插值的方法进行衰减。本次处理中所用时窗长度为 300 ms，每个时窗之间重叠 25%，所使用的时间-阈值系数对为（500，100）、（1000，20）、（3000，10）。阈值系数越小，对噪声的压制越好。

3.2.2 相干噪音衰减

对于线性噪声及面波的衰减，采用 F－X 域相干噪声衰减法[8]。由于线性噪声、面波与有效反射波在视速度、频率、能量方面存在差异，依据此差异来衰减线性噪声及面波。经过分析，线性干扰波视速度为 2100 m/s，面波视速度为 1600 m/s，面波主频为 7 Hz。F－X 域噪音衰减方法为利用傅氏变换将时间-空间域地震数据变换到频率-波数域，利用扇形滤波后的最小二乘估算法得到相干噪音分布的频率和速度范围并将噪音减去，最后把数据利用傅氏反变换到时间-偏移距域，这样就实现了相干噪音衰减。

3.2.3 地表一致性局部异常振幅衰减

在上一步去噪的基础上，应用地表一致性局部异常振幅衰减方法进一步压制近炮点强能量干扰及异常振幅。首先利用合理的动校正速度建立不同时窗，处理中定义的时窗长度为 200 ms，各时窗重叠率为 50%，在该时窗内基于均方根振幅计算类型进行振幅的统计计算。第二步为振幅分解。基于高斯-赛德尔迭代法将前一步计算的振幅分解为检波点项、炮点项、偏移距项和 CMP 项。第三步为依据拾取的振幅和分解后的 4 项来计算振幅应用比例因子，然后通过该比例因子在给定的时窗内调整每一道的振幅值，这样即可达到进一步衰减面波及局部异常振幅的作用。

对比图 3 和图 4 可知，经过叠前多域组合去噪，单炮记录中的面波、线性干扰、声波、极大异常振幅等干扰波得到了很好的压制，资料信噪比得到了显著提高。

图 3　组合去噪前单炮记录

图 4　组合去噪后单炮记录

3.3　地表一致性预测反褶积

反褶积[9]是压缩地震子波、拓宽数据频带、提高地震资料分辨率的有效方法。由于实际地震资料采集过程中，不同震源不同岩性处产生的子波不一致，这样子波与相同反射系数序列在褶积运算后同相轴存在差异，所以需要对子波进行一致性处理。地表一致性预测反褶积主要分三步。首先利用动校正速度建立时窗，在时窗内对输入地震道进行频谱分析，采用最大熵谱分析法，以对数方式计算每个输入道的对数功率谱，本次处理中所用时窗长度为 3000 ms。其次，在地表一致性约束下，基于高斯-赛德尔迭代法将对数功率谱分解为炮点分量、检波点分量、CMP 分量和偏移距分量。最后，基于时变和地表一致性方式设计最小相位反褶积算子，在共炮点域和共检波点域应用最小相位反褶积算子与每个地震道进行反褶积，来提高地震资料分辨率，拓宽频带。预测步长是反褶积处理中的关键参数，该参数控制着对地震子波的压缩程度，处理中需要对该参数进行测试，本次测试值分别为 10 ms、14 ms、16 ms、18 ms、20 ms、24 ms、28 ms，通过监控单炮及叠加剖面质量，取预测步长为 20 ms。

3.4　地表一致性振幅补偿

地震资料采集时，由于近地表地质结构横向不均匀变化，地表激发条件、接收条件的不一致性，导致地震记录振幅在空间上存在变化，为了消除上述因素对振幅的影响，需要进行地表一致性振幅补偿。该方法主要分三步：首先，利用动校正速度建立时窗，本次处理中所用时窗长度为 3000 ms，在该时窗内计算每个地震道的均分根振幅；其次，由于地表一致性方法假设地震记录是炮点响应、检波点响应、炮检距响应及共中心点响应的乘积，基于高斯-赛德尔迭代法将计算的振幅分解为炮点项、检波点项、炮检距项和 CMP 项，进一步来计算期望的补偿平均能量水平和补偿因子；最后，在各地震道上应用补偿因子进行振幅补偿。

3.5　速度分析与地表一致性剩余静校正的迭代

速度分析与地表一致性剩余静校正是相互制约的关系，处理中采用了速度分析与地表一致性剩余静校正的多次迭代。

3.5.1 速度分析

地震数据处理中准确速度场的建立是关键环节。速度准确，则处理后的成果剖面可以正确反映地下地质构造特征，若不准确，则会产生假象，甚至错误的解释结果。速度分析是基于速度谱通过交互速度拾取来实现的，速度分析的准则就是确定合理的速度将 CMP 道集中一次反射波同相轴拉平而实现水平叠加。本次速度分析中，CMP 点间隔为 25 点，即速度分析控制点间隔为 250 m，在某些成像效果不佳地段，还需要加密速度分析控制点。

3.5.2 地表一致性剩余静校正

在层析静校正后，CMP 道集中各道还存在以高频短波长形式出现的地表一致性剩余静校正量，同样会影响水平叠加效果，因此，还需要进行地表一致性剩余静校正处理。地表一致性约束下的剩余静校正量计算有以下三步：首先，输入 CMP 模型道集，定义一个时窗，本处理中时窗为 400~2500 ms，同时限定静态时移范围，本次限定为 24 ms，在时窗范围内 CMP 道集模型道进行互相关来计算得到地震道时差；其次，对时差进行分解，在最小平方意义下求模拟时差与拾取时差残差的最小值，进而转化为对一个线性方程组的求解问题，利用高斯-赛德尔迭代法求解上述线性方程组，将时差分解成检波点项、炮点项、构造项和剩余动校正项；最后，在每个地震道上应用计算的炮点静校正量和检波点静校正量来实现地表一致性剩余静校正。

3.6 Kirchhoff 叠前时间偏移

为了使绕射波收敛，地层准确归位，需要做偏移处理[10]，本次使用 Kirchhoff 叠前时间偏移方法。该方法解决了 CMP 道集反射点弥散问题，实现了真正共反射点叠加，提高了对陡倾角，复杂段块等复杂构造的成像精度。叠前偏移处理中，首先对多轮速度分析后产生的较合理的均方根速度进行平滑处理，建立初始偏移速度场，输入经过处理的较高信噪比、高分辨率的共炮点道集，分偏移距组进行 Kirchhoff 积分法偏移，检查偏移后 CRP（共反射点）道集的同相轴拉平情况，若 CRP 道集同相轴未拉平，反动校正后重新进行偏移速度谱分析，更新偏移速度场，然后重新进行偏移，再次检查 CRP 道集同相轴拉平情况。经过多次偏移速度分析与叠前偏移的迭代，得到合理准确的偏移速度，再经过偏移后叠加及叠后修饰性处理得到最终成果剖面。叠前偏移处理中，偏移孔径、偏移倾角、偏移距分组是关键参数，上述关键参数均需要进行参数试验，依据偏移后叠加剖面成像质量确定最佳处理所用参数。经过参数试验，本次处理中偏移孔径为 2500 m，偏移距分组共 60 组，偏移距增量为 20 m。偏移叠加后最终成果剖面如图 5 所示，剖面上绕射波得到收敛，同相轴准确归位，真实反映了地下构造形态特征。

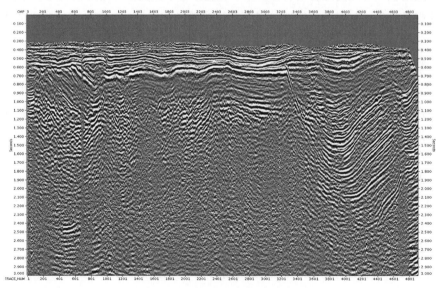

图 5　最终偏移叠加后的成果剖面

4 结论

通过二连盆地砂岩型铀矿勘探区可控震源地震资料采集与精细处理，得到如下认识：

（1）由野外试验确定了合理的可控震源激发参数及观测系统参数，获得了高质量的原始数据。

（2）受地震地质条件及各种干扰波影响，可控震源地震资料信噪比较低。利用叠前多域组合去噪技术，在保护有效信号的前提下充分压制干扰波是提高资料信噪比的关键。

（3）地表一致性处理尤为重要，只有做好地表一致性处理，才能得到高分辨率、高信噪比、能量均衡的地震剖面。

（4）经过多轮偏移速度分析，建立了合理的偏移速度模型。利用叠前时间偏移技术对目标地层地质构造进行了准确成像。

致谢

感谢中核集团龙灿二期砂岩型铀矿地震探测技术研究项目对本论文的支持。感谢项目领导李子颖研究员，范洪海研究员，中石油东方地球物理公司华北物探处谷金飞高工、熊峰高工，项目组黄伟传、乔宝平对本论文完成过程中提供的支持与帮助，在此一并表示感谢。

参考文献：

［1］ HAJNAL Z，WHITE D J，TAKACS E，et al. Application of modern 2 - D and 3 - D seismic-reflection techniques for uranium exploration in the Athabasca Basin［J］. Canadian journal of earth sciences，2010，47（5）：761 - 782.

［2］ 冯西会，王中峰，唐建益，等. 用于铀矿勘探的高分辨率地震技术［J］. 物探与化探，2007，31（增刊）：19 - 23.

［3］ 徐国苍，张红建，朱琳. 浅层地震勘探在砂岩型铀矿勘查中的应用研究［J］. 铀矿地质，2013，29（1）：37 - 45.

［4］ 张丽艳，李昂，于常青. 低频可控震源"两宽一高"地震勘探的应用［J］. 石油地球物理勘探，2017，52（6）：1236 - 1244.

［5］ 倪宇东，王井富，马涛，等. 可控震源采集技术的进展［J］. 石油地球物理勘探，2011，46（3）：349 - 356.

［6］ 李忠雄，卫红伟，马龙. 羌塘盆地可控震源采集试验分析［J］. 石油地球物理勘探，2017，52（2）：199 - 207.

［7］ 牟永光，陈小宏，刘洋，等. 地震数据处理方法［M］. 北京：石油工业出版社，2012.

［8］ 藏胜涛，苏勤等，王建华，等. 山地复杂构造带地震资料处理方法［J］. 石油地球物理勘探，2018，53（增刊）：62 - 68.

［9］ 郭树祥，李建明，毕立飞，等. 频率域地表一致性反褶积方法及应用效果分析［J］. 石油物探，2003，42（1）：97 - 101.

［10］ 曹孟起，刘占族. 叠前偏移处理技术及应用［J］. 石油地球物理勘探，2006，41（3）：286 - 293.

Study on vibrator seismic data acquisition and processing for sandstone type uranium prospecting in Erlian Basin

PAN Zi-qiang, QIAO Bao-ping, HUANG Wei-chuan

(Beijing Research Institute of Uranium Geology, Beijing 100029, China)

Abstract: Seismic exploration technique has been widely used in sandstone-type uranium exploration in recent years. Aiming to the demands of sandstone type uranium prospecting in Erlian basin, seismic geometry parameters are designed, and excitation parameters of high-precision vibrator are proved by field test. High quality raw seismic data are obtained. According to characteristics of vibrator seismic data, Crucial data processing method and techniques are researched. The main processing techniques include tomographic static correction, pre-stack combination de-noising in different domain, surface consistent prediction deconvolution, surface consistent amplitude compensation, velocity analysis and residual static correction. The reasonable stack velocity model is established, and the stack section which has high signal-to-noise ratio is obtained. the stack velocity model is built as initial migration velocity model. After multiple iteration of migration velocity analysis and pre-stack Kirchhoff time migration, the underground target geological structure is reasonable imaged, and the true subsurface stratum distributing feature is obtained. Finally, the reasonable vibrator seismic data acquisition and processing techniques are built. The ultimate seismic section which has high resolution, clear wave group, reasonable stratum distribution feature is obtained, besides, the section provides reliable basis for subsequent seismic inversion, interpretation and favorable ore-forming sandstone prediction.

Key words: Sandstone type uranium deposit; Vibrator; Geometry; Seismic data processing

地面伽马能谱在地浸砂岩型铀矿勘查中的应用

黄　笑，王殿学，唐国龙，佘弘龙，何明勇，张　政

（核工业二四三大队，内蒙古　赤峰　024000）

摘　要：在可地浸砂岩型铀矿勘查中，通过地面伽马能谱测量，大致查明研究区内铀异常分布特征，经放射性弱信息的提取，实现地面伽马能谱数据的钍归一化处理，获得研究区内铀剩差异常范围与区内断裂构造位置密切相关；结合区内钋-210 异常分布特征，综合分析区内铀成矿环境和主要控矿因素，总结铀成矿规律，预测区内找矿有利地段，为研究区下一步找矿工作提供重要的依据。

关键词：地面伽马能谱；钋-210；远景区预测

地面伽马能谱 20 世纪 60 年代提出以来，被广泛应用于铀矿找矿中，也包括地浸砂岩型铀矿找矿。在地浸砂岩型铀矿勘查中，地面伽马能谱测量往往受其盖层的影响，致使对目的层放射性评价效果不佳，本文以钱家店地区为例，对区内地面伽马测量数据实现钍归一化处理，并结合研究区内其他地面放射性物探方法，它可以直接圈定铀异常分布特征，具有形象直观的作用，从而达到间接找矿的目的。

1　地质概况

研究区为松辽盆地西南部钱家店地区[1]，工作区主要位于开鲁坳陷中，包含有钱家店凹陷及乌兰花凸起 2 个二级构造单元。

区内松辽盆地沉积盖层由上侏罗统、白垩系、古近系、新近系和第四系组成。其中，上白垩统姚家组下段（K_2y^1）为区内主要的找矿目的层。基底由元古生代、古生代中深变质岩系、浅变质岩系和同期花岗岩组成。

2　地球物理特征

松辽盆地西南部地面伽马能谱仪实测及收集邻区各地质单元钾、铀、钍的含量统计结果如表 1 所示，从表中可分析得到以下推论。

（1）区内各地质单元钾含量平均为 2.36×10^{-2}，铀含量平均为 1.78×10^{-6}，钍含量平均为 6.9×10^{-6}，其中钾、铀、钍元素的平均含量较低，变化范围较大，可能与该区沙漠化有关。

表 1　工作区及周边各地质单元地面伽马能谱测量统计

地质单元	地层代号	主要岩性	U/（$\times 10^{-6}$）	Th/（$\times 10^{-6}$）	K/（$\times 10^{-2}$）	Th/U
第四系	Q_4	沙黏土、风成沙	1.93	7.24	2.56	3.75
	Q_3	石英砂	1.07	3.20	1.05	2.99
	Q_2	沙、黏土	2.74	12.46	1.91	4.55
	Q_1	砂砾岩	0.91	9.82	4.37	10.79
	βQ_1	玄武岩	2.40	5.14	1.26	2.14

作者简介：黄笑（1987—），男，硕士，高级工程师，现主要从事铀矿地质勘查工作。

基金项目：中国核工业地质局项目"松辽盆地通辽-大庆地区铀矿资源调查评价与勘查"（202212）。

地质单元	地层代号	主要岩性	U/（×10⁻⁶）	Th/（×10⁻⁶）	K/（×10⁻²）	Th/U
新近系	βE	玄武岩	1.52	8.43	1.46	5.55
白垩系	K_2y	砂岩	1.93	11.63	2.91	6.03
	K_2qn	砂岩、泥岩	2.71	13.11	2.29	4.84
	K_2q	砂砾岩、泥岩	1.97	11.03	3.14	5.60
	K_1d	碎屑岩	3.24	12.84	4.84	3.96
侏罗系	J_3if	杂色砾岩	1.84	7.20	2.53	3.91
	J_3ml	凝灰质安山岩	3.32	9.85	1.96	2.97
	J_3by	中性火山岩	3.35	18.50	3.65	5.52
	J_3mn	火山碎屑岩	3.13	13.78	2.10	4.40
	J_3y	中酸性火山岩	3.25	16.65	4.39	5.12
	J_3m	凝灰岩	3.27	16.24	1.97	4.97
	J_3s	砂砾岩	9.03	27.55	3.68	3.05
	J_3l	砂砾岩、火山碎屑岩	3.84	1.50	0.08	0.39
	J_3q	中性火山熔岩	1.46	7.19	2.09	4.92
	J_3s	黄色砂岩	3.02	5.99	1.89	1.98
	J_3t	中酸性火山岩	3.97	19.42	3.97	4.89
	J_1b	砂岩	2.11	9.07	2.41	4.30
燕山期	$\eta\gamma_5^3$	二长花岗岩	2.14	15.37	5.07	7.18
	γ_5^2	花岗岩	4.90	16.41	4.24	3.35
	$\lambda\pi_5^2$	流纹斑岩	1.66	14.25	3.85	8.58
	$\lambda\pi_5^2$	流纹斑岩	4.42	17.41	4.11	3.94
海西期	γ_4^3	斜长花岗岩	1.40	15.96	4.44	11.40
	$\eta\gamma_4^3$	二长花岗岩	0.98	45.99	3.40	46.93
	$\eta\gamma_4^3$	二长花岗岩	1.07	11.68	4.44	10.92
	δ_4^3	闪长岩	2.60	7.76	2.57	2.98
	$\gamma\pi_4^3$	黑云母花岗斑岩	3.20	14.80	3.02	4.63
	M_r	混合花岗岩	2.02	13.55	5.31	6.71
	V	辉长岩	0.98	4.00	1.55	4.08

（2）新近系、第四系钾平均含量为 1.36×10^{-2}，铀平均含量为 1.67×10^{-6}，钍平均含量为 5.35×10^{-6}，钾、钍平均含量接近地壳中玄武岩丰度值，而铀平均含量则略高。

（3）上白垩统姚家组钾含量平均为 2.91×10^{-2}，铀含量平均为 1.93×10^{-6}，钍含量平均为 11.63×10^{-6}。该层铀元素含量略高于地壳丰度值，但变化较大，说明铀在该层中活动能力较强。

（4）上白垩统青山口组钾含量平均为 2.29×10^{-2}，铀含量平均为 1.97×10^{-6}，钍含量平均为 11.03×10^{-6}，铀、钍二元素含量远高于地壳丰度值，且铀元素变化较大，表明该层富含铀元素，并具相对贫化与富集等特征。

（5）上白垩统泉头组钾含量平均为 3.14×10^{-2}，铀含量平均为 1.97×10^{-6}，钍含量平均为 11.03×10^{-6}，该层中钾、铀、钍含量均较高，铀、钍变化也较大，这表明该层中铀元素存在强烈活化运移，有利铀矿化形成。

（6）泉头组以下地层，除下白垩统少数层位铀含量稍偏低外，其余层位铀含量均较高，一般为（2.50～4.57）×10⁻⁶，局部层位平均高达6.03×10⁻⁶，这表明该区深部富铀层位较多，可为目的层位成矿提供充足的铀源。另外钾、钍含量也较高，但变化也较大。

（7）侵入岩中钾、铀、钍元素含量从超基性至酸性，从早到晚表现为逐渐增高，钾含量为（3.0～4.0）×10⁻²，铀含量为（2.0～4.0）×10⁻⁶，钍含量为（10.0～20.0）×10⁻⁶，均高于地壳丰度值。但各岩体之间相差也较大，即使岩性和侵入期次相同的岩体放射性元素的含量也可迥然不同。

3 地面伽马能谱特征

3.1 地面伽马能谱一般特征

根据地面伽马能谱测量规范要求，野外采集数据需进行正态检验，结果表明测区铀、钍、钾含量数据基本符合正态分布，并按测区内主要地层、岩石分别计算出铀、钍、钾含量的背景值（X）、标准偏差（S）和变异系数（Cv），其结果如表2所示。由表2可知，工作区铀、钍及钾含量总体偏低，且含量相对比较稳定。

表 2 工作区主要元素含量参数

类别	eU/（×10⁻⁶）	eTh/（×10⁻⁶）	K/％
最低含量	0.10	0.20	0.70
最高含量	3.70	14.0	2.80
背景值（X）	1.26	5.19	1.67
标准偏差（S）	0.62	2.61	0.23
变异系数（Cv）	0.49	0.50	0.14

3.2 铀含量分布特征

工作区均为第四系覆盖，如图1铀含量异常晕等值图所示，工作区内铀含量背景值较低，异常晕较多，但规模较小，且分布有一定的规律性。异常晕集中于工作区北部，北部多为耕地，测区南部多为沙丘，铀含量一般低于背景值。从异常晕分布情况看，铀含量与地貌息息相关。

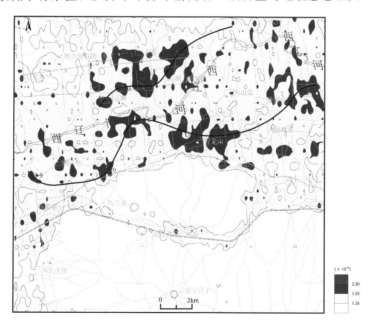

图 1 钱家店地区钾含量异常晕等值图

在工作区内，根据异常晕分布情况，可划出两条异常晕带，分别分布于西辽河两侧，且与西辽河的走向大体一致。

3.3 铀钍归一化处理

在应用伽马能谱资料寻找砂岩型铀矿的过程中，要尽可能地消除非矿化因素引起的干扰，提取与铀矿化有关的信息[2]。因此，为了更好地提取突出铀元素的信息，将铀钍归一化（图2）。

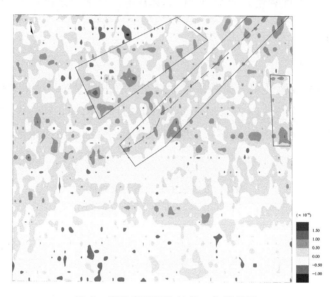

图2　钱家店地区铀钍归一化等值图

如图2所示，铀钍归一化之后，可推测出铀远景区三处，分别为 Y-1、Y-2 及 Y-3。Y-1 位于胡力海，铀异常场整体呈串珠状，北东向展布，其中钱IV块铀矿床及其外围位于远景区内。Y-2 位于青龙山至二十八户一带，铀异常场呈零星状分布于区内，整体呈北东向串珠状展布，该区内已发现有铀工业钻孔。Y-3 位于爱国屯西侧，整体呈条带状，南北向展布，区内已发现有铀工业钻孔。

4　钋-210 分布特征

通过工作区钋-210 土壤样品数据综合分析，工作区钋元素分布具体情况如下。

工作区无低晕区，以正常晕为主，偏低晕及偏高晕次之，增高晕主要零星分布于测区北部。背景值为 13.89，标准偏差为 10.44，变异系数 Cv 为 0.75。如图3所示，以钱家店—青龙山—角干为界，异常晕主要分布于工作区北部。工作区南部主要为正常晕及偏低晕，零星分布少许异常晕，异常晕均为单点异常。

根据异常晕分布情况，钱家店地区划分出两条异常晕带及 F_1、F_2 两条构造。两条异常带呈串珠状分布于西辽河两侧，大致方向为东西向。两条异常晕带的形成，与西辽河密不可分。水从蚀源区流向下游，致使水中铀的搬运，在搬运过程中，水中微量铀滞留至河道两侧，铀的衰变产生氡及其子体钋，形成钋-210 异常晕带。在工作区内东西两侧，两条近北东向，呈串珠状的钋-210 异常晕，结合工作区内地质情况，推测为近北东向的两条构造，分别为 F_1、F_2。构造为深部目的层铀矿在衰变中产生的氡提供向上运移的通道，在地表衰变成钋，并形成异常晕。因此这两条串珠状异常晕，推测为构造 F_1、F_2。

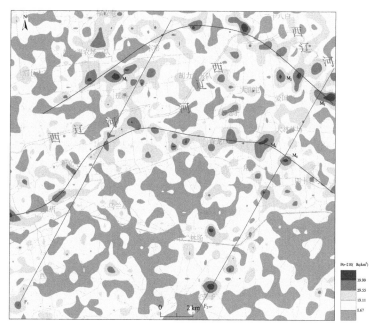

图3 钱家店地区土壤钋-210含量等值图

5 综合分析

研究区通过地面伽马能谱圈定工作区内铀含量异常区，并分析区内钋-210含量分布特征，结合工作区地质特征及铀成矿控矿因素等，在地面伽马能谱铀含量异常晕高晕或偏高晕与钋-210含量异常晕吻合的三处圈定远景区三处，三处远景区分别为胡力海农场一队东南部、爱国屯西侧以及大驼子与青龙山之间，如图4所示。

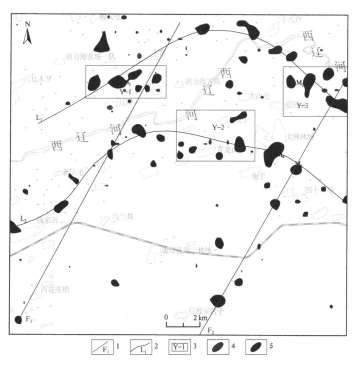

1—构造；2—异常带；3—远景区；4—铀含量异常晕；5—钋-210异常晕

图4 钱家店地区综合成果图

三处远景区均位于西辽河两侧，受构造 F_1 及 F_2 控制。因此，可认为，物源从蚀源区经河流搬运，在河道两侧滞留沉淀。F_1 及 F_2 构造为深部日的层铀矿产生的氡及其子体钋-210 提供通道，并控制着异常晕的形态、面积大小及分布情况。二者是地表综合异常晕的主要控制因素，也是深部铀矿化信息在地表微弱的信息表现。预测的三处远景区内，在后续的钻探查证中，均有工业矿孔揭露。

6 结论

（1）通过对钱家店地区地面伽马能谱测量，了解工作区内铀含量分布特征，综合考虑钋-210 含量分布特征，结合研究区内地质特征及铀矿成矿因素，共圈定异常远景区三处。

（2）地面伽马能谱与钋法测量相结合，在铀矿勘查过程中具有一定的指导作用。

（3）结合钱家店地区地球化学环境及地质控矿因素分析推测，白兴吐地区主氧化带方向为北东向展布，异常远景区均处于氧化带前锋线附近。

参考文献：

[1] 郝晓飞，黄笑，等．内蒙古通辽铀矿整装勘查区矿产调查与找矿预测报告 [R]．核工业二四三大队，2017.
[2] 李继安．钍归一化在盆地 γ 能谱资料处理中的应用 [J]．世界核地质科学，2007，24（3）：178-181.

Application of ground gamma spectrum in the exploration of in-situ leachable sandstone-type uranium

HUANG Xiao，WANG Dian-xue，TANG Guo-long，YU Hong-long，
HE Ming-yong，ZHANG Zheng

(Geologic Party No. 243，CNNC，Chifeng，Inner Mongolia 024000，China)

Abstract： In the exploration of ground-lettable sandstone type uranium deposits, the abnormal distribution characteristics of uranium in the study area can be roughly identified by ground gamma spectrum measurement, and thorium normalization processing of ground gamma spectrum data can be realized by extracting the weak radioactive information, and it is obtained that the normal range of uranium remaining difference in the study area is closely related to the location of fault structures in the area. In the study area, the abnormal distribution characteristics of uranium in the study area were roughly identified through the ground-based gamma spectroscopy survey. Combined with the abnormal distribution characteristics of polonium-210 in the study area, the uranium metallogenic environment and main ore-controlling factors were comprehensively analyzed, the rules of uranium mineralization were summarized, and the favorable areas for prospecting in the study area were predicted, which provided an important basis for the next step of prospecting in the study area.
Key words： Ground gamma spectrum；Polonium-210；Prospect prediction

二连盆地乔尔古地区构造研究及铀成矿分析

黄伟传，潘自强，乔宝平

（核工业北京地质研究院，北京　100029）

摘　要：在乔尔古地区利用二维地震数据进行了构造解释，对赛汉组地层进行了沉积、构造研究和铀矿成矿分析。本区赛汉组地层沉积在基底之上，与基底成角度不整合接触，在赛汉组末期地层又经历了挤压地质活动，赛汉组地层发生了较大改变。在赛汉组地层隆起的高部位赛汉组顶部遭受剥蚀，在赛汉组顶部低凹的位置沉积了二连组地层。乔尔古地区赛汉组地层位于缓坡带和洼槽带，在湖相沉积的湖侵期和高水位期，处在深水还原沉积环境。早期是构造控制着地层沉积和沉积环境，后期的构造活动对赛汉组地层进行改造，直接影响着地层的产状和地层中流体的流动，构造控制着砂岩型铀矿的成矿和分布。

关键词：地震解释；构造研究；铀矿成矿

由于构造直接控制着断裂、地层和沉积环境，可以利用构造分析寻找成矿的控制因素，利用计算机对构造的发生、发展和转化等方面进行处理，在时间和空间上研究地层在构造运动和演化中的变形和环境改变，并对构造活动前后地层进行对比，利用构造研究在砂岩型铀矿中寻找有利成矿带。

二连盆地是大型中、新生代断–坳复合型裂谷盆地，是具有多世代转化、多原型叠加[1-2]的残留型盆地，在不同的坳陷中各凹陷在沉积上都是相对独立的，构造差别较大，因此需要在各个坳陷中进行相应的研究工作。前人在二连盆地做过大量的构造研究工作，漆家福等[3]对二连盆地白垩世断陷的构造样式和空间分布进行研究，证明其与基底构造密切相关；程三友等[4]2011 年在赛汉塔拉凹陷进行构造研究，认为在乔尔古地区阿尔善组合腾格尔组以沉降拉张为主的正断层控制；马新华等[5]2000年认为二连盆地中生代经历了复杂的发育历史，在早白垩世的大规模断陷盆地及早白垩世晚期发生过构造反转。前人的工作主要是针对阿尔善、腾格尔等较深地层进行油气勘探。

这次我们的工作目的是在乔尔古地区的主力目的层二连组和赛汉组，在乔尔古地区解释二维地震资料的基础上，做了地震层拉平处理，研究赛汉组沉积时期和沉积后的地层状况。通过研究认为在腾格尔组末期，地层抬升遭受强烈的剥蚀，故在乔尔古地区没有腾格尔组地层。在基底不整合面之上沉积了赛汉组地层，因此赛汉组地层与下伏地层成角度不整合接触。在赛汉组末期，地层又经历了挤压地质活动，赛汉组地层褶皱和抬升，在赛汉组隆起部位地层顶部遭受剥蚀。在赛汉组剥蚀后，二连组地层又在赛汉组低洼部位沉积，二连组地层与赛汉组地层成角度不整合接触。

1　二维地震解释

乔尔古地区位于乌兰察布坳陷的中偏东，脑木根凹陷的北东方向，在该区已发现铀矿工业孔，具有非常好的找矿前景[6]。在研究区内共有已采集地震二维数据 15 条，收集钻孔数据 11 口，找矿目的层为赛汉组，埋深都小于 600 m。以前的地质工作是找深部的油气藏，重点在埋藏深下部阿尔善和腾格尔地层，对浅部的赛汉组和二连组地层开展的研究工作较少。我们从基础工作做起，通过合成地震记录对区内的钻孔进行层位标定，建立地质与地震之间的联系。图 1 为 ZK9 钻孔的合成地震记录地质层位标定情况，赛汉组和二连组的地震反射同相轴如图所示，并完成区内所有钻孔的合成记录。

作者简介：黄伟传（1969—），博士，主要从事地震新方法研究、地震数据 AVO 分析和解释工作。

基金项目：中核集团菁英人才项目（物 QNYC2101）。

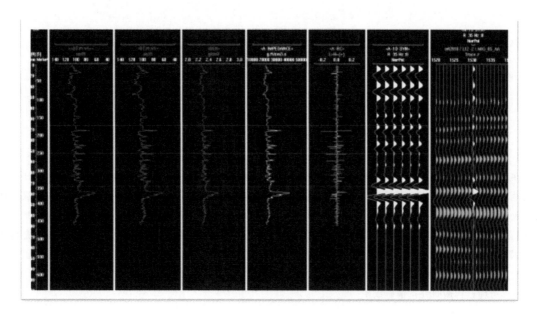

图1　ZK9钻孔合成地震记录标定

通过多井的合成地震记录，对工区内多井进行了地质层位的标定，多井在地震剖面上的标定结果如图2所示。剖面上由下到上分别为：最下面为赛汉组底的反射，从下第二个的解释层位为下赛汉顶的反射，从下第三个的解释层位为上赛汉顶的反射，最上面为第三系底的反射。从剖面上看出，赛汉组是在盆地的基底上沉积的，该区没有更深的沉积地层。赛汉组下段地层厚度变化较大，与赛汉组上段比较地层沉积较薄，在剖面的两端赛汉组上段地层存在明显的剥蚀现象。在剖面的中间赛汉组顶部低凹部位又沉积了二连组地层，从解释结果看二连组分布范围有限。二连组地层上面又沉积了第三系地层，第三系地层厚度较薄，地层相对比较平缓。地质标定的基础上完成了研究区内的赛汉组底、赛汉组上段底、赛汉组顶、二连组顶和第三系底的解释，并在平面上完成了地层尖灭线、断裂组合等工作。

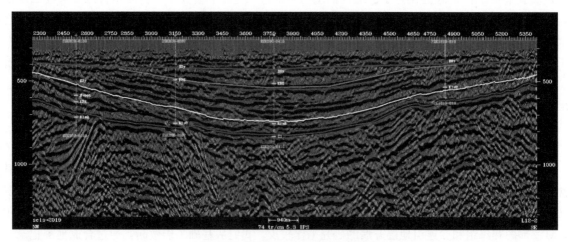

图2　L1－2测线地震层位解释结果

利用合成地震记录速度和区域速度进行了时间-深度转换速度场，共制作构造图3张，分别是下赛汉底、上赛汉底和第三系底。其中二连组地层在区内仅在有限的范围内分布，并且二维地震数据不足，没有对二连组地层成图。我们制作的三层构造图如图3所示。可以看出，赛汉组只是在该区的部分沉积，四周是古隆起，没有沉积地层。由于赛汉组顶部有剥蚀，赛汉组底与赛汉组上段底的分布差别较大，第三系底与赛汉组上段相近。

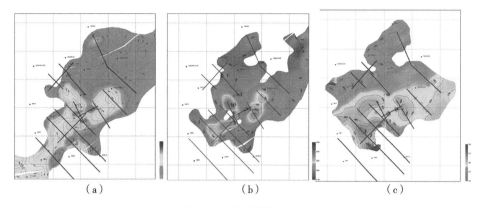

图3 地震解释构造图

（a）地震解释 K^1S^1 底构造图；（b）地震解释 K^1S^2 底构造图；（c）地震解释 E_y 底构造图

2 构造研究

构造分析的研究内容非常广，我们只是在地震解释中，通过计算机技术将地震解释层位分别拉平，相当于将相应的同期沉积层恢复沉积时的状况[7]，此时的地震剖面相当于最初的沉积剖面，可以从剖面上研究地层的发育特征。如果该层紧邻的上覆、下伏层位为整合或平行不整合接触，那么拉平后相应的地震同相轴也是大致平行的。经过地震层拉平处理后的剖面如图4所示，从剖面对比可以看出构造在赛汉组不同时期的变化。

图4中，在经过层拉平处理后的剖面，将早期赛汉组构造形态和后期构造活动赛汉组构造形态对比。图4（a）是地震测线 L1-1 的处理结果，图4（b）是地震测线 L1-2 的处理结果。从 L1-1 线层拉平剖面看，赛汉组下段地层左边的沉积厚度大，在赛汉组沉积完后，由于构造活动使赛汉组地层经历了剥蚀，赛汉组现在的构造形态和最初沉积时差别非常大。在 L1-2 地震剖面由于没有二连组地层，而且赛汉组顶的剥蚀现象不明显，通过层拉平分析可以看出赛汉组构造形态变化很大。从地震反射特征看，在赛汉组地层高部位经过剥蚀后，赛汉组地层顶部的低洼部位沉积了晚白垩的二连组地层，二连组地层与赛汉组地层呈不整合接触。

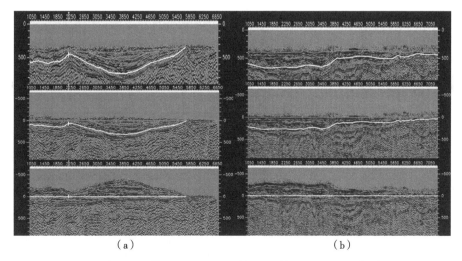

图4 为 L1-1 线（a）和 L1-2 线（b）的层拉平处理分析结果

3 成矿分析

在二连盆地多个地方发现了可地浸砂岩型铀矿，对铀矿成矿进行了大量的研究[8-14]，从成矿作用上分为：层间氧化型、潜水氧化型、沉积成岩型和复合成因型。聂逢君等[9]在2015年根据构造—沉积—含铀含氧流体在时空上的耦合作用及其结果，总结了二连盆地的成矿模式，分成四类：①早白垩世早期腾格尔组中的含煤（砂）泥岩型——道尔苏矿床；②侧向氧化的赛汉组古河道砂岩型——巴彦乌拉矿床；③垂向氧化形成的赛汉组古河道砂岩型——赛汉高毕矿床；④晚白垩世二连组中的由蒸发沉积—成岩—热流体改造形成的努和廷矿床。

在研究区钻探中已经有工业矿孔发现，剖面图和沉积相平面图如图5所示。根据二〇八大队刘国安等[11]的资料显示，含矿目的层为下白垩赛汉组上段。根据乔尔古地区构造相对平缓，断层不发育，下白垩沉积地层只有赛汉组地层的情况分析，构造活动、后生氧化作用是该地的主要控制因素。在二连盆地我们利用二维地震进行构造分析，将沉积构造带类型分为三类，分别为陡坡带、缓坡带和洼槽带，并将湖相体系域分为低位域、湖侵域、高位域。在乔尔古地区主要是缓坡带和洼槽带，在下赛汉组主要为低位域和湖侵域，在赛汉组上段是高位域湖相沉积。高位体系域是在湖侵期后，盆地仍持续下沉，物源作用增强，盆地边缘坡度变缓，沉积物向盆地中心推进，在缓坡带主要沉积了扇三角洲、辫状河三角洲以及湖底扇。在高水位体系域沉积时，地层沉积都是在深水中，处于还原环境。

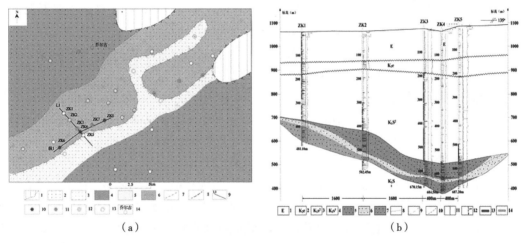

(a)　　　　　　　　　　　　　(b)

图5　乔尔古地区成矿沉积相平面和钻孔剖面分析图[11]

研究区曾经历多次的构造活动，现今的构造和地层沉积时的沉积中心、结构形态变化非常大，构造活动可以改变地层的产状、地层的压力和地层水的移动，对成矿起着重要的作用。在图4中，L1-1测线在左边赛汉组下段地层厚度大，而L1-1测线埋深大的在右边。在赛汉组上段，L1-1左边有明显的地层剥蚀，后期的构造活动在L1-1右边形成低洼部位，并沉积了二连组地层。通过对比构造特征的变化，可以从不同时期、不同沉积类型分析其对成矿的影响。在综合分析的基础上，我们通过计算生产了地层的沉积率平面图，它在平面上与已发现的矿床有较好的匹配，但由于现有资料有限，需要进一步收集资料用作进一步的研究工作，并进行沉积与成矿之间关系的研究工作。

4 结论及认识

通过构造分析可以清楚地认识地层沉积、构造发育以及后期地质活动对地层的影响，从不同时期、不同沉积环境分析铀矿的成矿，沉积时期的沉积环境和后期的构造活动在成矿中起着非常重要的作用。在乔尔古地区针对目的层进行了层序和沉积分析，认为本区赛汉组地层是在缓坡带或者洼槽带，是在湖相沉积体系域的湖侵体系域和高水位域，缓坡带的湖侵体系沉积是有利的成矿环境。在进行详细的地质构造研究基础上，结合钻孔数据可以定性地分析影响铀矿成矿的控制因素，可以定性地预测铀矿成矿。

乔尔古地区沉积地层厚度小，在区内没有大的断层活动，铀矿成矿应该属于侧向氧化的古河道砂岩型成矿模式或者是蒸发沉积—成岩—热流体改造型。

参考文献：

[1] 朱夏，陈焕疆，孙肇才，等．中国中、新生代构造与含油气盆地 [J]．地质学报，1983，57（3）：235－242.

[2] 张渝昌，秦德余，徐旭辉，等．中国含油气盆地原型分析 [M]．南京：南京大学出版社，1997.

[3] 漆家福，赵贤正，李先平，等．二连盆地早白垩世断陷分布及其与基底构造的关系 [J]．地学前缘，2015，22（3）：118－128.

[4] 程三友，刘少峰，苏三，等．二连盆地赛汉塔拉凹陷构造特征分析 [J]．石油地球物理勘探，2011，46（6）：961－968.

[5] 马新华，肖安成．内蒙古二连盆地的构造反转历史 [J]．西南石油学院学报，2000，22（2）：1－4.

[6] 季汉成，杨德相，高先志，等．二连盆地洪浩尔舒特凹陷中生界火山岩特征及储层控制因素分析 [J]．地质学报，2012，86（8）：1227－1239.

[7] 李家强．层拉平方法在沉积前古地貌恢复中的应用 [J]．油气地球物理，2008，6（2）：46－49.

[8] 聂逢君，李满根，邓居智，等．内蒙古二连裂谷盆地"同盆多类型"铀矿床组合与找矿方向 [J]．矿床地质，2015，34（4）：711－729.

[9] 聂逢君，李满根，严兆彬，等．内蒙古二连盆地砂岩型铀矿目的层赛汉组分段与铀矿化 [J]．地质通报，2015，34（10）：1952－1963.

[10] 蔡煜琦，张金带，李子颖，等．中国铀矿资源特征及成矿规律概要 [J]．地质学报，2015，89（6）：1051－1069.

[11] 刘国安，彭瑞强，任晓平，等．乔尔古地段上段古河谷砂体岩石地球物理化学特征及铀成矿关系 [M]//中国核科学技术进展报告（第七卷）．北京：中国原子能出版社，2021：1－8.

[12] 李月湘，于金水，秦明宽，等．二连盆地可地浸砂岩型铀矿找矿方向 [J]．铀矿地质，2009，25（6）：338－343.

[13] 乔鹏，康世虎，李鹏飞，等．二连盆地哈达图地区高分辨率层序地层特征与铀成矿 [M]//中国核科学技术进展报告（第六卷）．北京：中国原子能出版社，2019：425－431.

[14] 梁宏斌，吴冲龙，李林波，等．二连盆地层序地层单元统一划分及格架层序地层学 [J]．中国地质大学学报，2010，35（1）：97－106.

[15] 张成勇，聂逢君，张鑫，等．八音戈壁盆地砂岩型铀矿找矿新发现与意义 [J]．地质学报，2023，97（2）：467－477.

[16] 周天旗．二连盆地赛汉塔拉凹陷东洼槽下白垩统砂砾岩体沉积特征研究 [D]．大庆：东北石油大学，2020.

Structure study and uranium mineralization analysis in Chorgu area of Erlian Basin

HUANG Wei-chuan, PAN Zi-qiang, QIAO Bao-ping

(Beijing Research Institute of Uranium Geology, Beijing 100029, China)

Abstract: We fulfilled two-dimensional seismic data interpretation in the Chorgu area, and analyzed sedimentary, structure and uranium mineralization, the Saihan Formation deposit on the basement, and have angle uncomfortable relation with basement. At the end of Saihan period the Formation undergoes extrusion geological activity, and the parts of Saihan Formation are uplifted and suffers erosion, the others go down, and the Erlian Formation deposit at the low part of Saihan Formation. The Saihan Formation in the Chorgu area is located in the gentle slope zone, and is in a deep water sedimentary environment in the lacustrine invasion period or high water level period. In the early stage, the structure controlled the formation deposition and sedimentary environment, but the later tectonic activity changes the balance of Saihan Formation, which directly affected the properties of the formation and the pressure and flow of fluid in the formation, and the structure affects the sandstone-type uranium mineralization and its distribution.

Key words: Seismic interpretation; Structure study; Uranium mineralization

松辽盆地西南部砂岩型铀矿找矿前景探讨

陈晓林

（中广核铀业发展有限公司，北京　100029）

摘　要： 继发现钱Ⅱ块铀矿床后，近些年来在松辽盆地西南部砂岩型铀矿找矿方面取得一系列重大突破，先后发现了多个大中型矿床，也发现了新的赋矿层位。该区是否还有发现新矿床的潜力，是目前松辽盆地砂岩型铀矿找矿的关键问题之一。笔者早期在进行钱Ⅱ块铀矿床成矿机理研究时提出铀矿化主要受红色层间氧化带（局部为黄色、灰白色）控制，控矿层间氧化带为源自盆地西南部的规模巨大的层间氧化带。近些年新发现的多个铀矿床均受红色层间氧化带控制，远离氧化蚀变的部位则不发育成规模的铀矿化。该区仍有较大的找矿潜力及前景，应以探索仍未完全控制的区域性层间氧化带前锋线为重点，并把红色氧化砂岩特别是红色夹黄色氧化砂岩作为主要的找矿标志，从其到灰色砂岩的过渡部位往往可能发育有铀矿化。

关键词： 松辽盆地西南部；红色氧化砂岩；层间氧化带；铀成矿作用；找矿前景

自上世纪末在松辽盆地西南部钱家店凹陷发现钱Ⅱ块铀矿床以来，陆续发现了钱Ⅲ块、钱Ⅳ块、钱Ⅳ块、钱Ⅴ块铀矿床，共同组成了一个超大型砂岩铀矿田，实现了国内可地浸砂岩铀矿找矿的重大突破[1-2]。近年来又在钱家店矿床外围的海力锦、宝龙山、大林、双宝等地区取得突破，发现多个大中型铀矿床，使松辽盆地西南部成为我国砂岩型铀矿勘查的重点地区之一[3]。

对于钱家店及外围铀矿床的形成，前人开展了大量的研究，基本认为其为层间氧化带成因，且成岩期预富集、油气还原、岩浆热液流体、构造特征也在成矿过程中发挥了重要作用[1-2,4-11]。笔者早期在进行钱Ⅱ块铀矿床研究时发现钱Ⅱ块铀矿床及周边分布的红色氧化砂岩并非原生红层，而是后生氧化所致，并控制着铀矿化的产出，红色氧化砂岩和黄色氧化砂岩、灰白色砂岩构成了完整的层间氧化带，推测氧化带由盆地西南缘的地层出露区向北东部发育，为规模巨大的区域性层间氧化带，钱家店铀矿床只是层间氧化带前锋线局部地段发育的铀矿床，区域找矿前景广阔[12-13]。近年来，随着更多铀矿床的发现和勘探程度、研究程度的提高，更多的学者提出相似的认识，基本明确了以红色氧化砂岩为主体的区域性层间氧化带的存在，并控制着铀矿床的产出[9,14-20]。

结合前人的研究，笔者认为钱家店铀矿床（钱Ⅱ～Ⅴ块）主矿体的分布受控于层间氧化带前锋线，主要位于前锋线附近，外围已发现的其他铀矿床的铀矿体主要为氧化带的翼部矿体或氧化带中的残留矿体，目前区域上层间氧化带前锋线还未完全控制。另外，除主赋矿层位姚家组外，其下部的青山口组也发育规模较大的层间氧化带，也发现有铀矿床赋存，总体上该区仍有较大的找矿潜力及前景。

1　层间氧化带与铀成矿的关系

1.1　钱家店铀矿床层间氧化带的控矿作用

在早期发现钱Ⅱ块铀矿床后，因含矿层位姚家组地层为一套杂色地层，为厚层紫红色、红褐色、灰色砂岩夹紫红色泥岩薄层及紫红色、灰色、灰黑色泥岩夹层，不同研究者对灰色砂岩的成因和分布、红色砂岩的成因、层间氧化带的发育、铀成矿模式等均有不同看法[1,4-7,11-13]，近些年来随着更多铀矿床的发现和更多研究者的深入研究，认识逐渐统一，灰色砂岩存在原生成因并在更大面积上存

作者简介：陈晓林（1975—），男，硕士，工程师，现主要从事沉积学与铀矿床学研究。

在，红色砂岩主要为后生氧化形成，并控制着铀矿化的产出[9,14-20]。该区层间氧化带主要表现为红色氧化砂岩，局部夹黄色氧化砂岩，红、黄色氧化前锋线处还分布有灰白色砂岩，红色氧化砂岩代表强氧化带，红色夹黄色氧化砂岩代表强-中等强度的氧化带，灰白色砂岩代表氧化-还原过渡带中弱氧化带[9,12-15,17-18]。

以红色氧化砂岩为主体的层间氧化带控制着该区铀矿化的产出，钱家店矿床的铀矿体主要位于红、黄色氧化带尖灭处附近，因泥岩夹层多，氧化带难以形成规则的卷头，主要沿渗透性较好的砂岩层延伸，所以难以形成类似国内外典型层间氧化带的卷状矿体。一般砂体下部的渗透性较高，氧化带沿砂体下部延伸更远，所以矿体主要呈板状、透镜状位于氧化带的上翼，泥岩夹层的增多阻碍了氧化带前锋线的继续推进，特别是还原容量较高的灰色、灰黑色泥岩夹层的增多，使氧化带前锋线长期滞留，铀在地层中不断聚集，最终形成了规模巨大的铀矿体（图1）。部分铀矿体与红、黄色氧化带直接接触，部分矿体与红、黄色氧化带有一定间隔，这是由于两者之间还存在灰白色砂岩，灰白色砂岩的有机碳、铁、硫的含量有一定降低，存在高岭石化，其成因目前有两种看法，一些学者认为是其为氧化砂岩接受还原所致，笔者更倾向于氧化所致，应为氧化带前锋线处的弱氧化、酸性环境造成硫及有机碳的消耗、铁的流失和黏土矿物的高岭石化。

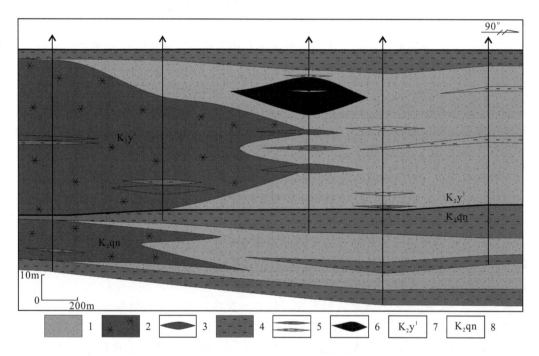

1—灰色、灰白色砂岩；2—红色氧化砂岩；3—黄色氧化砂岩；4—厚层紫红色泥岩；5—紫红色、灰色、灰黑色泥岩夹层；
6—铀矿体；7—姚家组下段；8—青山口组上部

图1 钱Ⅱ块铀矿床姚家组下段和青山口组上部地层剖面图

1.2 其他铀矿床层间氧化带的控矿作用

钱家店矿床外围姚家组地层发现的铀矿体也主要受层间氧化带控制，在宝龙山（图2a）、海力锦铀矿床（图2b），氧化带也主要表现为红色，局部靠近砂体上下泥岩隔水层、泥岩夹层、灰色砂岩的部位表现为黄色，红、黄色氧化带与铀矿体之间还存在褪色漂白带（灰白色砂岩）。灰色砂岩主要呈灰色、深灰色、浅灰色、灰白色，灰色、深灰色砂岩常见大量炭化植物碎屑、茎秆及细晶黄铁矿分布，说明为原生灰色砂岩，还原能力较强，铀矿体主要位于浅灰色、灰白色砂岩中，砂岩中含炭屑和黄铁矿，并有一定的高岭石化[10,19,21]，与钱家店矿床相似。宝龙山铀矿床和海力锦铀矿床已发现的铀矿体均位于与红、黄色氧化带相接触的灰色、灰白色砂岩中，呈板状分布，其应属于层间氧化带的翼部矿体或层间氧化带中的残留矿体,因所处的灰色砂岩还原能力强,且局部还分布有灰色、灰黑色泥岩夹层,使矿体不易遭受氧化破坏而得以保留,近水平分布的氧化-还原界面长期滞留,最终形成了成规模的板状铀矿体(图2)。

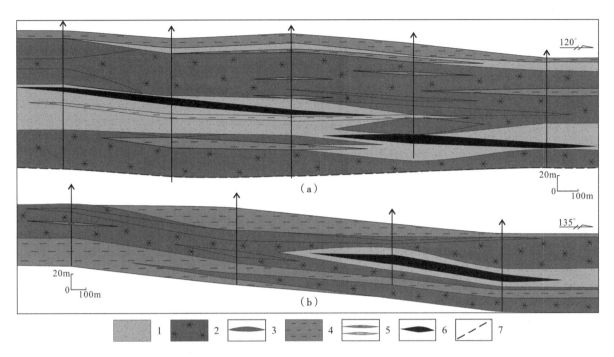

1—灰色、灰白色砂岩;2—红色氧化砂岩;3—黄色氧化砂岩;4—厚层紫红色泥岩;

5—紫红色、灰色泥岩夹层;6—铀矿体;7—角度不整合界面

图 2 宝龙山(a)、海力锦(b)铀矿床姚家组下段典型剖面图[19,21]

总体上本区已发现的铀矿体基本均位于氧化还原过渡带附近,在强氧化带,砂体几乎全部被氧化为红色,基本不发育铀矿体。在原生灰色砂岩带,因未发生氧化蚀变,难以形成铀的富集,也不发育成规模的铀矿体,局部因沉积-成岩阶段的预富集存在铀矿化或铀异常[1,4-6]。在靠近氧化还原过渡带的部位,因氧化程度降低,多出现黄色氧化砂岩,且与红、黄色氧化砂岩接触的灰色砂岩多呈现灰白色,红、黄色氧化砂岩与灰白色砂岩的共存往往伴随着铀矿体的发育。从多个矿床铀矿体与氧化带的密切关系判断,本区铀矿化形成的主控因素为层间氧化带,红色氧化带及红、黄色氧化带共生应作为区域上最重要的找矿标志。

钱家店铀矿床及矿床西南部姚家组存在的大规模红色氧化砂岩和宝龙山、海力锦矿床存在的红色氧化砂岩说明红色氧化砂岩在更大面积上分布,表明松辽盆地西南部姚家组发育规模巨大的区域性层间氧化带。砂岩型铀矿床的铀矿体主要分布于层间氧化带前锋线附近,宝龙山、海力锦发现的铀矿体应主要为氧化带翼部发育的矿体,建议下一步勘查工作应重点追踪红、黄色氧化带的前锋线,以期发现规模更大的铀矿化。

1.3 青山口组发育的层间氧化带及其控矿作用

笔者早期在进行钱Ⅱ块铀矿床层间氧化带研究时曾提出青山口组也可能发育层间氧化带,与姚家组相似,红色氧化砂岩具有层间氧化带的典型特征,向北东方向具有减薄尖灭的趋势,且砂体规模较大,泥-砂-泥结构良好(图1),具有一定的成矿潜力[22]。近年来在钱Ⅳ、Ⅴ铀矿床的青山口组发现了铀矿化,在大林地区也落实了一处中型铀矿床[23],说明青山口组同样具备较大的找矿前景。

如图3所示,青山口组砂体最厚达 80 m,局部因厚层泥岩夹层分隔,单层砂体厚度为 20 m,砂体上部为一套厚 5~20 m 的紫红色泥岩,分布稳定,下伏为下白垩统阜新组的厚层灰色泥岩或义县组杂色泥岩，或石炭-二叠系变质岩或海西期花岗岩，泥-砂-泥结构良好，灰色砂岩中含炭屑和黄铁矿[24]，总体上具有形成层间氧化带砂岩型铀矿良好的地层结构、还原条件。

大林地区青山口组的红色氧化砂岩（局部呈黄色）在剖面上具有层间氧化的特征，红色砂岩在局部有减薄的趋势，局部在灰色砂岩中尖灭，且南西侧氧化砂岩相对较厚，向东北方向略有减薄，推断氧化带由南西向北东发育。红色砂岩中间夹灰色砂岩，可能由于中间部位砂岩的泥质含量高或砂岩还原容量高而不易被氧化所致。

氧化带对铀成矿控制作用明显，几乎所有的铀矿体紧邻红、黄色砂岩分布，部分矿体位于氧化带的翼部，部分矿体位于氧化带中间，应为氧化带中的残留矿体。这种样式与宝龙山、海力锦铀矿床类似，均为氧化带翼部和氧化带中残留的矿体。

通过上述剖面对比，松辽盆地西南部姚家组、青山口组砂岩层中发育大规模的层间氧化带，并控制着铀矿化的产出。该区在上白垩统嫩江组沉积后经历了缓慢抬升与掀斜[24]，南部、东南部遭受剥蚀，含铀含氧水渗入地层并沿砂岩层缓慢移动，由于构造演化长期保持稳定，氧化带逐渐发育到远离盆地边缘的中部地区，长期改造加上砂岩的还原容量较低，因二价铁被氧化为赤铁矿、褐铁矿，使砂岩主要呈现红色，局部因氧化程度较弱而呈现黄色。铀矿体主要发育于层间氧化带前锋线附近及翼部，在远离氧化蚀变的灰色砂岩中不发育成规模的铀矿体。

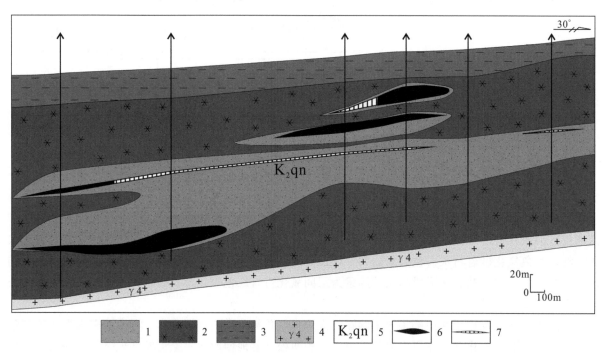

1—灰色砂岩；2—红色氧化砂岩（局部为黄色）；3—紫红色泥岩；4—花岗岩体；
5—青山口组；6—铀矿体；7—铀矿化体

图3 大林铀矿床钻孔剖面图[10]

2 区域上层间氧化带展布与铀成矿

笔者曾结合对钱Ⅱ块铀矿床层间氧化带的研究，提出松辽盆地西南部姚家组可能存在规模较大的区域性层间氧化带[13]，近些年随着勘探范围的扩大和更多铀矿床的发现，也证实这一推测。结合前人的研究成果，推测出松辽盆地西南部姚家组、青山口组的层间氧化带前锋线，层间氧化带从盆地南部、西南部的地层出露区沿辫状河道砂体向盆地中心汇集后再次向北东延伸。

姚家组的氧化带在白兴吐剥蚀天窗周边形成前锋线，并可能呈环状包围剥蚀天窗，因白兴吐剥蚀天窗处砂岩层中泥岩夹层多[18]，层间氧化带在此处无法深入而形成前锋线，天窗的局部排泄作用使周边更多的地下水向天窗移动，在天窗南西一侧沿氧化带前锋线形成钱Ⅱ块——Ⅴ块系列规模较大的铀矿床，并呈半环状围绕天窗分布。区域上氧化带前锋线可能越过了海力锦、宝龙山、大林铀矿床及白兴吐剥蚀天窗一线，并沿辫状河道砂体向北东方向继续延伸了较长距离，并可能在通榆—代力吉—架玛吐一线形成前锋线。该氧化带前锋线总体可能呈南北走向，延伸近百千米，前锋线距离盆地西南边界蚀源区 100～250 km，距离姚家组古地表出露区 50～250 km，总体规模巨大。推测区域主泄水区位于科尔沁左翼中旗（保康）—太平川—通榆一线北东部，至吉林省松原市、大安市，地表分布有大量的水泡子，规模较大的水系还有查干湖及其附近的嫩江、松花江。

青山口组的红色氧化砂岩在大林—钱家店—海力锦均有分布[23]，砂岩为辫状河道沉积，砂体规模大，泥-砂-泥结构良好，存在原生灰色砂岩，局部含炭屑、黄铁矿[24]。与该区的姚家组相比，两者在沉积相、砂体规模、地层结构、原生灰色砂岩及红色氧化砂岩发育等方面具有相似性。青山口组位于姚家组之下，从青山口组—姚家组为逐步超覆的沉积[23]，青山口组除沉积规模小于姚家组外，两者经历的成岩作用、构造演化、蚀变特征基本一致，推测青山口组也发育规模较大的区域性层间氧化带。该区域性层间氧化带也是由盆地西南缘向北东部发展，由于与姚家组砂体规模和展布存在差异，两者氧化带的延伸距离、前锋线的形态等均有较大差异。推测层间氧化带前锋线位于海力锦、钱家店、大林铀矿床一线的北东方向，因砂体规模、分布区域小于姚家组，青山口组区域氧化带的延伸距离应小于姚家组，但前锋线距离盆地南部的地层出露区仍有近 100 km，成矿潜力较大。

3 找矿前景探讨

层间氧化带型砂岩铀矿的矿体主要发育于层间氧化带前锋线附近，迄今除超大型的钱家店铀矿床（钱Ⅱ～Ⅴ块）位于层间氧化带前锋线附近外，前锋线上还未发现其他铀矿床。海力锦、宝龙山、大林铀矿床应位于层间氧化带中间，为氧化带翼部发育或氧化带中残留的矿体，说明该区还有很大的找矿前景。

目前区域上姚家组和青山口组地层中发育的层间氧化带及前锋线的具体展布还不清晰，还需投入大量的勘查工作，对于姚家组，可以重点在通榆—太平川—代力吉—架玛吐一线探索层间氧化带及前锋线的分布，对于青山口组，可以在海力锦—宝龙山—高林屯—大林一线探索层间氧化带及前锋线的分布，并重点在红黄色氧化砂岩到灰色砂岩的过渡部位进行勘查，这些部位极有可能发育铀矿化及铀矿体。

4 结论

（1）层间氧化带是松辽盆地西南部铀成矿最主要的控矿因素，所有工业铀矿体的发育均与氧化带相关。区域上层间氧化带主要表现为红色氧化砂岩，砂岩原生应以灰色砂岩为主，红色氧化砂岩是灰色砂岩经含铀含氧水长期改造的结果，规模越大，越有利于成矿。在靠近氧化还原过渡带的部位多出现黄色氧化砂岩及灰白色砂岩，并多伴有铀矿体、铀矿化及异常的发育，区域上应把红色氧化带及红、黄色氧化带共生作为重要的找矿标志，并重点追踪氧化砂岩到灰色砂岩的过渡部位。

（2）松辽盆地西南部姚家组和青山口组发育规模较大的区域性层间氧化带，钱家店铀矿床位于该区域性层间氧化带的前锋线处，外围宝龙山、海力锦、大林等铀矿床发育的铀矿体应为该氧化带中的残留矿体或翼部矿体，层间氧化带型砂岩铀矿主要发育于氧化带前锋线位置附近，因此该区区域上的找矿前景仍然巨大。

（3）建议在通榆—太平川—代力吉—架玛吐一线探索姚家组层间氧化带前锋线的分布，在海力锦—宝龙山—高林屯—大林一线探索青山口组层间氧化带前锋线的分布，以在松辽盆地西南部的砂岩型铀矿找矿取得更大的突破。

参考文献：

[1] 夏毓亮，林锦荣，李子颖，等．松辽盆地钱家店凹陷砂岩型铀矿评价预测和成矿规律研究 [J]．中国核科技报告，2003（3）：106－117.

[2] 宋柏荣，孙慧，杨松林，等．松辽盆地钱家店砂岩型铀矿床含矿岩系组成特征与铀成矿作用 [J]．古地理学报，2020，22（2）：310－320.

[3] 肖菁，秦明宽，郭强，等．钱家店及外围红杂色含铀目标层位重新划分及其地质意义 [J/OL]．地球科学，https：//kns.cnki.net/kcms/detail/42.1874.P.20211228.1036.012.html.

[4] 夏毓亮，郑纪伟，李子颖，等．松辽盆地钱家店铀矿床成矿特征和成矿模式 [J]．矿床地质，2010（51）：154－155.

[5] 罗毅，马汉峰，夏毓亮，等．松辽盆地钱家店铀矿床成矿作用特征及成矿模式 [J]．铀矿地质，2007，23（4）：193－200.

[6] 罗毅，何中波，马汉峰，等．松辽盆地钱家店砂岩型铀矿床成矿地质特征 [J]．矿床地质，2012，31（1）：391－400.

[7] 罗毅，马汉峰，何中波，等．松辽盆地白兴吐铀矿床预测的关键技术 [J]．世界核地质科学，2012，29（2）：63－66.

[8] 郑纪伟．开鲁盆地钱家店铀矿床成矿地质条件及勘探潜力 [J]．铀矿地质，2010，26（4）：193－200.

[9] 雷安贵，刘兴周，魏达，等．钱家店超大型铀矿床主控因素与成矿模式 [J/OL]．中国地质 [2022－04－20]．http：//kns.cnki.net/kcms/detail/11.1167.P.20220418.1213.002.html.

[10] 黄少华，秦明宽，刘章月，等．松辽盆地西南部钱家店矿田板状铀矿体成矿条件、特征及模式 [J]．铀矿地质，2022，38（3）：409－424.

[11] 田时丰．松辽盆地钱家店凹陷铀成矿条件分析 [J]．特种油气藏，2005，12（5）：26－34.

[12] 陈晓林，向伟东，李田港，等．松辽盆地 QJD 铀矿床层间氧化带的展布特征及其与沉积相、铀成矿的关系 [J]．世界核地质科学，2006，23（3）：137－144.

[13] 陈晓林，方锡珩，郭庆银，等．对松辽盆地钱家店凹陷铀成矿作用的重新认识 [J]．地质学报，2008，82（4）：553－561.

[14] 荣辉，焦养泉，吴立群，等．松辽盆地南部钱家店铀矿床后生蚀变作用及其对铀成矿的约束 [J]．地球科学，2016，41（1）：153－166.

[15] 焦养泉，吴立群，荣辉．砂岩型铀矿的双重还原介质模型及其联合控矿机理：兼论大营和钱家店铀矿床 [J]．地球科学，2018，43（2）：459－474.

[16] 蔡建芳，严兆彬，张亮亮，等．内蒙古通辽地区上白垩统姚家组灰色砂体成因及其与铀成矿关系 [J]．东华理工大学学报（自然科学版），2018，41（4）：328－335.

[17] 杨松林．松辽盆地钱家店铀矿床层间氧化带地球化学特征 [J]．古地理学报，2020，22（2）：321－332.

[18] 曹民强，荣辉，陈振岩，等．松辽盆地钱家店铀矿床层间氧化带结构定量表征及制约因素 [J]．地球科学，2021，46（10）：3453－3466.

[19] 佟术敏，臧亚辉，封志兵，等．松辽盆地南部 HLJ 地区铀成矿控矿因素分析 [J]．铀矿地质，2022，38（5）：828－842.

[20] 宁君，夏菲，聂逢君，等．浅析松辽盆地南部姚下段灰色砂体与铀成矿关系 [J]．东华理工大学学报（自然科学版），2018，41（4）：336－342.

[21] 郭福能．松辽盆地西南部上白垩统姚家组铀成矿规律与远景预测 [D]．南昌：东华理工大学，2017.

[22] 陈晓林，方锡珩，庞雅庆，等．不同类型氧化带及其与砂岩型铀矿成矿作用的关系 [R]．北京：核工业北京地质研究院，2008.

[23] 肖菁，秦明宽，郭强，等．松辽盆地南部地层结构及含矿段地层结构 [J]．铀矿地质，2022，38（3）：436－446.

[24] 黄少华，秦明宽，郭强，等．松辽盆地西南部 DL 矿床青山口组砂-泥岩协同成岩作用及其铀成矿效应 [J/OL]．地球科学 [2021－11－20]．http：//kns.cnki.net/kcms/detail/42.1874.P.20211117.1959.006.html.

Discussion on the prospecting potential of sandstone type uranium deposit in the Southwestern Songliao Basin

CHEN Xiao-lin

(CGNPC Uranium Resources Co. , Ltd. , Beijing 100029, China)

Abstract: Following the discovery of Qian Ⅱ block of Qianjiadian uranium deposit, a series of major breakthrough have been achieved in sandstone type uranium prospecting in the Southwestern Songliao Basin, and more medium and large deposits and new host formations have been discovered in recent years. Does this area still has the potential to discover new mineral deposits, which is one of the concerns of sandstone type uranium prospecting in Songliao Basin. The author pointed out that the uranium mineralization was controlled by red interlayer oxidation zone (the partial areas of which was yellow sandstone and grey sandstone) in the early studies of metallogenic mechanism of Qian Ⅱ block of Qianjiadian uranium deposit. The scale of the ore controlling interlayer oxidation zone is huge, which originate from the southwestern of the basin. All of the new founded uranium deposits was controlled by red interlayer oxidation zone, and the sand body away from oxidative alteration undeveloped large-scale uranium mineralization. The regional interlayer oxidation zones indicate great prospecting prospect in this area. The suggestion of next key point is the exploration of the uncontrolled front lines of the regional interlayer oxidation zones. We should look the red oxidized sandstone especially the red oxidized sandstone interbedded the yellow oxidized sandstone as the main prospecting indicator, because the transitional zone between oxidized sandstone and grey sandstone possibly develops uranium mineralization.

Key words: Southwestern Songliao Basin; Red oxidized sandstone; Interlayer oxidation zone; Uranium mineralization; Prospecting potential

高阻围岩背景下音频大地电磁测深探测效果与
深度及噪音强度的关系讨论

张濡亮，胡英才，王　恒

（核工业北京地质研究院，北京　100029）

摘　要： 音频大地电磁法（AMT）作为近年来广泛应用的地球物理测深方法在南方硬岩及北方砂岩型铀矿勘查中都取得了很好的应用效果。随着勘探深度的不断增加，对地下目标体的有效识别问题成为铀矿勘探研究人员重点关注的问题。基于此，本文有针对性地开展了二维电磁数值模拟，通过建立经典模型并对其进行正反演计算，研究讨论了 AMT 方法针对高阻围岩电阻率背景下不同埋深的低阻电性异常体的探测效果。同时，通过对上述模型叠加不同强度的噪音信号，对比了噪音强度对探测效果的影响程度。最后通过对不同条件下反演结果的对比分析，总结了上述典型模型 AMT 探测效果与异常体埋深、噪音强度以及围岩背景电阻率的关系，为后续 AMT 方法在不同地区的应用及准确解译提供了依据。

关键词： 音频大地电磁法；围岩；深度；探测效果；噪音

从 20 世纪 90 年代开始，随着轻便的音频大地电磁仪器的引进及方法的完善，音频大地电磁法在国内逐渐成为一种重要的地球物理勘探方法，其勘探效果也逐渐被地球物理学家所公认。

音频大地电磁测深法（AMT）探测深度大、分辨率高、可穿透电性高阻体，并且仪器装备轻便、工作效率高、工作成本低，因而此方法在矿产勘探、寻找地下水资源、工程和环境物探等领域得到了广泛应用，并取得了很好的勘探效果。

在铀矿勘查领域，经过 60 多年的发展，我国铀矿勘查取得了多项重要进展和显著成果，针对北方砂岩和南方硬岩型铀矿的系统研究得到了全面深化[1]。在北方砂岩地区，研究人员对塔里木盆地吐格尔明背斜的研究表明：该区的目标层为含铀砂体，含矿地层具有较稳定的泥–砂–泥结构[2]，层间氧化带型铀矿大多与该区地下的砂体关系密切。而南方地区相山铀矿田的关键控矿要素有岩性界面、断裂构造、次火山岩体等，火山岩组间界面的变异部位、基底界面与断裂构造的复合处是铀矿最有利的赋存部位[3-6]。整体而言，上述控矿要素或铀矿产出部位多与围岩存在较为明显的电性差异，从而为音频大地电磁法（AMT）的实际应用提供了物性前提[7-9]。

近年来，随着勘探深度的进一步加大，AMT 方法深部分辨率不足的问题显得日趋突出。李慧杰等认为：在点位和点距布设合理的情况下，AMT 法对断层倾向、发育平面位置的推断是可靠的[10-11]。胡旭对 AMT 的分辨率问题进行过分析，得出了横向分辨率主要和电极距有关，纵向分辨率主要由采样频点决定的结论[12]。何俊飞从野外试验的角度，对比分析了在强干扰环境中 CSAMT 法和 AMT 法对于深部低阻矿体的电磁响应差异，认为 CSAMT 法的抗干扰能力和深部分辨低阻体的能力更强[13]。本文基于不同围岩电阻率背景下不同深度电性异常体的正反演计算，总结了电性体埋深、噪音强度、围岩背景电阻率以及 AMT 探测效果之间的关系，为后续 AMT 方法的应用提供了依据。

作者简介： 张濡亮（1980—），男，硕士，正高级工程师，现主要从事电磁法勘探等工作。

基金项目： 中国核工业集团公司第四代铀矿勘查项目"罗辛铀矿及外围资源扩大研究"资助。

1 音频大地电磁测深方法原理

电磁感应法是以地壳中岩石的导电性与导磁性差异为主要物质基础，根据电磁感应原理观测和研究电磁场空间与时间分布规律，从而寻找地下良导电矿体或解决其他地质问题的一组分支电法勘探方法，简称电磁法[14]。大地电磁测深法则是利用大地中广泛分布的天然变化电磁场，进行深部地质结构研究的一种频率域电磁测深法[15]。当垂直入射的平面电磁波以交变电磁场的形式在地下介质中传播时，由于电磁感应作用，地面观测到的电磁场将包含地下介质的电阻率信息。因此，根据地面采集到的电磁场数据，通过一系列数值计算，即可得到该观测点垂向上的电性信息，进而达到测深目的。AMT 工作方法与大地电磁测深相同，只是观测的频率范围略有差异，其频率范围从 $n \times 10^{-1}$ Hz 到 $n \times 10^4$ Hz，适应不同深度的工程勘查和金属矿勘探。

2 无噪音情况下 AMT 法对不同埋深低阻体探测效果对比

为对比 AMT 方法对高阻背景下不同埋深电性低阻体的识别情况，设计了二维高阻模型（图 1）。设置围岩的电阻率依次为 1000、3000、10 000 Ω·m，在高程为 50、-450、-950、-1450、-1950 m（地表高程 300 m）处依次埋置 500 m×150 m 的低阻体（图中小长方形所示，低阻体顶板与上述高程对齐），低阻异常体横向中心点位于 1975 m 处（与 S40 和 S41 的分界面重合），低阻体电阻率值为 100 Ω·m。模型核心范围大小为 4000 m×2800 m，核心范围内有 81 个测点，点距 50 m。为方便剖分，假定测点 S1 所在位置为 0 m，测点 S81 所在位置为 4000 m。

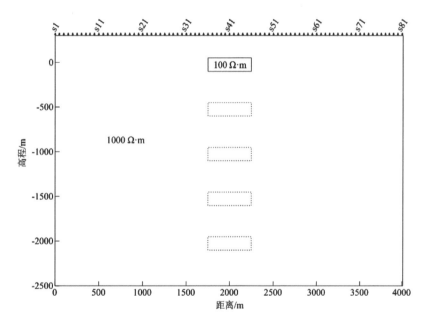

图 1 二维高阻模型

先考虑无噪音情况下 AMT 对上述模型的探测效果情况，针对上述高阻模型中不同电阻率背景和不同埋深低阻体进行二维正反演的结果对比如图 2 所示，其中 a、b、c 三列分别为围岩电阻率是 1000、3000 和 10 000 Ω·m 时的反演结果，1~5 行代表不同的异常体埋深时的结果。从整张对比图上可以看出，AMT 对三种不同电阻率背景下异常体的识别度都很高，参与对比计算的三个不同电阻率背景及五个不同深度条件下的 15 种情况通过 AMT 的反演计算都识别出了异常体。排除最深处（高程-1950 m）的三种电阻率背景下的反演结果误差较大外，其余四个深度的反演结果与异常体的真实深度信息差别不大，可见 AMT 方法对于识别高阻体中的低阻异常体效果明显。

具体到每列图，a列中五幅图（a1～a5）虽然对背景电阻率的反演结果都比较接近模型的真实情况1000 Ω·m，但对异常体电阻率的反演结果却差别较大。其中，对异常体的反演结果最接近模型真实情况的是a1，其对低阻异常体电阻率的反演结果是102 Ω·m，非常接近100 Ω·m的模型电阻率，可以得出在此深度上，AMT法对于比围岩电阻率低一个数量级及以上的异常体（异常体的长度、宽度要有一定规模，至少要与异常体埋深接近）的埋深和电阻率可以较准确地反映出来。对比a1～a5五幅图，AMT对异常体电阻率的反演结果分别为102、715、908、960及970 Ω·m，可以看出随着异常体埋深的加大，在地表探测到的异常体与围岩的电阻率异常差别越来越小，而异常体埋深在1000 m以上时，这种差别虽然可以在理论模拟时区别出来，并通过等值线的灰度刻意区分出来，但在野外实际探测时由于受到环境噪音以及复杂的地质背景影响，这种微弱的差异在实际测量的过程中会难以区分。

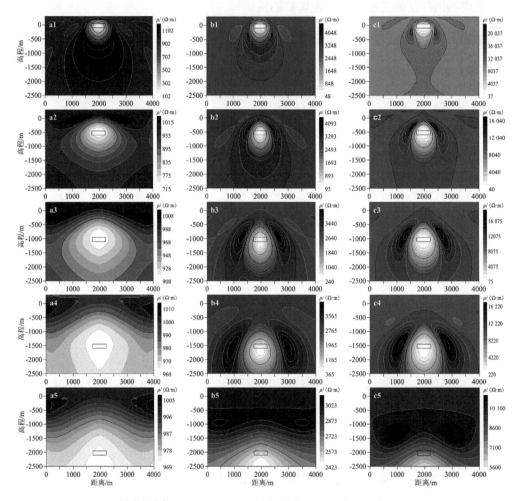

围岩电阻率：a—1000 Ω·m；b—3000 Ω·m；c—10 000 Ω·m；

低阻体上顶板位置：1—50 m；2——450 m；3——950 m；4——1450 m；5——1950 m

图2　高阻模型不同背景电阻率下不同埋深的低阻异常体的二维反演结果对比

　　上述情况也出现在了列b和列c的图中，即：随着异常体埋深的增大，反演得到的异常体电阻率较围岩电阻率差异逐渐减小。列b的五幅图中，从浅到深反演得到的异常体电阻率依次是48、93、240、365、2423 Ω·m，而在列c的五幅图中，反演得到的异常体的电阻率分别为37、40、75、220、5600 Ω·m，可见随着异常体埋深的增加，反演得到的异常体的电阻率值呈现逐渐增大的情况。而对异常体电阻率反演的最佳结果也随着围岩与异常体差异的增大而逐渐变深，其中围岩1000 Ω·m时反演的最佳结果出现在50 m高程处（以异常体上顶板所在位置的高程统计），此处异常体的反演电阻率最接近真实值；围岩 3000 Ω·m 时在高程－450 m 时最接近模型真实值，此处的反演结果为 93 Ω·m；围岩电阻率 10 000 Ω·m 时，反演的最佳结果出现在高程－950 m 以下位置。

此外，针对异常体埋深相同而围岩电阻率不同的情况，从对比图中可以得出：在异常体高程 0 m 时，三种围岩背景下 AMT 对异常体埋深的反演结果都比较准确；而随着深度的逐渐增加，1000 Ω·m 围岩背景下 AMT 法对异常体埋深的反演结果比模型的真实情况偏浅一点，而 3000 和 10 000 Ω·m 两种围岩背景下则表现出相反的结论，即随着深度的增加，AMT 对异常体埋深的反演结果比模型的真实情况要偏深一点。

最后，纵观全图可以得出，反演结果中大部分低阻异常体的上方有明显的一个假高阻体存在，这种现象在 b、c 两列图中表现明显，且可以看出围岩与异常体电阻率差异越大，这种现象越明显。

3 同一埋深低阻体加入不同强度噪音后探测效果的对比模拟

为模拟对比不同强度噪音对 AMT 方法探测效果的影响程度，针对二维高阻模型某一确定埋深的低阻异常体进行正反演模拟时加入不同强度的噪音。针对二维高阻模型中上顶板为－950 m 的异常体分别加入 2.5％、5％、10％、20％的噪音进行二维正反演的结果对比如图 3 所示，其中 a、b、c 三列依然为围岩电阻率是 1000、3000 和 10 000 Ω·m 时的反演结果，1～5 行代表噪音程度不同时的结果。

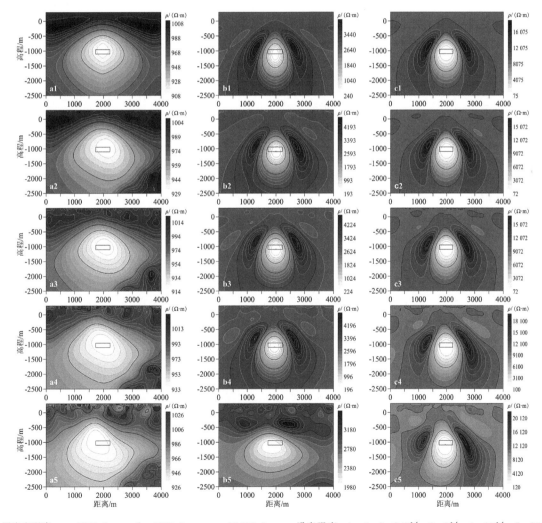

围岩电阻率：a—1000 Ω·m；b—3000 Ω·m；c—10 000 Ω·m。噪音强度：1—0；2—2.5％；3—5％；4—10％；5—20％

图 3 高阻模型不同背景电阻率下不同噪音的低阻异常体的二维反演结果对比

从整张对比图上可以看出，AMT方法对三种不同电阻率背景下同一埋深的异常体的正演结果加入不同程度噪音后的探测效果依然很好，参与对比计算的三个不同电阻率背景及五个不同噪音条件（没加噪音视为加了0％噪音）的15种情况通过AMT的反演计算都基本上识别出了异常体。虽然异常体的电阻率值的反演结果与模型结果存在多个相差甚远的情况，但是总体上对埋深的反演误差较小，可见AMT方法对于识别高阻体中的低阻异常体效果比较稳定。

具体到每列图，a列的五幅图受噪音的影响结果变化较大，通过与a1的对比可以看出，随着噪音强度的增大，异常体的位置逐渐偏离了真实位置，且异常体的范围也较真实情况有所扩大。b列展示的反演结果要比a列的结果准确许多，b列五幅图中只有噪音强度达到20％时的结果与原始结果差别较大，其余四种情况的结果与无噪音时的结果虽然有差别，但是对低阻异常体阻值及异常体位置的反演结果都与无噪音时差别不大。随着背景电阻率增大到10 000 Ω·m（即c列的五幅图反演的结果），可以得出在加入噪音后依然可以准确地反演出异常体的位置及低阻体的阻值，可见，随着围岩与异常体差异的增大，其对噪音的抗干扰能力也越来越强。

4　结论

本文通过对高阻围岩电阻率背景下不同埋深低阻电性异常体的正反演模拟，得出如下结论。

（1）在开展的对比试验中，当高阻围岩中夹有低阻体时，围岩与低阻体的差异越显著越好，两者差异越大，对低阻体阻值和埋深的反演结果就越准确。

（2）AMT方法对高阻背景中的低阻体的探测效果随着围岩与异常体差异的增大，其对噪音的抗干扰能力也越来越强。

（3）上述结论是基于理论模拟情况下的结果，现实中因为其他因素的影响，反演结果是否会有效识别模型中所示规模的异常体，需要进一步的验证。

致谢

感谢核工业北京地质研究院物化探研究所各位同事给予的帮助，感谢核工业北京地质研究院各位领导的关心和指导。

参考文献：

[1]　张金带，简晓飞，李友良，等．"十一五"铀矿勘查和地质科技进展及"十二五"总体思路［J］．铀矿地质，2011，27（1）：1-7.

[2]　魏滨，李英宾，张伟，等．AMT法在塔里木盆地吐格尔明背斜及含铀地层识别中的应用［J］．矿产勘查，2020，11（11）：2515-2521.

[3]　林锦荣，胡志华，谢国发，等．相山铀矿田深部找矿标志及找矿方向［J］．铀矿地质，2013，29（6）：321-327.

[4]　付湘．相山铀矿田矿床勘查模式探讨［J］．铀矿地质，2012，28（3）：137-141.

[5]　张万良，余西垂．相山铀矿田成矿综合模式研究［J］．大地构造与成矿学，2011，35（2）：249-258.

[6]　林锦荣，胡志华，谢国发，等．相山火山盆地组间界面、基底界面特征及其对铀矿的控制作用［J］．铀矿地质，2014，30（3）：135-140.

[7]　程纪星，谢国发，乔宝强．音频大地电磁测深法与高精度磁法在相山铀矿田西部铀成矿有利远景预测中的应用［J］．世界核地质科学，2013，30（2）：103-109.

[8]　段书新，刘祜．AMT方法在相山铀矿田乐家地区深部地质结构探测中的应用［J］．世界核地质科学，2014，31（3）：531-535.

[9]　张濡亮，王恒，腰善丛，等．关于音频大地电磁测深法在相山地区铀矿勘查应用中测点连续缺失问题的讨论［J］．铀矿地质，2022，38（2）：327-335.

[10] 田蒲源，李慧杰，朱庆俊．音频大地电磁法对断层分辨能力的正演模拟及其应用［J］．地质学刊，2012，36（4）：401－407.

[11] 李慧杰，王文瑞，马丽娜，等．音频大地电磁法对断层分辨能力的正演模拟［J］．吉林地质，2012，31（3）：64－68.

[12] 胡旭．音频大地电磁法在地热勘查中的应用研究［D］．成都：成都理工大学，2019.

[13] 何俊飞，宋明艺．CSAMT法纵向分辨率的野外试验探讨［J］．西部探矿工程，2015（6）：175－177.

[14] 刘兴国．电法勘探原理与方法［M］．北京：地质出版社，2005：135.

[15] 李金铭．地电场与电法勘探［M］．北京：地质出版社，2005：377.

Discussion on the relationship between the detection effect of AMT and buried depth of abnormal body and noise intensity under high resistivity background

ZHANG Ru-liang, HU Ying-cai, WANG Heng

(Beijing Research Institute of Uranium Geology, Beijing 100029, China)

Abstract: Audio frequency magnetotelluric (AMT) method, as a geophysical sounding method widely used in recent years, has achieved good results in uranium exploration of hard rock in the south and sandstone type uranium deposits in the north. With the increase of exploration depth, the effective identification of underground targets has become a key concern of uranium exploration researchers. Based on this, the author carried out two-dimensional electromagnetic numerical simulation, carried out forward and inverse calculation of several classical models, and studied the detection effect of AMT method for different buried depths of electrical abnormal body under high surrounding rock resistivity background. At the same time, the influence of noise intensity on detection effect is compared by superimposing different intensity noise signals on the model. Finally, through comparative analysis of inversion results and combined with the field application, the relationship between the detection effect of the typical model and the buried depth of abnormal body, noise intensity and the background resistivity of surrounding rock is summarized, which provides a basis for the subsequent application and accurate interpretation of the AMT method.

Keywords: AMT; Surrounding rock; Depth; Detection effect; Noise

新疆某矿床老采区残矿回收浸出性能分析

何小同，陈箭光，蔡高彦，陈　立

（新疆中核天山铀业有限公司，新疆　伊宁　835000）

摘　要： 通过统计分析新疆某矿床在 V 旋回和 I－II 旋回役老采区开展的残矿回收工作，表明在役老采区在经过长期的浸采后，在采区整体浸采率较高的前提下，通过增加浸采钻孔，以重新构造溶浸单元等方式，地浸溶液重新形成溶浸通道，使一些前期未浸出或难浸出的铀资源重新弄得以浸出，尤其是在一些特定的地段依然可取得显著的经济效益，不仅可以延长矿山生产寿命，提高资源利用率，也可降低矿山退役治理负担，达到吃干榨净的目的。

关键词： 地浸；老采区；残矿回收

为提高地浸铀资源利用率，减轻矿山退役治理法负担，针对酸法浸出过程中矿层形成溶浸死角及化学堵塞，新疆某矿床从 2012 年便开始逐渐在老采区内部及边缘施工生产钻孔，用于回收残余资源，这种方式最初称为残矿回收。

2015 年，核工业北京化工冶金研究院成弘等人提出了地浸矿山"二次开发"的概念，并在通辽钱 I 块铀矿床 C1 采区进行了研究，取得较好成果，其核心是矿床的强化浸出。"二次开发"的对象是处于中后期开采阶段、临近退役的砂岩型铀矿床。"二次开发"重点在于退役前铀矿床的强化浸出，包括物理强化浸出和化学强化浸出两个方面，延长矿山的生产寿命，提高资源利用率[1]。

新疆某矿床于 20 世纪 90 年代开始试验、运行，至今已连续开采近 30 年。但由于受地层结构、生产钻孔网度的限制及生产过程中矿层堵塞等原因影响，在实际生产过程中，依然存在溶浸的"异常区域"或"溶浸死角"，一来势必造成资源的浪费，二来也不利于矿山的退役治理。以新疆某矿床为例，截至 2020 年底，采区平均浸采率已达到 80%，采区浸采率超过 75% 的采区有 9 个，浸采率从 78.3%～100% 不等，虽然这些采区的浸采率已达到退役要求，但从生产管理、资源节约、环保等角度来看，仍需进一步挖掘老采区生产潜力。

为挖掘老采区生产潜力，新疆某矿床从 2012 年开始，累计在老采区边缘、内部等区域施工钻孔 52 个，取得较好的经济效益，本文从宏观上对新疆某矿床残矿回收情况进行分析总结，对比出不同区域的浸出效果及经济效益，用于指导酸法地浸矿山下一步的工作思路和方向。

1　地质背景

新疆某矿床是属典型的层间氧化带矿床，其显著的特点是在平面上呈蛇形带状分布，在剖面上可划分为卷头和翼部。据地质报告介绍，卷头部位的矿体储量占总储量的 47.53%，翼部矿体占总储量的 52.47%[2]。

矿床卷头部位的矿体主要发育于还原带和过渡带砂体中下部黄色砂岩尖灭部位的灰色中粗砂岩中，而翼部矿体主要发育于中-弱氧化带外侧的不等粒砂岩及泥岩中。翼部矿体一般分为上翼和下翼，上翼和下翼之间夹有较厚的疏松的黄色砂体，其厚度为 5～8 m，渗透性较好。由于翼部矿体主要发育于中-弱氧化带环境中，其四价铀与六价铀的比值较卷头高。

卷头矿体主要以砾岩、中粗砂岩为主，渗透系数一般大于 0.5 m/d，矿床厚度与含矿含水层厚度

作者简介： 何小同（1991—），男，本科，工程师，主要从事地浸采铀工作。E-mail：hexiaotong2023@126.com。

比值为 0.2~0.4 m/d；翼部矿体主要赋存于渗透性能较差的泥质和不等粒砂岩中，上翼渗透系数为
0.1~0.5 m/d，下翼渗透系数为 0.1 m/d；上翼和下翼矿体之间夹有 5~8 m 黄色围岩砂体，该砂层
的渗透性较上下翼矿体好。

翼部矿体厚度较薄，矿化不连续，矿体主要以透镜状产出；矿石品位相对较低；含矿含水层厚度
大，矿层与含矿含水层厚度比值在大部分地段都很小；翼部矿体的渗透性小于围岩，开采水文地质条
件复杂。与卷头矿体相比，翼部开采难度较大（图1）。

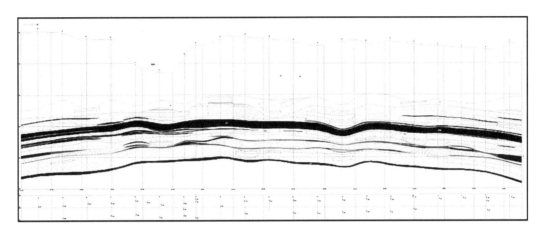

图1 新疆某矿床 B-B′纵剖面示意图

2 历年总体浸采效果

新疆某矿床自 2012 年开始，在老采区内部、边缘等地段累计施工残矿回收钻孔 52 个，截至 2020
年，累计浸出金属 129.84 t，平均单孔浸出金属 2.49 t，生产期平均铀浓度 24.3 mg/L、水量 2.9 m³/h。
在施工残矿回收钻孔后，通过对周边原有钻孔的调整，重新构造溶浸单元、改变溶浸路线等方式，取得
较好的经济效益，表现出投入周期短、运行成本低、生产能力高等特点。

如图 2 所示，随着历年钻孔数量的增加，年浸出金属最高达到 19.15 t，最低为 6 t，年平均浸出
金属 13.2 t，占年生产能力的 10％以上。

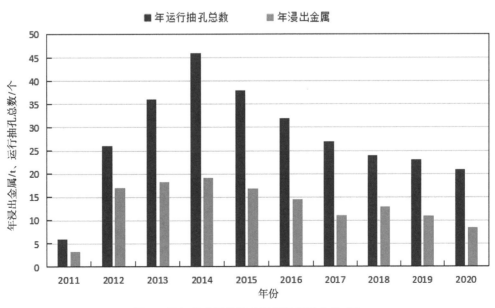

图2 历年残矿回收钻孔运行数量及产能对比

从钻孔运行数量和年生产能力方面进行分析，单孔平均生产金属 0.49 t/年，单孔年平均流量为 3.1 m³/h，单孔年平均浸出液铀浓度达到 18 mg/L。

为直观的分析残矿回收钻孔生产能力随时间的变化情况，选取了 2012 年施工且运行周期较为完整的 V 旋回钻孔 9 个、Ⅰ-Ⅱ 旋回钻孔 3 个，绘制了年浸出金属量与运行时间对比图（图 3）。

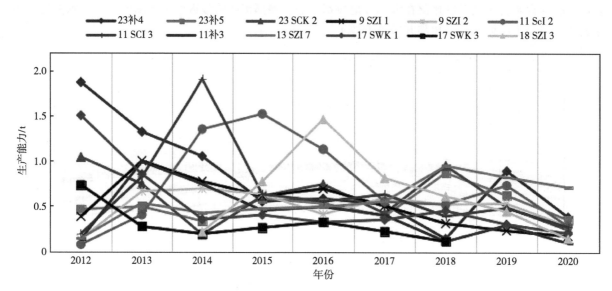

图 3　残矿回收钻孔历年浸出金属量与运行时间对比图

如图 3 所示，可以得出以下规律：

（1）从残矿回收钻孔投入运行，有 67%（8 个）的钻孔在运行第二年时生产能力达到峰值，之后随时间的变化逐渐减小，这与酸法地浸采铀较为吻合，即在新采区投入初期，随着浸出剂的注入，矿层环境由还原性或弱氧化性逐步变为氧化性，矿层中的铀得以浸出。

（2）V 旋回的 11-SCⅠ-3、11-SCⅠ-2 及 Ⅰ-Ⅱ 旋回的 18-SZⅠ-3 初始年生产能力较低，在运行 3～4 年后年产能达到峰值，其主要原因一是初始余酸较低（小于 0.5 g/L），随着周边注液孔的补给，浸出液余酸逐渐提高至 1 g/L 左右，改善了矿层的浸出环境；二是随着浸出液余酸的升高，矿层中的铁铝水合氧化物得以溶解，浸出通道得到改善，抽液量也逐渐增大，尤其是 11-SCⅠ-3 孔抽液量从 2.7 m³/h 升高至 5.5 m³/h。

（3）Ⅰ-Ⅱ 旋回残矿回收钻孔 17-SWK-1、17-SWK-3 从投入运行时产能最高，之后随运行时间的增加逐渐减小，其主要原因是以上两个钻孔均位于采区内部，钻孔揭露的矿层长期被浸出剂浸泡，浸出的主要为易溶矿物，且由于采区内部残矿回收钻孔与原有钻孔间距较小（15 m），浸出液余酸（2 g/L 升高至 3 g/L）、抽液量（增加 1 m³/h 左右）均有所增加，说明浸出剂已在局部形成"沟流"，这也是抽液量增加的主要原因。

3　分层位浸采效果分析

按照矿体发育层位，在 52 个残矿回收钻孔中，Ⅰ-Ⅱ 旋回有 15 个、V 旋回有 37 个。

3.1　Ⅰ-Ⅱ 旋回采区残矿回收钻孔浸采状况

Ⅰ-Ⅱ 旋回采区共施工残矿回收钻孔 15 个，其中 17# 采区内部施工 14 个，18# 采区边缘施工 1 个。截至 2020 年累计浸出金属 17.16 t。

如图 4 所示，Ⅰ-Ⅱ 旋回采区所施工的残矿回收钻孔生产能力差异较大，最高为 4.81 t、最低仅为 0.01 t，平均浸出金属 1.14 t，浸采效果较差，究其原因主要为以下几点。

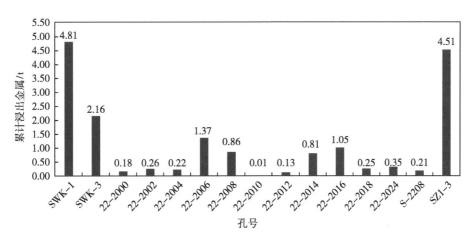

图 4   I-II旋回采区历年补孔累计浸出金属对比图

（1）I-II旋回采区残矿回收钻孔在投入生产运行时，浸出液余酸大部分在2～3 g/L之间（浸出剂酸度为5 g/L），表现出余酸高、铀浓度低、水量小的特点。

（2）除SZI-3位于采区边缘外，其余均位于采区内部，与原有钻孔间距15 m左右，结合余酸较高的特点，表明已在矿层形成固有通道，浸出剂有效工作范围有限，导致浸出液铀浓度偏低，而采区外围由于浸出剂扩散有限，在矿层中并未形成明显的堵塞，浸出剂可有效地在矿层扩散，溶解含铀矿物，浸采效果较好。

（3）SWK-1、SWK-3浸出金属较多的主要原因是抽液量较大。即以上两个孔从2012年投入运行以来，平均水量均在2.5 m³/h以上，但浸出液铀浓度最高仅为18 mg/L，且随运行时间的增加，铀浓度逐步降低至10 mg/L，虽浸出金属较多，但仍小于历年补孔的平均水平。

（4）结合残矿回收钻孔岩心编录及室内分析来看，I-II旋回采区内部施工的钻孔岩心高岭土化发育，矿层水解泥化严重；室内分析结果表明，I-II旋回采区孔内结垢物约60%为硫酸钙沉淀物，约30%为铁和铝的水合氧化物，约5%为氧化硅，表明矿层堵塞严重，并且大部分堵塞是不可逆的。

综上所述，从历年残矿回收钻孔浸出效果来分析，I-II旋回采区整体浸出效果低于平均水平，尤其是17#采区内部效果最差。

3.2   V旋回采区边缘残矿回收钻孔浸采效果

历年来在V旋回矿体采区共施工残矿回收钻孔37个，全部位于老采区边缘，截至2020年，累计浸出金属112.67 t。

如图5所示，V旋回采区残矿回收钻孔生产能力差异较大，最高为11.45 t，最低仅为0.18 t，平均单孔浸出金属3.13 t，总体浸采效果较好，其原因主要有以下几点。

（1）V旋回采区所施工的残矿回收钻孔均位于老采区边缘，且大部分地段矿体边界未得到控制，所施工钻孔见矿情况较好，平均平米铀量达3 kg/m²以上，且厚度稳定，具有较好的基础条件。

（2）随着老采区运行时间的增加，浸出剂逐渐向边缘扩散，为后期施工的残矿回收钻孔提供了较好的浸采环境，在投入运行时铀浓度很快便能达到峰值，浸采过程中铀浓度下降缓慢，符合地浸采区正常浸出的规律。

（3）浸采效果最好的区域为11#采区北部，因该地段位于矿体的卷头部位，厚度稳定、品位适中，且形成了一定的浸采规模，抽注液系统完善。

（4）在采区边缘施工的残矿回收钻孔虽浸采效果较好，但部分地段因浸出剂配酸不足或注液钻孔偏少，浸出液余酸依然偏低，所补钻孔未能发挥出最佳生产能力，所以还有进一步挖潜的价值。

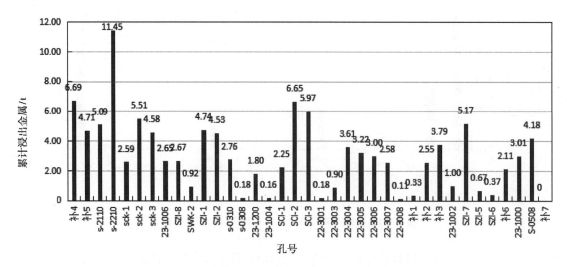

图 5　V旋回采区历年残矿回收钻孔累计浸出金属对比

综上所述，在 V 旋回老采区边缘开展残矿回收技术研究，能够取得较好的浸采效果，但要充分分析采区边缘矿体发育情况，同时要关注对应的注液孔、注液量及浸出剂配酸浓度，以发挥补孔最佳的生产价值。

3.3　V旋回采区内部残矿回收钻孔浸采效果

2017—2020 年，在 512 矿床 V 旋回 11#、12# 采区内部共施工钻孔 11 个，截至 2020 年 8 月，累计浸出金属 10.25 t。

如图 6 所示，采区内部残矿回收钻孔的生产能力总体较差，以上 11 个钻孔均为 2017 年施工，至 2020 年 8 月已累计运行 26 个月，单孔浸出金属最高为 1.55 t，最低仅为 0.21 t，平均单孔浸出金属 0.93 t，生产能力较差，其原因主要有以下几点。

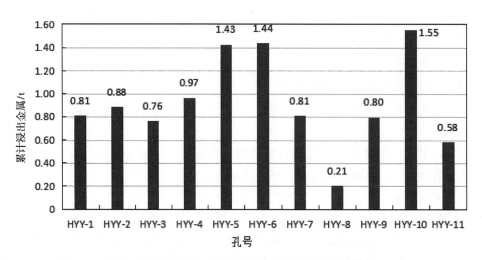

图 6　V旋回采区内部残矿回收钻孔历年浸出金属对比

（1）11#、12# 采区经过多年（15 年）生产运行，其回采率本身较高（90% 以上），可回收资源有限。

（2）以上 11 个钻孔在投入生产运行的第一个月时，其平均铀浓度达到 20 mg/L 以上，随后铀浓度大幅降低至 14～15 mg/L，后期依然维持在 14 mg/L 左右，且其 90％钻孔的浸出液余酸已达到 1.5 g/L 左右，说明该区域资源已开采殆尽，挖潜能力有限。

（3）该区域采取了"低铀浓度、大流量"的试验方式，其单孔抽液量大部分在 4～5 m³/h，最高达到 9.2 m³/h，致使浸出本身就有限的铀资源成倍稀释，影响原液铀浓度。

3.4 小结

通过分析不同层位及同一层位不同地段残矿回收钻孔的浸采效果，认为 Ⅴ 旋回残矿回收钻孔浸采效果明显优于 Ⅰ-Ⅱ 旋回，其主要原因一是所施工钻孔大部分见矿情况较好，厚度稳定、品位适中，适宜于地浸开采；二是残矿回收钻孔可最大限度地回收边缘残余金属，使原有的溶浸死角得以利用；三是老采区边缘钻孔均为注孔，经过多年的浸采，溶浸液已扩散到采区外围，降低了浸采难度。

4 浸采效率对比分析

为分析残矿回收钻孔浸采效率，对开采 Ⅴ 旋回矿体的 37 个残矿回收钻孔与同一个矿床同属 Ⅴ 旋回矿体的 22# 采区进行对比分析，具体情况如下。

4.1 浸采条件对比

Ⅴ 旋回矿体的 37 个残矿回收钻孔主要分布在 7～11# 采区，与 22# 采区地质、水文地质情况基本相同，矿体参数相差不大，具体如表 1 所示。

表 1　矿体参数对比

序号	编号	矿体平均厚度/m	矿石平均品位	平均平米铀量/（kg/m²）
1	22# 采区	2.79	0.053 1％	2.67
2	残矿回收钻孔	2.76	0.044 0％	2.41

4.2 浸采效率对比

为对比研究残矿回收钻孔与生产采区的浸采效率，对 Ⅴ 旋回的 37 个残矿回收钻孔与 22# 采区历年生产数据进行对比分析，具体情况如下。

（1）年单孔平均浸出液铀浓度对比

如图 7 所示，残矿回收钻孔从投入运行便具有较高的铀浓度，随着运行时间的增加，浸出液铀浓度逐渐降低，尤其是投入运行的前 3 年，铀浓度从 35 mg/L 降至 21 mg/L，下降幅度 39％，运行时

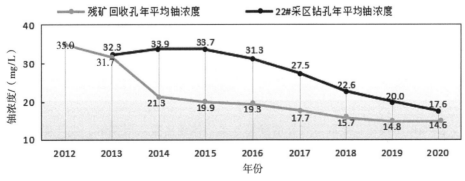

图 7　年单孔平均浸出液铀浓度对比

间越长下降幅度越小，年平均下降幅度9.8%；22#采区于2013年10月正式投入生产运行，为开拓的新采区，初始铀浓度32 mg/L，在运行第二年时达到峰值，后逐年降低，年平均下降幅度8%。

（2）年单孔平均流量对比

如图8所示，残矿回收钻孔从投入运行，年单孔平均抽液量缓慢提升，基本维持在3.0～3.5 m³/h之间，与Ⅴ旋回采区钻孔平均流量相当；22#采区于2013年10月正式投入生产运行，在2014年从2.7 m³/h降至2.4 m³/h，后又缓慢提升，截至2020年最高为4.15 m³/h，其主要原因是新采区在投入初期均会出现不同程度的堵塞，随着浸出液余酸的增加，矿层堵塞逐渐缓解，浸出液量逐步提升。

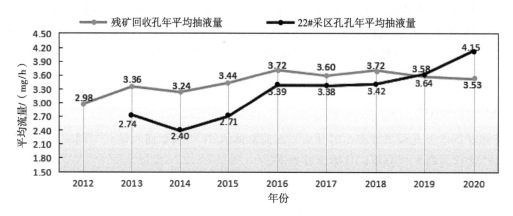

图8　年单孔平均流量对比

（3）年单孔平均浸出金属对比

如图9所示，残矿回收钻孔投入运行后第二年便达到产能峰值，结合铀浓度、水量的变化情况分析是因水量的大幅提升而使得年浸出金属达到最高，后大幅下降主要原因是易浸资源已开发殆尽，浸采效率明显下降，年平均下降幅度7.6%；而22#为新采区，资源储量充足，处于服役的"青壮年期"，年平均下降幅度2.06%，明显优于残矿回收钻孔。

图9　年单孔平均浸出金属对比

4.3　小结

综上所述，虽残矿回收钻孔能取得较好的浸采效果，体现出投入周期短、生产能力高、见效快的特点，但还是无法与新开拓采区相比；其主要原因一是可采资源有限，二是钻孔零星布置，无法形成有效的生产规模。

5 结论

通过对比分析历年残矿回收钻孔生产运行情况，可得出以下结论。

（1）Ⅴ旋回残矿回收钻孔总体浸采效果优于Ⅰ、Ⅱ旋回，且Ⅴ旋回边缘优于内部。

（2）在老采区开展残矿回收，是一种较好的回收残余资源的方法，但在钻孔施工前要充分分析矿体发育情况，同时也要关注对应的注液孔、注液量及浸出剂配置浓度等，以发挥补孔最佳的生产价值。

（3）残矿回收虽能取得较好的浸采效果，但依然无法达到新采区的生产能力，主要受限于可采资源和生产钻孔规模。

参考文献：

[1]　成弘，刘乃忠．地浸铀矿山的"二次开发"：以通辽钱Ⅰ块铀矿床C1采区为例［M］//中国核科学技术进展报告（第四卷）．北京：中国原子能出版社，2015：152-158.

[2]　王保群等．库捷尔太铀矿床3-70号线勘探报告［Z］.1997.

Recovery and leaching performance of residual ore in old mining area of a deposit in Xinjiang

HE Xiao-tong，CHEN Jian-guang，CAI Gao-yan，CHEN Li

(Xinjiang Sinonuclear Tianshan Uranium Industry Co.，Ltd.，Yining Xinjiang 835000，China)

Abstract：Based on the statistical analysis of the residual ore recovery in the old mining area of V cycle and I-II cycle of a deposit in Xinjiang，the results show that after long-term leaching in the old mining area，the total leaching rate of the mining area is higher，by adding leaching boreholes and re-constructing leaching units，in-situ leaching solution forms leaching channels again，and some uranium resources that were not or difficult to leach in earlier stage can be leached again，it can not only prolong the production life of the mine，improve the utilization ratio of resources，but also reduce the burden of management of the mine.

Key words：Ground leaching；Old mining area；Residual ore recovery

"111"产品桶防腐技术研究

李　勇，贾志远，张浩越，何慧民，王红义

（新疆中核天山铀业有限公司，新疆　伊宁　835000）

摘　要： 针对地浸采铀领域"111"产品桶碳钢材质，结合电化腐蚀原理，通过市场调研多种防腐材料，联合防腐漆生产厂家技术力量，研制出一种适合地浸采铀领域"111"产品桶的防腐技术，确定了一种无溶剂型适候改良耐磨环氧树脂的配方，规定了其施工流程，该防腐技术满足了"111"产品桶的防腐需求，提高了产品桶防腐质量，阻止了碳钢类产品桶的电化腐蚀，延长了产品桶使用寿命。

关键词： 碳钢材质；产品桶；防腐技术

新疆某铀矿采用"CO_2+O_2"中性浸出，水冶工艺流程为吸附—反冲—饱和再吸附—淋洗（包含酸化）—漂洗—合格液沉淀—板框压滤[1]—"111"产品。

地浸采铀产品桶通常使用碳钢材料，由于其承装的产品含有多种强电解质，会对碳钢类产品桶产生较强的电化学腐蚀，因此产品桶内部需要刷防腐漆，其防腐工艺通常需要操作人员敲打产品桶内部铁锈，除去产品桶内部大块铁锈后，在桶内涂刷一层黄色醇酸树脂漆，并待黄漆干燥。该工艺操作简单，短期内具有防腐效果，使用此工艺的产品桶可用于承装"111"产品。该工艺的弊端在于产品桶使用一年后桶内防腐漆起皮脱落严重，桶内金属面腐蚀严重，油漆碎屑与铁锈混入产品导致产品杂质含量增加；铁锈与"111"产品粘连，造成产品桶卸货困难且卸不干净，顾客满意度下降；因此产品桶每年需要重新涂刷防腐层，也增加工人劳动强度。本研究的目的就是解决地浸采铀"111"产品桶防腐效果差的问题，采用新型防腐漆，提升产品桶防腐效果，提高顾客满意度。

1　碳钢类产品桶防腐机理的研究

1.1　碳钢类产品桶防腐现状

由于产品桶内部腐蚀严重，防腐工艺流程为铁锤物理除锈，再涂刷一层防腐醇酸油漆，其优点是防腐工艺简单，漆面干燥速度快，产品桶经防腐处理 24h 后就可使用。但因防腐漆面薄且脆，并且油漆需要大量有机稀释剂，对人体及环境危害均较大。产品桶装载一次产品后，漆面出现大面积脱落，产品桶内出现严重腐蚀，因产品桶内反复出现腐蚀，产品桶使用中后期时便只对产品桶外部防腐，等出现漏点或严重变形时就进入报废程序，产品桶腐蚀情况如图 1 所示。

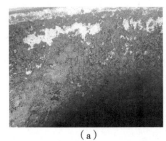 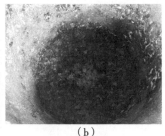

（a）　　　　　　　　　　　　（b）

图 1　产品桶内部腐蚀

（a）内壁；（b）底部

作者简介：李勇（1981—），男，江苏连云港人，本科，应用化学工程师，主要研究方向为中性浸出铀水冶工艺。

1.2 铁桶腐蚀机理

"111"产品包装为一种碳钢铁桶，产品为黄色固体，其主要组成如表1所示。

表1 "111"产品组成

项目	水分含量	Cl⁻含量	F⁻含量	其他离子含量%	pH
"111"产品	20%~30%	0.5%~5%	≤0.1%	≤1%	7~12

由表1可知产品桶内环境为中性至碱性，再该环境下产品桶内部表面易发生电化学腐蚀，其腐蚀类型为吸氧腐蚀，腐蚀原理如下。

$$负极：2Fe-4e^-=2Fe^{2+} \tag{1}$$

$$正极：O_2+2H_2O+4e^-=4OH^- \tag{2}$$

$$电池总反应：2Fe+O_2+2H_2O=2Fe(OH)_2 \tag{3}$$

从反应式看出，产品桶内存在氧气和水蒸气时即可在产品桶内表面形成电化学腐蚀。而产品中强电解质Cl⁻会吸附在金属表面，发生阳极溶解而形成点蚀[2]，Cl⁻浓度与碳钢腐蚀速度呈正比，更加速了碳钢类铁桶腐蚀。

2 常用油漆市场调研

要解决"111"产品桶腐蚀问题，桶内表面必须涂刷防腐漆，目前市场上主要油漆有醇酸漆、氯化橡胶漆、环氧漆、聚氨酯漆，各种油漆的特点及应用范围如下。

2.1 醇酸油漆

醇酸油漆以醇酸树脂为主，按各种品种的要求加入所需的颜料及助剂等研磨而成，是目前国内生产量最大的一类涂料。其优点是价格便宜，施工简单，对施工环境要求不高，漆膜光亮丰满、平整柔韧，对金属有很好的附着力，耐久性和耐候性较好，装饰性和保护性都比较好。缺点是干燥较慢、涂膜不易达到较高的要求，漆膜脆，温差变化大时漆膜会开裂。该种油漆漆膜薄，一般漆膜厚度在40~50 μm，固体含量低、涂布率小、一般干燥时间为8~15 h，5 ℃以下油漆不干。醇酸漆一般用于货舱、甲板、舱盖及生活区建筑等。

2.2 氯化橡胶漆

氯化橡胶是由天然或合成橡胶经氯化改性后得到的白色或微黄色粉末，无味、无毒，对人体皮肤无刺激性，具有良好的黏附性、耐化学腐蚀性、快干性、防透水性和难燃性。优点为漆膜的水蒸气和氧气透过率极低，仅为醇酸树脂的1/10，因此具有良好的耐水性和防锈性能；干燥快，施工不受季节限制，从-20~40 ℃气温下均可正常施工，间隔4~6 h即可重涂；对钢铁、混凝土、木材均有良好的黏结力，防腐蚀性能好。缺点为氯化橡胶漆由于是热塑性漆，在干燥环境下130 ℃时即会分解，潮湿环境下60 ℃时就开始分解。该种油漆漆膜厚度一般可达60~100 μm，固体含量高。

2.3 环氧漆

环氧漆是近年来发展极为迅速的一类工业涂料，一般而言，对组成中含有较多环氧基团的涂料统称为环氧漆。环氧漆的主要品种是双组分涂料，由环氧树脂和固化剂组成。其他还有一些单组分自干型的品种，不过其性能与双组分涂料比较有一定的差距。环氧漆的主要优点是对水泥、金属等无机材料的附着力很强；涂料本身非常耐腐蚀；机械性能优良，耐磨，耐冲击；可制成无溶剂或高固体分涂料；耐有机溶剂，耐热，耐水；涂膜无毒。缺点是耐候性不好，日光照射久了有可能出现粉化现象。

2.4 聚氨酯漆

聚氨酯漆即聚氨基甲酸酯漆。它漆膜强韧，光泽丰满，附着力强，耐水耐磨、耐腐蚀性强。被广泛用于高级木器家具，也可用于金属表面。其缺点主要有遇潮起泡，漆膜粉化，还存在变黄等问题。

2.5 4种漆综合性能比对

通常以 20 ℃ 为标准，醇酸漆重涂时间间隔为 8～15 h；氯化橡胶漆重涂时间间隔为 4～6 h；环氧漆重涂时间间隔为 3～6 h。如果不遵守规定时间间隔而提前涂漆，会产生油漆流挂、溶剂留滞导致龟裂及起泡。如果迟后涂漆，环氧漆会失去最佳附着力。醇酸和氯化橡胶漆可迟后涂漆，但最好在干燥时间内重涂。聚氨酯漆、环氧漆与聚氨酯漆的重涂时间间隔 16 h。注意涂漆时一定注意环境温度的变化，根据环境温度适当延长或缩短间隔时间，保证油漆质量。

由表 2 可知醇酸漆防腐成本最低，环氧树脂漆防腐成本最高，但环氧树脂施工环境温度范围更宽。

表 2　不同油漆性价比

油漆种类	单价/（元·kg）	漆面厚度/μm	涂布率/（m²·L）	防腐成本/（元/m²）	施工环境	
					温度/℃	湿度
醇酸漆	20	40	7～8	3.75～4.28	≥5	≤85%
氯化橡胶	42	50	5～6	10.50～12.60	≥0	≤85%
环氧树脂漆	68	75	6～7	19.43～22.67	≥-10	≤85%
聚氨酯	50	50	7	8.29	≥0	≤85%

3 "111"产品桶防腐漆的选择

3.1 4种防腐漆优缺点对比

传统刷漆工艺主要使用醇酸漆，由于其漆面容易起皮，桶壁产品桶内表面直接与空气及"111"产品接触，产品桶被腐蚀后，大量铁锈脱落，桶壁厚度逐渐变小，最后导致产品桶易变形且出现漏点，进而产生安全环保风险。根据碳钢产品桶及"111"产品特性、产品后处理工艺需求，要求防腐漆具有耐磨、耐水、耐盐碱、附着力强等特性。

由表 3 可知：

①醇酸漆易起皮开裂不能满足产品桶防腐要求；

②氯化橡胶高温易分解，机械性能较差，耐磨、耐冲击效果差；

③环氧树脂漆综合性能符合产品桶防腐要求；

④聚氨酯漆遇潮起泡，不能满足产品桶防腐需求。

表 3　不同油漆优缺点对比

序号	油漆种类	优点	缺点	"111"产品桶防腐需求
1	醇酸漆	价格便宜，施工简单，对施工环境要求不高，漆膜光亮丰满、平整柔韧，对金属有很好的附着力，耐久性和耐候性较好，装饰性和保护性都比较好。	干燥较慢、涂膜不易达到较高的要求，漆膜脆，温差变化大时漆膜会开裂。	耐磨、耐水、耐盐碱、附着力强、无毒、机械性能优良

序号	油漆种类	优点	缺点	"111" 产品桶防腐需求
2	氯化橡胶	具有良好的粘附性、耐化学腐蚀性、快干性、防透水性和难燃性。	在干燥环境下 130 ℃时即会分解，潮湿环境下 60 ℃时就开始分解。	
3	环氧树脂漆	对水泥、金属等无机材料的附着力很强；涂料本身非常耐腐蚀；机械性能优良，耐磨，耐冲击；可制成无溶剂或高固体份涂料；耐有机溶剂，耐热，耐水；涂膜无毒。	耐候性不好，日光照射久了有可能出现粉化现象。	耐磨、耐水、耐盐碱、附着力强、无毒、机械性能优良
4	聚氨酯	漆膜强韧，光泽丰满，附着力强，耐水耐磨、耐腐蚀性好。	遇潮起泡，漆膜粉化。	

3.2 一种无溶剂型适侯改良耐磨环氧树脂漆的研制

2022 年 3 月，与厂家沟通说明我厂产品桶防腐环境及防腐需求后，厂家技术人员根据产品化学性质及产品包装材质，设计了一种无溶剂型适侯改良耐磨环氧树脂，其主要成分为酚醛树脂，酚醛树脂经其他成分的介入呈现不同的防腐性能。如：侧重耐酸性能；侧重耐碱性能；侧重力学性能；侧重耐热性能；侧重耐寒性能等。配方的比例定性各种不同的防腐蚀工程，可有效提升产品桶防腐效果。

3.2.1 多种性能的环氧树脂漆设计

针对产品桶漆面易起皮问题，环氧树脂漆分两层涂刷，复合漆第一层为防腐底漆，可实现与金属表面的强力附着，建立初步隔离层（图 2）。本层侧重力学性能，即附着力，其主要成分配比为：调入超细 10（环氧树脂）：1（SiO_2）粉和 10（环氧树脂）：2 和 BYK 消泡助剂后，再按照 10（环氧树脂）：3 调入脂环氨改性固化剂配方组分，使底漆发挥卓越的结合性能。第二层为防腐面漆，实现产品与保护层的有效隔离，侧重防腐性能。实现此作用的成分配比为：按照 10：1.5 调入 14 烷基缩水甘油醚活性稀释剂降粘，使面漆凝结得更彻底；塑性越早越快形成，稳定性越强，更能有效隔离油性、酸性、碱性固体、可变形固体等的接触。

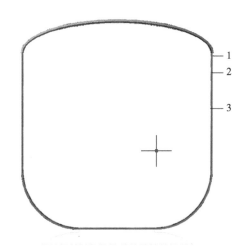

1—碳钢材质产品桶；2—黏结层（厚度≥0.3 mm 的防腐底漆）；3—隔离层（厚度≥0.2 mm 的防腐面漆）

图 2 产品桶示意

3.2.2 环氧树脂防腐流程设计

为确保环氧树脂漆的防腐效果，设计产品桶防腐流程如下。

（1）使用安装钢丝轮的角磨机对产品桶内部进行打磨除锈，直至产品桶内表面无块状铁锈，呈现铁质外观为止。

（2）当环境温度达到 10 ℃以上时，将环氧底漆与底漆固化剂以 5：1 的比例混合并搅拌 10 min，使用 13～20 cm 寸滚筒刷对产品桶及桶盖内表面进行均匀涂刷，干燥 12～20 h 后，形成一层黏结层；再以同样的方法用底漆继续涂刷产品桶及桶盖内表面，此时产品桶内表面呈灰色；待底漆干燥后进入下一步工序。

（3）当环境温度达到 10 ℃以上，操作人员确认底漆涂刷完毕后，将环氧面漆与面漆固化剂以 5：1 的比例混合并搅拌 10 min，使用 13～20 cm 滚筒刷对产品桶及桶盖内表面进行均匀涂刷，干燥 12～20 h，形成一层隔离层后以同样的方法用面漆继续涂刷产品桶及桶盖内表面，此时产品桶内表面呈黄色，待漆面干燥后产品桶即处于备用状态。

"111"产品桶防腐工艺流程如图 3 所示。

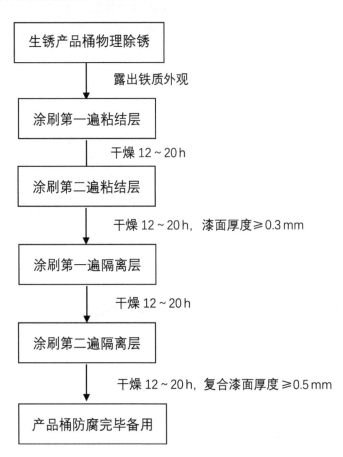

图 3 产品桶防腐流程

4 环氧树脂漆防腐应用及应用效果

4.1 环氧树脂漆的防腐应用

截至 2023 年 3 月累计对 70 个产品桶按照设定防腐流程进行打磨除锈，产品桶内表面露出铁质外观，如图 4 所示。

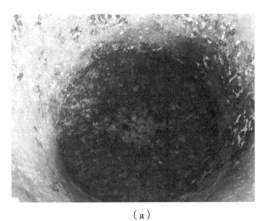 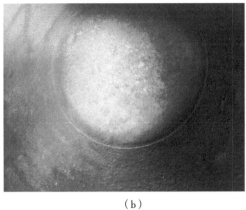

（a）   （b）

图 4　产品桶打磨除锈前后对比

（a）除锈前；（b）除锈后

产品桶经打磨除锈后，使用 13～20 cm 的滚刷继续对产品桶进行涂刷防腐底漆和面漆，其中底漆干燥后为亮灰色，面漆干燥后为亮黄色，如图 5 所示。

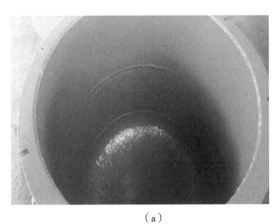 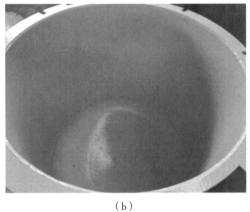

（a）   （b）

图 5　产品桶涂刷底漆和面漆

（a）底漆干燥后；（b）面漆干燥后

采用醇酸漆防腐后漆面起皮脱落后，产品桶出现腐蚀印记，而采用环氧树脂漆防腐后漆面无起皮现象，两种漆防腐对比如图 6 所示。

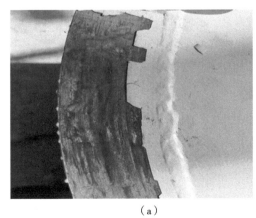 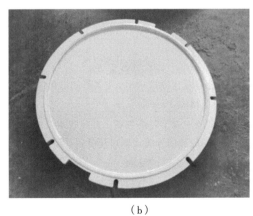

（a）   （b）

图 6　醇酸漆和环氧树脂漆防腐效果对比

（a）醇酸漆；（b）环氧树脂漆

4.2 取得成果

4.2.1 取得经济效益

通过使用无溶剂型适候改良耐磨环氧树脂对产品桶进行防腐处理后，产品桶内漆面无脱落现象，经测试其复合漆面厚度达 500 μm 以上，本次刷漆累计使用环氧树脂漆 240 kg，油漆单价为 50 元/kg，共完成 70 个产品桶的防腐工作，单桶防腐成本为 240×50/70＝172.43 元，随着其使用年限的增加，其防腐成本进一步降低，最终实现产品桶的循环使用。

如表 4 所示，使用醇酸漆需要每年进行防腐刷漆，而使用环氧树脂漆则为每三年进行刷漆，单桶防腐成本每年可节约 15 元。

表 4 两种漆防腐成本对比

油漆种类	防腐成本/（元/m²）	单个产品桶刷漆面积/m²	刷漆频次	单桶实际防腐成本/（元/桶）		合计/（元/桶）	节约成本/（元/桶）
				每年消耗油漆成本	每年人工除锈及刷漆成本		
醇酸漆	4	6	1 年	24	50	74	15
环氧树脂漆	21		3 年	42	17	59	

从表 5 可以看出，使用环氧树脂漆进行规范刷漆，每年可减少产品桶损耗成本 90 元/桶。

表 5 两种漆防腐产品桶损耗成本对比

油漆种类	产品桶单价/（元/桶）	产品桶年损耗率	产品桶年损耗成本/（元/桶）	节约成本/（元/桶）
醇酸漆	2990	3%	90	90
环氧树脂漆		0	0	

综上所述，使用新的产品桶防腐工艺每年可降低产品桶使用成本 105 元/桶。

4.2.2 社会效益

采用不含 VOC 无溶剂环氧树脂漆，相比传统的需要添加稀料的油漆，其挥发性有害物质极低，大大提高了产品桶防腐工作的安全环保性，切合我公司安全环保的发展理念。

5 结论

无溶剂型适候改良耐磨环氧树脂达到了"111"产品桶的防腐需求，提高了产品桶防腐质量，阻止了碳钢类产品桶的电化腐蚀，延长了产品桶的使用寿命。

参考文献：

[1] 甄彩丽.《化学反应原理——4.4 金属的电化学腐蚀与防护》教学设计 [J].社会科学Ⅱ辑·中等教育·新课程导学，2020（28）：14-16.

[2] 郑明东，水恒富，崔平. 炼焦新工艺与技术 [M]. 北京：化学工业出版社，2006：78-80.

[3] 刘建晓. 船舶油漆的分类、鉴别及使用 [J]. 工程科技Ⅱ辑·船舶工业，2012，12（10）：14-15.

Research on anti-corrosion technology of "111" product barrel

LI Yong, JIA Zhi-yuan, ZHANG Hao-yue,
HE Hui-min, WANG Hong-yi

(Xinjiang Tianshan Uranium Co. , Ltd. , CNNC, Yining, Xinjiang 835000, China)

Abstract: According to the carbon steel material of 111 product barrel in the field of ground leaching uranium, combined with the principle of electrochemical corrosion, a kind of 111 suitable for the field of ground leaching uranium was developed through market research of a variety of anti-corrosion materials and the technical strength of anti-corrosion paint manufacturers product barrel anticorrosion technology, determined a solvent-free suitable for improved wear-resistant epoxy resin formula, specified its construction process, the anticorrosion technology to meet the 111 product barrel anticorrosion needs, improve the product barrel anticorrosion quality, prevent the carbon steel product barrel electrochemical corrosion, extend the service life of the product barrel.

Key words: Carbon steel material; Product bucket; Anti-corrosion technology

铀矿勘查物化遥数据集成建库架构研究

周俊杰[1]，朱鹏飞[1]，蔡煜琦[1]，喻　翔[2]，任　伟[3]，高　爽[1]

（1. 核工业北京地质研究院，北京　100029；2. 中国核工业地质局，北京　100013；
3. 中国地质调查局自然资源综合调查指挥中心，北京　100055）

摘　要： 为实现物化遥数据的统一存储管理，助力铀矿勘查信息化建设，本文对铀矿勘查物化遥数据集成建库架构进行了研究。结合物化遥数据的分类特点及入库、存储和共享等环节，设计了三层数据库结构，分别为基础库、核心库和辅助库。基础库直接面向入库文件，负责非结构化信息存储；核心库从基础库抽取空间信息，形成物探、化探和遥感 3 个专题库；辅助库存储数据目录等辅助信息，用以支撑系统运转。三层建库架构较好的梳理了物化遥数据的存储逻辑，同时也为前端管理和交互提供了条件。铀矿勘查物化遥数据系统的应用设计表明，集成建库架构可实现物化遥数据的统筹管控。本集成建库架构可为铀矿勘查信息化建设提供支撑。

关键词： 铀矿勘查；物化遥；数据库；集成建库架构

物化遥数据是铀矿勘查的重要信息源，在铀成矿环境探测、控矿要素识别及远景区预测等方面有广泛应用[1-4]。物化遥是物探、化探和遥感的简称，是性质完全不同的三类探测技术，每种技术又包含多种探测方法，其数据种类繁杂，结构多样，体量差异大，长期以来都是分散存储，没有形成整合管理机制，难以开展进一步的信息提取和综合利用。为适应信息化时代数据共享，资源整合、信息挖掘、科技创新等需求，专业化数据服务也需要同步拓展。利用飞速发展的信息化网络技术优势，可实现铀矿勘查散落的物化遥数据互通互联，为数据资源共享、智能化信息挖掘提供基础，从而为铀矿地质调查工作模式变革找到新的技术突破点提供支撑，是铀矿勘查信息化的发展方向。上述预期的实现都是建立在物化遥数据统一存储管理的基础之上的。因此，有必要设计集成建库架构，实现物化遥数据存储和流转共享，形成一套完备的专题数据库。

在国内外矿产勘查领域，已有物化遥数据集成建库的相关案例可供借鉴。美国地质调查局、澳大利亚地球科学中心、加拿大自然资源部等国外机构先后发布了各类物化遥数据在线管理系统，囊括了重力、航磁、大地电磁、岩石物性、卫星遥感、航空遥感、地震层位解译、区域地球化学等数据资源，为数据资源的信息检索和共享利用提供了便利。在"数字化转型发展"的大背景下，我国也在逐步探索物化遥数据集成管理的相关经验，其中较具代表性的有中国地质调查局开发的"地质云"系统和中国石油天然气集团有限公司开发的"梦想云"系统[5-8]。"地质云"系统侧重于地学数据大整合，不仅集成了物化遥相关数据，还包含区域地质、水文、钻孔等数据，内容较为综合；"梦想云"系统侧重于地震数据的集成和处理一体化，具有石油勘探行业特色。综合来看，国内外的物化遥专题数据管理系统均以集成建库为基础，以行业应用为目的，以信息化开发为技术手段，形成以专业用户为中心的服务集合。在铀矿勘查方面，物化遥信息既有小比例尺的区域数据，也有大比例尺的矿床级局部数据；既有反映水平展布的平面数据，也有反映垂直结构的剖面数据；既有点位信息，也有测线信息和区域信息。应根据铀矿勘查物化遥数据的特点来设计相应的集成建库结构，从而为开发相应的信息系统提供基础。

作者简介： 周俊杰（1985—），男，博士，高级工程师，从事地球探测与信息技术研究工作。

基金项目： 中核集团"第四代铀矿勘查关键技术研究与示范（第一阶段）"项目"基于大数据的砂岩型铀矿三维预测技术研究"（物 SD04 - 10）。

基于此，本文首先梳理了铀矿勘查物化遥数据集成建库思路，分析了物化遥数据类型，结合数据入库、存储和共享等环节，提出将集成建库系统分为三层结构，分别为基础库、核心库和辅助库。以此为基础，设计了物化遥数据集成建库应用场景，最终形成一套能实现物化遥数据的统筹管控的集成建库架构。

1 铀矿勘查物化遥数据集成建库思路

铀矿勘查物化遥数据集成建库的总体思路为：按数据的功用和类型来设计建库逻辑，目的是实现数据分类存储、有序流转和有效共享。虽然物化遥3种探测方法具有明显的专业差别，但其对铀矿勘查的支撑作用是类似的。因此，可按专业类型划为物探、化探和遥感3个子库。每个子库可分别建设，但要合并数据检索和共享功能，使其在面向用户时实现一体化[9-11]。在数据入库时，需按照不同专业、不同方法分别设计入库规则。入库数据总体上可划为原始数据和成果数据两大类。原始数据是指未经信息抽取处理的、具有全部原始采集信息的数据，通常面向专业用户；成果数据是指对原始数据中的信息进行抽取处理，形成有效信息源的数据，通常面向专业用户和应用用户。为明确数据权属，为数据共享和知识产权保护提供条件，物化遥数据可按照勘查项目和勘查区来组织管理，并开通核心数据资源接口，在数据汇聚的同时完成核心数据的积累，配以多种形式的数据检索功能，以此达到"共建共享、滚动发展"的目的。

1.1 数据分类机制及入库管理

铀矿勘查物化遥数据总体按专业方法进行分类，以便于物化遥数据入库接口设计和分类检索的实现。一级分类为物探、化探和遥感三类基本专业方向；在二级分类中，物探数据包括地面重力、地面磁法、地面电法、地面放射性、地震、岩石标本物性、航空重力、航空磁法、航空电法和航空放射性等10种，化探数据包括原生晕/次生晕地球化学、气体地球化学、水地球化学和穿透性地球化学4种，遥感数据包括卫星、航空、基础地理信息及其他4种。每类数据均包含不同存储形式和地理要素的专业信息。数据入库由铀矿勘查专业技术人员来完成，在现行铀矿勘查项目管理机制下，可设置项目负责人、单位负责人和数据库管理员三层审核，以保证入库数据量及其质量。

1.2 数据汇聚机制及存储管理

数据汇聚是指已入库的物化遥数据及其核心信息不断累积，最终形成一定规模的数据集。文件型数据以非结构化形式进行存储，可通过元数据关键字检索来进行查询，对其空间信息进行抽取，从而可以形成结构化的核心数据。该数据可利用在线地理信息系统技术（WebGIS），以地图服务的形式实现可视化展示和交互。核心数据由数据库管理员维护，但其导入仍由铀矿勘查专业技术人员来完成，因此也需要设置审批环节，以保证其准确性。相较于非结构化数据，核心数据更易于统一存储和管理，是数据分析和数据挖掘的主要对象，也是大数据分析得以实现的样本集。

1.3 数据流转机制及订单管理

数据流转是指铀矿勘查物化遥数据由入库到共享的全过程。用户通过在数据库进行检索来查找信息，之后借助订单管理来实现信息获取。为保护数据知识产权，订单功能需设置审批机制，以此来确保数据的有效流转和有序共享。物化遥数据需要根据其重要程度进行分级，不同级别的数据具有不同的共享权限，从而影响订单管理流程。数据分级由铀矿勘查专业技术人员及审核人员共同完成。

2 铀矿勘查物化遥数据集成建库架构设计

2.1 三层结构设计

基于铀矿勘查物化遥数据集成建库思路，设计了三层数据库结构，分别为基础库、核心库和辅助库。其中，基础库是铀矿勘查专业技术人员按照入库规则上传数据而形成的，其内容包括物化遥原始数据、成果数据、文档报告、施工信息文件、现场照片、音视频资料文件、地质地理底图及其他信息文件等。核心库是铀矿勘查专业技术人员在完成基础库入库后，通过对基础库中的空间数据进行标准化整理、数据抽取和质量检查，经审核确认后得到的专题数据，可按专业分为物探专题库、化探专题库和遥感专题库。辅助库用以支撑系统运行管理，并实现数据检索交互及可视化等功能，其内容包括数据资源目录、物化遥服务数据、元数据库、用户信息、用户权限、项目信息、订单信息、系统日志、统计信息等（图1）。三层数据库结构不仅为铀矿勘查物化遥数据集成建库提供了逻辑方案，在实际建库角度也具备可行性。基础库中数据均为非结构化的文件信息，核心库为结构化的空间数据库，而辅助库为结构化的常规数据库；基础库、核心库与辅助库互相分离，可分别采用不同数据库权限、数据备份和恢复策略。

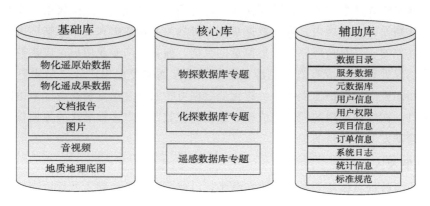

图1 铀矿勘查物化遥数据集成建库三层结构

2.2 数据资源目录和地图服务

在三层数据库结构的基础上，可形成铀矿勘查物化遥数据资源目录。该目录按专业方法进行划分，以地理要素的形式将空间信息显示在地图上，是集成建库的核心资源。数据资源目录是一个逐步累积汇聚的过程，随着入库数据的增加，资源目录将会不断更新。每种数据资源根据自身的空间特点予以展示，如物理点、测线、测区及其异常信息。集成建库系统可借助 WebGIS 的地图服务引擎技术，实现物化遥数据的地图展示和空间查询（图2）。地图服务数据接口参照 OGC 服务标准（Open

图2 铀矿勘查物化遥数据集成建库数据资源目录及地图服务示意

Geospatial Consortium Standard)，提供符合接口定义规范的点、剖面及平面数据，不仅可对外提供标准服务，也可以将外部地图服务接入进系统，如测绘机构提供的标准底图。此外，数据资源目录也可以同时对接基础库和核心库，实现结构化与非结构化数据的融合查询。因此，基于三层数据库结构即可实现数据的合理存储，也便于实现前端管理和交互等实际功能，使用户需求得以满足。

3 铀矿勘查物化遥数据集成建库架构开发

根据铀矿勘查物化遥数据建库思路及三层数据库结构，可以以 Web 服务器、文件服务器、数据库服务器及地图引擎服务器为基础，在 Linux 操作系统下采用 Docker 容器部署，基于 SpringBoot 微服务框架和 Vue 前端框架，实现 B/S 架构下的集成建库系统。在数据库方面，可用 MinIO 来管理基础库中的非结构化数据；PostGIS 来管理核心库中的空间数据及瓦片数据；PostgreSQL 来管理辅助库常规信息的存储。该系统架构也支持主-分节点分布式存储[12-14]。

4 铀矿勘查物化遥数据系统应用场景设计

基于上述铀矿勘查物化遥数据集成建库架构，设计了系统应用架构，如图 3 所示。该系统可分数据入库员、数据审核组、业务用户、管理用户、数据库管理员、系统管理员和安全审计员 7 类角色。由数据入库员进行入库操作，录入铀矿勘查项目所产生的物化遥数据（包含原始数据和成果数据），这些数据均以文件形式进入基础库。同时，入库员和数据库管理员共同协作完成数据抽取，经审核后形成核心库，分别为物探专题数据库、化探专题数据库及遥感专题数据库，这是物化遥数据集成建库的核心资源。数据库管理员基于核心库开展相关服务的发布工作，经审核后可开放共享；业务用户查询检索后，借助订单系统，经审批后可获取所需数据。管理用户通常需要了解掌握数据及系统运转详情，而无数据获取的需求，可通过统计分析模块来掌握数据资源及数据流转总体情况。系统管理员是系统最高权限者，但只能负责系统基本运行和维护工作；安全审计员独立于系统之外，借助系统日志等信息定期开展安全审计，确保系统的有序运行。由此可见，该集成建库架构可涵盖铀矿勘查领域各类用户，系统功能全面，系统安全度较高，可满足铀矿勘查物化遥数据综合管控的需求。

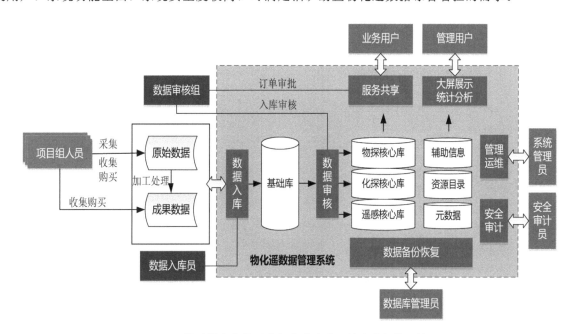

图 3 铀矿勘查物化遥数据集成建库系统应用架构设计

5 结论

（1）分析了铀矿勘查物化遥数据集成建库总体思路，结合数据入库、存储及共享等环节，设计了数据库三层结构，讨论了物化遥数据资源目录的形成、地图服务的发布及系统开发等问题，最终形成集成建库总体架构。

（2）基础库、核心库和辅助库三层数据库架构较好的梳理了物化遥数据的存储逻辑，同时也为前端管理和交互提供了条件。

（3）铀矿勘查物化遥数据系统的应用设计表明，集成建库架构可实现物化遥数据的统筹管控。

参考文献：

[1] 蔡煜琦，李子颖，刘武生，等．铀矿大基地资源扩大与评价技术研究［J］．世界核地质科学，2022，39（2）：173 – 185.

[2] 邢妍．中国铀业数据治理体系探索与研究［J］．世界核地质科学，2023，40（2）：260 – 270.

[3] 张明林，刘洋，吴建勇，等．中国铀矿地质勘查信息化建设现状及"十四五"发展思路［J］．世界核地质科学，2021，38（3）：287 – 294.

[4] 朱鹏飞，蔡煜琦，郭庆银，等．中国铀矿资源成矿地质特征与资源潜力分析［J］．地学前缘，2018，25（3）：148 – 158.

[5] 赵改善．石油物探智能化发展之路：从自动化到智能化［J］．石油物探，2019，58（6）：791 – 780.

[6] 赵改善．石油物探数字化转型之路：走向实时数据采集与自动化处理智能化解释时代［J］．石油物探，2021，60（2）：175 – 189.

[7] 谭永杰，文敏．地质信息化建设研究进展与展望［J］．中国地质调查，2023，10（2）：1 – 9.

[8] 高振记．"地质云 3.0"——国家地球科学大数据共享服务平台简介［J］．中国地质，2022，49（1）：2.

[9] 李晓翠，朱鹏飞，孔维豪，等．二连盆地铀资源多元信息数据库［J］．世界核地质科学，2020，37（4）：257 – 262.

[10] 李晓翠，朱鹏飞，张云龙，等．二连基地铀资源多元信息数据库构建及示范应用研究［J］．铀矿地质，2022，38（1）：94 – 105.

[11] 孔维豪，朱鹏飞，刘武生，等．铀矿地质云平台应用示范系统设计与实现［J］．铀矿地质，2020，36（5）：382 – 391.

[12] 孙璐，蔡煜琦，虞航，等．中国铀成矿区划数据管理系统研制［J］．世界核地质科学，2022，39（3）：478 – 484.

[13] 许娜，耿恒高，徐传鹏，等．基于 MongoDB 的地震勘探数据管理系统的设计与实现［J］．实验室研究与探索，2022，41（2）：251 – 260.

[14] 周亦祥．基于 WebGIS 的矿产资源气象地理服务系统设计与实现［D］．北京：中国地质大学，2021.

Research on integrated database architecture of geophysical, geochemical and remote sensing data for uranium prospecting

ZHOU Jun-jie[1], ZHU Peng-fei[1], CAI Yu-qi[1],
YU Xiang[2], REN Wei[3], GAO Shuang[1]

(1. Beijing Research Institute of Uranium Geology, Beijing 100029, China; 2. China Nuclear Geology, Beijing 100013, China; 3. Natural Resources Comprehensive Survey Command Center, China Geological Survey, Beijing 100055, China)

Abstract: This paper studied the integrated database architecture of geophysical, geochemical and remote sensing data to help achieve the unified storage, management and the informatization progress of uranium exploration, According to the classification characteristics and the steps of data gathering, storing, sharing, a three-layer database structure is designed, including the basic repository, the core repository and the auxiliary repository. The basic repository is directly oriented to incoming files and is responsible for storing unstructured information. The core repository extracts spatial information from the basic repository to form three thematic databases, which includes items of geophysical, geochemical and remote sensing. Auxiliary repository stores other information such as data content to support the operation of the system. The three-layer database architecture has sorted out the logic of storage, and also provided a condition for front-end management and interaction. The application design shows that the integrated database architecture can realize the overall management and control. The integrated database architecture can provide support the informatization of uranium exploration data.

Key words: Uranium exploration; Geophysical, geochemical and remote sensing; Database; Integrated database architecture

内蒙古某地浸采铀矿山深井潜水泵性能选择应用探究

任保安，张　欢，张传飞，李　鹏

（中核内蒙古矿业有限公司，内蒙古　呼和浩特　010010）

摘　要： 地浸采铀是在矿床天然产状条件下，通过从地表钻进至矿层的注液钻孔将配制好的化学试剂注入矿层，与矿物发生化学反应，溶解矿石中的铀，随后将含铀的溶液抽至地表，送进回收车间进行离子交换、淋洗、沉淀、压滤、干燥，最终得到合格产品。地浸采铀钻孔浸出液提升方式主要有潜水泵提升与空压机提升两种方式，随着钻孔深度的增加及节能需要，潜水泵抽液已成为地浸采铀钻孔浸出液提升的不二选择。然而潜水泵类型各异、功率也有大小之别，不同的钻孔适合不同的潜水泵选型，针对不同的钻孔单元，选择最佳的潜水泵，对提升井场运行，钻掘钻孔潜能有着至关重要的作用。

关键词： 地浸采铀；潜水泵；潜能挖掘

1　水文地质条件

纳岭沟试验采区矿床含矿含水层从下至上由多个自粗砂岩到细砂岩的正韵律层叠置而成，含矿含水层夹有粉砂岩、泥岩和钙质砂岩薄层，多呈厚度不等的透镜状断续产出，构成局部隔水层。含矿含水层厚度在 70～170 m，平均厚度为 119.14 m，与矿层厚度之比为 23～89，矿体平均埋深超过 400 m，属于大埋深厚含矿含水层矿床。含矿含水层渗透系数 0.55～0.63 m/d，导水系数 17.34～72.55 m²/d。

2　采区潜水泵运行情况

纳岭沟试验采区抽液井钻孔直径分为两种规格，一种为规格 152 mm 一径到底，主要使用 4 英寸、7.5 kW 潜水泵，4.5 英寸、13 kW 潜水泵提升钻孔流量；另一种为规格 190 mm，在 240 m 的位置变径 152 mm，针对流量较大、浓度较好的抽液井使用潜水泵为 6 英寸、13 kW 潜水泵，其余抽液井均为 4 英寸、7.5 kW 潜水泵。

4 英寸、7.5 kW 潜水泵为纳岭沟试验采区重点使用潜水泵，占比整个采区潜水泵使用规模的 65.52%；6 英寸、13 kW 潜水泵仅能下放至 190 mm 变径 152 mm 的抽液井，为纳岭沟试验采区重点单元使用潜水泵，为水量、浓度的提升起到决定性作用，占比整个采区潜水泵使用规模的 17.24%；4.5 英寸、13 kW 潜水泵主要用于提升采区流量，占比整个采区潜水泵使用规模的 17.24%。

各个抽液孔潜水泵使用分布情况见图 1。

作者简介： 任保安（1996—），男，本科生，助理工程师，现主要从事地浸采铀相关工作。

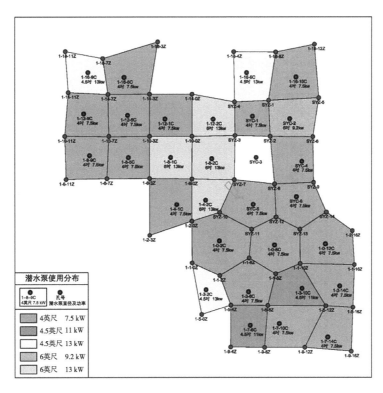

图 1　采区潜水泵使用分布

3　潜水泵故障统计分析

3.1　潜水泵故障统计

2021 年，井场潜水泵累计故障 43 台/次，其中电机故障 26 台/次，主要表现为电机过流、电机接地、电流偏大；潜水泵故障 17 台/次，主要表现为断轴、卡泵、花键磨损。具体故障情况见表 1。

表 1　2021 年潜水泵故障统计

序号	孔号	提泵理由	处理措施	潜水泵电机品牌	备注
1	1-12-2C	电机过流	更换新潜水泵、新电机 1 台/次	施得耐潜水泵、格兰富电机	6 英寸、13 kW
2	1-3-6C	潜水泵断轴	更换新潜水泵 1 台/次	施得耐	4 英寸、7.5 kW
3	1-3-14C	电机过流	更换旧潜水泵、旧电机 1 台/次	施得耐	4 英寸、7.5 kW
4	1-3-6C	电机过流	更换旧潜水泵、旧电机 1 台/次	施得耐	4 英寸、7.5 kW
5	1-7-10C	变频器故障	更换返修电机 1 台/次	施得耐	4 英寸、7.5 kW
6	1-3-6C	变频器故障	更换新潜水泵、新电机 1 台/次	施得耐	4 英寸、7.5 kW
7	1-7-10C	电流不稳定	更换新潜水泵 1 台/次	施得耐	4 英寸、7.5 kW
8	1-12-2C	潜水泵断轴	更换潜水泵、新电机	施得耐	6 英寸、9.2 kW
9	1-16-10C	潜水泵断轴	更换旧潜水泵、旧电机 1 台/次	西安飞流	4 英寸、7.5 kW
10	SYC-4	电机过流	更换旧潜水泵、新电机 1 台/次	施得耐	4 英寸、7.5 kW
11	1-16-5C	潜水泵断轴	更换返修潜水泵 1 台/次	施得耐	4 英寸、7.5 kW
12	1-3-10C	潜水泵断轴	更换返修潜水泵 1 台/次	施得耐	4 英寸、7.5 kW
13	1-8-5C	潜水泵断轴	更换返修潜水泵 1 台/次	施得耐	4 英寸、7.5 kW

序号	孔号	提泵理由	处理措施	潜水泵电机品牌	备注
14	1-8-5C	潜水泵断轴	更换旧潜水泵、新电机1台/次	施得耐	4英寸、7.5 kW
15	1-16-6C	电流偏大，潜水泵频率上涨	提泵检修	施得耐	4英寸、7.5 kW
16	1-3-2C	电机接地	更换新潜水泵、新电机1台/次	施得耐	4英寸、7.5 kW
17	1-12-2C	电机过流，接地电源缺相	更换新潜水泵、新电机1台/次	西安飞流	4英寸、7.5 kW
18	1-16-6C	电流过大，电机击穿	更换旧潜水泵、旧电机1台/次	施得耐	4英寸、7.5 kW
19	1-16-9C	电机过流	更换新潜水泵、新电机1台/次	施得耐	4英寸、7.5 kW
20	1-8-9C	电机过流	更换新潜水泵、新电机1台/次	施得耐	6英寸、13 kW
21	1-7-10C	电机过流，接地故障	更换旧潜水泵、新电机1台/次	施得耐	4英寸、7.5 kW
22	1-16-5C	电流过大	更换潜水泵1套	西安飞流	4英寸、7.5 kW
23	1-12-1C	断轴、电机过流	更换潜水泵1套	施得耐	4英寸、7.5 kW
24	1-0-12C	断轴	更换潜水泵1台	施得耐	4.5英寸、13 kW
25	1-16-9C	断轴	更换潜水泵1台	施得耐	4.5英寸、13 kW
26	1-3-14C	断轴	更换旧潜水泵1台/次	施得耐	4英寸、7.5 kW
27	1-0-12C	断轴	更换潜水泵1套	杭州英普	4英寸、7.5 kW
28	SYC-4	过流、断轴	更换潜水泵1套	施得耐	4英寸、7.5 kW
29	1-7-14C	接地，卡泵	更换潜水泵1套	施得耐	4英寸、7.5 kW
30	1-16-9C	卡泵	更换旧泵旧电机1套	施得耐	4.5英寸、13 kW
31	1-0-8C	电机过流	更换旧泵旧电机1套	施得耐	4英寸、7.5 kW
32	1-16-6C	电机过流、接地	更换旧泵旧电机1套	施得耐	4.5英寸、13 kW
33	1-8-2C	电流数偏大	更换旧泵旧电机1套	格兰富	6英寸，13 kW
34	SYC-5	电机过流、接地	更换旧泵旧电机1套	格兰富	6英寸、13 kW
35	1-12-9C	电机过流、接地	更换旧泵旧电机1套	施得耐	4.5英寸、11 kW
36	1-7-6C	电机过流、接地	更换旧泵旧电机1套	施得耐	4.5英寸、11 kW
37	1-12-1C	电机过流	更换旧泵旧电机1套	施得耐	4英寸、7.5 kW
38	1-7-6C	电机接地、过流	更换旧泵旧电机1套	施得耐	4.5英寸、13 kW
39	1-16-9C	断轴	更换旧泵1台	施得耐	4.5英寸、13 kW
40	1-12-2C	花键磨损	更换旧泵旧电机1套	施得耐	6英寸，13 kW
41	1-16-6C	电机过流	更换新泵新电机1套	施得耐	4.5英寸、13 kW
42	SYC-5	电流下降	更换旧泵旧电机1套	施得耐	4英寸、7.5 kW
43	1-7-6C	电机过流	更换新泵新电机1套	施得耐	4英寸、7.5 kW

3.2 潜水泵故障原因分析

2021年度，项目部使用潜水泵类型多达8种，包括施得耐4英寸、7.5 kW，4.5英寸、13 kW，6英寸、9.2 kW，6英寸、13 kW；西安飞流4英寸、7.5 kW；杭州英普4英寸、7.5 kW，6英寸、9.2 kW；富兰克林6英寸、13 kW。

3.2.1 施得耐4英寸、7.5 kW潜水泵

施得耐4英寸、7.5 kW潜水泵累计发生故障30台/次，主要故障原因为：部分潜水泵为返修潜水泵、旧潜水泵，运行时间过长，造成潜水泵、电机故障频发。

3.2.2　施得耐 4.5 英寸、13 kW 潜水泵

施得耐 4.5 英寸、13 kW 潜水泵累计发生故障 8 台/次，其中电机过流 6 台/次，潜水泵故障 2 台/次，潜水泵故障频发，初期试验用 2 套 4.5 英寸、13 kW 潜水泵分别使用 24 天、31 天，后期采购 6 套潜水泵仅 1－3－10C 稳定运行 4 个月时间，其余均运行 40 天左右发生故障。

3.2.3　杭州英普 6 英寸、9.2 kW 潜水泵

杭州英普 6 英寸、9.2 kW 潜水泵发生故障 1 台/次，故障原因为花键磨损。

3.2.4　6 英寸、13 kW 潜水泵

6 英寸、13 kW 潜水泵包括格兰富及施得耐潜水泵，累计发生故障 2 台/次，其中格兰富潜水泵断轴，施得耐潜水泵电机过流。

综上所述，对比西安飞流、杭州英普、施得耐同型号 4 英寸、7.5 kW 潜水泵，西安飞流、杭州英普潜水泵故障频率较低，同一抽液孔，西安飞流、杭州英普潜水泵抽液量略大于施得耐潜水泵（图 2）。

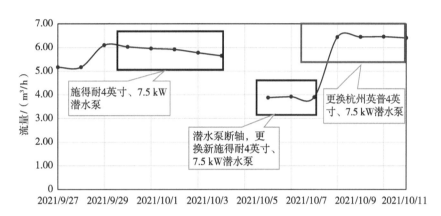

图 2　4 英寸、7.5 kW 潜水泵不同型号对比

施得耐 4.5 英寸、13 kW 潜水泵能有效提升浸出液量，但发生故障频率较高，仅 1－3－10C 稳定运行 4 个月，其余抽液孔平均运行时长 50 天左右，使用过程中，需根据单元钻孔运行情况，合理安排钻孔单元。

6 英寸、13 kW 潜水泵包括施得耐、格兰富，使用过程中，发生故障频率较低。

4　保护潜水泵采区的措施

由于采区动水位下降，为保护潜水泵，开展了提升管加长，增加潜水泵下放深度等措施。同时，项目部为提升井场水量，积极开展了大功率潜水泵更换工作。

4.1　增加潜水泵下放深度

为进一步加大抽注井之间的水力梯度，增大溶液流速，提升抽液井抽液能力，对 1－12－9C、1－3－6C 等全部 12 个 Φ152 mm 抽液井潜水泵下放位置进行了调整，下放深度由 220 m 调整为 260 m 或 280 m。对比调整前后各抽液井抽液量变化情况，单井流量涨幅为 0～98.55%，抽液井流量明显上升共计 10 个，占比 83.33%，基本维持不变的共计 2 个，占比 16.67%（表 2）。

表2 抽液孔增加潜水泵下放深度前后流量变化情况

序号	抽液井号	潜水泵加深前深度/m	潜水泵加深前流量/（m³/h）	潜水泵加深后深度/m	潜水泵加深后流量/（m³/h）	水量涨幅
1	1-12-9C	220	2.81	260	4.59	63.35%
2	1-3-6C	220	3.50	260	4.55	30.00%
3	1-3-14C	220	2.12	260	3.71	75.00%
4	1-7-6C	220	3.28	280	5.56	69.51%
5	1-8-5C	220	4.57	280	5.50	20.35%
6	1-8-9C	220	4.09	280	6.15	50.37%
7	1-16-10C	220	5.00	280	6.66	33.20%
8	1-16-5C	220	4.47	280	5.68	27.07%
9	1-12-5C	220	5.30	280	5.30	0
10	1-3-2C	220	3.44	280	6.83	98.55%
11	1-3-10C	220	4.28	280	5.20	21.50%
12	1-16-9C	240	5.13	280	7.78	51.66%
13	1-4-1C	235	3.05	280	5.62	84.26%
14	1-12-2C	240	4.37	280	6.10	39.59%

4.2 大功率潜水泵使用

为实现浸出液流量的提升，创新型使用了4.5英寸、13 kW潜水泵，通过对比流量变化，涨幅在29.63%~143.63%（表3、图3）。

表3 抽液孔增加潜水泵下放深度前后流量变化情况

序号	抽液井号	更换前流量/（m³/h）	更换后流量/（m³/h）	增加量/（m³/h）	水量涨幅	备注
1	1-16-9C	5.10	7.22	2.12	41.57%	更换4.5英寸、13 kW潜水泵
2	1-16-6C	5.94	7.70	1.76	29.63%	更换4.5英寸、13 kW潜水泵
3	1-3-10C	3.53	8.6	5.07	143.63%	更换4.5英寸、13 kW潜水泵
4	1-7-6C	4.86	7.92	3.06	62.96%	更换4.5英寸、13 kW潜水泵

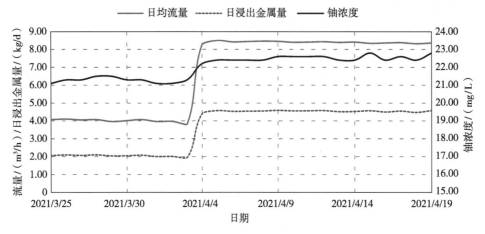

图3 1-16-6C大功率潜水泵更换前后流量变化情况

可初步判断，在确保抽液单元动水位稳定的情况下，更换大功率潜水泵有效实现浸出液流量的提升。

5 结论

（1）提升抽液井潜水泵下放位置，进一步加大抽注井之间的水力梯度，增大溶液流速，提升抽液井抽液能力，进而保护潜水泵运行，降低潜水泵损耗。

（2）在确保抽液单元动水位稳定的情况下，更换大功率潜水泵有效实现浸出液流量的提升。

（3）结合潜水泵维修情况，对运行流量较低且堵塞周期短的抽液孔尽量使用自修潜水泵，在洗井过程中同步对潜水泵进行调整，验证维修效果，维持最大钻孔贡献率。同时要结合潜水泵运行周期，分析潜水泵运行情况，做到潜水泵提前保养，改维修为维护保养。

参考文献：

[1] 赵明，曹俊鹏，杨少武，等. 提高地浸矿山潜水泵使用周期的方法 [J]. 铀矿冶，2021，40（2）：148 – 151.

[2] 季扬威，孙祥，张渤，等. 2021. 地浸采铀潜水泵提升装置存在的问题和改进建议 [C] // 中国核科学技术进展报告（第六卷）：中国核学会 2019 年学术年会论文集第 2 册（铀矿地质分卷（下）、铀矿冶分卷）. 北京：中国原子能出版社，2019.

Inner Mongolia in-situ leaching of uranium in deep well submersible pump performance choice application inquiry

REN Bao-an，ZHANG Huan，ZHANG Chuan-fei，LI Peng

(CNNC Inner Mongolia Mining Co. , Ltd. , Hohhot，Inner Mongolia 010010，China)

Abstract： In situ leaching of uranium is the process of injecting prepared chemical reagents into the ore layer through injection drilling from the surface to the ore layer under natural ore occurrence conditions. The reagents react with minerals to dissolve uranium in the ore，and then the uranium containing solution is pumped to the surface and sent to the recovery workshop for ion exchange，leaching，precipitation，pressure filtration，drying，and finally obtaining qualified products. There are two main ways to lift the leaching solution of in-situ uranium extraction boreholes：submersible pump lifting and air compressor lifting. With the increase of drilling depth and energy-saving needs，submersible pump pumping has become the best choice for lifting the leaching solution of in-situ uranium extraction boreholes. However，the types and power of submersible pumps vary，and different boreholes are suitable for different types of submersible pump selection. Choosing the best submersible pump for different drilling units plays a crucial role in improving the operation of the well site and drilling the potential of boreholes.

Key words： In situ leaching of uranium；Submersible pumps；Potential exploration

松辽盆地南部海力锦地区姚家组岩石学与铀成矿地球化学特征

唐国龙，宁　君，黄　笑，何明勇，张亮亮，刘　鑫，佘弘龙

（核工业二四三大队，内蒙古　赤峰　024000）

摘　要： 松辽盆地南部海力锦地区姚家组为辫状河沉积，砂岩厚度大且延伸稳定，颜色分为褐黄色、砖红色和灰白色，灰白色砂体为研究区主赋矿砂体，主要分布于上白垩统姚家组下段中部，少量零星分布于中上部，部分钻孔可见其与氧化砂体呈颜色渐变过渡关系，黏土化蚀变特征显著，不均匀分布有少量炭化植物碎屑及茎秆；褐黄色砂体多呈中-薄层状分布于氧化砂体中，部分呈浸染状展布特征，一般表现为砂体厚度与氧化作用的强度呈正相关关系特征，且与灰色砂体分布呈明显的共生关系；砖红色砂体主要分布于上白垩统姚家组下段中上部，发育板状交错层理，整体构成研究区赋矿层上部氧化带。文章通过对不同颜色砂岩地球化学环境指标研究，判断其地球化学环境，准确定位氧化带前锋线位置及铀富集的有利部位，为下一步外围找矿提供指导。

关键词： 赋矿砂体；氧化带；地球化学；姚家组；海力锦

　　松辽盆地属陆相能源型盆地，煤、石油、天然气及铀等共生型矿产资源十分丰富[1-3]。20 世纪 90 年代以来，我国在松辽盆地南部取得铀矿找矿重大突破，相继发现一大批超大型、大型铀矿床，使得陆相盆地砂岩型铀矿找矿工作在我国中东部地区打开了新局面[4]。根据前期勘探成果，盆地内铀矿床主要分布在一级构造单元开鲁坳陷区的次级构造单元钱家店凹陷周边[5]。

　　近年来，随着勘查范围的扩大与铀矿找矿理论相关认识的不断提高，与开鲁坳陷区相邻的西南隆起区海力锦大型铀矿床新被发现，该矿床突破原有二级构造单元坳陷区成矿构造背景的限制，具有"厚度大、品位高、平米铀量高、矿化集中"的典型特征，传统总结的铀成矿作用过程已不能完全适用于该矿床，这就需要我们在加大铀矿找矿勘探力度的同时，不断总结找矿经验，系统深化铀成矿地质背景、成矿条件、矿化类型与特征、成矿规律、控矿要素等理论研究，进而用以走好新阶段新形势下"找大矿、富矿、经济可采矿"这条铀矿勘查的"赶考"之路。

1　区域地质背景

　　松辽盆地位于华北板块北缘、西伯利亚板块东侧及西太平洋新构造域三者聚合邻接部位，其南部可划分为开鲁坳陷区和西南隆起区两个二级构造单元[6-9]（图 1）；在此基础上，前人又将其细划出陆家堡凹陷、舍伯吐凸起、哲中凹陷、乌兰花凸起、钱家店凹陷、安乐凹陷、架玛吐凸起等 13 个三级构造单元，铀矿床主要分布于钱家店凹陷附近[10]。盆地构造演化较为复杂，先后经历了二叠纪—早侏罗世基底形成期、早白垩世张裂—断陷期、晚白垩世早期热沉降坳陷期、晚白垩世晚期挤压萎缩期、古近纪—新近纪隆升剥蚀期和第四纪差异升降期等构造演化阶段[11]，进而形成了现今"东西成带，南北分区"的构造格局。

作者简介： 唐国龙（1989—），男，内蒙古赤峰人，工程师，硕士，现主要从事铀矿地质勘查工作。

基金项目： 中国核工业地质局项目"松辽盆地通辽—大庆地区铀矿资源调查评价与勘查"（202212）；"松辽盆地南部海力锦铀矿床铀富集成因机理研究"（202212-19）。

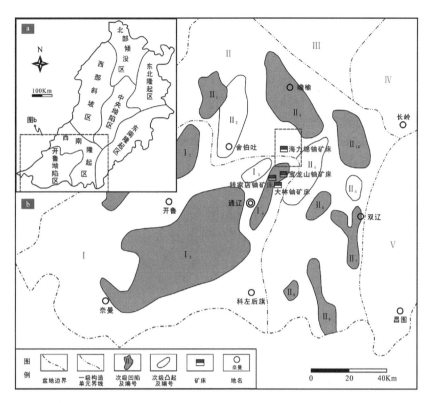

I—开鲁坳陷区；II—西南隆起区；III—西部斜坡区；IV—中央坳陷区；V—西缘斜坡带；I₁—陆家堡凹陷；I₂—哲中凹陷；
I₃—乌兰花凸起；I₄—钱家店凹陷；II₁—白音花凹陷；II₂—三棵树鼻状凸起；II₃—瞻榆凹陷；II₄—架玛吐凸起；
II₅—巴彦塔拉凸起；II₆—大林凹陷；II₇—金宝屯凹陷；II₈—宝格吐凹陷；II₉—张强凹陷；II₁₀—安乐凹陷

图 1 松辽盆地南部构造单元区划

2 目的层岩石学特征

海力锦铀矿床上白垩统姚家组下段（K_2y^1）砂体主要以一套多色中、细粒砂岩为主，另见少量砂质砾岩、钙质砂砾岩（图 2）。其中，多色砂体按颜色特征可整体划分为褐红色、砖红色、褐黄色、灰红色、灰白色及灰色六大类型[12]，且每种类型岩石又可细化分为深色、浅色两种色调特征，整体具中、细粒砂状结构，碎屑颗粒呈棱角状-次棱角状，分选、磨圆性较差，结构成熟度较高；碎屑间多为颗粒支撑，孔隙式胶结，胶结物主要以粉砂质、黏土质胶结作用为主，另见少量的铁质、钙质胶结为主。

2.1 含矿目的层砂岩特征

其中，灰白色还原性砂体为研究区主赋矿砂体[13]，主要分布于上白垩统姚家组下段中部，少量零星分布于中上部，部分钻孔可见其与氧化砂体呈颜色渐变过渡关系（图 2a），黏土化蚀变特征显著，不均匀分布有少量炭化植物碎屑及茎秆（图 2b）。褐黄色砂体多呈中-薄层状分布于氧化砂体中，部分呈浸染状展布特征，一般表现为砂体厚度与氧化作用的强度呈正相关关系特征（图 2c），且与灰色砂体分布呈明显的共生关系，推测是多次氧化、还原作用的结果。灰红色砂体分布较为局限，仅在部分钻孔有所出露，常见其分布于砖红色砂体与灰色砂体接触区域，属氧化还原"过渡色"，表征为相对较弱的氧化作用特征（图 2d）。褐红色砂体集中分布于上白垩统姚家组下段中下部，整体构成研究区赋矿层下部氧化带，钻孔岩心揭露显示该层氧化砂体具有"深度加大，颜色加深"的典型特征（图 2e），部分发育强烈的褐铁矿化蚀变，具"污手"特征（主要在研究区南部突显）。砖红色砂体主要分布于上白垩统姚家组下段中上部，发育板状交错层理，整体构成研究区赋矿层上部氧化带。灰色砂体主要分布在研究区的东侧，该区域砂体未经历氧化还原作用影响，属典型原生沉积作用的产物。

2.1.1 碎屑物特征

偏光镜下观察显示，砂岩样品具有中、细粒砂状结构，分选中等，磨圆度较差，以棱角-次棱角状为主，主要由晶屑及岩屑组成，成分成熟度低，结构成熟度高。其中，晶屑含量约占70%，成分主要为石英、长石，偶见碎片状黑云母，石英晶面较洁净，长石晶面粗糙，且长石黏土化较强，偶见聚片双晶、格子双晶结构；岩屑含量约占20%，成分主要为流纹岩及具微粒状-霏细结构的长英质构成，次之为安山岩岩屑，内部由细小板条状斜长石微晶定向分布间夹少量隐晶质构成交织结构；胶结物以铁质和钙质胶结物为主，镜下定名为含岩屑长石石英中、细砂岩（图2f、2g）。

Q—石英；Pl—斜长石；Lv—火山岩岩屑；Bi—黑云母

图2 海力锦铀矿床姚家组下段砂岩典型岩心照片及偏光显微照片

（a）由顶至底岩心颜色由浅灰色渐变过渡为灰红色（WTL4-6，587.10-590.10 m）；（b）灰色中砂岩，分布炭化植物茎杆（ZKL0-7，566.15 m）；（c）褐黄色中砂岩（ZKL20-11，588.30 m）；（d）灰红色细砂岩（WTL4-6，568.20 m）；（e）褐红色细砂岩，褐铁矿化蚀变强烈（ZKL31-0，546.50 m）；（f）含岩屑长石石英；（g）细砂岩

2.1.2 填隙物特征

另外，研究区内砾岩主要以砂质砾岩、钙质砂砾岩为主，依据砾石的成分、砾径、分选、磨圆、定向性及填隙物、基质、胶结类型的差异性，可以对海力锦铀矿床不同区域、不同层位开展沉积环境分析[14]，本次研究将砾岩系统归纳为 6 种类型（图 3）。整体来讲，研究区内砾岩中砾石主要以紫红色、灰色及深灰色泥砾为主，填隙物主要为中、细砂及粉砂质，部分砂质砾岩发育"砂包泥"脉状层理特征，指示水体流速整体较为稳定，但间歇性增强的特点（图 3a）；赋矿层内砂质砾岩中的砾石多为灰黑色泥砾，砾石分选性差，呈次圆-次棱角状，砾径 5～10 mm，部分达 2～3 cm，呈基质支撑，接触式-过渡式胶结特征（图 3g）；氧化带内砂质砾岩中的砾石主要以紫红色泥砾为主，另见少量白色钙质砾及碎屑岩砾，钙质胶结作用较为显著，部分过渡带内的砂质砾岩中可见少量灰色"残留体"（图 3b、3d、3f、3h）。

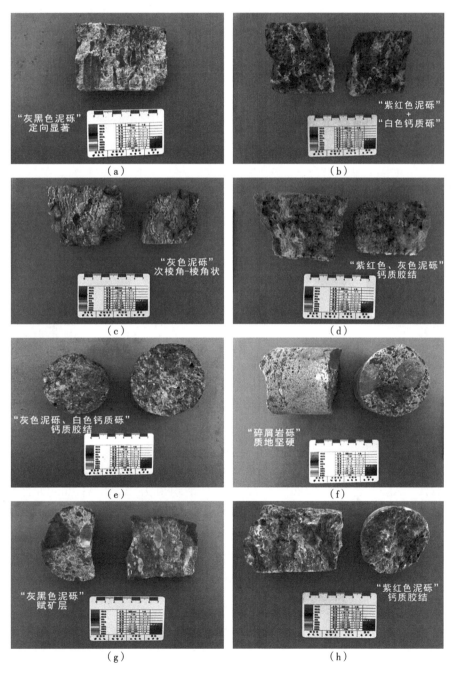

图 3 海力锦铀矿床典型砂质砾岩、钙质砂砾岩类型划分

2.1.3 结构特征

研究区内发育较为典型的沉积构造作用特征,钻孔揭露指示砂体中多发育板状交错层理、沙纹交错层理及近平行层理(图4)。其中,沙纹交错层理多以紫红色泥质层突显,层厚1～2 mm不等,分布较为局限,多发育于氧化砂体内(图4a);板状交错层理多以灰色、紫红色泥质层突显,在氧化砂体及还原砂体中均有所发育,表征为"水体流速整体较缓,且间歇性降低"的特点(图4b);近平行层理多以泥砾的定向排列(图4c)、氧化还原带的相间出现(图4d)为特征。

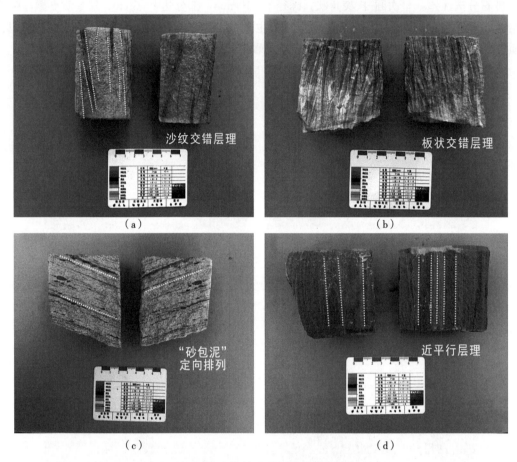

图4 海力锦铀矿床典型沉积构造

2.2 岩石地球化学特征

本次系统采集海力锦铀矿床25件砂岩样品,整体样品表征为:SiO_2含量为71.58%～81.32%,平均值为77.37%;Al_2O_3含量为8.85%～13.24%,平均值为10.98%;Fe_2O_3含量为0.34%～2.10%,平均值为0.86%;K_2O含量为2.63%～3.71%,平均值为3.19%;CaO含量为0.20%～2.44%,平均值为1.11%;Na_2O含量为0.30%～1.43%,平均值为0.59%;而MgO、MnO、TiO_2、P_2O_5含量较低。整体样品具有SiO_2含量较高,Al_2O_3含量次之的典型特征。由此可知,海力锦铀矿床姚家组砂岩碎屑物成分中石英、长石矿物占主要部分;而从Fe_2O_3＋MgO含量也可以看出,碎屑组成中还含有少量的镁铁质矿物(如黑云母、磁铁矿等),这与野外岩心观察的特征相吻合。

一般来讲,主量元素的氧化物含量经常被用来确定砂岩的地球化学类别,本次研究样品在铀工业矿孔、铀矿化孔及无矿孔中整体表现较为一致,均具有Fe_2O_3/K_2O含量比值偏低,SiO_2/Al_2O_3含量比值较高的特点,地球化学投点均落于岩屑砂岩、亚岩屑砂岩区(图5)。另外,样品砂岩中SiO_2/Al_2O_3含量比值平均值为7.16,稍低于佩蒂庄岩石化学分类中长石砂岩的含量比值平均值8.16,说明含矿砂岩成分成熟度相对较高；K_2O+Na_2O 含量平均值为 3.78％，$K_2O>Na_2O$，表明砂岩中长石主要为钾长石，与镜下薄片鉴定结果一致；而 CaO 含量平均值为 1.11％，少数样品含量高达 2.37％～2.44％，表明海力锦地区姚家组砂岩中碳酸盐胶结程度相对较高。

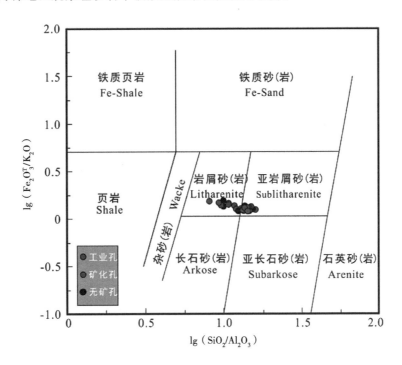

图 5　海力锦铀矿床姚家组砂岩陆源砂岩-页岩岩石分类

3　铀矿物岩石学特征

3.1　电子探针定量分析

电子探针测试结果表明，研究区存在的铀矿物主要以沥青铀矿（Pitchblende）、含钛铀矿物（U-bearing TiO$_2$）为主，少量为铀石（吸附态）；另外，由于电子探针无法检出水、有机质等，导致检测总含量多在 70％ ～ 90％，但对测试结果判别铀矿物种类不产生影响。

3.2　铀矿物的分布形态

含钛铀矿物（Ti-bearing Uranium Minerals）是铀和钛的复杂混合物，化学成分以 UO$_2$ 和 TiO$_2$ 为主，从电子探针成分分析结果可以看出，含钛铀矿物是海力锦铀矿床中最主要的铀矿物（图 6a）。其中，UO$_2$ 含量在 41.00％ ～ 65.76％（均值为 52.65％）；TiO$_2$ 含量在 10.19％ ～ 36.93％（均值为 20.85％）；SiO$_2$ 含量在 0.09％ ～ 3.37％（均值为 0.86％）；氧化物总含量在 69.82％ ～ 90.17％（均值为 81.65％），成分变化较大。个别含钛铀矿物中的 FeO 含量高达 3.99％，可能是周围铁白云石形成过程中一部分流体中的铁元素进入到了含钛铀矿物导致的结果。

沥青铀矿粒径主要集中在 2 ～ 10 μm，少数颗粒大于 13 μm，矿石中铀含量随矿石碎屑颗粒粒径的增大而增高。沥青铀矿在矿石中呈斑点状、网脉状、片状及不规则团块状等形态分布（图 6b），测试结果的元素总含量为 70.75％ ～ 86.07％（均值为 77.70％）。其中，UO$_2$ 含量为 51.35％ ～ 75.91％（均值为 66.36％）；SiO$_2$ 含量为 0.05％ ～ 9.10％（均值为 1.70％）；TiO$_2$ 含量为 1.09％ ～ 8.69％（均值为 2.33％）；CaO 含量为 0.50％ ～ 2.56％（均值为 0.89％），含少量的 P$_2$O$_5$、ZrO$_2$、Al$_2$O$_3$ 等杂质，几乎不含 K$_2$O 和 Na$_2$O。铀含量存在一定的差别，可能与硅、钙等常量元素的混入量和砂体的还原程度有关。

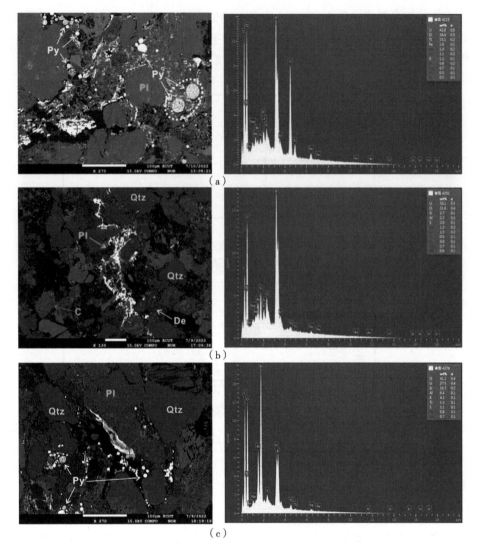

图 6 铀矿物赋存状态 BSE 图像及扫描电镜能谱分析

（a）呈微细（网）脉状、碎屑状的含钛铀矿物（U-bearing TiO₂），主要分布在长石（Pl）、石英（Qtz）碎屑颗粒孔隙间，

并与草莓状黄铁矿（Py）共生；（b）呈网脉状分布的沥青铀矿（Pit），见炭化植物碎屑（C）、岩屑（De）及石英（Qtz）碎屑；

（c）具有镶边结构的吸附态铀矿物，与草莓状黄铁矿（Py）共生，见长石（Pl）及石英（Qtz）碎屑

4 结论

通过显微镜下鉴定、电子探针等分析测试手段研究姚家组下段砂岩岩石学特征及铀矿物的存在形式，得出以下结论：①姚家组下段砂岩以长石岩屑砂岩和岩屑砂岩为主，成分成熟度和结构成熟度较低，具有近物源沉积的特点，含矿目的层砂岩结构主要以中粒砂状结构、粗粒砂状结构为主，细粒砂状结构及杂粒砂状结构为辅；②矿石电子探针分析结果表明，该地区铀矿物主要以沥青铀矿、铀石及少量的钛铀矿、含钛铀矿为主，铀矿物多与黄铁矿及有机质矿物密切共生，表明黄铁矿及有机质矿物为铀矿物的形成提供了还原剂；③铀矿物主要呈粒状、鲕粒状、小团块状沿黄铁矿、钛铁矿、黏土矿物边缘分布在填隙物中。观察含矿目的层砂岩中的蚀变现象及蚀变矿物特征，表明各黏土矿物及重矿物在一定的物理化学条件下发生了相互转变，地球化学环境的改变造成了黏土矿物及重矿物间的相互转化，进一步改变了赋矿砂体的地球化学环境。使铀矿物在碎屑颗粒溶蚀坑内、胶结物中沉淀成矿，形成了粒状、鲕粒状、小团块状、粉末状及星散状的铀矿物。

参考文献：

[1] 李占东，卢双舫，李军辉，等．松辽盆地肇源—太平川地区白垩系姚家组一段沉积特征及演化［J］．中南大学学报（自然科学版），2011，42（12）：3818-3826．

[2] 江文剑，秦明宽，范洪海，等．松辽盆地西南部白垩系姚家组碎屑岩成岩作用与铀成矿［J］．铀矿地质，2022，38（2）：181-193．

[3] 黄少华，秦明宽，刘章月，等．松辽盆地西南部钱家店凹陷DL铀矿带铀的赋存形式及成矿时代［J］．地质论评，2022，68（3）：817-830．

[4] 唐国龙，吴迪．蒙东—吉黑地区砂岩型铀矿成矿地质条件与远景预测［R］．赤峰：核工业二四三大队，2018．

[5] 黄笑，王殿学，郭强，等．宝龙山铀矿床镭氡平衡系数计算及讨论［J］．铀矿地质，2022，38（4）：662-670．

[6] 贾立城，蔡建芳，黄笑，等．松辽盆地宝龙山铀矿床控矿因素与成矿模式研究［J］．铀矿地质，2022，38（4）：582-593．

[7] 刘强虎，朱红涛，杨香华，等．珠江口盆地恩平凹陷古近系文昌组地震层序地层单元定量识别［J］．中南大学学报（自然科学版），2013，44（3）：1076-1082．

[8] 肖菁，秦明宽，郭强，等．松辽盆地南部地层结构及含矿段地层结构［J］．铀矿地质，2022，38（3）：436-446．

[9] 王卫国，姜山．松辽盆地南部测井相的建立与测井相分析［J］．铀矿地质，2006，22（6）：356-360，349．

[10] 李子伟，李继木，曹成寅，等．三维地震勘探技术在松辽盆地HLJ地区砂岩型铀矿勘查中的应用［J］．铀矿地质，2022，38（5）：949-961．

[11] 程纪星，王德利，李子伟．地震勘探技术在地浸砂岩型铀矿勘探开发中的应用前景分析［J］．铀矿地质，2022，38（2）：317-326．

[12] 邢作昌，秦明宽，李研，等．松辽盆地东北缘晚白垩世地层结构、沉积充填及铀矿找矿方向［J］．中国地质，2021，48（4）：1225-1238．

[13] 卢天军，刘鑫，姜山，等．松辽盆地南部晚白垩世沉积演化与铀成矿作用研究［J］．铀矿地质，2022，38（4）：607-617．

[14] 唐国龙，姜山，余弘龙，等．松辽盆地南部DL地区含铀地层层序沉积特征及演化［J］．铀矿地质，2023，39（3）：337-349．

Petrology and uranium mineralization geochemical characteristics of Yaojia Formation in the southern Hailijin area of Songliao Basin

TANG Guo-long, NING Jun, HUANG Xiao, HE Ming-yong, ZHANG Liang-liang, LIU Xin, YU Hong-long

(Geologic Party No. 243, CNNC, Chifeng, Inner Mongolia 024000, China)

Abstract: The Yaojia Formation in the southern Hailijin area of Songliao Basin is a braided river deposit, the sandstone thickness is large and the extension is stable, the color is divided into brownish-yellow, brick-red and gray-white. The gray-white sand body is the main mineral sand body in the study area, mainly distributed in the lower part of the Yaojia Formation of the Upper Cretaceous, a small number of sporadic distribution in the middle and upper part, some boreholes show that it has a color gradient transition relationship with the oxide sand body, the clayification alteration characteristics are significant, and there is a small amount of carbonized plant debris and stem unevenly distributed. The brownish-yellow sand body is mostly distributed in medium-thin layers in the oxide sand body, and some of them are impregnated and dyed, which is generally manifested as a positive correlation between the thickness of the sand body and the strength of oxidation, and has an obvious symbiotic relationship with the distribution of gray sand. The brick-red sand body was mainly distributed in the upper part of the lower section of the Yaojia Formation of the Upper Cretaceous, and developed a plate-like staggered layer, which constituted the upper oxidation zone of the mineral-giving layer in the study area. Through the study of the geochemical environmental indicators of sandstone of different colors, the geochemical environment of the geochemical environment is judged, and the forward position of the oxidation zone and the favorable parts of uranium enrichment are accurately located, which provides guidance for the next step of peripheral prospecting.

Key words: Main mineral sand bodies; Oxidation zone; Geochemical; Yaojia Formation; Hailijin area

小波分析在地层岩性划分中的应用

何明勇，宁　君，王殿学，黄　笑，余弘龙，唐国龙，张　政，尹龙银

（核工业二四三大队，内蒙古　赤峰　024000）

摘　要：测井数据综合解释是砂岩型铀矿找矿工作中识别岩性界面的主要手段。然而测井解释具有多解性及依赖解释人员的经验，直接根据测井曲线无法实现地层的高分辨率识别与划分。针对砂岩型铀矿渗透性地层岩性界面划分困难等问题，以松辽盆地南部部分钻孔三侧向电阻率测井曲线为对象，通过 MATLAB 软件对上述曲线进行 db4 小波变换，绘制小波系数曲线图识别地层的岩性界面。研究表明，三侧向电阻率曲线小波分析对岩性界面的划分与传统方法吻合较好，能有效划分砂岩与泥岩的界面，对划分渗透层界面具有良好的指导效果。

关键词：测井曲线；小波分析；岩性划分

地层岩性界面的划分与对比是砂岩型铀矿找矿工作中的重要环节。由于测井数据具有分辨率高、连续性好、蕴藏的地质信息丰富等特点，测井数据综合解释成为地层划分的主要手段。然而测井解释具有多解性且依赖解释人员的经验，直接根据测井曲线无法实现地层的高分辨率识别与划分。信号处理技术作为提高分辨率的重要方法之一，已被广泛应用于地球物理勘探和测井分析中，其中小波变换具有良好的时间和尺度特性，能够用于层序地层单元及层序界面的识别和划分。

本文以松辽盆地南部的钻孔为例，针对研究区地层划分等问题，通过 MATLAB 软件对三侧向电阻率测井曲线进行 db4 小波变换，利用小波系数尺度图和高频小波系数曲线图指导地层岩性界面的划分。

1　小波变换原理

小波变换是傅立叶变换的延伸，其实质是引入伸缩、平移思想，对不同频率成分自动地选取时域和取样步长，从而能够聚焦到物体的任意微小细节。其克服了傅立叶变换时域分辨力差的缺点，在时域和频域同时具有较好的局部化特性[1-4]。

小波变换可以将一种信号转换为多种不同的信号，对不同尺度的信号进行分析，以揭示信号中隐藏的多种信息。小波变换的核函数定义如式（1）[5]，式中 $\Psi(t)$ 为母小波；a 为比例因子，决定波长；b 为小波的位移[6]

$$\Psi_{a,b}(t) = \frac{1}{\sqrt{a}}\Psi\left(\frac{t-b}{a}\right)。 \tag{1}$$

连续小波变换（CWT）和离散小波变换（DWT）是用于信号分析的两种主要小波变换类型[7-9]。移动和扩张连续变化的小波变换称为连续小波变换[6]。小波变换的变化由一个整数表示，称为离散小波变换[10]。在离散小波变换中，尺度和偏移参数被离散化为 $a = 2i$ 和 $b = 2ij$，公式如式（2），式中，$i, j \in Z$，$f(t)$ 是原点信号。

$$Wf(a,b) = \frac{1}{\sqrt{a}}\int_R (t)\Psi^*\left(\frac{t-b}{a}\right)dt, \quad Wf(i,j) = \frac{1}{\sqrt{2^i}}\int_R (t)\Psi^*\left(\frac{t}{2^i}-j\right)dt。 \tag{2}$$

作者简介：何明勇（1995—），男，硕士，助理工程师，主要从事铀矿勘查工作。
基金项目：中国核工业地质局铀矿地质项目（202212）。

测井曲线信号通过滤波器被分解为低频信号（近似信号）和高频信号（细节信号）（图1）。近似信号（cA）有利于区别地层大的旋回，信号轨迹的突然变化代表介质（岩性）的变化；细节信号（cD）用于指示地层界面，可以分析薄层信息[5,11-12]。

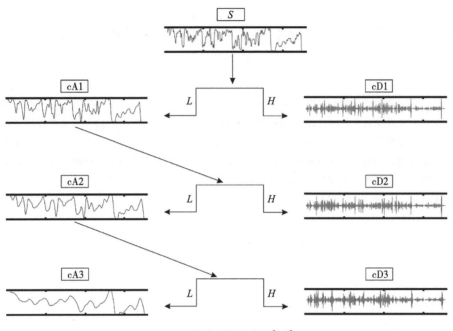

图 1　小波分解示意图[5,11]

小波变换常用来检测信号的奇异点和不规则点而信号中的奇异点及不规则点往往包含非常重要的信息。测井信号的奇异点代表地层信息变化剧烈点。我们可以利用小波分析的这种自适应特征对测井曲线进行多尺度分析，选取信号中代表地质长周期的低频部分，来确定大的层序地层格架；中等频率用来确定中等的地层层序；选取代表短周期的高频部分，来进行小层的精细对比和划分[1]。这种方法为本地区简单快捷的判断、识别地层层序界面、划分层序级别提供了一种简单且有效的方法[13]。

2　小波母波及分解层次

小波分解级次不同、尺度不同，可以揭示不同周期特征的地层层序信息，但分解级次并不是越多越好，恰当的小波分解级数可以实现解决问题和节约资源双重目标。在不同的尺度情况下，通过测井曲线的小波变化和重构，可以有效地将不同的高频和低频信号进行分离，测井曲线的趋势特点和突变特点可以清楚地反映出来。如何选择合适的小波类型及其函数，在采用离散多尺度小波分解的基础上，利用小波低频和高频系数重构形成不同尺度的近似信号和细节信号，进而进行测井地层岩性划分是本文研究的重点[14]。

通常，地层岩性界面在测井曲线上主要表现为该处曲线幅度变化较大，但薄岩层或一个中等厚度岩层中的非均质薄层的界面表现却不是特别明显，必须选择具有正则性小波来进行测井曲线小波变换开展地层岩性界面识别和划分。在地球物理勘探中，Daubechies 小波和 Haar 小波是最常用的小波变换的正交小波基[5,9]，Daubechies 系列小波可以简写成 dbN，其中 N 是小波函数的序号（$N=1$，$2\cdots$，10）。特别是当序号 N 等于 1 时，db1 为 Haar 小波[10,15]。Daubechies 小波函数窗宽相对小、更适合划分较薄岩层。本文主要选择 Daubechies 小波来进行高分辨率层序地层分析研究。

本文以 db4 小波为例，将不同分解层次的近似信号测井曲线（cA）与原始三侧向电阻率曲线（c0）进行比较。如图 2 所示，随着曲线分解层次的增加，近似信号测井曲线（cA）与原始三侧向电阻率曲线的差异越来越大。对于前两级分解，差异相对较小，低分辨率曲线（cA2）与原始曲线几乎重合，这意味着薄层信号没有成功提取到细节信号（cD1 和 cD2）。而对于第三级分解，细节信号（cD3）中提取了明显的薄层信息。对于第五级或更高级别的分解，有一些围岩信息从低分辨率信号中提取到高分辨率信号中。理论上，一个信号可以被无限分解，只要分解层数 M 足够大。

事实上，当从原始信号中提取所需信号到细节信号（cD）时，分解级别 M 足以进行数据处理。对于三侧向电阻率测井，当分解级别 M 达到 3 时，薄层信号已经从 cA2 提取到高分辨率信号（cD3）。对于四级或更高级别的分解，为近似曲线（cA3）来自 3 层次分解再分解，对识别岩性界面没有帮助。因此，我们选择 3 层作为最优分解层级。

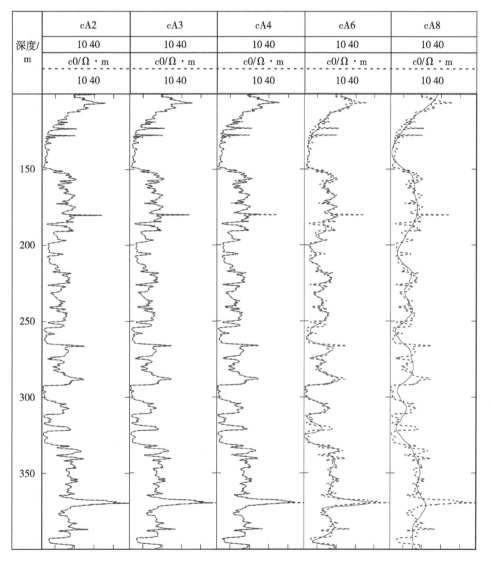

图 2 近似信号与原始信号对比

分解层次 M 设为 3，分别使用 db1～db10 小波函数进行小波变换。将来自不同 dbN 小波的近似信号（cA3）与原始三侧向电阻率曲线（c0）进行比较。

如图 3 所示，随着序号的增加，分解后的信号（cA3）曲线越来越平滑，相关性也变得更高。对于 db1～db3 小波函数，对应的分解信号（cA3）为实线，相关性相对较低。特别是对于 db1 小波，分解后的信号是方波信号。

当序号 N 达到 4 或更高时，分解后的信号变成一条平滑的曲线，与原始信号的相关性更高。然而，对于 dbN 小波，序号 N 越大，小波函数的局部特性越弱[16]。为满足识别薄层的需要，必须保证小波函数具有足够的局部特性。因此，选择具有足够相关性和局部特征的 db4 小波作为最优母小波。

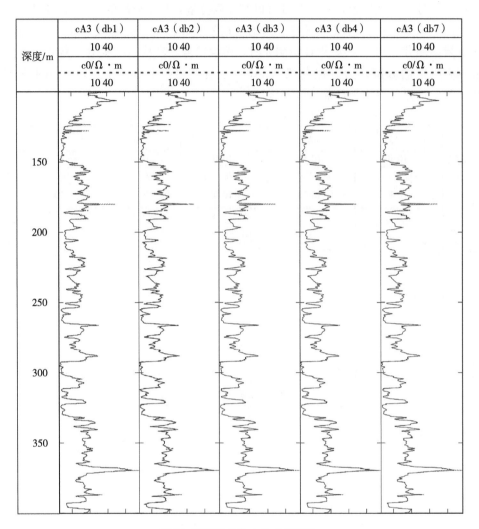

图 3　不同序号的小波曲线对比

3　测井曲线分析

目前的常规测井曲线分别为，岩性曲线：自然伽马曲线、自然电位曲线、井径曲线；三侧向电阻曲线；三孔隙度曲线：密度曲线、声波曲线。其中，自然伽马和自然电位测井曲线可以反映储层的岩性、沉积环境等，但测井响应易受钻井液矿化度和放射性矿物的影响，难以有效识别；电阻率测井可以间接反映目的层的孔隙结构；密度、声波时差测井可直观显示目的层物性特征。因此，只有综合分析多项参数，才能准确识别岩性、划分地层岩性界面[17-19]。

自然电位、三侧向电阻率、密度测井 3 条测井曲线在铀矿勘查中进行解释岩性、分析渗透性得到广泛的应用；井径曲线对于砂岩与泥岩的划分具有一定的指导意义[20]。本文选取松辽盆地南部不同岩性的上述几项测井参数进行归类统计，同时结合钻孔柱状图岩性划分，总结出划分岩性界面效果较好的测井曲线。

通过不同岩性的测井参数特征可以建立岩性识别模式，当前对岩性测井的识别方法有 4 类，本文主要利用交会图法对不同岩性进行有效识别。总结不同粒级岩性的参数，从中发现岩性与测井参数的对应关系。不同粒度的交汇图结果如图 4 所示，从砾岩到泥岩的不同岩性测井参数特征反映了一定的

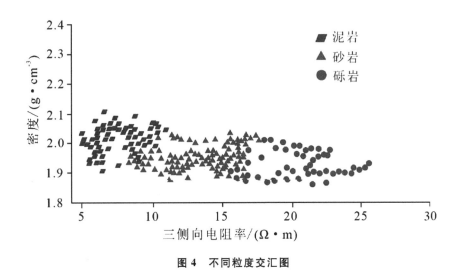

图 4　不同粒度交汇图

变化趋势，随着岩石颗粒的变细，泥质含量增多，岩石电阻率数值逐渐降低；随着岩石粒度的变化，密度数值变化幅度较小且无规律性。因此，电阻率测井曲线可以更好地识别岩石粒度，划分泥岩、砂岩、砾岩界面。选取三侧向电阻率曲线作为本文小波变换的测井曲线。

4　测井曲线小波变换识别岩性界面

选择 db4 小波函数对三侧向电阻率进行小波变换，采用连续小波变化尺度为 1～60 m，得到小波系数尺度图；采用离散小波变换，运用 db4 小波函数对其进行 3 层分解，得到小波系数曲线图（图 5）。

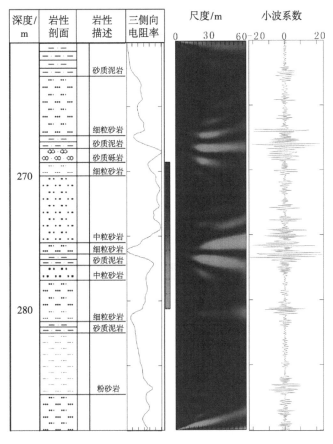

图 5　岩性界面综合识别图

如图 5 所示，在岩性柱状图中 260～290 m 共有 12 个岩性界面，小波系数尺度图识别出 9 个岩性界面，识别率是 75%。其中 260 m 左右与 280 m 左右的岩性界面识别的效果较差，可能与岩性的粒度变化较小有关。对比小波系数曲线图与岩性柱状图，小波系数曲线图中曲线波动剧烈的段与岩性段相对应，对与地层岩性界面的划分具有一定的辅助作用。

5　总结

对 Daubechies (dbN) 小波进行分析，选取了合适的分解层数 M 与合适的序号 N，利用交会图技术分析了测井曲线，认为三侧向电阻率曲线对砂泥地层较为敏感，对三侧向电阻率进行连续小波变换与离散小波变换，分别得到小波系数尺度图与小波系数曲线图，通过其与岩性柱状图的对比，表明小波系数尺度图与小波系数曲线图对地层岩性界面的识别具有较好的辅助作用。

参考文献：

[1] 赵军龙，李娜．小波变换在高分辨率层序地层分析中的应用 [J]．地球物理学进展，2008，90 (4)：1230－1235.

[2] 王艳忠，操应长，远光辉．小波分析在深水砂砾岩和泥页岩地层层序划分中的应用 [J]．天然气地球科学，2012，23 (2)：251－258.

[3] 张红贞，孟恩，孟东岳．盐家油田巨厚砂砾岩体精细地层划分与对比 [J]．石油地球物理勘探，2010，45 (1)：110－114.

[4] 陈钢花，余杰，张孝珍．基于小波时频分析的测井层序地层划分方法 [J]．新疆石油地质，2007，126 (3)：355－358．.

[5] ZHANG Q Y，ZHANG F，LIU J T，et al．A method for identifying the thin layer using the wavelet transform of density logging data [J]．Journal of petroleum science & engineering，2018 (160)：433－441.

[6] GOUPILLAUD A，GROSSMANN A，MORLET J．Cycle－octaveandre lated transform in seismic signal analysis [J]．Geoexploration，1984，23 (1)：85－102.

[7] CHANDRASEKHAR E，RAO E．Wavelet analysis of geophysical well－log data of Bombay offshore basin [J]．Mathematical geosciences，2012，44 (8)：901－928.

[8] PEREZ-MUÑOZ T．，VELASCO-HERNANDEZ J，HERNANDEZ-MARTINEZ E．Wavelettransform analysis for lithological characteristics identification in siliciclastic oil fields [J]．Journal of applied geophysics，2013，98：298－308.

[9] YANG H，PAN H，MA H，et al．Performance of the synergetic wavelet transform and modified K－means clustering in lithology classification using nuclear log [J]．Journal of petroleum science and engineering，2016，144：1－9.

[10] DAUBECHIES I．Orthonormal bases of compactly supported wavelets [J]．Communications on pure and applied mathematics，1988，41 (7)：909－996.

[11] ARABJAMALOEI R，EDALATKHA S，JAMSHIDI E，et al．Exact lithologic boundary detection based on wavelet transform analysis and real-time investigation of facies discontinuities using drilling data [J]．Liquid fuels technology，2011，29 (6)：569－578.

[12] 许鉴源，龚齐宝，刘芮．基于测井曲线小波变换的煤系地层对比方法研究 [J]．现代盐化工，2021，48 (5)：69－73.

[13] 周建，李全厚．小波分析在徐家围子层序地层划分中的应用 [J]．当代化工，2018，47 (3)：646－649.

[14] 李新虎．小波分析在测井层序地层划分中的应用——以二连盆地白音查干凹陷达 30 井腾格尔组为例 [J]．天然气地球科学，2008，97 (3)：385－389.

[15] 李野．小波分析在汤原断陷单井高分辨率层序地层划分中的应用 [J]．西部探矿工程，2020，32 (3)：79－81.

[16] LIU J，HAN S，MA J，et al．Application of wavelet analysis in seismic datadenoising [J]．Progress in geophysics，2006，21 (2)：541－545.

[17] 俞礽安，司马献章，李建国，等．鄂尔多斯盆地直罗组地层岩性测井响应特征 [J]．煤田地质与勘探，2018，46 (6)：33－39.

[18] 王贵文，郭荣坤．测井地质学 [M]．北京：石油工业出版社，2000.

[19] 楚泽涵，高杰，黄隆基，等．地球物理测井方法与原理（下册）［M］．北京：石油工业出版社，2007.

[20] 吕成奎．定量伽马测井与自然伽马测井关系探讨［J］．河南理工大学学报（自然科学版），2010，29（增刊 1）：61－64.

Application of wavelet analysis in stratigraphic lithology classification

HE Ming-yong，NING Jun，WANG Dian-xue，HUANG Xiao，
YU Hong-long，TANG Guo-long，ZHANG Zheng，YIN Long-yin

(Geological Party No. 243，CNNC，Chifeng，Inner Mongolia 024000，China)

Abstract： The comprehensive interpretation of logging data is the main means of identifying lithological interfaces in the exploration of sandstone type uranium deposits. However，logging interpretation has multiple solutions and relies on the experience of interpretation personnel，making it impossible to achieve high-resolution identification and division of formations directly based on logging curves. In response to the difficulty in dividing the lithological interface of permeable strata in sandstone type uranium deposits，taking the three directional resistivity logging curves of some boreholes in the southern part of the Songliao Basin as the object，the above curves were subjected to db4 wavelet transform using MATLAB software，and a wavelet coefficient curve was drawn to identify the lithological interface of the strata. Research has shown that the wavelet analysis of the three directional resistivity curve is in good agreement with traditional methods for the division of lithologic interfaces，which can effectively divide the interface between sandstone and mudstone，and has a good guiding effect on the division of permeable layer interfaces.

Key words： Logging curve；Wavelet analysis；Lithological classification

铀矿冶
Uranium Mining & Metallurgy

目　　录

某白岗岩型铀矿水冶厂离子交换塔内
树脂板结物组成的研究

赵良仁，周荣生，唐文生，刘　洋，韩雪涛，杨加可

（中广核铀业发展有限公司，北京　100029）

摘　要： 本文就某白岗岩型铀矿水冶厂离子交换塔内出现的树脂板结物进行了系统的物质组成分析研究，采用 7 种分析手段从不同方面对板结物组成进行确认，最终确定了板结物主要组成为黄钾铁矾、石英和长石，并通过扫描电镜观察到黄钾铁矾晶体形态。同时，电子探针确定硅以类质同像形式存在于黄钾铁矾晶体中，穆德尔谱分析确定了黄钾铁矾是铁的唯一存在形式，推定出黄钾铁矾的结构式。

关键词： 离子交换；板结物；组成

离子交换处理铀矿浸出液广泛应用于国内外铀矿山，该技术成熟、适用性强，尤其适合处理低品位铀矿石的浸出液。同时，离子交换操作简单、工艺运行稳定，在铀矿冶领域得到了长足的发展和应用[1-2]。

2016 年，中广核铀业发展有限公司，在非洲纳米比亚成功建成并投产运行一世界级大型铀矿，矿石类型为白岗岩型，同样采用了离子交换工艺来处理铀矿浸出液，但 2021 年水冶厂离子交换吸附塔内出现树脂大量板结的情况，严重离子交换生产工艺的正常运行[3-4]。为制定有效的预防措施，需要对板结物进行研究，确定板结物质的组成[5-6]。

1　铀矿加工处理工艺

该项目铀矿石加工处理工艺流程为破碎—磨矿—浸出—逆流倾析洗涤—离子交换—溶剂萃取—重铀酸铵沉淀—煅烧。项目地处非洲沙漠腹地，蒸发量大，工艺流程实现无废水外排工艺，尾矿坝采用湿式排放堆存，尾矿回水全部返回水冶厂利用。

2　分析方法及仪器

板结物组成分析方法包括：光学显微镜观察、X 荧光衍射分析（XRD）、扫描电镜—能谱分析（SEM‑EDS）、电子探针分析（EMPA）、穆斯堡尔谱分析（穆谱）、主量元素分析、红外光谱分析。各种分析方法采用的仪器设备及技术参数如下：

（1）光学显微镜观察

对板结物进行注胶固定，然后磨制成光薄片，在光学显微镜下进行拍照、岩矿鉴定、基本形态分析等。

（2）XRD 分析

分析仪器为德国布鲁克 D8 advance X 射线衍射仪，分析结晶矿物的组成。

（3）SEM‑EDS 分析

分析仪器为 FEI 捷克有限公司 Nova NanoSEM 450 场发射扫描电镜，高真空分辨率可达 1.0 nm，放大倍数可达 600 000，倾斜角度：$-15°\sim75°$。

作者简介：赵良仁（1980—），男，山东海阳人，硕士，高级工程师，主要从事铀矿水冶技术研究及工业应用。

（4）EMPA 分析

分析仪器为 JEOL JXA - 8230，日本电子株式会社生产，该仪器的空间分辨率可达 5 微米。

（5）穆谱分析

分析仪器为 Wissel MS - 500 穆斯堡尔谱仪，使用 57 Co（Rh）源，强度为 9.25×10^8 B$_q$。速度校准采用室温 α-铁吸收器。使用基于 Voigt 的拟合分析，通过软件 Recoil 对光谱进行拟合。

（6）主量元素分析

XRF 分析仪器为荷兰帕纳科 Axios - mAX，解译软件为 SuperQ。

有机碳和硫分析仪器为美国 LECO 的红外碳硫分析仪。

（7）红外光谱分析

分析仪器为美国尼高力公司 iS10，波数范围是 400～4000 cm^{-1}，光谱仪分辨率 4 cm^{-1}，信噪比是 50 000：1。

3 分析结果

3.1 XRD 矿物组成分析

对现场塔内不同塔级（位置）的板结物质进行 XRD 分析，分析图谱如图 1 所示。

XRD 分析结果表明，板结物的特征峰与黄钾铁矾特征峰完全吻合，并且板结物没有发现其他明显特征峰，结果显示板结物的主要成分为黄钾铁矾。

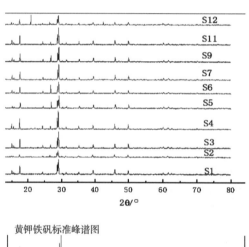

图 1 板结物样品与黄钾铁矾 XRD 谱图对比

3.2 EMPA

对样品同时进行电子探针定量分析，包括点分析和面扫描分析，其中点分析结果如图 2 所示，面分析结果如图 3 所示。

此项分析可以得到如下结论：

（1）板结物的主要成分为黄钾铁矾。

（2）图 4 表明，黄钾铁矾的元素组成中，硫含量的增加，硅含量渐渐减少，这说明黄钾铁矾中硅与硫的类质同像发生。黄钾铁矾中以类质同象形式存在的硅含量较高，平均含量约 6％（以二氧化硅计，占黄钾铁矾的比例）。

（3）电子探针发现板结物中存在极少量的石英及长石，如图 5 所示。

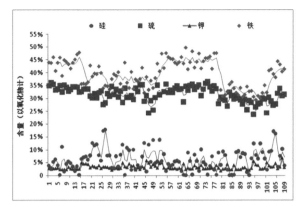

图2 板结物主要化学成分变化

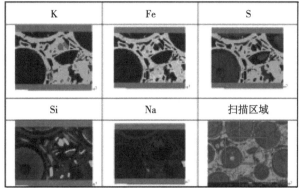

图3 板结树脂面扫描结果

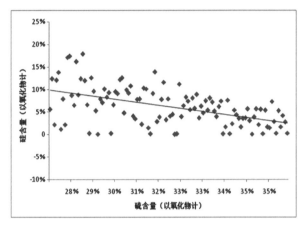

图4 板结物中硫与硅变化图

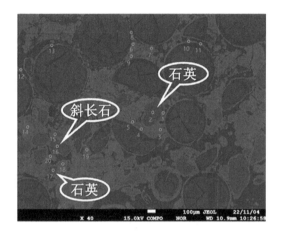

图5 电子探针发现的石英和长石

3.3 主量元素分析

分别对塔的底部样品（第1级至第5级），中部样品（第6级）和上部样品（第9级、第11级）的板结物进行元素组成分析，结果如表1所示。

表1 板结物元素组成分析

检测项目	底部	上部	中部	平均值
Fe_2O_3	35.49	34.55	34.30	34.78
K_2O	6.27	6.24	6.20	6.24
SiO_2	11.02	14.20	12.88	12.70
Al_2O_3	1.32	1.40	1.48	1.40
Na_2O	0.62	0.61	0.62	0.62
CaO	0.30	0.37	0.35	0.34
MgO	0.14	0.10	0.17	0.14
MnO	0.19	0.12	0.23	0.18
PbO	0.34	0.35	0.33	0.34
P_2O_5	0.42	0.43	0.43	0.43
TiO_2	0.07	0.07	0.07	0.07

检测项目	底部	上部	中部	平均值
BaO	0.02	0.02	0.02	0.02
Cr_2O_3	0.02	0.03	0.02	0.02
CuO	0.01	0.01	<0.01	0.01
SnO_2	0.01	0.01	0.01	0.01
SrO	0.01	0.01	0.01	0.01
ZnO	0.01	<0.01	<0.01	0.01
V_2O_5	<0.01	<0.01	<0.01	
CO_2	<0.2	<0.2	<0.2	
Cl	<0.01	<0.01	<0.01	
SO_3*	4.36	3.98	4.39	4.24
LOI 1000	38.46	37.10	37.72	37.76
有机碳**	1.63	1.86	1.97	1.82
S**	10.10	9.89	9.72	9.90

注：* 指因 XRF 分析方法预处理致部分硫挥发；** 指采用红外碳硫分析仪分析。

主量元素分析结果表明：

板结物的主要元素包括铁、钾、硅，其中铁与钾元素的摩尔比为3.3，而铁与硅的平均摩尔分数比为5.3，考虑类质同像形式的硅，黄钾铁矾的物质组成可表达为 $KFe_3(SO_4)_{1.43}(SiO_4)_{0.57}(OH)_6$，含量约占总结物质的90%。

综合电子探针结果，硅的存在形式分为3种，类质同像、长石和石英。结合主量分析结果，推算类质同像形式存在的硅占比板结物的质量分数（以二氧化硅计，下同）为5.0%，长石中的硅占比板结物的质量分数为3.6%，石英占比板结物的质量分数为4.1%。

平均烧失量为37.7%，这与硫及水烧失有关。

塔内不同位置的板结物组成未见显著差异。

分析显示板结物中含有一定量的有机碳，表明板结物存在有机物质。

3.4 扫描电镜及 EDS 能谱分析

对板结物质进行扫描电镜，观察物质微观形貌，并进行 EDS 能谱元素组成半定量分析。图6为扫描电镜下的电影形貌特征及 EDS 分析结果。

塔内不同层级的筛分板结物形貌相似，均为菱片形发育较为完整的晶体，EDS 结果显示主要元素为铁、氧、硫和钾，晶体特征和元素组成均支持物质组成为黄钾铁矾。

部分微区能谱样本中发现石英，如图7所示。

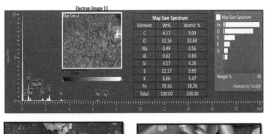

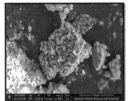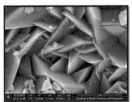

图 6　板结物晶体形貌 SEM – EDS

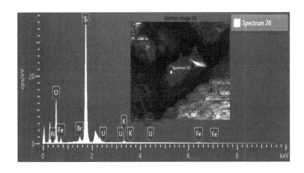

图 7　板结物中的石英 SEM – EDS

3.5　光学显微镜

对制成的板结物光薄片进行光学显微镜观察，如图 8 所示。

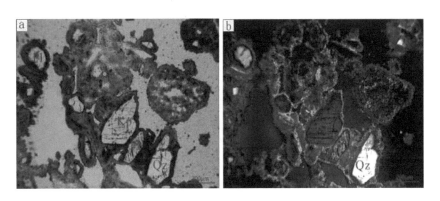

Pl—斜长石；Kp—钾长石；Qz—石英

图 8　光学显微镜下板结物中的碎屑矿物

显微镜下观察到碎屑矿物，并确定其中存在长石、石英，应为原矿粉的残留物。

3.6　红外光谱分析

采用傅里叶变换红外光谱解析板结物官能团，红外谱图如图 9 所示。

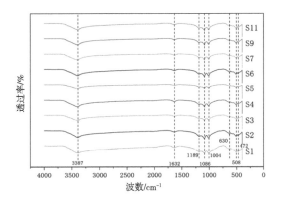

图 9　板结物红外光谱

红外光谱中各个谱峰的意义如表2所示，从红外光谱识别出的特征峰与板结物为黄钾铁矾相一致。

表2　红外光谱特征峰的意义说明

谱峰位置/cm⁻¹	意　义
3387	-OH 的伸缩振动
1632	水的特征峰
1189	黄钾铁矾晶体结构外层分子表面吸附的硫酸根
1086	黄钾铁矾晶体结构中包含的硫酸根
1004	羟基的面内弯曲振动
630	黄钾铁矾晶体结构内层硫酸根
472，508	FeO_6 八面体的振动特征峰

3.7　穆谱分析

为了更可靠地确定铁是否存在非黄钾铁矾形式，对板结树脂样品进行了常温及低温穆斯堡尔谱分析，以确定板结物中铁的赋存状态，结果如图10、图11所示。

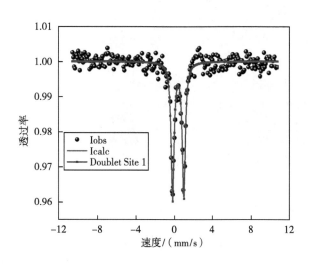

图10　树脂板结物常温穆斯堡尔谱　　　　图11　树脂板结物低温穆斯堡尔谱

结果表明，样品在常温下及低温下分别表现为二线峰及六线峰。常温穆斯堡尔谱指示为三价铁，且 CS、D、A、W+等参数与已发表的黄钾铁矾一致；在低温下则表现为三价铁硫化合物，未检出其他含铁化学键。

穆斯堡尔谱结果表明，铁均以黄钾铁矾的形式存在，排除铁的氧化物或者氢氧化物。

4　结论

综合上述，所有分析方法的板结物质组成分析结果，得出如下结论：

（1）XRD、SEM、EPMA 及 IR 的结果均显示板结物的主要成分为黄钾铁矾，且黄钾铁矾由化学反应生成。

（2）穆斯堡尔谱未检出铁的氧化物或氢氧化物等，铁的存在形式均为黄钾铁矾形式。

（3）黄钾铁矾晶体中存在硅的类质同像，以铁为基准计算其结构式为 $KFe_3(SO_4)_{1.43}(SiO_4)_{0.57}(OH)_6$，且含量占板结物质总量的 90%。

（4）板结物中的硅以 3 种形式存在，分别为类质同像形式、长石和石英。类质同像形式存在的硅占比板结物的质量分数为 5.0%，长石中的硅占比板结物的质量分数为 3.6%，石英占比板结物的质量分数为 4.1%。

（5）板结物中发现少量有机碳，指示板结物中存在有机物质。

参考文献：

[1] 姜志新．离子交换分离工程 [M]．天津：天津大学出版社，1992.

[2] 梅里特．铀的提取冶金学 [M]．北京：科学出版社，1978.

[3] 陈瑞澄．201*7 树脂中毒机理探讨 [J]．铀矿冶，1987，8（1）：45 - 49.

[4] RITCEY G M．离子交换、活性炭矿浆法吸附过程的硅中毒和溶剂萃取过程中硅所引起的乳化 [J]．湿法冶金，1988（1）：50 - 71.

[5] ELWOOD M，MADDEN R．Jarosite dissolution rates and nanoscale mineralogy [J]．Geochimica et cosmochimica acta，2012，91（1）：306 - 321.

[6] 王长秋，马生风．黄钾铁矾的形成条件研究及其环境意 [J]．岩石矿物学杂志，2005，24（6）：607 - 611.

Study on the composition of resin aggregate binder in the ion exchange tower of an alaskite uranium mine hydrometallurgical plant

ZHAO Liang-ren，ZHOU Rong-sheng，TANG Wen-sheng，LIU Yang，
HAN Xue-tao，YANG Jia-ke

(CGN Uranium Industry Development Co.，Ltd.，Beijing 100029，China)

Abstract：A systematic composition analysis is conducted on the resin aggregate binders that appears in the ion exchange tower of a alaskite uranium mine processing plant. Seven analytical methods are used to confirm the composition from different aspects, and finally it is determined to be mainly composed of jarosite, quartz and feldspar, and the crystal morphology of jarosite was observed through SEM. At the same time, EMPA confirmed that silicate hosts in jarosite as isomorphism state. Mossbauer spectrum analysis determined that jarosite is the only existing form of iron, and the structural formula of jarosite was deduced.

Key words：Ion Exchange；Resin aggregate binder；Composition

含矿含水层非均质结构对浸出液运移影响的模拟研究

王嗣晨，杜志明，刘正邦，王亚安，张友澎，谢廷婷

（核工业北京化工冶金研究院，北京 101149）

摘　要：地浸采铀含矿含水层岩性以砂岩为主，但同时存在少量渗透性较差的泥岩夹层，所形成的含水层非均质结构的连续性对地浸采铀中浸出液的迁移过程具有重要影响。利用渗透系数随机场方法，刻画含矿含水层二维非均质结构，保持不同岩性层所占比例不变，仅改变其分布的空间连续性，建立变密度水流和溶质运移模型进行蒙特卡洛模拟，以理论模型分析了不考虑抽注运行条件时，泥岩夹层空间分布的连续性差异对溶质迁移过程的影响。研究结果表明，浸出液的垂向迁移速率和含水层溶质质量通量主要受泥岩夹层的垂向连续性控制，增大垂向连续性使砂岩和泥岩的互层效应减弱，有利于形成垂向优先流动通道并增强对流作用，可显著增大浸出液下移深度；水平连续性变化对浸出液下移的整体影响较小，但对渗透性的空间差异效果起局部放大效应，导致局部高浓度区域扩大。

关键词：地浸采铀；连续性；变密度流；渗透系数随机场；数值模拟

　　地浸采铀是一种在天然埋藏条件下，通过注液井注入溶浸液与矿物发生化学反应，选择性地溶解矿石中的铀，再经抽液井提升至地表进行回收，是一种集中采、冶于一体的新型铀矿开采方式[1]。含铀储层的非均质性决定了低渗透性介质和含铀矿物的空间分布，进而影响地下水流和溶质运移过程[2]，而沉积结构的空间连续性是影响非均质性的重要因素之一。

　　随机场理论是刻画非均质结构的常用方法。Freeze[3]通过对大量野外观测数据的统计和分析，认为实际含水层的渗透系数 K 符合对数正态分布的特征。因此，对含水层进行空间变异性分析，控制方差、多重分形参数等指标的随机方法，已被应用于刻画含水层非均质性中[4-7]，并可基于此分析渗透系数的空间变异性对边坡、堤基稳定性和溶质运移过程影响[8-9]。

　　当某一方向连续性较强时会出现地下水流动的优先通道，而当连续性较差时地下水流速缓慢，因此探究非均质结构连续性的空间差异对地下水流速和溶质扩散速率的影响是近年来的热点。大尺度优先流动通道，如裂隙或岩溶管道增大了非均质结构的连续性，加速海水入侵或近岸含水层地下水咸化过程[10-12]。在密度梯度驱动下，考虑空间异质性的含水层会产生更复杂的地下水盐度分布形式[13-14]。Beamer[15]等在美国 MADE 试验场开展的示踪实验，发现小尺度优先水流通道会产生超弥散型反常迁移。加拿大的 Borden 场地[16]、美国的哥伦布空军基地[17]均开展过类似实验。在密度驱动和渗透性差异的影响下，"优先流动通道"也存在于地浸采铀含矿含水层中，尚未有研究基于地下水随机模拟的蒙特卡洛方法[18-20]，探究含矿含水层中泥岩和砂岩的空间连续性对浸出液下移过程的影响。

　　多数地浸采铀采区的含矿含水层岩性以砂岩为主，但同时存在少量渗透性较差的泥岩夹层，本研究以这种互层沉积结构为参考，采用渗透系数随机场方法，刻画含水层概念模型的非均质性，结合巴彦乌拉某实际采区的水文地质条件，应用蒙特卡洛方法进行二维溶质运移模拟，分析了含水层不同非均质特性，特别是泥岩夹层的空间连续性对浸出液迁移过程的影响。

作者简介：王嗣晨（1997—），男（汉族），助理工程师，从事地浸采铀数值模拟研究。

基金项目：中核集团集中研发项目"基于数据驱动的智能化地浸铀矿关键技术研究"（A100-3）。

1 数值模型建立

以巴彦乌拉某采区含矿含水层结构和水文地质条件为参考，建立二维剖面模型模拟浸出液下移过程。前期地质调查资料显示，巴彦乌拉含矿含水层主要分布于赛罕组上段，含矿含水层厚度分布范围在20～90 m（图1），因此设置模型厚度为100 m；含矿含水层水平延伸距离可达10 km，但为了避免模型失真仅设置概念模型的长度为1500 m（图2）。在水平 X 和垂直 Z 方向上网格剖分尺寸分别为10 m 和2 m，共7500个网格。

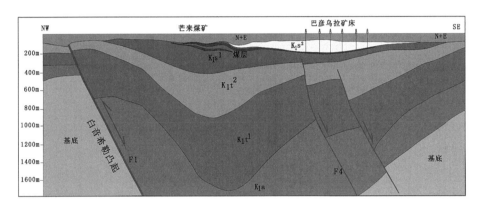

图 1   巴彦乌拉铀矿床地震剖面

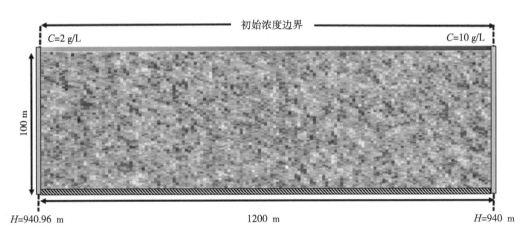

图 2   模拟概念模型示意

本研究的重点是分析多孔介质非均质结构对浸出液迁移过程的影响，因此不考虑上方含水层的越流影响。水文地质调查资料显示巴彦乌拉某采区内地下水径流速度缓慢，水力梯度平均值 $\alpha = 0.08\%$，因此将左右边界设置为定水头边界，水头值分别取940.96 m 和940 m。含矿含水层下部普遍存在稳定的隔水底板，可将下边界设置为隔水边界。

本文同时探究浓度差异对浸出液迁移过程的影响。酸法地浸采铀中溶浸液中的主要溶质为硫酸根离子，因此参考地浸采铀过程中离子浓度的实际值在模型顶部设置定浓度边界，浓度由 $X = 0$ m 处的2 g/L 向右边界线性递增，在 $X = 1200$ m 处取最大值10 g/L，其他模型区域的初始浓度均为0 g/L。仅考虑溶质的对流—弥散作用，未考虑化学反应过程。抽液和注液过程将产生较强的侧向流动，会掩盖含水层非均质结构和浓度差异对浸出液迁移的影响，因此模型内未设置抽液井和注液井。

浸出液被注入含水层后将导致地下水密度出现差异，在抽注运行期间这种密度差异会被强烈的侧向流动所掩盖，而当抽注液过程停止或地浸采铀采区终采时，浸出液将在密度差的驱动下继续迁移，产生自由对流现象[21]，以往有关研究尚未关注非均质结构和浓度对自由对流现象的影响。

不考虑模型内孔隙度的空间变异性[3]，根据原始孔渗数据取平均孔隙度为 0.25。后文讨论中将改变渗透系数随机场的方差和相关长度，其他水文地质参数不变。调用地下水和溶质运移模拟程序 Flopy[22]的 SEAWAT[23]模块进行变密度水流模拟和溶质运移模拟，模拟时间 10 年，时间步长为 1 天，浓度和水头的收敛值设置为 1×10^{-3} g/L 和 1×10^{-3} m。主要模型参数及渗透系数随机场参数如表 1 所示。

表 1　主要模型参数及渗透系数随机场参数

参数	参数符号	参数描述	参数值
模型基本参数	φ	孔隙度	0.25
	$D_m/$（m²/s）	分子扩散系数	1×10^{-9}
	$\alpha_L/$m	纵向弥散度	5
	$\alpha_T/$m	横向弥散度	0.5
渗透系数随机场参数	$\mu/$（m/d）	均值	0.01
	$C_v/$（m²/d²）	方差	4，6ª，8，10
	$L_x/$m	X 方向相关长度	10ª，20，40，80
	$L_z/$m	Z 方向相关长度	5ª，10，20，40

注：a 表示基础情景。

2　非均质性刻画方法

本研究参考 Taskinen[24]基于 FORTRAN 语言的渗透系数随机场生成方法。利用该方法探究非均质性结构对浸出液下移的影响包括以下 3 步：①假设随机变量的概率分布函数和协方差函数已知，直接进行傅里叶变换，生成不同方差（C_v）、水平相关长度（L_x）和垂向相关长度（L_z）的自相关渗透系数随机场；②将所得随机场结果导入 Flopy 中，求解变密度溶质运移问题；③对模拟结果进行提取分析。通过以上 3 步即完成一次蒙特卡洛模拟，为提高精度共进行 200 次实现。第①步渗透系数随机场生成原理如下[24]：

$$\boldsymbol{K} = K^* e^{2\boldsymbol{Z}}，\tag{1}$$

$$K^* = \left(\int_0^\infty (K)^{1/2} f_K(K) \mathrm{d}K \right)。\tag{2}$$

式中，$\boldsymbol{K}$ 为参数的随机场分布；$\boldsymbol{Z}$ 表示正态分布元素矩阵；K^* 为研究区域内的参数恒定值，根据概率密度函数 $f_K(K)$ 求得。

$$\boldsymbol{Z} = \mu_z + \sigma_z^2 \rho_z \varepsilon，\tag{3}$$

$$\rho_z = -\left[(r_x/L_x)^2 + (r_y/L_y)^2 \right]^{(1/2)}。\tag{4}$$

式（3）中 μ_z 表示均值，第二项用以代表协方差函数，其中 σ_z 为标准差；ε 为满足 $N(0，C)$ 的 n 维正态分布随机向量；ρ_z 为表征空间相关性的对称正定非奇异二阶矩阵；r_x 和 r_y 分别为 x 和 y 方向的前进距离；L_x 和 L_y 分别为 x 和 y 方向的相关长度。假设渗透系数 K 的生成是一个平稳随机过程，且具有对数正态分布的特征[25]。

根据巴彦乌拉铀矿床抽水试验结果，含矿含水层的平均渗透系数约为 7 m/d。钻孔岩性统计结果显示采区内泥岩占比 14.6%，砂岩和砾岩占比共 85.4%。基于以上实测数据，对渗透系数随机场的平均值 μ 和方差 C_v 进行参数识别，在二者分别取 6.5 m/d 和 6 m²/d² 时，生成的渗透系数随机场中泥岩含量为 15.1%，渗透系数的分布范围在 1×10^{-7} m/d 到 20 m/d 之间，所得结果与采区的实际情况相符。基础情景中 C_v、L_x 和 L_z 分别取 6 m²/d²、10 m 和 5 m，分别使 3 个参数中的 2 个保持不变，改变另一参数（表1）：C_v 分别取 4、8 和 10 m^2/d^2，L_x 和 L_z 均扩大相同倍数，共生成 10 组不同含水层结构的渗透系数随机场。为保证模型平均渗透系数与实际情况相符，所有情景渗透系数随机场的平均值 μ 均为 6.5 m/d，仅改变非均质结构。

3 模拟结果与讨论

图 3a 为渗透系数随机场模拟一次实现结果，直观显示方差 C_v 增大时渗透系数的差异性更强；当增大某一方向相关长度，即连续性增强时该方向的条带状特征显著增强。一次实现的渗透系数随机场中岩性土所占比例如图 3b 所示，不同 C_v 条件下各岩性土比例差异明显，而改变连续性并未对岩性比例产生显著影响。

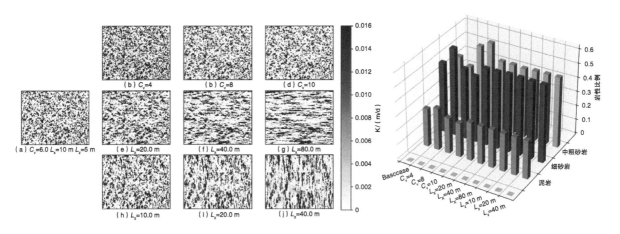

图 3 不同条件下的渗透系数随机场

（a）渗透系数随机场一次生成结果（局部）；（b）渗透系数随机场各岩性土所占比例

以浸出液浓度等值线位置，模型酸化率 R_s（酸性浸出液进入含水层后离子浓度大于 1 g/L 的网格体积之和占模型总体积比例）及模型内溶质总通量 M_s（模拟开始后进入含水层的离子质量之和）表征浸出液下移程度。所得结果均为采用渗透系数随机场 200 次模拟的平均值。浓度等值线的深度随模型上边界浓度向右边界方向升高而增大。不同方差 C_v 条件下 0.1 g/L 等浓度线深度均在 25 m 左右如图 4a 所示。放大图中 $X=450$ m 至 500 m 区域，发现增大方差时等值线位置略微上移，即渗透系数空间差异性增强对浸出液下移起阻滞作用，但改变 C_v 的影响有限，等值线仅出现微小波动。

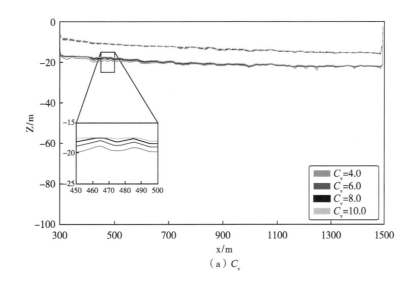

（a）C_v

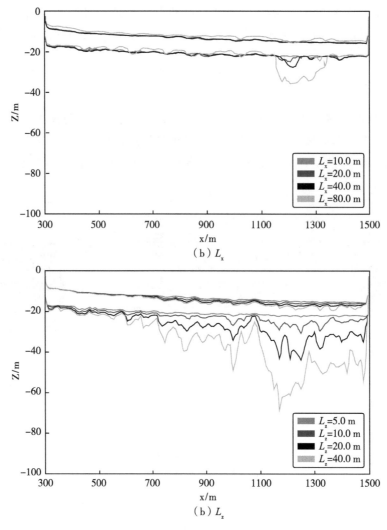

图 4　不同（a）方差、（b）水平和（c）垂直方向相关长度下模拟 10 年浓度等值线位置
（实线和虚线分别表示 0.1 g/L 和 0.9 g/L 浓度等值线）

水平向相关长度 L_x 取不同值时，浓度等值线位置整体变化不大，仅在 X＝1200 m 附近出现程度不同的深度增大现象，剖面形状上呈现为"凹陷"。凹陷的最大深度和宽度与 L_x 呈正相关，最深达 200 m 如图 4b 所示。出现这种现象首先由于模型向右侧浸出液浓度增大，与地下淡水的密度差不断增大，对流作用更强，因此仅在模型右侧出现凹陷；其次，渗透系数随机场不同 L_x 的模拟结果说明水平连续性越大，局部高渗透性和低渗透性区域水平延伸长度越大，因此浸出液下移范围水平向扩大使咸淡水界面凹陷宽度增大，出现渗透性空间差异的局部放大效应如图 3a 所示。

增大垂向相关长度 L_z 使浸出液下移趋势显著增强，L_z＝40 m 时 0.1 g/L 浓度等值线深度最大可达 70 m，与 L_z＝5 m 时的深度相差约 50 m，但 L_x 相同使低渗透性区域宽度相近，因此不同 L_z 条件下浸出液覆盖区域的宽度无明显差异如图 4c 所示。改变 L_x 时浓度等值线总体保持较为平滑的形态，而改变 L_z 时出现明显的指流（finger flow）特征，浓度等值线呈锯齿状。这是由于模型内不同岩性的比例不变，增大 L_z 使含水层结构垂向连续性增强，不同岩性垂向延伸程度更大，高渗透性和低渗透性区域厚度增大，有助于形成垂向优先流动通道，使浸出液下移深度增大且等浓度线形态显著变化，如图 3a 所示。

从溶质通量及酸化率来看，地下水酸化程度与 C_v 和 L_x 分别呈负相关和正相关，如图 5a、图 5b 所示，但变化幅度较小，不同参数条件下 M_s 均在 $7.8 \times 10^3 \sim 8.4 \times 10^3$ kg，最大和最小值相差仅 7.6%，而 R_s 均为 1.65% 左右。增大 L_z 使含水层酸化程度显著增强，如图 5c 所示，L_z＝40 m 时 R_s 可达 1.9%，M_s 也比 $L_z = 5$ m 时高 10% 以上，可达约 8.9×10^3 kg。地下水酸化程度越高，200 次模拟的溶质通量和地下水酸化率的标准差越大，即模拟的不确定性更强，浸出液下移更剧烈。

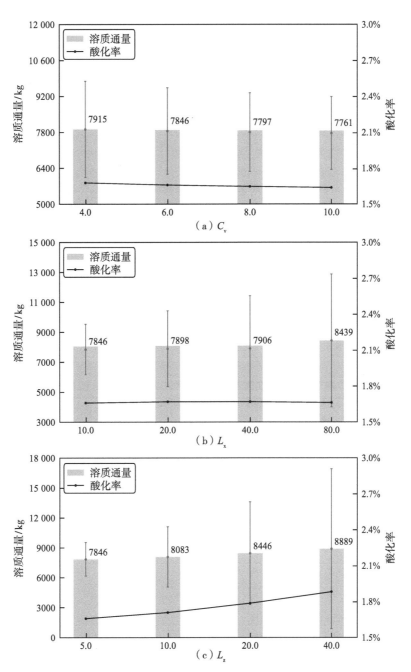

图 5　不同（a）方差、（b）水平和（c）垂直方向相关长度下模拟 10 年溶质通量及含水层酸化率

4　结论

（1）浸出液下移过程主要受水层结构的垂向连续性控制。不同岩性体积比例保持不变的条件下，增大垂向连续性使砂层和黏性土层的互层效应减弱，有利于形成垂向优先流动通道，增强自由对流作用，显著增大浓度等值线下移深度，造成等浓度线形态呈锯齿状变化。

（2）增强含水层结构的水平连续性对浸出液下移总体影响较小，但可对渗透性空间差异效果起局部放大效应，导致局部地下水酸化区域扩大。

研究结果可为地浸采铀浸出液的迁移过程提供理论借鉴。未来可结合钻孔数据构建实际含水层地质结构模型，综合分析沉积相和渗透性的非均质结构对浸出液迁移过程的影响。

参考文献：

[1] In Situ Leach Uranium Mining：An Overview of Operations［M］．IAEA，2017．

[2] 杨蕴，南文贵，邱文杰，等．非均质矿层 $CO_2 ＋O_2$ 地浸采铀溶浸过程数值模拟与调控［J］．水动力学研究与进展 A 辑，2022，37（5）：639 - 649．

[3] FREEZE R A. A stochastic-conceptual analysis of one-dimensional groundwater flow in nonuniform homogeneous media［J］．Water resources research，1975，11（5）：725 - 741．

[4] GENG X, BOUFADEL M C, LEE K, et al. Characterization of pore water flow in 3 - d heterogeneous permeability fields［J］．Geophysical research letters，2020，47（3）：1 - 11．

[5] 覃荣高，曹广祝，仵彦卿．非均质含水层中渗流与溶质运移研究进展［J］．地球科学进展，2014，29（1）：30 - 41．

[6] 蒋立群，孙蓉琳，梁杏．含水层非均质性不同刻画方法对地下水流和溶质运移预测的影响［J］．地球科学，2021，46（11）：4150 - 4160．

[7] 纪文贵，罗跃，刘金辉，等．考虑渗透系数不确定性的地浸过程溶浸范围随机模拟［J］．原子能科学技术，57（6）：1109 - 1110．

[8] 李少龙，崔皓东．渗透系数空间变异性对堤基渗透稳定影响的数值模拟［J］．长江科学院院报，2019，36（10）：49 - 58．

[9] 雷坚，陈朝晖，黄景华．饱和渗透系数空间变异性对边坡稳定性的影响［J］．武汉大学学报（工学版），2016，49（6）：831 - 837．

[10] 郭芷琳，马瑞，张勇，等．地下水污染物在高度非均质介质中的迁移过程：机理与数值模拟综述［J］．中国科学：地球科学，2021，51（11）：1817 - 1836．

[11] SEBBEN M L, WERNER A D. A modelling investigation of solute transport in permeable porous media containing a discrete preferential flow feature.［J］．Advances in water resources，2016，94：307 - 317．

[12] RATHORE S S, LU C H, JIAN L. A semianalytical method to fast delineate seawater-freshwater interface in two-dimensional heterogeneous coastal aquifers［J］．Water resources research，2020，56（9）：1 - 15．

[13] GENG X L, MICHAEL H A. Preferential flow enhances pumping-induced saltwater intrusion in volcanic aquifers［J］．Water resources research，2020，56（5）：1 - 15．

[14] MICHAEL H A, SCOTT K C, KONESHLOO M. Geologic influence on groundwater salinity drives large seawater circulation through the continental shelf［J］．Geophysical research letters，2016，43（20）：10782 - 10791．

[15] BAEUMER B, ZHANG Y, SCHUMER R. Incorporating Super-diffusion due to Sub-grid heterogeneity to capture Non-fickian transport［J］．Groundwater，2015，53（5）：699 - 708．

[16] RAMANATHAN R, ROBERT W, RITZI JR, et al. Linking hierarchical stratal architecture to plume spreading in a Lagrangian-based transport model［J］．Water resources research，2008，44（4）：W04503．

[17] BOGGS J M, YOUNG S C, BEARD L M, et al. Field study of dispersion in a heterogeneous aquifer：1. overview and site description［J］．Water resources research，1992，28（12）：3281 - 3291．

[18] 王晶晶，樊尊荣．含水层非均质性对地下水蒙特卡罗模拟结果的影响［J］．水资源保护，2017，33（1）：46 - 51．

[19] KETABCHI H, JAHANGIR M S. Influence of aquifer heterogeneity on sea level rise-induced seawater intrusion：a probabilistic approach［J］．Journal of contaminant hydrology，2021，236：103753．

[20] 陈梦迪，姜振蛟，霍晨琛．考虑矿层渗透系数非均质性和不确定性的砂岩型铀矿地浸采铀过程随机模拟与分析［J］．水文地质工程地质，2023，50（2）：63 - 72．

[21] POST V, SIMMONS C T. Free convective controls on sequestration of salts into low-permeability strata：insights from sand tank laboratory experiments and numerical modelling［J］．Hydrogeology journal，2010，18（1）：39 - 54．

[22] BAKKER M, POST V, LANGEVIN C D, et al. Scripting modflow model development using python and flopy［J］．Ground water，2016，54（5）：733 - 739．

[23] LANGEVIN C D, THORNE D T, DAUSMAN A M, et al. A computer program for simulation of multi-species solute and heat transport [M] . Reston, USA: US Geological Survey, 2007.

[24] TASKINEN A, SIRVIO H , BRUEN M. Generation of two-dimensionally variable saturated hydraulic conductivity fields: Model theory, verification and computer program [J] . Computers and geosciences, 2008, 34 (8): 876 – 890.

[25] DAMIANO P, ALBERTO G, MARIO P. A reduced-order model for monte carlo simulations of stochastic groundwater flow [J] . Computational geosciences, 2014, 18 (2): 157 – 169.

Simulation study on the effect of the continuity of heterogeneous structure of ore-bearing aquifer on the migration of leachate

WANG Si-chen, DU Zhi-ming, LIU Zheng-bang, WANG Ya-an, ZHANG You-peng, XIE Ting-ting

(Beijing Research Institute of Chemical Engineering and Metallurgy, China National Nuclear Corporation, Beijing 101149, China)

Abstract: The ore-bearing aquifer in in-situ uranium leaching is primarily composed of sandstone with a small amount of poorly permeable shale interlayers. The heterogeneity and continuity of this aquifer have significant effects on the migration of leaching solution. To characterize the two-dimensional heterogeneity of the ore-bearing aquifer, we employed a random field approach for permeability coefficient modeling. By preserving the proportion of different lithologies while altering their spatial continuity, we established a model for density-dependent water flow and solute transport, which was then subjected to Monte Carlo simulations. The theoretical model was utilized to analyze the influence of spatial continuity variations in shale interlayers on the solute migration process, without considering pumping operational conditions. The research results indicate that the vertical continuity of shale interlayers predominantly controls the vertical solute migration rate and solute mass flux. Increasing the vertical continuity weakens the interlayer effects between sandstone and shale, facilitating the formation of preferential vertical flow channels and enhancing convective transport. This significantly increases the depth of downward solute migration and the extent of the aquifer affected. On the other hand, the horizontal continuity variations have a minor overall impact on downward solute migration but exhibit a localized amplification effect on the spatial variability of permeability. This leads to the expansion of localized Improving the vertical continuity can enhance the efficiency of solute transport and the overall effectiveness of the leaching process. Moreover, the localized amplification effect resulting from horizontal continuity variations necessitates careful consideration to mitigate the risk of expanding high-concentration zones.

Key words: In-situ leaching of uranium; Continuity; Variable density flow; Permeability random field; Numerical simulation

绿色矿山建设在钱家店地浸铀矿山的良好实践

毛鑫磊，闫纪帆，董惠琦，赵生祥，滕　飞，王丽坤

（中核通辽铀业有限责任公司，内蒙古　通辽　028000）

摘　要： 钱家店地浸采铀矿山为推进绿色矿山建设，实现建设国家级绿色铀矿山的战略目标，采用先进的技术设备，实施严格的科学管理，实现了地浸采铀生产过程中产生的 3 类废物妥善、科学的有效处置，达到了废水循环利用及废弃钻井液的无害化处理等绿色环保生产，为最终实现减少地下水资源消耗，减少征占土地，消除潜在污染源，保护生态环境，引领我国铀矿冶绿色高效发展，对推动我国铀资源开发、促进我国铀矿冶生产结构调整具有十分重大的意义。

关键词： 地浸采铀；绿色矿山；废气；废水；固体废物

党的十八大以来提出的"创新、协调、绿色、开放、共享"五大理念，对绿色地浸铀矿山建设提出了更高的要求。钱家店地浸铀矿山积极响应国家号召，以环境监控和保护环境作为绿色矿山建设的工作核心，以地浸采铀矿山气、液、固废物的减量化作为绿色矿山建设的关键，积极探索并践行绿色矿山建设之路，实现生产与生态环境友好融合。

1　绿色环保生产工艺

钱家店地浸铀矿山采用集采、选、冶于一体的 $CO_2 + O_2$ 原地浸出采铀新型技术进行铀矿床开采，在铀矿开采过程中没有昂贵而繁重的井巷或剥离工程，也没有矿石运输、选矿、破碎和尾矿库建设等工序[1]。此工艺将氧气和二氧化碳溶于清水中作为溶浸液，通过注液孔注入含矿地层，在地下矿层将铀浸出，通过抽液孔将含铀浸出液提升到地面，再经过水冶加工得到"111"产品[2]。

2　绿色矿山建设措施

2.1　废气处置措施

2.1.1　废气来源

钱家店地浸铀矿山废气主要有生产工艺过程中产生的氡及其子体、放射性气溶胶（$U_{天然}$）与锅炉燃煤烟气。其中，氡及其子体主要来自浸出液汇集的集液池和配液池，少量来自生产厂房；放射性气溶胶（$U_{天然}$）来自生产区的产品压滤工序；锅炉燃煤烟气来自冬季供暖锅炉。

2.1.2　生产工艺废气处置措施

钱家店地浸铀矿山按照项目环境影响评价报告要求，生产厂房均按标准要求建设了机械通风系统，将生产工艺过程中产生的氡及其子体、放射性气溶胶（$U_{天然}$）等废气经全面通风排气系统排入大气进行稀释扩散，对环境影响较小。

并对集液池、配液池采用密封设计和施工建设，大大降低了氡气等放射性废气向系统外释放，从源头上控制了溶液中氡气的析出与向环境的释放。

2.1.3　锅炉烟气处置措施

按照项目设计，生产区安装了常压热水锅炉为厂房冬季供暖，锅炉安装了除尘效率≥95％、脱硫效率≥70％、脱氮效率≥40％、汞去除率≥62％的高效脱硫湿式除尘器，锅炉烟气经脱硫湿式除尘

作者简介： 毛鑫磊（1995—），男，内蒙古赤峰人，学士，助理工程师，主要从事铀水冶技术和安全环保管理工作。

后，烟气排放浓度均远低于 GB 13271—2014《锅炉大气污染物排放标准》中排放标准要求[3]，检测情况具体如表 1 所示。

表 1 取暖锅炉烟气排放监测结果

监测项目	烟尘/（mg/m³）	SO₂/（mg/m³）	NOₓ/（mg/m³）	汞及其化合物/（mg/m³）	格林曼黑度/级
监测值	3.4	27.0	90.0	0.006	<1.0
执行标准	50.0	300.0	300.0	0.050	≤1.0

2022 年，钱家店铀矿床组织开展了锅炉"煤改电"技术改造，采用电锅炉替代传统燃煤锅炉，全面取消了燃煤锅炉的使用，彻底消除了锅炉烟气排放。

2.2 废水处置措施

2.2.1 工艺水循环利用，减少废水产生量

工艺形成的废水主要是满足抽大于注比 0.3% 的反冲废水，工艺采用吸附尾液反冲洗饱和树脂、贫树脂。饱和树脂反冲废水经过过滤后全部返回配制浸出剂；沉淀母液返回用作淋洗剂，减少工艺废水产生量[4]。

2.2.2 反渗透处理转型水，减少废水排放量

钱家店地浸铀矿山建设了反渗透处理装置，处理能力在 120 m³/h 以上，采用反渗透处理装置对转型工艺产生的废水进行处理。生产运行期间，脱盐率可达 90% 以上。处理后的浓水全部输送至蒸发池自然蒸发，淡水（清水）返回配液池用于配制浸出剂循环使用[5]。反渗透装置工作示意如图 1 所示。

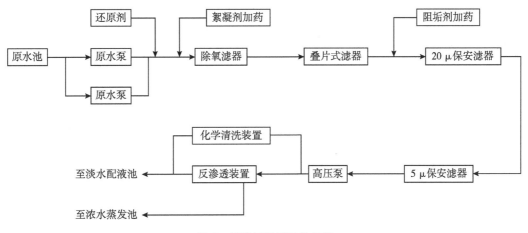

图 1 反渗透装置工作示意

2.2.3 废水自然蒸发技术

钱家店地浸铀矿山充分利用当地温带大陆性半干旱气候条件优势，设置蒸发池作为废水处置设施，通过自然蒸发处置，不外排，达到工艺废水零排放的环保要求。蒸发池建设采用两布一膜的夯土式防渗结构，渗透系数小于 10⁻¹² cm/s，并安装了网状防渗漏检测装置，周边建设 4 个潜水层监测井，定期检测检漏导线的电流值和监测井水中 U、Cl⁻ 等浓度确定蒸发池安全运行情况[6]。此外，为加大蒸发量，钱家店地浸采铀矿山还采用了风能增效蒸发和风能雾化蒸发技术，有效减少蒸发池库容水存储量。

2.2.4 洗孔废水处理措施

钱家店地浸铀矿山建立可移动式洗井废水处理系统，将洗井废水 100% 回收利用。洗井废水先经过袋式过滤器滤除泥沙杂质，送入废水收集罐进行沉淀，上清液泵送至集控室浸出液汇流管，

通过管道排入集液池,与抽出的浸出液一同送至水冶厂进行工艺吸附,实现了洗井废水 100% 回收利用。

2.3 固体废物处置措施

2.3.1 钻孔泥浆处理

钻井施工安装泥浆除砂设备,实现泥浆循环利用,减少废泥浆的排放量。并研发应用了泥浆快速无害化处置技术,实现泥浆快速化固液分离,水相泵至蒸发池,固相排入废泥浆坑,待泥浆坑排满,可立即开展覆土植草,恢复地貌及植被。将原来需要 1.5 年时间自然蒸干的泥浆处置方式,缩短为当年生产当年就能完成复垦,大大减少了对环境的影响。

2.3.2 其他固体废物

生产运行过程中产生的废旧管道、阀门、水泵、过滤器等固体废物,经去污后,能利旧的回用于生产,不能利旧的统一经去污、检测合格后,暂存于废旧物资库中分类存放,达到一定量后集中送往有资质的单位处理。而蒸发池残渣则暂存在蒸发池内,待其退役治理时按照铀矿冶行业常规放射性固废开展治理。

2.4 井场含矿层溶浸范围的控制措施

钱家店地浸铀矿山井场严格按国家标准要求设置含矿含水层、上下游、两翼和上、下含矿含水层监测井,并每年组织制定年度监测计划,按计划定期进行监测井取样监测,主要监测水中 U、pH、Cl⁻ 等特征元素的变化情况,以判断是否发生溶浸液向外扩散。全年自主监测数据 2200 余个,通过对比监测井各项元素的本底值,未发现显著变化,未发生溶浸液不受控制的扩散情况。

3 绿色矿山建设技术创新

3.1 废弃钻井液减排与综合利用

3.1.1 废弃钻井液净化处理回用

废弃钻井液净化处理回用技术主要是经自然沉降、振动、旋流、离心、膨润土微调等物理方式处理后,将井内返出的含砂、含泥量较高的废钻井液进行回收净化处理,使其性能达到无固相或低固 26 相钻井液要求[7]。废弃钻井液经回收净化处理后,加入少量的植物胶或膨润土进行微调节,使其性能指标达到泥浆密度约为 1.05 g/cm³、黏度 30 s 左右、含砂量≤0.5% 的净化钻井液(新钻井液),再通过管道输送到各钻机上使用,实现废钻井液循环再利用率达 60% 以上。废弃钻井液净化回用技术流程如图 2 所示。

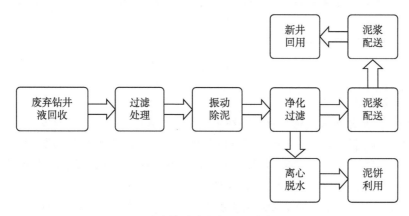

图 2 废弃钻井液净化回用技术流程

3.1.2 废弃钻井液固井转化技术

废弃钻井液固井转化技术采用物理化学原理,在钻孔固井作业时,利用钻井施工中废弃的钻井液,通过加入100%废弃钻井液+40%矿渣微粉+10%液碱+5%G级水泥,使废弃钻井液转化为具有固化性能并能满足地浸采铀钻孔施工固井需要的固井液[8],再在6小时以内将固井浆体全部注入孔内,通过钻孔物探测井验证表明,废弃钻井液固井转化率可达15%。废弃钻井液固井转化技术流程如图3所示。

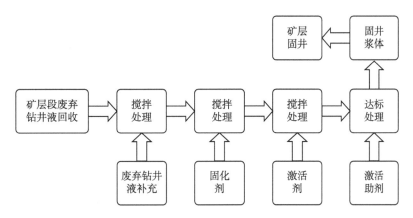

图3 废弃钻井液固井转化技术流程

3.1.3 废弃钻井液快速固化技术

废弃钻井液快速固化处理技术主要采取化学原理,通过向废弃钻井液或废弃钻井液沉积物中加入固化剂和净水剂,使之转化成像土壤一样的固体(假性土壤)填埋在原处或用作建筑材料等[9]。净化后的清水透明度极高,继续用于泥浆搅拌。钱家店地浸铀矿山约30%的废弃钻井液采用快速固化方法处理。废弃钻井液快速固化技术流程如图4所示。

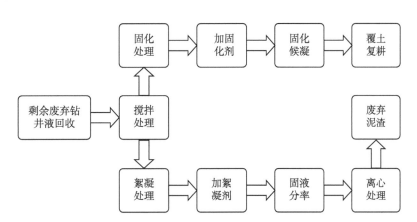

图4 废弃钻井液快速固化技术流程

3.2 地浸废液回收与强制蒸发技术

3.2.1 树脂转型废水反渗透处理与回收

在废水处理过程中,采用反渗透工艺处理转型废水中的氯离子,可达到控制氯离子浓度,避免污染地下水。可以有效解决转型废水中氯离子积累及废水回用的问题,转型废水经反渗透处理后,淡水中氯离子浓度大幅降低,可作为浸出剂返回井场循环使用,可减少约75%体积的转型废水外排[10]。

3.2.2 井场洗井废水处理再利用

地浸采铀生产过程中，由于钻孔泥砂的残留和化学沉淀会造成生产井过滤器部分的堵塞，需要定期开展井场洗井作业。洗井废水处理再利用技术采用物理原理，废水经净化处理装置进行固液分离，分离后产生的固体废物存放于蒸发池，待退役时统一处置，液体统一输送至集液池，经树脂吸附后配制成为浸出剂注入地下。目前，钱家店地浸铀矿山约 90% 的洗井废水经处理后再循环利用。

3.2.3 蒸发池废水强制蒸发技术

钱家店地浸铀矿山蒸发池废水强制蒸发技术采用物理原理，即通过增大液面表面积增加废水蒸发量。主要采取 2 种方式：一是风能增效蒸发装置，将一定表面积的水均匀地分布于基体材料上，由于基体材料蛇形布置，增大了液面表面积。二是风能雾化蒸发装置，通过高压喷嘴喷出气与水混合，混合后形成极小的小液滴，同体积的水形成同体积的小液滴后实现液面表面积增大，从而促进了液体的蒸发。与自然蒸发相比较，废水强制蒸发技术可提高废水蒸发量 15% 左右[11]。蒸发池废水强制蒸发装置如图 5 所示。

图 5 蒸发池废水强制蒸发装置

3.3 工艺废水减量技术

钱家店地浸铀矿山结合生产运行机制、地下水平衡条件、工艺水循环利用等特点，通过吸附尾液配制浸出剂、饱和树脂反冲洗水的净化、淋洗贫液配制淋洗剂、再生树脂转型废水的反渗透、沉淀母液配制淋洗剂等研究，浸出液处理工艺的废水减量技术既实现了 95% 以上废液回用，又有效提高了浸出液处理效率、降低了原材料成本消耗，具有明显的经济效益、环境效益和社会效益[12]。

4 结论

钱家店地浸铀矿山积极探索并落实绿色矿山建设新工艺、新技术，为实现生产与生态环境友好融合，通过开展废水循环利用及废弃钻井液的无害化处理、废水减量等绿色环保技术，实现了废气、废水和固体废弃物 3 类废物的有效控制和利用，提升和丰富了我国地浸采铀技术安全环保水平，引领了绿色铀矿山建设，树立了铀矿山绿色环保的标杆，开创了先进地浸采铀矿山建设的新局面，为我国铀矿冶绿色高效发展作出了突出贡献。

参考文献：

[1] 阙为民. 原地浸出采铀几个基本问题的探讨 [J]. 铀矿冶，2006，25（2）：57-60.

［2］ 代春艳，焦学然，韩文艳，等．地浸采铀工艺技术及发展研究方向［J］．广东化工，2014，41（10）：80，66．

［3］ 生态环境部．锅炉大气污染物排放标准：GB 13271—2014［S］．北京：中国标准出版社，2014．

［4］ 牛洁，王跃洋，任定高，等．通辽铀业公司发展循环经济的探索与实践［J］．铀矿冶，2014，（4）：181－184．

［5］ 阮志龙，李喜龙，杨少武．反渗透工艺技术在 CO_2+O_2 地浸矿山的应用［C］．中国核学会 2013 年学术年会论文集第 2 册（铀矿冶分卷、核能动力分卷（上））．北京：中国原子能出版社，2013：5．

［6］ 毛鑫磊，曹俊鹏，支冬安，等．某地浸采铀矿山蒸发池的安全环保管理［J］．铀矿冶，2022，41（3）：326－329．

［7］ 崔裕禄，段柏山，费子琼．净化钻井液在地浸钻孔中应用［J］．铀矿冶，2017，36（4）：267－272．

［8］ 庞兴鹏，张勇，张青林．MTC 固井技术在地浸钻孔施工中的应用［J］．中国核学会，2014．

［9］ 王学川，胡艳鑫，郑书杰，等．国内外废弃钻井液处理技术研究现状［J］．陕西科技大学学报（自然科学版），2010，28（6）：169－174．

［10］ 苏学斌，李喜龙，刘乃忠，等．环境友好型地浸采铀工艺技术与应用［J］．中国矿业，2016，25（9）：97－100．

［11］ 李喜龙，王海珍，蔚龙凤，等．地浸矿山风能增效蒸发装置的研究与应用［J］．铀矿冶，2019，38（2）：128－132．

［12］ 曹俊鹏，李喜龙，阮志龙，等．废水减量技术在浸出液处理工艺中的应用［J］．铀矿冶，2021，40（1）：35－38．

Good practice of green mine construction in Qianjiadian in-situ uranium mine leaching

MAO Xin-lei，YAN Ji-fan，DONG Hui-qi，ZHAO Sheng-xiang，TENG Fei，WANG Li-kun

(Tongliao Uranium Co. , Ltd. , CNNC, Tongliao, Inner Mongolia 028000, China)

Abstract： In order to promote the construction of green mines and achieve the strategic goal of building a national green uranium mine, Qianjiadian Dilution Uranium Mine adopts advanced technology and equipment, implements strict scientific management, realizes the proper, scientific and effective disposal of three types of wastes generated in the production process of ground leaching uranium, achieves green environmental protection production such as wastewater recycling and harmless treatment of waste drilling fluid, and ultimately reduces the consumption of groundwater resources, reduces land requisition, eliminates potential pollution sources, protects the ecological environment, and leads the green and efficient development of uranium mining and metallurgy in China It is of great significance to promoting the development of uranium resources in China and promoting the structural adjustment of uranium mining and metallurgical production in China.

Key words： In-situ leaching of uranium; Green mine; Exhaust gas; Waste water; Solid waste

8-HQ 在晶质铀矿与方解石浮选中
选择性捕收机理研究

李春风，刘志超，张　晨，田宇晖，李　广，马　嘉，唐宝彬

（核工业北京化工冶金研究院，北京　101149）

摘　要： 针对铀矿物和碳酸盐矿物浮选分离面临的难题，选取晶质铀矿和方解石开展了浮选分离试验和机理研究。本文采用人工混合矿物浮选试验、zeta 电位测试、分子动力学模拟等手段，考察了 8-羟基喹啉（8-HQ）作为捕收剂浮选分离晶质铀矿和方解石的工艺参数和作用机理。结果表明：在捕收剂 8-HQ 用量 2000 g/t、pH 为 9、温度 25℃、粒度 0.050～0.038 mm 时，通过一次粗选流程，可以获得铀回收率为 90.4%、CO_2 回收率 15%.2% 的浮选精矿，实现了晶质铀矿和方解石的有效分离；8-HQ 在晶质铀矿表面产生了化学吸附，是捕收剂作用在矿物表面的主要方式；通过分子动力学模拟的手段计算了 2 种矿物与捕收剂不同吸附构型的结合能，对 8-HQ 在 2 种矿物表面的吸附机制和作用能进行了初步的分析和探讨，揭示了捕收剂与矿物作用能的差异是 2 种矿物浮选分离的内在原因。

关键词： 晶质铀矿；方解石；浮选分离；作用机理；分子动力学模拟

由于 CO_2 为铀成矿过程中重要的矿化剂成分[1-3]，铀矿床中多分布有碳酸盐矿物。因此，在铀矿选冶的科研和生产实践中，常常面临着如何减少易耗酸的碳酸盐矿物的技术难题。为解决这一难题，前人曾针对铀矿物和碳酸盐矿物浮选分离工艺开展了多年研究[4-6]，但 2 类矿物的分离效果不佳，难以实现碳酸盐矿物的抛尾，并且对矿物间浮选分离机理尚未开展系统研究。

有关研究发现，8-羟基喹啉（8-HQ）对晶质铀矿具有良好的捕收效果[7]，初步的试验表明 8-HQ 对方解石无明显捕收效果，但是 8-HQ 对二者的浮选分离机理尚不清楚。随着理论计算、化学方法的不断成熟，多种基于量子力学和分子动力学等理论的计算软件（如 Materials Studio、VASP 等）被运用到矿物与药剂作用的研究中。许多研究者采用理论计算模拟的手段，开展了矿物晶体结构[8-9]、药剂分子与矿物的作用机制[10-12]、新型药剂分子结构设计[13-14]等方面的研究。该研究方法的应用为铀矿浮选工艺的突破提供了新的思路。

本文选取常见的铀矿物晶质铀矿和常见的碳酸盐矿物方解石为研究对象，通过纯矿物浮选试验，掌握 2 种矿物浮选分离的最佳条件；通过 Zeta 电位测试手段，查明了捕收剂在晶质铀矿表面发生了化学吸附作用；借助 Materials Studio 软件完成分子动力学模拟，揭示 2 种矿物的表面晶体结构、不饱和键分布情况，并模拟药剂分子在矿物表面的吸附过程，结合矿物—药剂的作用能，探讨 2 种矿物浮选分离的内在机理。本次研究有望深化 2 种矿物浮选分离过程的认识，并且为高效靶向捕收剂的分子设计、浮选效果预测等方面提供参考。

1　试验样品和研究方法

1.1　样品特征

晶质铀矿和方解石的矿石样品分别取自陕西省的光石沟铀矿和华阳川铀矿，矿物样品通过重选富集、人工挑纯的方式获得，经显微镜观察和统计，矿物的纯度均高于 95%，表面无有机化学试剂污染。

作者简介： 李春风（1991—），男，河北邯郸人，高级工程师，博士生，从事矿物学和矿物加工领域的研究。

基金项目： 国家自然科学基金委员会-中国核工业集团有限公司核技术创新联合基金项目（U2067201）。

1.2 纯矿物浮选试验

纯矿物浮选试验分为晶质铀矿浮选试验、晶质铀矿与方解石混合浮选试验。试验均在充气挂槽浮选机中完成。每次取适量样品放入浮选槽中，添加去离子水搅拌 1 分钟，添加调整剂 H_2SO_4 或 NaOH 调节 pH 并搅拌 2 分钟，添加捕收剂搅拌 2 分钟，添加起泡剂（MIBC）搅拌 2 分钟后充气浮选。所获得的泡沫产品和槽内矿物分别烘干，称重并计算回收率。

1.3 Zeta 电位测试

为表征晶质铀矿和方解石在浮选前后表面电位的变化，使用 Zeta 电位分析仪在 25℃ 和不同 pH 值下测试 Zeta 电位。每次取 0.02 g 矿物（10 μm 以下）和 40 mL 去离子水混合得到矿物悬浮液。沉淀 5 分钟后，将上清液转移到测量池中测试 Zeta 电位。每测试 3 次后求平均值。

1.4 分子动力学模拟

利用 Materials Studio 软件中的 Crystal Builder 模块构建出晶质铀矿、方解石的晶胞，以及浮选药剂的分子结构，使用 Surface Builder 模块切割出 2 种矿物的一系列表面晶胞。在得到了 2 种矿物的不同表面的晶胞后，对矿物不同表面的断裂键密度进行计算，分析不同晶面断裂的难易程度，总结常见的断裂面类型。

借助 Forcite 模块，采用通用力场 Universal Force Field（UFF）对矿物表面和捕收剂模型进行几何优化（Geometry Optimization），并开展分子动力学模拟（Molecular Dynamics，简称 MD），得到浮选剂矿物表面作用的最稳定作用构型，并计算作用能。

2 浮选试验研究

为考察 8 - HQ 浮选分离晶质铀矿与方解石的效果，选取了晶质铀矿和方解石开展了纯矿物浮选试验。在 8 - HQ 用量 2000 g/t、温度 25 ℃、矿物粒度 0.050～0.038 mm、pH 为 9 的条件下，选取晶质铀矿与方解石 1∶1 混合的纯矿物样品开展浮选试验。试验结果如表 1 所示。

表 1　晶质铀矿与方解石混合浮选试验结果

产品	产率	U		CO_2	
		品位	回收率	品位	回收率
精矿	52.8%	65.80%	90.4%	5.36%	15.2%
尾矿	47.2%	7.82%	9.6%	33.43%	84.8%
原矿	100%	38.43%	100%	18.61%	100%

由表 1 可知，在以 8 - HQ 为捕收剂的浮选条件下，晶质铀矿和方解石可以得到有效分离，精矿中铀品位为 65.8%，回收率为 90.4%，同时 CO_2 的品位为 5.36%，回收率为 15.2%。反映浮选过程中，晶质铀矿在精矿中富集，方解石在尾矿中富集。8 - HQ 在晶质铀矿和方解石的浮选分离中表现出良好的效果。

本次研究中利用 8 - HQ 浮选分离晶质铀矿和方解石得到了良好的指标，但是 8 - HQ 与 2 种矿物间的作用机理尚不明晰，对其浮选机理的研究有助于研发更有效的浮选工艺，Li 等人[15]曾对其机理开展过初步的探讨，为深入了解晶质铀矿和方解石的浮选分离机理，本文借助 MD 模拟手段，对药剂在 2 种矿物表面的吸附作用开展了较为系统地研究。

3 浮选机理研究

通过分子动力学模拟的方法研究 8－HQ 在 2 种矿物表面的吸附方式和规律，首先 2 种矿物晶体模型进行构建，对其表面特性开展研究，然后借助 Forcite 模块对矿物—药剂模型进行 MD 模拟，对比其吸附能力的大小并探讨浮选药剂的作用机理。

3.1 浮选前后矿物 Zeta 电位变化规律

选取晶质铀矿、方解石开展了 Zeta 电位分析，考察了矿物与捕收剂作用前后 Zeta 电位的变化，测试结果如图 1 所示。

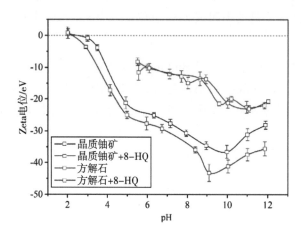

图 1　晶质铀矿和方解石与 8－HQ 作用前后的 Zeta 电位变化

根据图 1 中结果可知，除 pH 为 2 时外，与捕收剂作用前的晶质铀矿在 pH 为 3～12 时的矿浆中 Zeta 电位均为负值，根据 8－HQ 分子结构（R—OH）可知，8－HQ 在溶液中的主要有用组分为阴离子物质 R—O$^-$。在与捕收剂 8－HQ 作用之后，晶质铀矿 Zeta 电位均可见明显的负向偏移，表明捕收剂（R—O$^-$）克服了静电斥力的作用牢固地附着在矿物表面，即以化学吸附的方式附着在矿物表面。由于方解石易与稀酸反应而溶解，仅在 pH 为 6～12 的范围内测试了方解石的 Zeta 电位，结果显示，与 8－HQ 作用后，方解石的 Zeta 电位变化不明显，指示了浮选过程中方解石与捕收剂作用较弱，这也与浮选结果的规律基本一致。

3.2 矿物晶体模型与不饱和键密度

通过 Materials Studio 软件的 Crystal Builder 模块构建了晶质铀矿和方解石的晶胞，其中晶质铀矿的晶胞参数参考 Li 等人[15]的结果，方解石的晶胞参数为笔者 XRD 实验测试（待发表）的结果。

晶质铀矿为等轴晶系，空间群为 Fm3m，$a＝b＝c＝5.469$ Å，$\alpha＝\beta＝\gamma＝90°$，U—O 键长约为 2.346 Å，键角大小为 109.471°，晶体中以 U—O 的离子键为主，无相对薄弱的化学键。方解石为三方晶系，空间群为 R$\overline{3}$c，六方晶胞 $a_h＝b_h＝4.990$ Å，$c_h＝17.061$ Å，$\alpha＝\beta＝90°$，$\gamma＝120°$，Ca^{2+} 与周围 6 个 CO_3^{2-} 离子中 O 的结合成配位，形成不规则八面体，C 与 O 结合成三配位。

矿物晶体表面的不饱和键组成和密度是表面性质的主要决定因素。利用 MS 软件的 Surface Builder 模块，从晶质铀矿和方解石的原始晶胞中切割出一系列的表面，用式（1）计算各个晶面的不饱和键密度，计算公式如下：

$$D_b = N_b/A_o \tag{1}$$

式中，D_b 为某表面单位面积上的不饱和键密度，N_b 为该表面的不饱和键数量，A 为该表面的面积。2 种矿物的表面不饱和键计算结果如表 2 所示。

表 2　晶质铀矿和方解石矿物各晶面不饱和键数计算结果

矿物	晶面	单位晶胞面积计算式	A/nm^2	N_b	D_b/nm^2
晶质铀矿	100	$A=0.386\,7\times0.386\,7\times\sin90°$	0.149 6	4	26.74
	110	$A=0.546\,9\times0.386\,7\times\sin90°$	0.211 5	4	18.91
	111	$A=0.386\,7\times0.386\,7\times\sin60°$	0.129 5	2	15.44
方解石	104	$A=0.809\,6\times0.499\,0\times\sin90°$	0.404 0	4	9.90
	018	$A=0.499\,0\times1.285\,1\times\sin90°$	0.641 3	8	12.47
	214	$A=1.285\,1\times0.637\,5\times\sin78.92°$	0.804 0	12	14.93

　　根据表 2 中的计算结果可知，晶质铀矿中不同方向上的断裂键密度为主要的暴露面为 100＞110＞111，沿这 3 个方向上断裂面形成的容易程度依次增加，因此晶质铀矿的 111 晶面为最常见断裂面。方解石具有三组极完全解理，分别为 104、018 和 214 面，这 3 个面的不饱和键密度也依次增大，因此方解石的 104 面为最常见断裂面。针对 2 种矿物与药剂的作用机理的研究，也将选取这 6 种常见断裂面为研究对象而开展。

3.3　药剂分子在矿物表面的吸附

　　分子动力学模拟作为近年来研究矿物表面浮选机理的新方法，常被用于浮选药剂在矿物表面吸附的研究。利用 MS 软件通用力场 Universal Force Field（UFF）算法，模拟了 8－HQ 在矿物表面的吸附过程。

　　首先对基于 XRD 实验数据建立的 2 种矿物的原始晶胞进行 UFF 结构优化，优化结果（表 3）显示优化后的晶胞参数与实验值接近，该方法对研究体系适用可行。然后从 2 种矿物的原始晶胞中，沿着常见暴露面的方向切割出 10 个离子层左右的表面晶胞，并绘制出 8－HQ 的离子（R—O$^-$）。分别对 2 种矿物表面晶胞、8－HQ 离子进行 UFF 优化，为构建矿物表面—浮选药剂作用模型提供条件。

表 3　晶质铀矿和方解石晶体 UFF 优化后晶胞参数与实验值对比

矿物	晶胞参数	
	UFF 优化值	实验测量值[14]
晶质铀矿	a＝b＝c＝5.120Å，α＝β＝γ＝90°	a＝b＝c＝5.469Å，α＝β＝γ＝90°
方解石	a_h＝b_h＝4.912 Å，c_h＝17.217 Å α＝β＝90°，γ＝120°	a_h＝b_h＝4.990 Å，c_h＝17.061 Å α＝β＝90°，γ＝120°

　　将 2 种矿物晶体结构优化后的表面模型扩展成约 2×2 nm^2 的周期性超晶胞，并在表面晶胞的上方加一个厚度为 50 Å 的真空层，确保沿 Z 方向上表面离子层之间不相互作用，然后将优化后的浮选剂离子随机地置于矿物表面晶胞中部的原子上方。前人研究[15-17]显示，晶质铀矿和方解石表面与药剂结合的活性位点主要是金属元素 U 和 Ca。因此，分别构建了以 U—O 键和 Ca—O 键结合的矿物—药剂络合物模型。

　　然后借助 Forcite 模块对其进行几何优化，让药剂分子在矿物表面完全弛豫，得到药剂分子在矿物表面能量最低的合理吸附构型。晶质铀矿和方解石的 3 种常见暴露面上矿物和药剂构型在经几何优化后，8－HQ 均发生了不同程度的扭转，并且喹啉环与矿物表面的距离明显改变，二者作用力增强，且其 U—O 和 Ca—O 键的长度也发生了变化（表 4），与初始模型中过长或过短的情况相比更加合理。

表 4 晶质铀矿和方解石表面矿物—药剂络合物中 U—O 或 Ca—O 键距离

矿物	晶面	初始距离/Å	优化后距离/Å
晶质铀矿	100	0.867	2.237
	110	2.909	2.247
	111	1.072	2.231
方解石	104	1.050	2.387
	018	2.848	2.362
	214	2.221	2.366

根据表 4 可知，在晶质铀矿表面矿物—药剂构型中，U—O 键键长为 2.231～2.247 Å，均小于矿物晶体内部的 U—O 键键长，反映药剂分子与矿物表面的结合力较强，应为化学吸附，且（111）面的键长最短，结合力最强。在方解石表面矿物—药剂构型中，Ca—O 键键长为 2.362～2.387 Å，均大于 U—O 键长度，反映药剂分子的吸附强度较弱。

3.4 浮选药剂与矿物间的作用能

在得到矿物表面 8 - HQ 吸附的优化构型后，利用 Forcite 模块中的 Quench 对该优化构型进行了分子动力学（MD）模拟，模拟条件为：NVT 正则系综和 UFF 力场，控制温度为 298 K，共进行 100 000 步，采用 Atom-based 方法求解范德华力和静电作用，截断半径为 9.5 Å。

通过 MD 模拟得到 8 - HQ 在矿物表面的总体能量最低的吸附构型，并计算药剂在矿物表面的相互作用能 ΔE，其计算公式如下：

$$\Delta E = E_{total} - (E_{surface} + E_{adsorbate})。 \tag{2}$$

上式中 E_{total}、$E_{surface}$ 和 $E_{adsorbate}$ 分别为经 MD 模拟后矿物—药剂络合物总能量、矿物表面晶胞总能量和药剂分子总能量。吸附能越低，矿物—药剂络合物越稳定，该吸附作用越容易发生。根据该结果，我们可以对药剂在矿物表面的捕收机理加以探讨和分析。2 种矿物与药剂分子作用的 MD 模拟结果如图 2 所示。矿物与 8 - HQ 的相互作用能计算结果如表 5 所示。

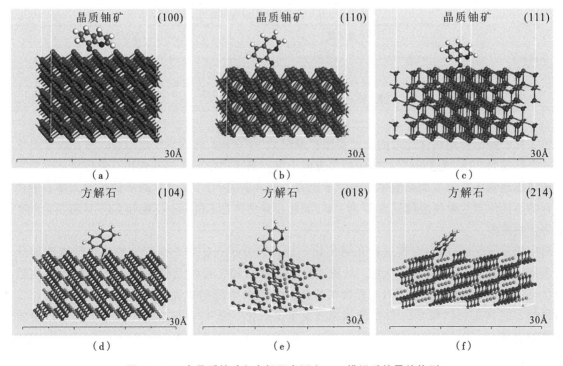

图 2 - HQ 在晶质铀矿和方解石表面上 MD 模拟后的最终构型

表 5　晶质铀矿和方解石表面矿物—药剂作用能计算结果

矿物	晶面	$E_{surface}$ / （kcal/mol）	$E_{adsorbate}$ / （kcal/mol）	E_{total} / （kcal/mol）	ΔE / （kcal/mol）
晶质铀矿	100	－36.450	42.001	－34.397	－39.948
	110	－37.002	42.001	－33.620	－38.619
	111	－39.215	42.001	－34.298	－37.084
方解石	104	－369.816	42.001	－278.062	49.753
	018	－365.934	42.001	－280.887	43.046
	214	－363.673	42.001	－283.206	38.466

由图 2 可以看出，经 MD 模拟后的矿物表面吸附的 8－HQ 分子的构型有微小变化，反映了该模拟得到的是最低能量稳定结构。通过 2 种矿物表面矿物—药剂相互作用能的计算结果（表 5）可知，晶质铀矿与药剂的作用能为－39.948～－37.084 kcal/mol，远小于方解石与药剂的作用能 38.466～49.753 kcal/mol，说明 8－HQ 对晶质铀矿的结合能力明显大于对方解石的结合能力，这与 2 种矿物的混合浮选试验结果相一致。

结合 2 种矿物不饱和键特征、矿物与药剂吸附构型和 Li 等人[14]的研究结果可知，在晶质铀矿和方解石常见暴露面上，8－HQ 可能以化学吸附的方式在矿物表面形成络合物。其中，8－HQ 在方解石表面的作用能较大，反映两者很难形成稳定的络合物而产生捕收效果。而 8－HQ 在晶质铀矿表面吸附的作用能较低，容易形成络合物而产生捕收效果。因此，在利用 8－HQ 作为浮选捕收剂的条件下，可以实现 2 种矿物的有效分离。

此外，对比晶质铀矿各晶面与 8－HQ 的作用能可知，100 晶面更容易被药剂吸附，因此为得到最佳的铀矿物浮选指标，可以通过改变磨矿参数，使晶质铀矿的 100 晶面占比最大。

4　结论

在晶质铀矿和方解石浮选试验的基础上，借助分子动力学模拟手段研究了二者的浮选分离机理，共得出以下几点结论。

（1）人工混合纯矿物浮选试验表明，8－HQ 在晶质铀矿和方解石的浮选分离中表现出良好的效果。

（2）与捕收剂 8－HQ 作用之后，晶质铀矿 Zeta 电位发生明显的负向偏移，指示捕收剂（R—O－）是以化学吸附的方式附着在矿物表面。

（3）晶质铀矿和方解石的常见暴露面分别为 111、110、100 和 104、018、214，晶质铀矿与药剂的作用能为－39.948～－37.084 kcal/mol，远小于方解石与药剂的作用能 38.466～49.753 kcal/mol，说明 8－HQ 更易对晶质铀矿产生捕收作用。

（4）通过对比浮选试验结果验证了分子模拟的可行性，这也为后续药剂的研发提供了参考和指导。分子模拟技术可在原子尺度直观揭示药剂分子在矿物表面的吸附作用方式，也有望为新型铀矿物浮选药剂的研发提供帮助。

参考文献：

[1] 李延河，段超，赵悦，等 . 氧化还原障在热液铀矿成矿中的作用［J］. 地质学报，2016，90（2）：201－218.

[2] 李丽荣，王正其，许德如 . 粤北棉花坑铀矿床矿物共生组合特征及其意义［J］. 岩石矿物学杂志，2021，40（3）：513－524.

[3] 刘汉彬，金贵善，张建锋，等 . 内蒙古东胜地区砂岩型铀矿赋矿地层方解石胶结物 C、O 同位素特征和成因模型［J］. 地质论评，2021，67（4）：1168－1183.

[4] 李广，刘志超，强录德 . 从某泥岩型铀矿中浮选碳酸盐矿物的研究［J］. 铀矿冶，2016，35（4）：248－252.

［5］ 刘志超，李广，强录德，等．普通选矿在我国铀矿冶中的应用［J］．铀矿冶，2015，34（2）：127－130.

［6］ Ni X, Liu Q. Adsorptionbehaviour of sodium hexametaphosphate on pyrochlore and calcite［J］. Canadian Metallurgical Quarterly, 2013, 52 (4)：473－478.

［7］ 李春风，刘志超，赵霞，等．晶质铀矿的浮选工艺与机理研究［J］．金属矿山，2021，（12）：75－82.

［8］ 张雅怡．高岭石矿物晶体构型及其对 Cd^{2+} 吸附的分子模拟［D］．太原：太原理工大学，2018.

［9］ 柴文翠．铝土矿脱硫捕收剂的分子构筑及其作用机理研究［D］．郑州：郑州大学，2018.

［10］吴桂叶，朱阳戈，闫志刚，等．菱镁矿与石英浮选分离的第一性原理研究［J］．矿冶，2015，24（2）：11－14.

［11］刘学勇，韩跃新．浮选药剂与矿物作用机理研究方法探讨［J］．金属矿山，2018（4）：114－120.

［12］郝海青，李丽匣，张晨，等．经典分子动力学模拟在矿物浮选研究中的应用［J］．矿产保护与利用，2018（3）：9－16.

［13］朴正杰．两种小分子有机抑制剂的合成及其作用机理研究［D］．沈阳：东北大学，2014.

［14］秦伟．伴生银铅锌矿浮选药剂的设计、合成与浮选机理研究［D］．北京：中国矿业大学（北京），2013.

［15］LI C F, LIU Z C, NIU Y Q, et al. Study on surface characteristics and flotation mechanism of pitchblende and uraninite［C］. International Flotation Conference, 2019.

［16］王杰，张覃，邱跃琴，等．方解石晶体结构及表面活性位点第一性原理［J］．工程科学学报，2017，39（4）：487－493.

［17］高志勇，孙伟，刘晓文，等．白钨矿和方解石晶面的断裂键差异及其对矿物解理性质和表面性质的影响［J］．矿物学报，2010，30（4）：470－475.

Study on selective collection mechanism of 8－HQ in flotation of uraninite and calcite

LI Chun-feng，LIU Zhi-chao，ZHANG Chen，TIAN Yu-hui，
LI Guang，MA Jia，TANG Bao-bin

(Beijing Research Institute of Chemical Engineering and Metallurgy, CNNC, Beijing 101149, China)

Abstract：Aiming at the problem of flotation separation of uranium minerals and carbonate minerals, uraninite and calcite were selected to carry out flotation separation test and mechanism research. In this paper, the flotation parameters and mechanism of 8－hydroxyquinoline (8－HQ) as a collector for the separation of uraninite and calcite were investigated by means of artificial mixed mineral flotation test, zeta potential test and molecular dynamics simulation. The results show that the flotation concentrate with uranium recovery of 90.4％ and CO_2 recovery of 15％ and 2％ can be obtained through one roughing process when the collector 8－HQ dosage of 2000 g/t, pH of 9, temperature of 25 ℃, particle size of 0.050～0.038 mm, and the effective separation of uraninite and calcite can be achieved. The chemical adsorption of 8－HQ on the surface of uraninite is the main way for the collector to act on the mineral surface; The binding energies of different adsorption configurations of the two minerals and collectors were calculated by molecular dynamics simulation. The adsorption mechanism and action energy of 8－HQ on the surfaces of the two minerals were preliminarily analyzed and discussed. It was revealed that the difference in action energy between collectors and minerals was the internal reason for the flotation separation of the two minerals.

Key words：Uraninite; Calcite; Flotation separation; Mechanism; Molecular dynamics simulation

地浸采铀钻孔钻井液污染解除现场应用研究

李　勇，王治义，段柏山，张亚会

（新疆中核天山铀业有限公司，新疆　伊宁　835000）

摘　要： 为验证某酸化解堵试剂能对地浸采铀钻孔施工过程中渗入并污染矿层的钻井液得到清除，开展现场应用研究。通过对酸化解堵试剂的注入次序、注入量、压力、静置时间、洗井时间进行研究，利用该配方对试验单元及生产钻孔进行钻井液污染解除研究。结果表明，该配方的使用能够有效解除钻井液污染，生产钻孔由断流状态稳定运行至 500 d 以上，提高了钻孔浸出效率。

关键词： 酸化解堵试剂；地浸采铀钻孔；钻井液污染；钻孔浸出效率

新疆某铀矿床地浸采铀钻孔采用填砾式结构及施工工艺[1]。钻孔施工过程中钻井液渗入并污染地层，导致矿层天然渗透性降低，使得新投入生产的钻井浸出效率下降。对钻井废液进行化学分析，发现钻井废液中铁、铝、碳酸盐及有机碳含量较高。依据化学分析结果，在室内开展钻井液固相溶蚀试验，得出 10％盐酸＋2.5％氢氟酸对钻井液固相溶蚀率达 62.68％。考虑到矿床的矿石中碳酸盐含量高且分布不均匀的特点，结合土酸酸化原理[2]。目标地层应处于酸性环境，以预防或降低 CaF_2、MgF_2、铁离子沉淀的生成[3]；同时应考虑避免土酸中的盐酸提前消耗，影响解堵效果。酸化解堵试剂应分为前置酸与主体酸，前置酸主要成分为盐酸，浓度为 10％；主体酸为土酸，即盐酸与氢氟酸的混合酸，其中盐酸浓度为 10％，氢氟酸浓度为 2.5％。利用上述酸化解堵试剂开展地浸采铀大深度钻孔钻井液污染解除现场应用研究。

1　受酸液影响的地层半径及酸液用量

1.1　酸液影响下的地层半径计算

地浸钻孔在注入酸液（水＋酸化解堵试剂）洗井过程中，注入的酸液在一定深度（长度）的水平方向上扩散，但地层渗透率不变（这里假定注入的酸液对地层无敏感性伤害），如图 1 所示。模型假设与理论公式推导如下。

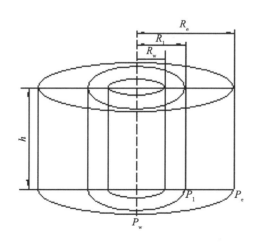

图 1　注酸影响范围示意

作者简介：李勇（1992—），男，学士，工程师，主要从事地浸采铀工作。

根据平面径向流达西定律可得，按理论计算地层未加酸影响时注入量为：

$$Q_0 = \frac{2\pi K_0 h(p_w - p_e)}{\mu \ln \dfrac{R_e}{R_w}}。 \tag{1}$$

式中，Q_0 为地层未加酸的注入量，cm^3/s；h 为含矿含水层有效厚度，cm；μ 为地层流体黏度，$MPa \cdot s$；K_0 为原始地层渗透率，mD；p_w 为井底注入压力，MPa；p_e 为控制半径 R_e 处地层压力，MPa；R_e 为注水井控制地层半径，m；R_w 为注水孔半径，m。

地层加酸影响后注入量为：

$$Q_1 = \frac{2\pi K_1 h(p_w - p_1)}{\mu \ln \dfrac{R_s}{R_w}}。 \tag{2}$$

式中，Q_1 为地层加酸后影响的注入量，cm^3/s；K_1 为加酸后影响半径内地层平均渗透率，mD；R_s 为注水孔加酸影响半径，m；p_1 为加酸影响后半径 R_s 处地层压力，MPa。

地层加酸后，地层未受影响区域的注入量为：

$$Q_2 = \frac{2\pi K_0 h(p_1 - p_e)}{\mu \ln \dfrac{R_e}{R_s}}。 \tag{3}$$

式中，Q_2 为地层未受影响区域的注入量，cm^3/s。

对于整个地层加酸后的注入量，用平均地层渗透率可以表示为：

$$Q_3 = \frac{2\pi K_2 h(p_w - p_e)}{\mu \ln \dfrac{R_e}{R_w}}。 \tag{4}$$

式中，Q_3 为整个地层加酸后的注入量，cm^3/s；K_2 为加酸注水后地层平均渗透率，mD。

根据连续性原理，有 $Q_1 = Q_2 = Q_3$，则有：

$$K_2 = \frac{\ln \dfrac{R_e}{R_w}}{\dfrac{1}{K_1} \ln \dfrac{R_s}{R_w} + \dfrac{1}{K_n} \ln \dfrac{R_e}{R_s}}。 \tag{5}$$

即得到注入酸液后的地层平均渗透率、地层原始平均渗透率、酸液影响半径内平均渗透率与注入酸液影响的半径的关系。若已知 K_0、K_1、K_2，就可以求出理论上的注入酸液的影响半径。

一般情况下，原始地层渗透率 K_0 通过资料查找，地层受污染后的地层平均渗透率 k_2 通过比吸水指数计算求得，而污染区渗透率 k_1 的确定比较复杂。

通过理论计算，结合现场实际，受酸液影响的半径在过滤器附近渗滤带 0.5～0.6 m 处。

1.2　酸液用量

结合加酸后影响半径内地层平均渗透率、注水孔加酸影响半径、加酸影响后半径处地层压力等参数。按照理论计算的处理半径 0.6 m 计算，前置酸加量为每米过滤器 110 kg 盐酸（30％工业盐酸）；主体酸加量为每米过滤器 177 kg 盐酸（30％工业盐酸）加 33 kg 氢氟酸（40％工业氢氟酸）。

2　现场应用研究

2.1　酸液注入次序

先注入前置酸，其作用为解除因固井液造成的堵塞，提供地层通道，同时提供地层酸性环境，避免主体酸中的盐酸提前消耗，影响主体酸的反应效果。前置酸注入完毕后，应立即注入主体酸，其作用为溶解钻井液中的固相成分，提升地层渗透性。其中，氢氟酸的作用为与黏土矿物反应，盐酸的作用是为氢氟酸的反应提供充足的氢离子，延长氢氟酸的可反应时间，同时提供酸性环境，避免氢氟酸与黏土的反应产物生成二次沉淀，影响增渗效果。

2.2 洗井参数

根据前人研究经验[4]，将洗孔风管下至目标钻孔的过滤器段，酸液在混合均匀后采用加酸泵加压下注，下注压力维持在 1.5～1.8 MPa，通过洗井风管直接将酸液注入至过滤器段。酸液注入完毕后静置 24 h，静置完毕利用空压机进行洗井，直至洗井废液 pH 达到 6 以上时结束。

2.3 洗井后水量变化

通过对矿床的抽液孔运行情况进行筛选，选出 12 个因钻井液污染导致无法运行的抽液孔。按照酸液注入次序及洗井参数的要求开展洗井工作。如图 2 所示，洗井后各抽液孔由断流状态处于稳定抽水状态，稳定抽水状态达到 500 d 以上。

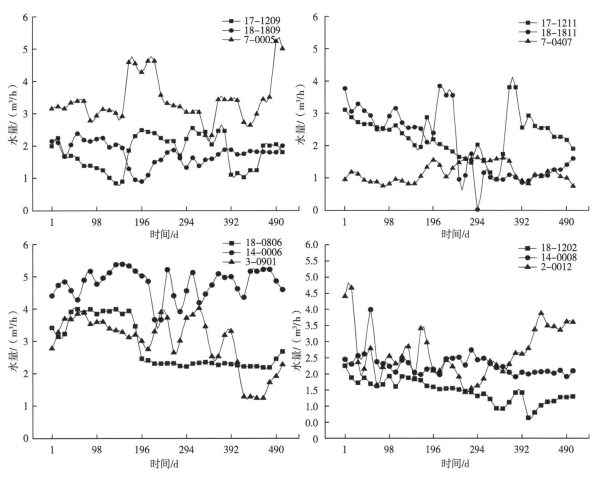

图 2　抽液孔洗井后水量变化

2.4 洗井后各离子浓度变化

洗井后选取 8 个抽液孔，对运行前 7 日的浸出液进行取样并开展化学离子分析，分析结果如图 3 至图 6 所示。洗井后对 Si、F^-、Ca^{2+}、Mg^{2+} 浓度均有一定变化，其中 Si、F^- 浓度变化量较小，Ca^{2+}、Mg^{2+} 浓度变化量较大，各项离子浓度的变化在钻孔运行 3 日后基本趋于平稳。

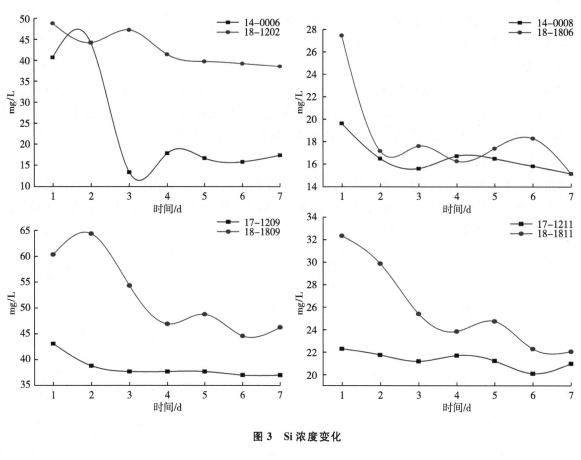

图 3　Si 浓度变化

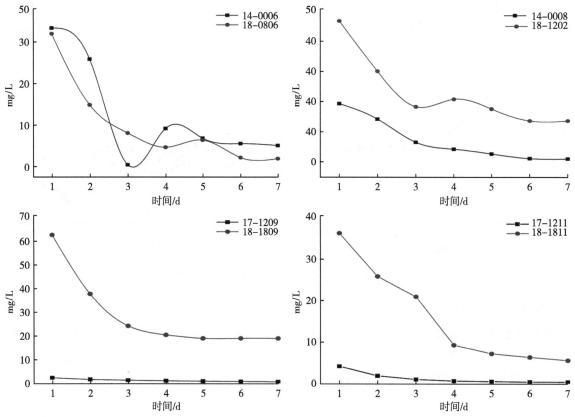

图 4　F⁻浓度变化

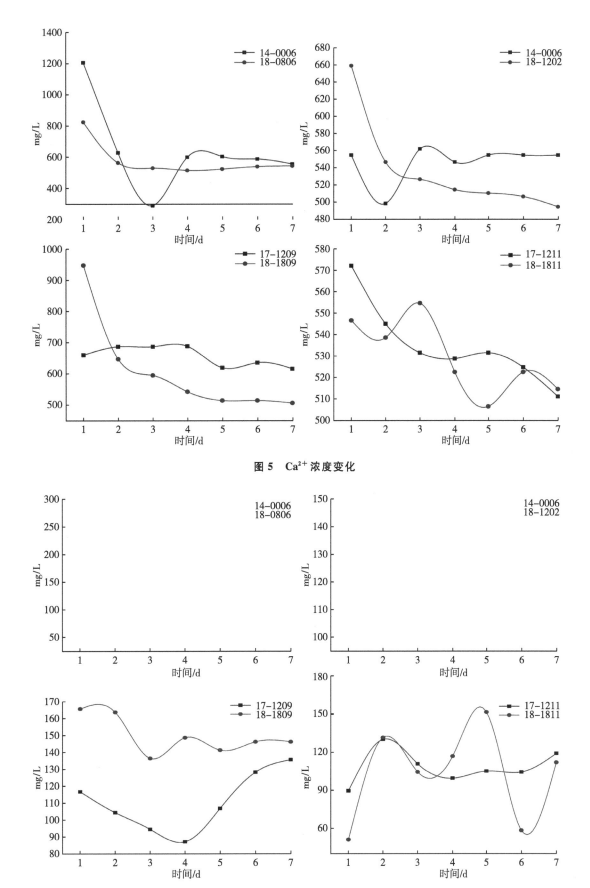

图 5 Ca²⁺ 浓度变化

图 6 Mg²⁺ 浓度变化

2.5 洗井后其他现象及解决措施

2.5.1 抽液井出砂量高

在抽液孔运行初期出现泥沙含量较高的情况，17－1209、3－0901、18－1805 均出现泥沙含量高造成启动故障的现象。推测该现象是由于土酸溶解地层中黏土矿物不充分，有残渣残留造成的，同时黏土矿物的溶解会使被黏土包裹的细沙失去依托，随水排出地层。

解决措施：该现象出现后将洗孔时间增加为 48 h。增加洗孔时间后暂未出现由于泥沙含量高造成故障的现象。

2.5.2 抽液井水量不稳定

在抽液孔运行初期出现水量波动较大的情况，水量不稳定后触动自动化保护，造成启动后立即停止运行，出现这类现象的抽液孔在观察中发现携带大量气体，可造成短时间流量降为 0，造成该现象的主要原因是酸液的加入溶解地层中的碳酸盐生成大量 CO_2 [5]。

解决措施：洗井后恢复的钻孔进行就地运行，暂不接入自动化，待 2～3 天水量逐渐稳定后再进行自动化接入。

3 结论

采用"10％稀盐酸作为前置酸，10％盐酸＋2.5％氢氟酸作为主体酸"对钻井液污染进行解堵，断流状态的抽液孔可稳定运行至 500 d 以上，提高了钻孔浸出效率。

参考文献：

[1] 张勇，黄群英，肖作学. 填砾工艺在地浸钻孔施工中的应用 [J]. 铀矿冶，2009，28 (3)：113－116.
[2] 汪双喜，闫龙，桑巍. 低成本酸化增注技术在低油价下的推广应用 [J]. 清洗世界，2017，33 (1)：7－12.
[3] 安星樾. 土酸酸化工作液的安全配置 [J]. 化工管理，2018 (33)：33－34.
[4] 吉宏斌，阳奕汉，孙占学，等. 地浸采铀过程中的矿层解堵增渗技术及现场应用 [J]. 湿法冶金，2017，36 (2)：143－147.
[5] 刘冬炎. 土酸酸化的二次伤害分析及相应对策 [J]. 清洗世界，2016，32 (4)：40－44.

Field application of decontamination of drilling fluid in uranium extraction drilling hole

LI Yong，WANG Zhi-yi，DUAN Bo-shan，ZHANG Ya-hui

(Xinjiang Central Nuclear Tianshan Uranium Industry Co., Ltd., Yining, Xinjiang 835000, China)

Abstract：In order to verify that an acidizing and unblocking reagents can remove the drilling fluid that infiltrated into and polluted the ore layer during the drilling process of uranium leaching, field application research was carried out. By studying the injection order, injection amount, pressure, standing time and cleaning time of acid plugging removal reagent, this formula is used to study the decontamination of drilling fluid in test units and production boreholes. The results show that the formulation can effectively remove the pollution of drilling fluid, and the drilling hole can run stably from the cut-off state to more than 500d, improving the drilling leaching efficiency.

Key words：Acidizing and unblocking reagents；Ground leaching uranium drilling；Drilling fluid pollution；Drilling leaching efficiency

新疆中性地浸采铀中石英砂过滤技术的应用研究

丁印权，段柏山，刘敬珣，秦　淦，汤义伟

（新疆中核天山铀业有限公司，新疆　伊宁　835000）

摘　要：通过新疆中性地浸矿山出现的袋式过滤器易被穿透，杂质通过过滤器进入水冶吸附塔致使其过液能力严重下降，而后在通过注液回到井场下注等问题，进行了总结与分析。明确当前袋式过滤器无法适用于该矿山的生产过滤需求，且导致杂质沉淀物在溶液的循环体系中反复积聚运移，对井场与水冶厂都造成了较大影响。因此，开展石英砂过滤器的应用研究，使得吸附塔从 140 m³/h 恢复至正常设计的 200 m³/h 的过液能力，将浸出液浊度从 5.6～6.7 NTU 降低至 1 NTU 左右，袋式过滤器的滤袋更换频次从 6 次/d 减少至 1 次/d，不仅减少了水冶厂的工作负担，也恢复了其浸出液的处理能力。

关键词：中性地浸；石英砂过滤；过液能力；浸出液

自 2016 年开始，井场浸出液中出现絮状物，而浸出液体量较大，处理厂房采用的袋式过滤器极易被穿透，无法有效过滤拦截杂质，导致浸出液中大量杂质穿过过滤器进入树脂层，沉淀物在树脂层中长期累积，形成了一个大型"树脂过滤器"，不仅导致吸附塔内树脂层堵塞严重，过液量逐步下降，也使得水冶需投入大量人力物力频繁更换过滤袋与反冲漂洗吸附塔。同时，多余的沉淀物随尾液回注至井场，导致注液井堵塞、注液能力下降、洗孔工作量大幅增加等问题。通过现象分析，了解过滤失效为本质问题，故分别从有效的过滤方式及效果进行多方面的试验探究，为缓解和解决问题提供了实践依据。

1　概述

1.1　现状情况

（1）过滤系统

一期、二期浸出液采用袋式过滤器进行过滤，经过 4～6 年使用，水冶厂塔器内杂质量持续增多，过滤器并未起到应有过滤作用。

为了保证吸附塔正常过液能力，目前安排专职人员进行滤袋更换、清洗、吸附塔漂洗，每班需更换 2 个过滤器（16 个滤袋），吸附塔每周反冲漂洗 5～6 个，无形中大幅增加了水冶工作量，但却不能彻底解决杂质过滤问题。

（2）吸附塔过液情况

目前，吸附塔过液能力大幅下降，漂洗后维持大过液量周期短，未经反冲漂洗的吸附塔，在切塔后流量可维持在 150 m³/h，但仅 3～5 d 后，过液量会下降至 110～120 m³/h，经过漂洗后的吸附塔过水量能够维持在 180 m³/h，但维持时间短，7～8 d 后下降至 110～120 m³/h 左右。

（3）树脂漂洗情况

为保证吸附塔过液能力，每周需要漂洗吸附塔 5～6 个，每次漂洗 6 小时，每次反冲前，需将部分吸附塔集液盘网箱拔出并对过纱网进行更换。

作者简介：丁印权（1993—），男，河南周口人，本科学历，工程师，现主要从事地浸采铀技术中地质与水文地质方向的研究工作。

1.2 生产情况

随着生产运行，地浸抽注井过滤器附近地层容易产生沉淀堵塞，为了解决堵塞问题，735厂在2016年曾聘请油田人员运用油田的常规疏通洗井的方法进行过洗井，引入大量的强氧化剂和螯合试剂作为洗井除垢试剂。虽较为有效地解决了抽注井结垢堵塞的问题，并保持了一定时间不再发生结垢堵塞现象，但是随着生产的深入，强氧化剂的加入最终带来了一些负面的影响，半年后陆续出现了较多的絮状漂浮物随着浸出液抽出。过滤器未能起到应有的过滤效果，无法有效拦截杂质，导致杂质进入吸附塔，如表1所示，原液经袋式过滤器后浊度未出现明显降低，但经过吸附塔后，尾液浊度基本降低至1NTU左右，最终使得吸附塔成为大型过滤器，将大部分杂质拦截至塔器内。

表 1   原液尾液浊度测定结果   单位：NTU

浸出原液	袋式过滤器	吸附尾液
滤前浊度	滤后浊度	尾液浊度
6.3	2.26	1.64
5.61	1.73	1.03
6.56	2.98	1.23
6.78	3.08	0.86

并且为了定量分析吸附塔内被污染程度，对树脂进行定量取样100 mL，并将所取树脂所夹杂的杂质进行了过滤、烘干、称重，结果显示，所取100 mL树脂夹杂5 g杂质，据此推算单个吸附塔内（共60 m^3树脂）杂质总含量约3 t，可见目前吸附污染程度较为严重。

且袋式过滤器过滤后浊度不稳定，如图1所示，滤后浊度随滤前溶液浊度的变化而变化，有时甚至出现高于滤前浊度的情况。

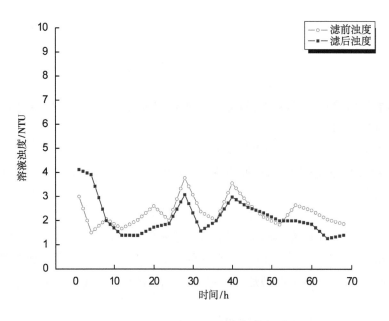

图 1   袋式过滤器过滤前后浊度变化情况

2 试验部分

2.1 石英砂过滤效果探究

（1）石英砂过滤器

本次选择的石英砂过滤器为圆柱状，直径约 1.9 m，直筒段高度约 1.0 m，采用"上进下出"的进液方式进行过滤，如图 2 所示。过滤介质主要为不同粒径的石英砂（0.5～1.0 mm、1.0～2.0 mm、2.0～4.0 mm），按 1∶1∶1 的方式装填，最底部为 2.0～4.0 mm 粒级，最上部为 0.5～1.0 mm 粒级，中部为 1.0～2.0 mm 粒级。

浊度，即水的浑浊程度，由水中含有的微量不溶性悬浮物质、胶体物质等所致、光学式浊度仪通过测定光线照至液面上，入射光、透射光、散射光相互之间比值来测定水样浊度。本次试验使用的是 WGZ 系列散射光浊度仪，通过测定悬浮不溶物产生的散射程度定量标正悬浮物颗粒物质含量，浊度单位为 NTU，即 1 NTU 代表 1 m³水中含有 1 g 固体杂质。

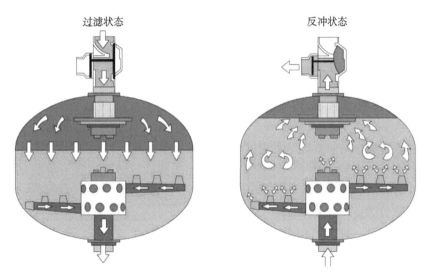

图 2　石英砂过滤器过滤原理

本次分别对规格为 150.0 m³/h 过滤器进行了试验，试验结果如图 3 所示，从图中可以看出，150 m³/h 过滤器累计运行 210 h，累积过液量 33 085 m³，平均瞬时过液量为 157.55 m³/h，过滤器达到设计标准，并且平均过滤水量均高于设计值。

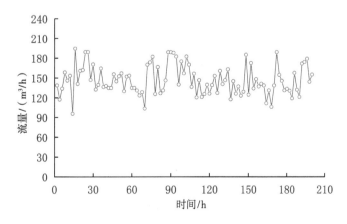

图 3　150.0 m³/h 石英砂过滤器流量变化

（2）石英砂过滤效果

为验证石英砂过滤器的过滤效果，开展了过滤前后浊度对比试验和与袋式过滤器过滤效果的对比试验。试验连续进行了 18 d，试验结果如图 4 所示。

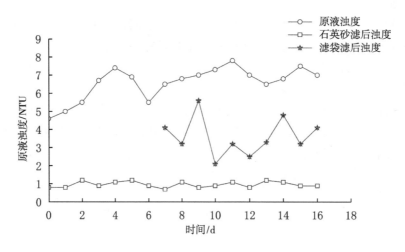

图 4　不同过滤方式的过滤效果对比

由图 4 可知，石英砂过滤后，原液浊度从平均值 6.0 NTU 下降至 0.7～1.2 NTU，袋式过滤器过滤后，原液浊度从平均值 6.0 NTU 下降至 2.0～4.0 NTU，且袋式过滤器过滤效果不稳定。从试验结果来看，石英砂过滤效果明显好于袋式过滤器。

为直观验证石英砂过滤器的效果，将袋式过滤器与石英砂过滤器进行了串联，石英砂过滤器在前，袋式过滤器在后。试验效果如图 5 所示，经过石英砂过滤器后，袋式过滤器中的滤袋非常干净，而未经石英砂过滤器的滤袋颜色较深。

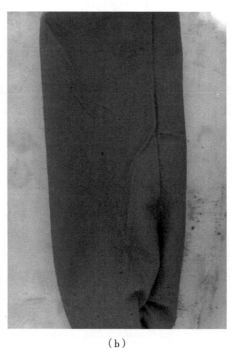

（a）　　　　　　　　　　　（b）

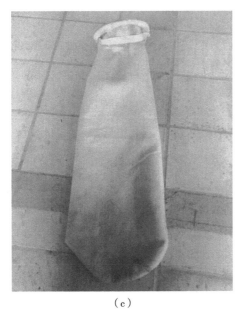 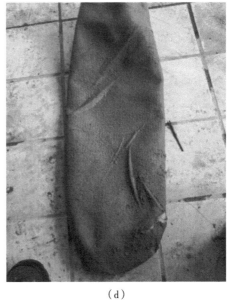

（c）　　　　　　　　　　　　（d）

图 5　滤袋对比情况

（a）石英砂过滤后滤袋情况（1d）；（b）未经石英砂过滤后滤袋情况（1d）；

（c）石英砂过滤后滤袋情况（4d）；（d）未经石英砂过滤后滤袋情况（4d）

（3）石英砂过滤器承压能力

石英砂过滤器在 0.6 MPa、0.8 MPa、0.9 MPa 压力环境下进行了过滤，每隔 1.0 d 取一次样，共取 5 组观察过滤效果，结果如图 6 所示，不同压力下均能够稳定过滤，且保持较好的过滤效果，不同压力下浊度基本维持在 0.8～1.2 NTU。

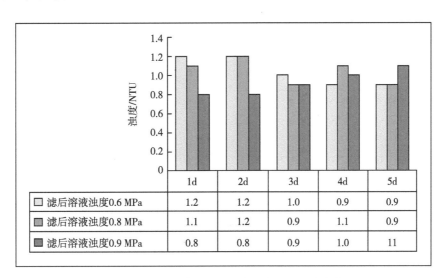

	1d	2d	3d	4d	5d
□ 滤后溶液浊度0.6 MPa	1.2	1.2	1.0	0.9	0.9
滤后溶液浊度0.8 MPa	1.1	1.2	0.9	1.1	0.9
■ 滤后溶液浊度0.9 MPa	0.8	0.8	0.9	1.0	11

图 6　石英砂过滤器不同压力下每小时浊度变化

石英砂过滤器的过滤不会受压力变化而产生影响，具有较好的耐压性能，并且在大压力的情况下依旧能够保持较好的过滤效果，更适用于现场实际高压的生产条件。

（4）石英砂过滤器反冲洗效果

反冲洗是利用溶液反向"自下而上"冲刷石英砂，使其表面附着的杂质脱落并上移，最后随着溶液排出。目前反冲洗周期，150 m³/h 规格过滤器为每过滤 24 h（过滤总水量 3600 m³）后反冲一次，反冲时长 5 min，反冲水量 100 m³/h（单次反冲总水量 8.3 m³），压差值从 0.087 MPa 恢复至 0.002 MPa，反冲洗效果从"反冲水浊度""反冲水实物图"2 个维度进行验证。

反冲水样浊度分析结果表明，当进液浊度在 5.0 NTU 左右时，过滤 24.0 h 后，反冲洗水平均浊度值达到了 110.0 NTU；图 7 为反冲水实物图，可以看出，反冲水中存在大量絮状悬浮物。

图 7　石英砂过滤器反冲水实物

2.2　石英砂过滤器应用参数探索

（1）石英砂砾径的选择

为了得到不同粒级、不同砾径层厚度的石英砂对过滤的影响，确定过滤效果最佳的装料方式，开展了填料方式试验。

图 8 为过滤室内试验装置示意图，左侧为装有待过滤原水，右侧为过滤清水，其过滤过程发生在中间竖直圆柱（长 1000 mm，内直径 100 mm），内装填石英砂滤料，箭头为水流方向，每组不同粒径石英砂过滤 16 小时后，将圆柱内石英砂全部更换为新石英砂，不重复使用，试验时初始水全部统一为 1.5 m³/h，而后观察压力、水量、浊度的参数变化。

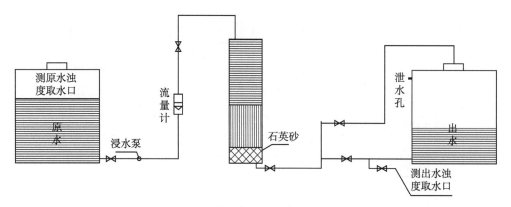

图 8　石英砂装料方式试验示意

表 2 为 3 组不同粒径的石英砂单独填装及混合填装的试验结果，定为试验 1。原水浊度为 5.0 NTU，经过滤后，细沙与中砂具有较好的过滤能力，粗砂过滤能力较差，而中砂相较于细沙纳污能力大，流量下降慢，压力小，因此混合填装时中砂与细沙起主要过滤作用，粗砂仅起到阻隔作用防止漏砂现象。

表 2　各粒径石英砂单独填装对压力、流量、过滤浊度的影响

时间/h	100％细沙			100％中砂			100％粗砂		
	压力/MPa	流量/（m³/h）	浊度/NTU	压力/MPa	流量/（m³/h）	浊度/NTU	压力/MPa	流量/（m³/h）	浊度/NTU
0	0.15	1.593	1.44	0.04	1.598	1.54	0	1.578	3.26
2	0.20	1.489	1.54	0.04	1.502	1.56	0	1.593	3.13
4	0.24	1.406	1.65	0.05	1.522	1.57	0	1.584	3.00
6	0.26	1.371	1.75	0.06	1.520	1.59	0	1.532	2.87
8	0.29	1.334	1.83	0.06	1.471	1.73	0	1.525	2.95
10	0.29	1.292	1.90	0.06	1.506	1.87	0.02	1.524	3.04
12	0.29	1.222	1.98	0.08	1.506	2.01	0.02	1.515	3.12
14	0.32	1.282	1.75	0.08	1.490	1.79	0.03	1.532	3.05
16	0.32	1.232	1.51	0.10	1.488	1.56	0.04	1.515	2.98

混装石英砂柱按"细粒∶中粒∶粗粒"的方式进行，不同比例混装后其压力及浊度的变化，定为试验 2，试验数据如表 3 所示。

细粒∶中粒∶粗粒配比为 3∶4∶3 的试验柱压力 0.13～0.27 MPa，浊度在 1.20～1.35 NTU，压力与浊度适中；配比为 3∶5∶2 的试验柱压力 0.20～0.32 MPa，浊度 1.18～1.31 NTU，压力较高，浊度低；配比为 2∶6∶2 的试验柱压力 0～0.1 MPa，浊度 1.51～1.98 NTU，压力较低，浊度高。因此，最终试验过滤器选择填装比例为 3∶4∶3。

表 3　各粒径石英砂混装对压力、过滤浊度的影响

配比	3∶4∶3			3∶5∶2			2∶6∶2		
时间/h	压力/MPa	流量/（m³/h）	浊度/NTU	压力/MPa	流量/（m³/h）	浊度/NTU	压力/MPa	流量/（m³/h）	浊度/NTU
0	0.13	1.548	1.54	0.17	1.543	1.21	0	1.528	1.74
2	0.13	1.452	1.53	0.20	1.439	1.22	0.02	1.543	1.82
4	0.14	1.472	1.52	0.22	1.356	1.24	0.03	1.534	1.90
6	0.15	1.470	1.51	0.24	1.321	1.26	0.04	1.482	1.98
8	0.15	1.421	1.46	0.25	1.284	1.23	0.06	1.475	1.82
10	0.18	1.456	1.42	0.25	1.242	1.20	0.07	1.474	1.66
12	0.23	1.456	1.38	0.25	1.172	1.18	0.08	1.465	1.51
14	0.27	1.440	1.40	0.26	1.232	1.24	0.09	1.482	1.53
16	0.24	1.438	1.42	0.28	1.182	1.31	0.10	1.465	1.56

从上述试验 1 结果来看，过滤效果是细砂＞中砂＞粗砂，但从过水量看粗砂＞中砂＞细砂，而纳污能力从过滤及压力增长速度两方面考虑为中砂＞细砂＞粗砂，因此中砂及细砂的配比较为重要，而粗砂截污能力差，大多数杂质都能通过，因此主要起隔砂作用。从试验 2 结果来看，以 3∶4∶3 作为标准，减少了粗砂配比，增加了中砂配比，能有效增强过滤能力，但过液量及压力上升大于参照标准配比，因此增加细砂配比会有相同结论并更加显著，因此在此基础上继续减少细砂配比，进一步增加中砂配比可以看到，过滤效果显著下降，但过水能力及纳污能力显著提升。

结合 2 个试验结论，在当前水冶厂设立了漂洗塔的基础上，为减少石英砂处理频次可适当调整配比，将现使用的 3∶4∶3 配比改为 2∶6∶2，用以满足当前生产需求。

（2）反冲频次的确定方法

图 9 为 150 m³/h 石英砂过滤器在生产线进行的过滤试验结果，该试验的目的是验证过滤前后的压差变化及其对过液量的影响。从图 9 中可以看出，在一个反冲周期内（约 24.0 h），过滤器压差最小值为 0 MPa，最大值为 0.103 MPa，随着压差值的不断增加，过液量同步降低，从初期的 164 m³/h 降低至 135 m³/h。

从图 9 可以得出，过滤器根据反冲洗频次，其压差及瞬时流量也呈周期性变化，压差增大，过水能力减少，经过每次反冲之后过水能力恢复。

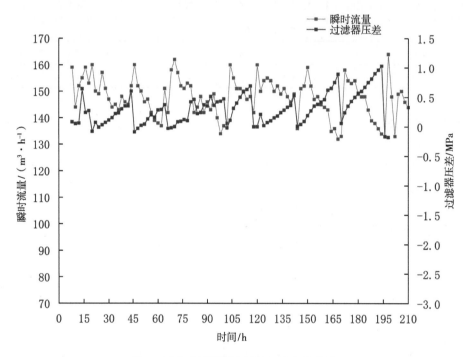

图 9　石英砂过滤器流量及压差变化曲线

因此从中取 2 个周期进行单独分析，石英砂过滤器流量曲线如图 10 所示，在 2 个过滤周期内，进水流量变化范围在 164～132 m³/h，平均过液量为 149.7 m³/h。反冲周期为 24 h 进行一次反冲洗，反洗时间 5 min，流量从 132.8 m³/h 恢复至 164 m³/h 左右。其试验期间的反冲洗频次以压差变化周期为准而非水量变化，因为水量变化是受压差变化而变化的。

从上述试验可明显看出，过水能力与压差变化呈周期性往复变化，但随着长期使用过滤器后，在不清洗石英砂的前提下，其表面附着的杂质越来越多，其压差的变化周期将会越来越短，压差上升速度越来越快，伴随的水量下降速度也会越来越快。因此，当前仍旧以 12 h 反冲 1 次的工艺参数已不适用，应根据当前的压差变化速度重新确定反冲频次，试验中当压差＞0.1 MPa 后，其过水能力已经下降 17%，因此尽量将压差控制在 0.1 MPa 以内。

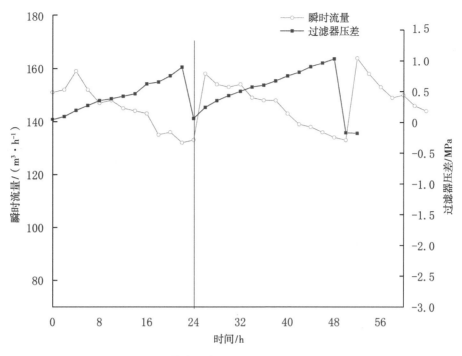

图10 石英砂过滤器两周期流量及压差曲线

（3）石英砂清洗试验

清洗时取2组100 mL过滤后的石英砂，分别倒入2个烧杯内，而后在烧杯内分别加入200 mL盐酸及200 mL清水进行搅拌浸泡，经过24 h后都使用清水进行冲洗，发现使用盐酸搅拌浸泡后的石英砂表面颜色恢复至初始使用前的状态较为白净，而清水可清洗部分杂质，但石英砂表面附着的杂质未能冲洗下来，试验情况如图11至图14所示。

图11 盐酸浸泡时的石英砂

图12 清水浸泡时的石英砂

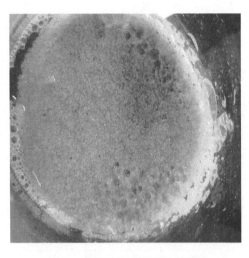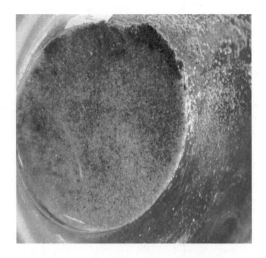

图 13　盐酸浸泡清洗后的石英砂　　　　　　　　图 14　清水浸泡清洗后的石英砂

　　从上述简易试验中可以得出 2 点结论。第一，仅仅依靠清水进行石英砂清洗或者反冲无法将石英砂表面附着的杂质进行有效去除，一定程度上会在过滤器内形成杂质积累，因此石英砂过滤器长期使用后必定需要进行石英砂处理。第二，使用盐酸虽无法溶解全部杂质，但可使杂质性质发生改变，使杂质无法附着在石英砂表面，盐酸浸泡后的石英砂随着清水冲洗，可有效将全部杂质清除，恢复石英砂的原本样貌。后续也进行了补充试验，使用硫酸及硝酸分别用同样方法进行浸泡清洗，存在一定问题，硫酸浸泡时会产生较多黑色物质且泡沫较多，硝酸浸泡后石英砂会轻微变红，因此考虑水冶厂盐酸取用方便，以及上述补充试验，建议使用盐酸对过滤器石英砂进行清洗。

3　结论

　　（1）袋式过滤器产生一定压差时期滤袋极易被穿透，失去过滤效果。

　　（2）石英砂过滤器能够有效过滤浸出液大部分杂质，浸出液浊度能够从 5.6～6.7 NTU 下降至 0.7～1.2 NTU。

　　（3）石英砂过滤器反冲洗效果，能够有效地将腔体内所过滤的杂质反冲至废液回收池。

　　（4）石英砂过滤器过液能力能够有效达到设计 150 m³/h 水平，能够满足生产需求。

　　（5）石英砂过滤器承压能力在 0.6～0.9 MPa 间过滤效果稳定，且压力越高其过滤效果越明显。

　　（6）石英砂经过盐酸浸泡能够有效地剥离其表面所吸附的杂质，使其恢复初始白色状态。

4　石英砂过滤器使用的几点建议

　　（1）为满足生产需要，且当前水冶厂已设立漂洗塔，可调整当前石英砂砾径配比，牺牲部分过滤能力，用以满足过水能力及纳污能力。

　　（2）反冲频次应当依据当前压差变化周期，而重新设定反冲洗频次，保证其压差值始终维持在 0.1 MPa 以内。

　　（3）石英砂过滤厂房应设立配酸罐，用以清洗石英砂使用，并制定好清洗计划及清洗方案。

　　（4）考虑后期石英砂过滤器维护方式，不建议在采区井场内大面积投入使用石英砂过滤器，避免造成后续石英砂清洗更换困难。

参考文献：

[1] 张景廉，铀矿物－溶液平衡 [M]．北京：中国原子能出版社，2005：144 - 154.

[2] 焦学然，孙占学，张霞．某高矿化度砂岩型铀矿地浸开采堵塞机理的研究 [J]．有色金属（冶炼部分），2013 (8)：25 - 28.

[3] 翟秀静，肖碧君，李乃军．还原与沉淀 [M]．北京：冶金工业出版社，2008：298 - 299.

[4] 别列茨基，博加特科夫，沃尔科夫，等．地浸采铀手册（上） [Z]．衡阳：核工业第六研究所科技情报室，2000：215.

Research on the application of quartz sand filtering technology in neutral in-situ leaching of uranium in Xinjiang

DING Yin-quan, DUAN Bo-shan, LIU Jing-xun, QIN Gan, TANG Yi-wei

(Xinjiang Tianshan Uranium Co., Ltd., CNNC, Yining, Xinjiang 835000, China)

Abstract: The paper summarizes and analyzes the problems that the bag filter is easy to be penetrated in the neutral in-situ leaching mine in Xinjiang, the impurities enter the water metallurgy adsorption tower through the filter, which leads to a serious decline in the liquid passing capacity, and the sediment then returns to the well site through the injection hole of the injection hole through the water metallurgy plant. It is clear that the current bag filter can not be applied to the production and filtration requirements of the mine, and leads to the repeated accumulation and migration of the impurity sediment in the circulation system of the solution, which has a great impact on the well site and the water metallurgy plant. Therefore, the application research of the quartz sand filter is carried out, which makes the adsorption tower recover from 140 $m^3 \cdot h^{-1}$ to the normal design of 200 $m^3 \cdot h^{-1}$ liquid passing capacity, reduces the turbidity of the leaching liquid from 5.6~6.7 NTU to about 1 NTU, and reduces the frequency of bag filter replacement from 6 times/d to 1 time/d, which not only reduces the workload of the water metallurgy plant, but also restores its leaching liquid processing capacity.

Key words: Neutral in-situ leaching; Quartz sand filtration; Leaching capacity; Leaching solution

新疆某低渗透弱承压复杂砂岩铀矿中性浸出试验研究

任华平，张浩越，何慧民，王红义

（中核新疆矿业有限公司，新疆　乌鲁木齐　830000）

摘　要：新疆某砂岩铀矿矿体地质变化复杂，含矿含水层渗透性差（渗透系数仅为 0.045 m/d），地下水头高度低（水头高度仅为 68.71 m），是国内外极少有的复杂铀矿床。针对该矿体的低渗透弱承压问题，通过现场中性浸出试验研究，获得单孔最高抽液量 1.9 m^3/h，浸出液平均铀浓度 27.89 mg/L，单孔铀浓度最高为 74.75 mg/L，年浸出率 6.21% 的效果。

关键词：低渗透；弱承压；砂岩铀矿；中性浸出

含矿含水层的渗透性差异是影响砂岩铀矿地浸开采的主要制约因素，国内高品位、高渗透性砂岩铀矿床资源开采不断减少，但国家对铀产品的需求量却在不断增加，为保证铀产品的持续供给，低品位、低渗透性砂岩铀矿开采技术是目前国内亟须解决的问题。

新疆某砂岩铀矿床矿体平面分布零散，且矿体地质及水文地质条件复杂。为有效掌握该区域铀资源变化情况、开采工艺方法、浸出性能及经济性评价，通过研究该矿床铀矿物成分，进行室内浸出实验、现场水文条件试验及现场浸出试验，获得该矿体后期铀资源开采的溶浸工艺方法、参数。掌握低品位、低渗透性砂岩铀矿地浸开采的经济性工艺参数。

1　矿床特征

该矿床赋存于西山窑组第一岩性段上亚段（J_2x^{1-2}）砂体中。且由东向西，由南向北，含矿砂体埋深逐渐变深，总体呈蛇曲状、断续状分布（图 1），剖面上矿体主要呈板状、卷状（图 2）。矿体埋藏深度为 110.0～140.0 m，矿层厚度一般为 1.55～10.95 m，平均厚度为 3.37 m；品位 0.0174%～0.0825%，平均品位为 0.0345%；平米铀量为 1.14～10.62 kg/m^2，平均平米铀量为 2.25 kg/m^2。

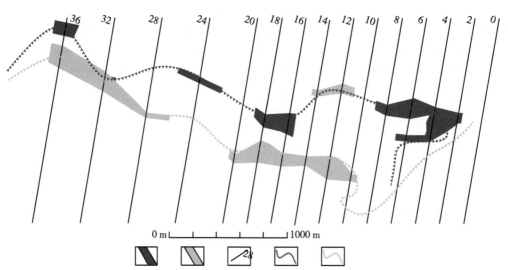

1—Ⅰ号矿体；2—Ⅱ号矿体；3—勘探线及编号；4—矿体及块段编号

图 1　新疆某砂岩铀矿床矿体平面投影

作者简介：任华平（1984—），男，甘肃环县人，大专，工程师，主要从事砂岩地浸采铀工作。

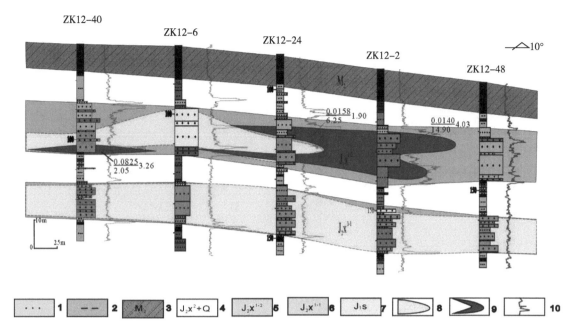

1—砂岩、砾岩；2—泥岩、粉砂岩；3—煤；4—中侏罗统第二岩性段和全新统；5—中侏罗统第一岩性段上亚段；
6—中侏罗统第一岩性段下亚段；7—下侏罗统三工河组；8—层间氧化带；9—铀矿体；10—γ测井曲线

图 2　新疆某砂岩铀矿床矿体剖面

该矿床矿体厚度与含矿含水层厚度比值大（约为 1/4），地下水中 ρ（HCO_3^-）高，有利于地浸开采。但存在含矿含水层地下水位埋深仅为 45.78 m，承压水头高度 72.22 m，且矿石渗透性差（渗透系数 0.045 m/d），矿层中含有不渗透钙质胶结层，属于弱承压、低渗透砂岩铀矿床；且地下水矿化度高，钙离子、镁离子及氯根离子浓度高（表 1），这些因素严重影响着地浸开采。

表 1　含矿含水层地下水化学成分

成分	pH	Eh/mV	HCO_3^-/(mg/L)	Cl^-/(mg/L)	SO_4^{2-}/(mg/L)	NO_3^-/(mg/L)	Al^{3+}/(mg/L)
含量	7.71	221	274.06	2564.01	2527.55	26.85	<0.05
成分	Ca^{2+}/(mg/L)	K^+/(mg/L)	Na^+/(mg/L)	Mg^{2+}/(mg/L)	U/(mg/L)	Fe^{2+}/(mg/L)	Fe^{3+}/(mg/L)
含量	606.26	22.95	1979.92	300.04	<0.05	<0.1	<0.1

2　室内实验

选取具有代表性的 4 个试验钻孔矿段岩心，共 47 个样品开展了室内工艺矿物学研究和室内浸出实验。

2.1　工艺矿物学研究

试验区域矿层岩性复杂，主要有砾岩、含砾砂岩、粗砂岩、中粗砂岩、中砂岩和细砂岩。以粗砂岩为主，砾岩含量为 1.3%，含砾粗砂含量约占 39.5%。值得注意的是，占比约 48.8% 的岩心样品钙质成分较高，在稀盐酸的作用下起泡剧烈（图 3）。含矿砂体中夹有少数透镜状产出的不透水岩层，主要由泥岩、泥质粉砂岩和粉砂岩组成。岩心在粒度结构上以砂级以上的含砾粗粒、中粒为主，少量为细粒。含矿砂体骨架颗粒主要由石英、岩屑和长石组成。填隙物多为泥质杂基和黏土矿物，局部可见方解石胶结物。

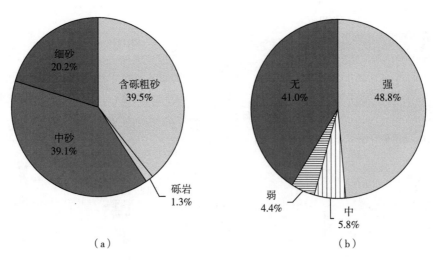

（a）   （b）

图3　岩心样品不同岩性及含钙质胶结情况统计

（a）粒度结构；（b）盐酸反应现象

试验岩心矿石中以独立铀矿物形式存在，主要为沥青铀矿和含钛铀矿物，石英和长石是主要造岩矿物，地层中的钙元素含量较高，主要以碳酸盐（方解石）的形式存在。混合矿样中 SiO_2 和 Al_2O_3 含量高，分别为 73.21% 和 11.74%，而 K_2O、Na_2O 含量低（表2），表明岩石中长石风化严重，黏土化明显。

表2　试验区域矿石主量元素含量分析结果统计表

矿物成分	SiO_2	Al_2O_3	K_2O	CaO	Na_2O	MgO	TiO_2	TFe_2O_3
含量	73.21%	11.74%	2.95%	2.21%	1.08%	0.85%	0.37%	2.47%
矿物成分	FeO	P_2O_5	SO_3	Cl	C	CO_2	LOI	
含量	1.68%	0.06%	0.36%	0.03%	0.41%	1.5%	3.97%	

2.2　室内浸出实验

（1）$CO_2 + O_2$ 搅拌浸出实验

试验在高压釜中进行，取矿样质量 $150\ g$，矿石品位为 $0.018\ 2\%$。试验采用该矿床含矿含水层地下水，化学成分如表4所示。浸出剂 $750\ mL$，液固比 $5:1$，通入 $CO_2:O_2 = 1:10$ 的混合气。为了进行对比，试验补加 NH_4HCO_3 配制 HCO_3^- 浓度分别为 $500\ mg/L$、$650\ mg/L$、$800\ mg/L$、$950\ mg/L$、$1100\ mg/L$ 的浸出剂，控制浸出剂 pH 值为 $6.2 \sim 6.8$。浸出 $48\ h$，分析铀及浸出率，研究利于铀浸出的 HCO_3^- 浓度、起始 pH 等条件，探索铀溶浸过程中的钙盐沉淀边界条件，确定矿石浸出特征。试验结果如图4所示。

从图4可以看出，浸出剂 HCO_3^- 浓度差异对铀浸出的影响更大。HCO_3^- 浓度增加可明显提高浸出液铀浓度。除初始 HCO_3^- 浓度为 0 的体系外，其他溶浸体系浸出液铀浓度为 $32.28\ mg/L$ 到 $40.87\ mg/L$ 之间，且初始 HCO_3^- 浓度为 $800 \sim 950\ mg/L$，可明显提高铀浓度，使其大于 $35\ mg/L$；当 HCO_3^- 浓度为 $1100\ mg/L$ 时，铀浓度没有增加的优势。另外，在相同 HCO_3^- 浓度条件下，浸出剂起始 pH 为 6.4 时，浸出液铀浓度总体偏高。为后续现场试验浸出剂 HCO_3^- 浓度的控制和 CO_2 的加入量提供了指导。

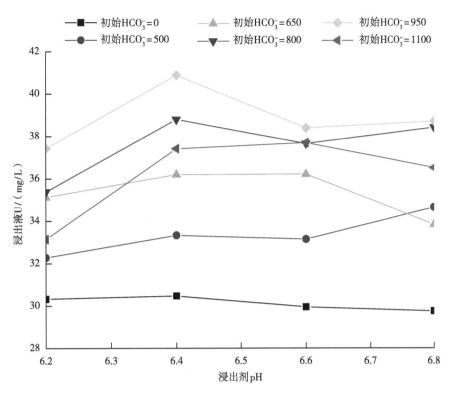

图 4　不同初始浓度 HCO_3^-、pH 搅拌浸出铀浓度变化

（2）铀浸出率

不同搅拌浸出条件下，溶浸 48 h 后抽滤收集矿渣，处理后送样检测渣样铀含量，结果如表 3 所示。

表 3　不同浸出剂 HCO_3^- 浓度浸出率统计

试验组起始条件	U/（$\mu g/g$）	U 浸出率
pH＝6.4，HCO_3^-＝500	93.80	69.90％
pH＝6.8，HCO_3^-＝500	82.10	73.70％
pH＝6.4，HCO_3^-＝650	73.90	76.30％
pH＝6.8，HCO_3^-＝650	73.50	76.40％
pH＝6.4，HCO_3^-＝800	76.60	75.40％
pH＝6.8，HCO_3^-＝800	72.30	76.80％
pH＝6.2，HCO_3^-＝950	71.50	77.10％
pH＝6.4，HCO_3^-＝950	68.50	78.00％
pH＝6.6，HCO_3^-＝950	68.00	78.20％
pH＝6.8，HCO_3^-＝950	71.90	77.00％
pH＝6.4，HCO_3^-＝1100	83.10	73.40％
pH＝6.8，HCO_3^-＝1100	74.90	76.00％

对矿渣铀含量进行分析，渣计铀浸出率为 69.90％～78.20％。浸出剂 pH 为 6.2～6.6，HCO_3^- 浓度为 950 mg/L 的溶浸体系具有一定铀浸出优势。初步认为"$CO_2＋O_2$"中性搅拌浸出实验中，浸出剂 pH 为 6.2～6.6，起始 HCO_3^- 浓度为 950 mg/L 有利于岩心矿石铀的浸出。

3 试验方案

3.1 试验浸出工艺的选择

为了研究该低渗透、弱承压复杂砂岩型铀矿床环保经济型的开采方法，选择结合室内实验结果，本次现场试验"CO_2+O_2"中性浸出工艺[1]，研究适合该铀矿床的最佳地浸开采工艺及浸出剂配制参数。

3.2 试验块段钻孔布置

基于该铀矿床地质和水文地质条件的分析，结合砂岩铀矿地浸采铀钻孔选点及布局原则，在12勘探线矿体块段，选取具有一定代表性的勘探孔附近，布置施工"4抽9注"13个条件试验钻孔。结合矿体平面分布特征及增加浸出剂径流矿石的覆盖率并降低钻孔成本，试验钻孔采用"五点型"布置（图5），抽注井间距为30 m。由于该区域矿体变化复杂，为确保试验抽注单元钻孔过滤器均在同一主矿层位置，且实现抽注钻孔功能在试验期间可进行调整，试验钻孔施工工艺采用"开窗式内置过滤器"结构，所有钻孔施工结束后，根据揭露矿层剖面确定试验钻孔过滤器的安装位置。

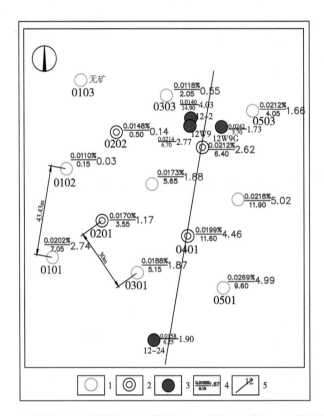

1—注液钻孔；2—抽液钻孔；3—勘探孔；4—钻孔见矿参数；5—勘探线

图5 试验区域钻孔平面布置

3.3 试验钻孔见矿情况

根据试验钻孔揭露的矿化情况可知，矿层厚度0~12.55 m，平均为7.29 m，变异系数为76.13%；品位0~0.0215%，平均为0.0210%，变异系数为37.11%；平米铀量0~5.22 kg/m²，平均为2.96 kg/m²，变异系数为84.20%。试验钻孔见矿情况与地质部门提供勘探孔见矿情况基本一致，估算控制资源量23.3 t。含矿层岩心为灰色粗、中、细砂岩及砂砾岩，局部含有断续透镜状钙质胶结层（表4）。

表4 试验区施工钻孔见矿统计

序号	孔号	钻孔类型	含矿层厚度/m	平均品位	平均平米铀含量/（kg/m²）
1	0402	抽液钻孔	6.40	0.0212%	2.62
2	0303	注液钻孔	2.05	0.0127%	0.50
3	0302	注液钻孔	5.65	0.0173%	1.88
4	0501	注液钻孔	9.60	0.0269%	4.99
5	0502	注液钻孔	12.55	0.0215%	5.22
6	0503	注液钻孔	4.05	0.0212%	1.66
7	0401	抽液钻孔	11.60	0.0199%	4.46
8	0103	注液钻孔	0.00	0.0000%	0.00
9	0202	抽液钻孔	0.50	0.0148%	0.14
10	0102	注液钻孔	0.15	0.0110%	0.03
11	0201	抽液钻孔	3.55	0.0170%	1.17
12	0101	注液钻孔	7.05	0.0202%	2.74
13	0301	注液钻孔	5.15	0.0188%	1.87
平均			5.25	0.0171%	2.10
变异系数			76.13%	37.11%	84.2%
面积/m²			7883		
储量/t			23.3		

4 现场浸出试验

4.1 加氧抽注循环

根据室内对试验区域铀矿物分析，铀主要分布在粒径小于 0.25 mm 的细砂中，达到 415 μg/g。混合样品中 U（Ⅵ）占比约为 70.8%。于 2021 年 10 月 31 日开始加氧抽注循环浸出现场试验，试验运行 4 个抽液钻孔，9 个注液钻孔。氧气加入方式采用在浸出剂总管微米孔曝气加氧，根据钻孔深度采用以下公式计算理论可最大溶解氧 215.50 mg/L。

$$Q = \frac{192H}{33.5 + T}(1.073 - 0.071 \lg H)^{[2]}。 \tag{1}$$

式中，H 为绝对水柱，m；T 为温度，℃；Q 为氧气溶解量，mg/L。

由于该试验区域矿层渗透性差，试验初期单孔平均抽液量为 1.0 m³/h，单孔平均注液量为 0.5 m³/h。由于注液钻孔水量较小，浸出剂氧气加入量过高时，氧气与浸出剂溶解不充分，出现气水分流，容易造成在浸出剂下的注液管和钻孔出现气堵现象。试验期间加入的氧气浓度为 80～100 mg/L，试验浸出数据如表5所示。

表5 加氧抽注循环浸出液各项离子浓度含量统计

序号	孔号	运行天数	U/（mg/L）	HCO₃⁻/（mg/L）	Ca²⁺/（mg/L）	SO₄²⁻/（g/L）	∑Fe/（mg/L）	pH	余氧量/（mg/L）
1	0201	24	1.22	288.60	745.20	3.14	0.62	6.64	2.98
2	0202	31	1.53	288.60	738.30	3.10	0.33	6.56	5.46
3	0401	31	1.22	288.60	703.80	3.08	0.05	6.50	4.43

序号	孔号	运行天数	U/(mg/L)	HCO_3^-/(mg/L)	Ca^{2+}/(mg/L)	SO_4^{2-}/(g/L)	ΣFe/(mg/L)	pH	余氧量/(mg/L)
4	0402	40	1.22	288.60	745.20	3.14	0.28	6.64	2.98
平均		32	1.30	288.60	733.13	3.12	0.32	6.59	3.96

从表6看出，试验加氧抽注循环24～40 d时，浸出液各项离子发生变化，铀浓度从本底0.61 mg/L上升至平均1.30 mg/L，SO_4^{2-}浓度从本底平均2.76 g/L上升至3.12 g/L，说明浸出剂中加入的氧气已氧化了矿层中的黄铁矿[3]。

4.2 "CO_2+O_2"浸出试验

结合室内试验，在"CO_2+O_2"浸出试验控制浸出剂HCO_3^-浓度为0，溶入CO_2控制pH为6.4时，浸出液铀浓度高达32.28 mg/L。12月30日浸出剂补加CO_2气体，控制浸出剂pH值为6.4～6.6，开展"CO_2+O_2"现场浸出试验，CO_2加入方式为与氧气加入一样，采用微孔曝气在浸出剂总管加入，试验浸出结果如表6所示。

表6 "CO_2+O_2"浸出试验中浸出液的各项离子浓度含量统计表

序号	孔号	U/(mg/L)	HCO_3^-/(mg/L)	Ca^{2+}/(mg/L)	pH	余氧量/(mg/L)
1	0201	2.14	288.60	723.32	6.99	6.89
2	0202	1.22	280.60	703.04	6.95	5.85
3	0401	1.53	268.60	703.04	6.98	6.37
4	0402	0.90	268.40	724.50	7.01	5.46
平均		1.45	276.55	713.48	6.98	6.14

从表6看出，"CO_2+O_2"浸出试验运行60 d时，浸出铀浓度平均为1.45 mg/L，基本未出现明显上升，HCO_3^-浓度仍处于本底值，浸出液各项离子浓度未出现明显变化。

4.3 "$CO_2+O_2+NH_4HCO_3$"浸出试验

在前期"CO_2+O_2"浸出效果不明显时，结合室内"$CO_2+O_2+NH_4HCO_3$"搅拌实验和HCO_3^-柱浸实验结果。试验开始于2022年2月7日，经吸附后尾液补加NH_4HCO_3溶液，控制浸出剂中HCO_3^-浓度为560～580 mg/L，氧气加入浓度为80～100 mg/L，CO_2控制浸出剂pH值为6.6～6.8。试验结果如表7、图6所示。

表7 "$CO_2+O_2+NH_4HCO_3$"浸出试验中浸出液的各项离子浓度含量统计表

孔号	水量/(m^3/h)	U/(mg/L)	HCO_3^-/(mg/L)	pH	余氧量/(mg/L)
0201	0.8	74.75	681.72	6.94	6.90
0401	1.5	12.81	597.84	6.97	6.82
0402	1.5	20.26	546.96	6.85	5.70
0202	1.7	3.06	406.64	7.14	3.20
平均	1.5	22.63	577.83	6.89	5.92

注：0202试验单元未见矿化，浸出液铀浓度低。

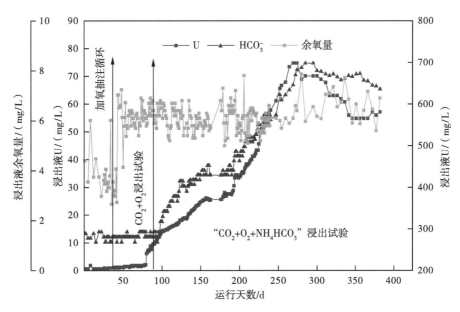

图6 试验钻孔浸出液铀浓度与 HCO_3^- 及余氧量变化曲线

在试验运行 20～60 d 时，浸出液铀浓度随 HCO_3^- 浓度的上升而上升，单孔浸出液铀浓度峰值为 74.75 mg/L，HCO_3^- 浓度为 681.72 mg/L。平均浸出液铀浓度为 22.63 mg/L，HCO_3^- 浓度为 577.83 mg/L，单孔平均抽液量为 1.9 m^3/h（表8）。

表8 试验钻孔功能及布局调整后现场运行情况统计表

孔号	水量/（m^3/h）	U/（mg/L）	HCO_3^-（mg/L）	pH	余氧量/（mg/L）
0402	1.8	20.38	559.68	6.85	5.7
0302	2.1	59.03	669.76	6.75	6.5
0501	1.9	14.13	574.08	6.68	6.4
平均	1.9	33.38	562.12	6.76	6.2

从表8看出，通过钻孔布局及功能调整，浸出液铀浓度均有所上升，单孔浸出液铀浓度为 14.13～59.03 mg/L，平均为 33.38 mg/L。

4.4 低渗透、弱承压钻孔提升抽注液量举措

为提升低渗透、弱承压钻孔抽注液量，先后开展了提高浸出剂下注压力、气活塞化学洗井[4]、盐酸浸泡、盐酸浸泡空压机间歇洗井研究。气活塞化学洗井对提高钻孔水量效果明显，单孔平均抽液量由 1.5 m^3/h 上升至 1.9 m^3/h。抽液量提升 26.67%，效果明显，稳定运行维持 80 d 左右，维持时间较长，为该砂岩铀矿床开采过程提供了洗孔方式（图7）。

5 结论及建议

（1）通过试验钻孔揭露矿层可知，试验钻孔见矿情况较好，与地质部门提交的见矿情况相当。但也存在部分区域见矿变化较大，建议进一步对该区域资源进行勘探，落实资源，确保后续采区开拓资源保障。

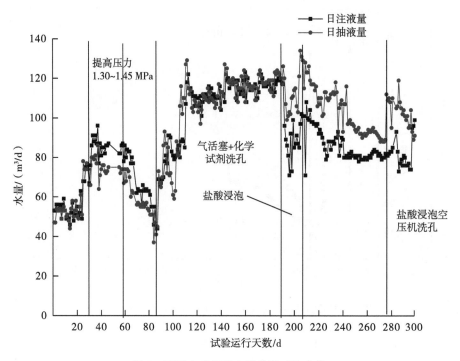

图7　不同方式提升水量前后对比曲线

　　（2）"CO_2+O_2"中性室内搅拌浸出实验结果表明，该砂岩铀矿床浸出效果较好，且实验前期浸出液浓度的变化与HCO_3^-浓度密切相关。浸出剂pH为6.2～6.6，HCO_3^-浓度为950 mg/L的溶浸体系具有一定铀浸出优势，有利于岩心矿石铀的浸出，为现场浸出试验及下一步扩大试验提供工艺参数控制具有一定的指导意义。

　　（3）现场浸出试验获得平均铀浓度27.89 mg/L，可通过气活塞化学洗井方法提升抽液量至1.9 m^3/h，提升效果明显，研究结果为该砂岩铀矿床资源开采提供了有效的洗井方法。

参考文献：

［1］　王海峰，叶善东．原地浸出采铀工程技术［M］．北京：中国原子能出版传媒有限公司，2011.
［2］　张青林，张勇，费子琼．新疆某铀矿床CO_2+O_2中性浸出试验研究［J］．中国矿业，2012（S1）：435－438.
［3］　杜志明，牛学军，苏学斌，等．内蒙古某铀矿床CO_2+O_2地浸采铀工业性试验［J］．铀矿冶，2013，32（1）：1－4.
［4］　李建东，原渊，利广杰，等．空化射流洗井方法在地浸采铀中的应用［J］．铀矿冶，2012，31（2）：70－73.

Experimental study on neutral leaching of a low permeability weak pressure complex sandstone uranium ore in Xinjiang

REN Hua-ping, ZHANG Hao-yue, HE Hui-min, WANG Hong-yi

(CNNC Xinjiang Mining Co. , Ltd. , Wulumuqi, Xinjiang 830000, China)

Abstract: In response to the complex geological changes of a sandstone uranium deposit in Xinjiang, the permeability of the aquifer is poor (with a permeability coefficient of only 0.045 m/d), and the height of the groundwater head is low (with a water head height of only 68.71 m) . It is one of the few complex uranium deposits in China and abroad. In response to the low permeability and Weak pressure problem of the ore body. Through neutral leaching experiments, the highest single hole extraction volume is 1.9 m³/h, the average uranium concentration in the pregnant solution is 27.89 mg/L, the highest single hole is 74.75 mg/L, and the annual leaching rate is 6.21%.

Key words: Low permeability; Weak pressure bearing; Sandstone uranium deposit; Neutral leaching

铀尾渣中 U（Ⅵ）的释放规律及其防控策略

安毅夫[1]，孙　娟[1]，高　扬[1]，武旭阳[1]，连国玺[2]，张昊岩[1]

（1. 中核第四研究设计工程有限公司，河北　石家庄　050021；2. 生态环境部核与辐射安全中心，北京　100082）

摘　要：铀尾渣在长期自然淋滤作用下，存在含 U（Ⅵ）渗水的持续溶出问题。本研究结合室内浸出实验和场地钻孔研究，利用 BCR、XRD 和高通量测序等技术，分析了铀尾渣中 U（Ⅵ）的释放规律和防控策略。结果说明，铀尾渣在长期去离子水侵蚀中 pH 值降低了 0.31，在弱作用下，铀尾渣表层仍存在二水石膏（$CaSO_4 \cdot 2H_2O$）等次生矿物溶解，造成 5.17% 酸可溶解态 U（Ⅵ）的释放，并且在场地弱酸性降雨等环境长期影响后，不同深度铀尾渣中 U 等多个放射性核素均与 pH 值具有显著相关性（$P < 0.05$），同时也造成了铀尾渣微生物网络的生态抗逆性下降。基于铀尾渣不稳定结构和外部生态风险上，从强化稳定性、削减交换性和恢复生态力上提出了防控策略，为铀尾渣库渗水污染物治理提供理论支持。

关键词：铀尾渣；赋存形态；物相结构；微生物群落；原位修复

铀尾渣是一种硬岩铀矿酸浸后产生的天然放射性废物，普遍采用露天堆置，并且利用石灰中和控制污染物释放。然而，尾渣渗水的长期监测过程中发现渗水的二次酸化和 U（Ⅵ）等污染物仍存在超标问题，随着待退役治理铀矿山数量增加和环保要求提升，识别铀尾渣中污染物的释放规律和提出新型防控策略亟待解决。

铀尾渣粒径分布不均，以大颗粒硅酸盐类矿物为主体结构，孔隙度大且保水能力弱，易形成丰富的水力通路。降雨是普遍认为的铀尾渣中渗水来源之一，尤其酸性降雨频发，加剧了我国南方地区铀尾渣渗水地治理难度。研究发现，经冲刷、侵蚀和搬运，特征污染物 U（Ⅵ）的可迁移性增加[1]，需要长时间进行渗水水质监测和处理，加重了退役治理设施的运营成本。

石灰中和法虽然是目前工业化处理废渣中最有效的处理工艺，具备反应快、处理效率高、操作简便等优点，普遍应用于传统金属矿山和硬岩铀矿山等[2-4]，但是，近年来多位学者也对石灰中和法的限制因素进行了分析，比如在复杂水—岩体系中不同 pH 值条件下 U 的赋存形态呈现多样化分布[5]，难以控制；而且，石灰中主要利用 OH^- 中和余酸后与铀矿石表面矿物元素结合，提供包裹覆盖作用，但是 U（Ⅵ）的可迁移活性依旧存在[6]，若石灰中和产物的包裹体被剥离，内容物在酸性降雨携带的大量 H^+ 的长期渗入下，生态多样性更加脆弱，难以实现污染物的天然净化。

因此，本研究通过浸出实验和铀尾渣库现场钻孔工程，从铀尾渣中 U（Ⅵ）的释放行为和物相变化等多方面，结合铀尾渣污染物分布特征和生态网络现状，揭示铀尾渣 U（Ⅵ）溶出机制和环境作用过程，并提出防控策略，为实现后续铀尾渣库退役治理提供解决途径。

1　材料与方法

1.1　样品来源

本研究区位于中国南方某典型硬岩铀矿铀尾渣库，该库始建于 2004 年，所属地区为亚热带湿润气候，多年平均降雨量为 1500～2200 mm，降雨主要集中在每年的春季和夏季。采样时，在铀尾渣库

作者简介：安毅夫（1992—），男，硕士，工程师，现主要从事辐射防护与环境保护等科研工作。

基金项目：河北省省级科技计划资助（No.20374205D）；国防科工局核设施退役及放射性废物治理科研项目（科工二司〔2018〕1251 号）。

滩面采用"5 m×5 m"的网格化布点，共设置 25 个点位，样品取自距尾渣库上表面深度 60～80 cm 的尾渣样品，弃去表层枯枝、碎叶和大颗粒岩石后，每个点位采集 5 kg。最终，将所有铀尾渣样品混合均匀，其主要理化特征如表 1 所示。为保证样品内部的微生物活性，收集的样品于 4℃冷藏保存。

表 1　浸出实验中铀尾渣的主要理化特性

元素	U	Fe	Mn	Ca	SO_4^{2-}	NO_3^-	pH	有机质
含量	0.051%	1.59%	0.044%	2.83%	3.78%	5.24%	7.06	0.33%

1.2　室内释放行为实验

静态浸出实验主要用以研究铀尾渣在水-岩反应过程中侵蚀、溶解和迁移行为，本研究以去离子水（pH 值为 7.06，电导率为 0.03 μs/cm）为浸出剂，将 100 g 铀尾渣和 1000 mL 去离子水置入 1000 mL 三角瓶，实验条件：常温，180 rpm 回旋震荡（ZWYR-2102，上海智诚）1 h，确保样品混合均匀后，置于 25 ℃室温环境中静置，实验设置 3 个平行组，主要监测渗水 pH 值、Eh 值和 U 浓度，以及铀尾渣 XRD 和 U 的赋存形态，测试后样品取平均值进行分析。取样时，渗水样品通过 0.22 μmPES 滤膜进行过滤，固体样品 50 ℃低温烘干后进行测试。

1.3　环境溶浸作用研究

本研究采用垂直钻孔的方式开展铀尾渣库现场取样工作，在尾渣库滩面均匀布设 5 个取样点，以逆时针进行编号，ZK1、ZK2、ZK3、ZK4、ZK5，其中钻孔布设基本按照图 1 所示，每个钻孔每 5 m 取一次样品，至尾渣库底部，本次钻孔深度为 0～19.6 m，钻孔岩芯取出后封存，在实验室中测试铀尾渣样品的主要含量和微生物结构功能特征，将同一深度的数据取平均值后进行对比分析，基于前期铀尾渣库微生物群落分析数据[7]，本文进一步分了 OTU 水平的微生物生态互作网络，用以从生物互作角度评价铀尾渣影响下的生态现状。

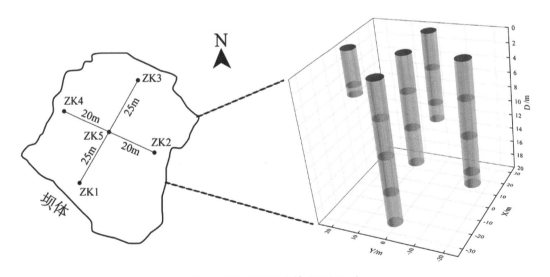

图 1　铀尾渣库垂直钻孔采样示意

1.4　测试与分析

本研究中的 pH 值和 Eh 值采用多参数水质仪（AT400，In-situ）测定，SO_4^{2-} 和 NO_3^- 采用离子色谱（ICS-2000，Dionex）测定，U 的分析主要通过 ICP-MS（NexlON350X，Perkinelme）测定。

对于固相成分 Fe、Mn 等金属元素含量均采用盐酸-硝酸-氢氟酸的复合强酸消解方法测定消解液中的元素含量，^{226}Ra、^{210}Po、^{210}Pb 采用高纯锗 γ 能谱仪（GCW 3523，Canberra）测定放射性活度，U 的赋存形态主要通过修正后的 BCR 连续提取法[8]开展测试分析。固相颗粒的 XRD 物相表征通过 X 射线衍射仪 XRD（Ultima IV，Rigaku）开展分析测试。

统计分析由 Excel 2013、Origin 2019 和 SPSS 22.0 软件完成，微生物群落网络通过 16s rRNA 测序结果以 Gephi 10.0 软件计算并实现图片绘制。

2 结果与讨论

2.1 铀尾渣水溶液体系的浸出行为特征

如图 2a 所示，在渣水体系接触反应过程中，使铀尾渣溶液 pH 值从中性 7.06 到酸性 6.75，降低了 0.31。同时，残留的氧化剂伴随矿物溶解释放的活泼金属离子渗出，从而使渗水氧化电位也由 213 mV 上升至 258 mV。在酸性氧化性环境的促进下，溶浸液中 U（Ⅵ）不断溶出，在第 50 天达到基本稳定，值得注意的是，仅在去离子水作用下 U（Ⅵ）浸出量便超过 0.3 mg/L 的排放标准，朱莉等[9]和 Wang 等[10]的研究表明发生酸性、氧化性较强的强浸提作用时，U（Ⅵ）的浸出量会更加显著。

本研究的铀尾渣原样中 U 的赋存形态分布表现为残渣态（42.67%）＞酸可提取态（29.98%）＞可还原态（21.83%）＞可氧化态（5.52%）。在 90 d 水溶作用下，除稳定的残渣态 U 占比逐渐增加外，其余赋存形态含量基本呈现下降趋势，尤其经 90 d 浸出，酸可提取态 U 占比降低了 5.17%，如图 2b 所示，而铀尾渣中的 U 释放总量却逐渐增加。Oliver 等[11]报道了不同赋存形态的 U，尤其是酸可提取态物质在酸性或弱酸性环境下极易表现出不稳定性，易形成 U（Ⅵ）等污染物的持续溶出，本研究表明即使在极弱的溶浸环境下，通过长时间、持续接触的水—岩反应仍会导致铀尾渣中 H^+ 和氧化物的协同浸出。

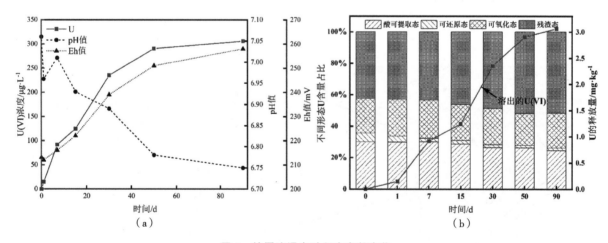

图 2 铀尾渣浸出过程中参数变化

(a) pH 值、Eh 值和 U（Ⅵ）浓度；(b) U 赋存形态

铀尾渣的溶出过程不仅包含 U（Ⅵ）等污染物，也包含了原生矿物的溶解。铀尾渣 XRD 物相结构的长期观测（图 3）显示，石灰中和后的铀尾渣中二水石膏（$CaSO_4 \cdot 2H_2O$）为主要物相成分，在经过水—岩的长期接触反应后，二水石膏峰强逐渐减弱，说明伴随铀尾渣表层石灰中和产物的溶解，造成了无机盐 SO_4^{2-} 等大量溶出，最终达到铀尾渣和渗水平衡，这不仅与本课题组前期通过模拟雨水浸出的研究预结果一致[7]，更与李殿馨[12]结论基本相同。

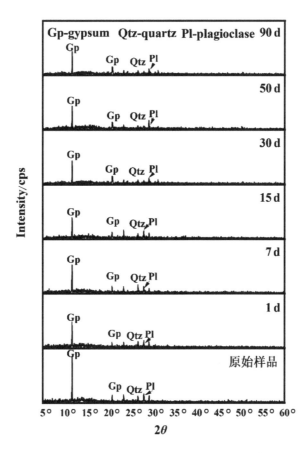

图 3 铀尾渣自然浸出过程中 XRD 物相结构变化

2.2 自然环境下铀尾渣的溶浸作用特征

对比封闭的实验室研究，自然环境中铀尾渣的浸出过程可能受到更多因素的影响，本研究通过深层钻孔对铀尾渣库内 0～19.6 m 的铀尾渣样品进行取样分析，如图 4 所示，铀尾渣库呈现随深度增加 pH 降低趋势，而且 U、^{226}Ra、^{210}Po 和 ^{210}Pb 多项放射性核素与 pH 值呈现显著相关性（相关系数 $r >$ 0.80，$P < 0.05$），表明酸性环境中铀尾渣的放射性核素释放更快，存量更少，与王文凤[13]等研究结果一致。表层铀尾渣的 pH 值高出底层 pH 值 2.22，而在底层酸性环境中，单位质量的铀尾渣中 U 含量较表层明显下降，下降幅度超过 76.70%，而且其余放射性核素也表现出现一定的相同规律，这说明表层新投加的石灰中和起到了一定的固化污染物作用，而在长达 15a 的自然作用过程中，受到长期弱酸性降雨（pH 值 5.8～6.4）等环境因素的综合影响，石灰中和呈现非稳定化趋势，从表观上反映为铀尾渣渗水的返酸和 U（Ⅵ）等污染物的流出。

微生物网络的稳定与微生物群落的可持续发展密切相关。本研究基于 Fruchterman Reingold 布局开展了铀尾渣库中不同深度铀尾渣微生物网络分析，从图 5 可以看出，微生物网络由表层到深度呈现复杂性递减的规律，特别是在 5 m 和 10 m 处，微生物节点的重要度（degree）和相关边的数量显著性下降，这些指标直观体现了微生物多样性的脆弱。对于反映微生物网络稳定性的重要指标图密度指标，5 m 处和 10 m 处为 0.047 和 0.034，仅为表层图密度的 65.28% 和 47.22%。而 15 m 和底层铀尾渣的自然淋滤时间较长，污染物的残留量相对较少，且细颗粒黏土成分占比上升，更利于微生物定殖，这可能是微生物网络相对丰富的原因。这说明在多年自然淋滤和石灰修复过程中，污染物被 5～10 m 处的铀尾渣截留，影响了该深度下的微生物网络的多样性和可持续发展性，被环境抑制的还原固化微生物种群和生物活性无法提供维持原本的生态抗逆性，这涉及了铀尾渣的长期稳定性。

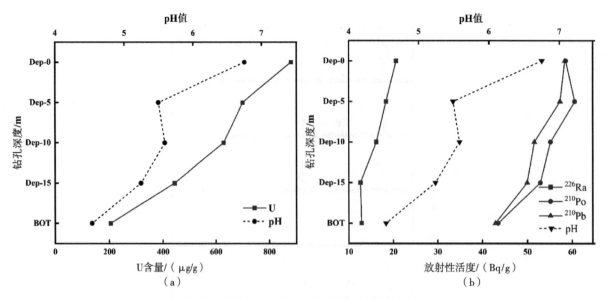

图 4 铀尾渣库中 pH 与 U、²²⁶Ra、²¹⁰Po 和 ²¹⁰Pb 放射性核素的垂向分布

(a) pH 值与 U；(b) pH 值与其余放射性核素

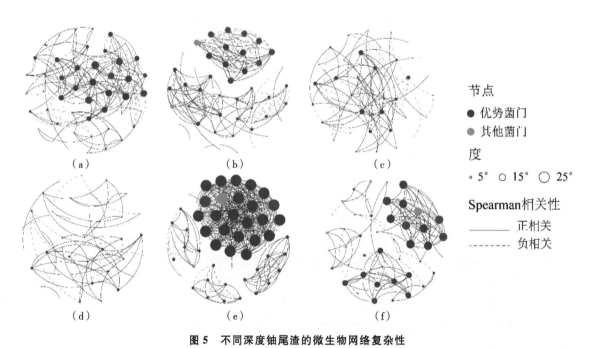

图 5 不同深度铀尾渣的微生物网络复杂性

(a) 外界土壤；(b) 表层；(c) 深度为 5 m；(d) 深度为 10 m；(e) 深度为 15 m；(f) 底层

2.3 铀尾渣渗水污染物源头控制策略展望

（1）强化铀尾渣的天然结构稳定性强度

本研究证实了石灰中和产物二水石膏（$CaSO_4 \cdot 2H_2O$）在长期水-岩反应过程中的内部结构不稳定性，尤其在酸性降雨频发的中国南方，即使开展石灰中和后，天然堆置的铀尾渣仍应重点关注该问题。由于中和产物的溶解是导致酸性物质释放和污染物流出的主要因素之一，Moore 等[14]发现通过复配羟基磷灰石等含磷材料能够进一步缩短中和周期，并且能够将中和效果延长，在短期解决 U（VI）等污染物溶出问题的同时加强中和作用的长期有效性。

（2）构建铀尾渣对外界降雨的阻滞屏障

多频次的弱酸性降雨不仅加剧了铀尾渣酸化的可能性，而且淋滤侵蚀作用更加大了污染物流出的环境风险。本研究中颗粒直径大于 5 mm 的铀尾渣占比超过 40%，铀尾渣间隙的过水通道丰富，铀尾渣阻滞渗水效能较差，而外部施加覆盖材料目前是被公认的最有效率阻滞渗水的途径，多位学者研究表明通过投加红土、黏土矿物和生物质材料等生态修复功能材料能够显著降低铀尾渣的渗透系数，并且为构建隔氧的微生物厌氧还原修复环境提供支撑，以有效降低降雨对铀尾渣中污染物的环境交换强度[15-16]。

（3）恢复铀尾渣的微生物天然自净作用

微生物在自然环境中常常扮演分解者的角色，通过生物代谢作用实现环境污染物的生态平衡，控制环境自净容量。然而，本研究中发现在铀尾渣库中微生物群落的多样性和互作网络处于相对低值，生态抗逆性被显著抑制，需要采用生物刺激、投加功能微生物和微生物-植物联合的方式[17]增加环境自净容量，美国橡树岭能源基地通过原位生物刺激方式[18]，达到了场地-地下水的协同污染治理的半工业化示范，通过生物地球化学的复合作用，能够经济有效地将酸性物质和 U（Ⅵ）长期稳定性转化，达到铀尾渣库长期安全可控的最终目标（图6）。

图6　铀尾渣渗水污染物源头控制策略展望

3　结论

（1）铀尾渣在水-岩长期接触作用下，90 d 溶解后酸性和氧化性出现上升趋势，特别是 pH 值降低了 0.31，中和后的铀尾渣会出现表层溶解现象，伴随二水石膏等石灰中和产物的溶解，铀尾渣中残余的 H^+ 和易迁移的酸可提取态 U 出现二次溶出。

（2）铀尾渣库不同深度的铀尾渣中 U 等多个放射性核素与 pH 值表现出显著相关性（$P<0.05$），说明铀尾渣返酸促进了矿物侵蚀和核素释放，并且在自然淋滤过程中微生物网络的多样性和可持续发展性被显著抑制，这不仅增加了铀尾渣中 U（Ⅵ）的释放潜力，而且通过间隙水的搬运迁移，铀尾渣溶出的酸性氧化性物质抑制了微生物的生态抗逆性，加剧了铀尾渣污染物溶出的风险。

（3）针对铀尾渣 U（Ⅵ）溶出问题，从内控外防的角度，从短期稳定性、长期稳定性和修复可行性上，提供了强化铀尾渣石灰中和性能，构建铀尾渣渗水的覆盖阻滞屏障，恢复微生物自净活性的多种污染物源头控制策略，为铀尾渣库的长期安全稳定化治理提供有力的理论基础。

参考文献：

[1] YIN M，D C W TSANG，J SUN，et al. Critical insight and indication on particle size effects towards uranium release from uranium mill tailings：Geochemical and mineralogical aspects [J]. Chemosphere，2020（250）：126315.

[2] LEE E H，LEE K Y，CHANG D Y，et al. Removal of uranium from u-bearing lime-precipitate using dissolution and precipitation methods [J]. Journal of the nuclear fuel cycle and waste technology，2012，10（2）：77 – 85.

[3] WANG G H，UM W Y，CANTRELL K J，et al. Effects of hydrated lime on radionuclides stabilization of hanford tank residual waste [J]. Chemosphere，2017，185（10）：171 – 177.

[4] GRAY C W DUNHAM S J，DENNIS P G，et al. Field evaluation of in situ remediation of a heavy metal contaminated soil using lime and red – mud [J]. Environmental pollution，2006，142（3）：530 – 539.

[5] 蒋美玲，康明亮，刘春立，等. 铀在北山地下水中的态分布及溶解度分析 [C] //第十一届全国核化学与放射化学学术讨论会论文摘要集. 北京：中国核学会，2012.

[6] MIBUS J SACHS S，PFINGSTEN W，et al. Migration of uranium（Ⅳ）/（Ⅵ）in the presence of humic acids in quartz sand：A laboratory column study [J]. Journal of contaminant hydrology，2007，89（3/4）：199 – 217.

[7] 安毅夫，孙娟，高扬，等. 长期放射性环境下微生物群落多样性变化 [J]. 中国环境科学，2021，41（2）：923 – 929.

[8] BIELICKAG A，et al. Distribution, bioavailability and fractionation of metallic elements in allotment garden soils using the BCR sequential extraction procedure [J]. Polish journal of environmental studies，2013，22（4）：1013 – 1021.

[9] 朱莉，王津，刘娟，等. 铀尾矿中铀、钍及部分金属的模拟淋浸实验初探 [J]. 环境化学，2013，32（4）：678 – 685.

[10] WANG J，LIU J，ZHU L，et al. Uranium and thorium leached from uranium mill tailing of guangdong province，China and its implication for radiological risk [J]. Radiation protection dosimetry，2012，152（1/3）：215 – 219.

[11] OLIVER I W，GRAHAM M C，MACKENZIE A B，et al. Distribution and partitioning of depleted uranium（DU）in soils at weapons test ranges – Investigations combining the BCR extraction scheme and isotopic analysis [J]. Chemosphere：Enviromental toxicology and risk assessment，2008，72（6）：932 – 939.

[12] 李殿鑫. 土著功能微生物群落还原某铀尾矿库地下水中 U（Ⅵ）的实验研究 [D]. 衡阳：南华大学，2018.

[13] 王文凤，陈功新，曾文滇，等. 不同酸度降雨对某铀矿废石中铀钍核素释放迁移的影响 [J]. 有色金属（冶炼部分），2019，10：46 – 66.

[14] MOORE R，SZECSODY J，RIGALI M，et al. Assessment of a hydroxyapatite permeable reactive barrier to remediate uranium at the old rifle Site，Colorado – 16193 [C] //Valencia：Waste Manangement，2016.

[15] 李扬，李锋民，张修稳，等. 生物炭覆盖对底泥污染物释放的影响 [J]. 环境科学，2013，34（8）：3071 – 3078.

[16] 李雪菱，张雯，李知可，等. 红壤原位覆盖对河流底泥氮污染物释放的抑制研究 [J]. 环境污染与防治，2018，40（1）：28 – 32.

[17] 李韵诗，冯冲凌，吴晓芙，等. 重金属污染土壤植物修复中的微生物功能研究进展 [J]. 生态学报，2015，35（20）：6881 – 6890.

[18] 吴唯民，CAHEY J，WATSON D，等. 地下水铀污染的原位微生物还原与固定：在美国能源部田纳西橡树岭放射物污染现场的试验 [J]. 环境科学学报，2011，31（3）：449 – 459.

Release patterns and prevention and control strategies of U（Ⅵ）in uranium tailings

AN Yi-fu[1], SUN Juan[1], GAO Yang[1], WU Xu-yang[1],
LIAN Guo-xi[2], ZHANG Hao-yan[1]

（1. The Fourth Research and Design Engineering Institute of China National Nuclear
Corporation, Shijiazhuang, Hebei 050021, China; 2. Nuclear and Radiation Safety
Center of the Ministry of Eclogy and Environment, Beijing 100082, China）

Abstract： The continuous leaching of uranium tailings under long-term natural leaching has attracted widespread attention due to the presence of U（Ⅵ）water seepage. This study combined indoor leaching experiments with field driling research, In the leaching experiments and field studies, BCR, XRD, and high-throughput sequencing were used to analyze the release patterns and prevention strategies of U（Ⅵ）in uranium tailings. The results showed that the pH value of uranium tailings decreased by 0.31 during 90 d deionized water erosion. Under the weak action, secondary minerals on the uranium tailings' surface such as gypsum dihydrate（$CaSO_4 \cdot 2H_2O$）still dissolved and released 5.17% acid soluble U（Ⅵ）. Moreover, after long-term effects such as weak acidic rainfall on the site, U and multiple radioactive nuclides in uranium tailings at different depths were significantly correlated with pH values（$P < 0.05$）, simultaneously, the ecological stress resistance of uranium tailings microbial network was also reduced. Based on the unstable structure of uranium tailings and external ecological risks, the perspectives of strengthening stability, reducing exchangeability, and restoring ecological strength were proposed to provide theoretical support for the treatment of water seepage environment in uranium tailings reservoirs.

Key words： Uranium mining tailings; Chemical fraction; Phase structure; Microbial community; In-situ remediation

某酸法地浸铀矿床待退役终采区残余铀资源刻画研究

许　影，成　弘，丁　叶，江国平，赵利信，程　威

（核工业北京化工冶金研究院，北京　101149）

摘　要：某酸法地浸铀矿床运行 20 多年后，终采区存在着浸出铀浓度低、资源回收率低、运行成本高等问题，若直接退役，将造成资源浪费。为提高铀资源回收率，实现资源最大化回收，开展待退役终采区残余铀资源刻画研究。以该矿床待退役终采区为研究对象，通过收集该采区各生产孔的运行数据，制作生产孔的累计运行时间、终止运行时浸出液铀浓度、运行周期内浸出液平均铀浓度等参数在该矿床目标采区内的等值线分布图，并结合测井数据，对目标采区残余铀分布有规律性的认识。初步强化浸出试验表明，目标采区的残余铀资源存在二次开发的潜力，在技术上可行，可进一步强化开采。研究成果对采区及其他地浸矿山待退役采区的二次开发，有重要的指导意义。

关键词：地浸采铀；终采区；残余铀；二次开发

在我国实现"双碳"目标的新发展格局下，如何提升铀资源保障能力，是发展核电值得重视的问题[1-4]。原地采铀技术（简称地浸采铀）[5-9]是一种在天然埋藏条件下，通过溶浸液与矿物的化学反应选择性地溶解矿石中的铀，而不使矿石产生位移的集采、冶于一体的新型铀矿开采方法。酸法原地浸出[10-11]是世界上广泛应用的地浸采铀技术，我国新疆和内蒙古铀矿山均有采用酸法地浸采铀。普遍而言，在进入中后期开采阶段，一是浸出液的铀浓度会降低至 10 mg/L 以下，二是抽注液流量下降，总体而言，资源回收率低于设计值，继续生产运行成本较高，生产没有经济效益。

某层间氧化带控制的砂岩铀矿床，是我国首个采用酸法地浸采铀的铀矿山，该矿床经过长期的地浸开采，矿石中容易浸出的铀大部分已被开采，部分采取面临退役。研究以新疆某开采后期待退役终采区为研究对象，开展残余铀资源详细刻画以及二次开发潜力探索，对提高采区残余铀资源利用率，具有指导意义。

1　研究背景

1.1　矿床水文地质背景

（1）水文地质特征

研究采区所在矿床，受层间氧化-还原过渡带的控制，在平面上沿氧化带呈现蛇曲带状延伸，在剖面上呈长头短尾卷状或短头长尾卷状等，矿石平均品位约 0.085 8%[12-13]。

（2）矿石岩性

该矿床砂岩铀矿石岩性以中粗粒和中细粒砂岩为主，砾粗粒砂岩和细砂岩次之。矿石中粘土-粉砂质含量约占 15.8%，其余为碎屑物，约占 84.2%。碎屑物主要由石英（51.0%～79.0%）、岩屑（8.0%～20.0%）及长石（5.0%～15.0%）组成，并含有少量的白、黑云母及碳化植物碎屑[10]。矿石中铀有 3 种存在形式，即铀矿物、吸附态铀以及含铀矿。铀矿物以沥青铀矿为主，约占铀矿物总量的 98%，另有少量的铀石和钛铀矿物[12]。

1.2　生产历史和存在问题

该矿床自 2000 年实施地浸采铀工艺以来，率先投产的采区 A 和采区 B，取得了较好的开采效果，至 2016 年底，其浸出率均高于 100.00%。而相继投产的部分采区，如采区 C 和采区 D，浸出效果不

作者简介：许影（1985—），女，硕士研究生，正高级工程师，现主要从事地浸采铀技术研究。

基金项目：国家自然科学基金联合基金（U1967208）。

佳，运行十几年后，铀的浸出率为70.00%和69.38%。目前，A—D生产孔已全部停止运行，准备退役，其矿床地质条件及开发参数见表1。

表1 矿床地质和开发参数

编号	矿床地质						开发参数	
	平均品位/%	平均厚度/m	平均平米铀量/(kg/m²)	含矿含水层厚度/m	面积/m²	铀资源/t	液固比/%	浸出率/%
A	0.145 0	9.61	9.61	17.51	62 350.00	599.00	11.60	118.36
B	0.089 0	3.76	5.79	24.36	30 459.00	180.10	4.90	116.87
C	0.119 6	3.49	7.22	24.58	24 764.00	178.87	3.68	70.00
D	0.089 0	3.66	5.79	23.16	30 457.00	172.40	3.68	69.28

从表1矿床开发参数得出，采区C和采区D仍有数量可观的资源，以采区D为例，资源累积回收率为69.28%。如直接退役治理，则造成资源浪费。

综上，以采区D作为研究对象，开展目标采区剩余资源刻画分析，并探索其二次开发的潜力，为进一步提高资源利用率提供技术支撑。也为其他铀矿山待退役采区残余铀资源开发，提供参考。

2 目标采区铀资源刻画分析

2.1 靶区选择及钻孔施工

通过收集该矿床采区生产孔的原始测井资料、从开始工业化运行至停止运行期间的生产运行数据，对生产孔的累计运行时间、终止运行时浸出液铀浓度、运行周期内浸出液平均铀浓度、本底平米铀量、矿体厚度/含矿含水层厚度比值等参数在每个钻孔的分布情况进行了统计和分析，划定了铀资源量可能会比较高的靶区位置，即符合以下标准的区域：

（1）原始平米铀量高；

（2）砂岩矿体厚度/含矿含水层厚度之比大的区域；

（3）难浸区域或溶浸死角。

在二次开发的施工布孔过程中，在目标采区内寻找符合这3项条件的"靶区"，选择并施工了11个抽孔。

2.2 残余铀资源分布规律分析

结合项目生产孔的运行数据，项目组制作了生产孔的累计运行时间、终止运行时浸出液铀浓度、运行周期内浸出液平均铀浓度、本底平米铀量、矿体厚度/含矿含水层厚度比值等参数在目标采区内的等值线分布图（图1至图5），并将目标采区内施工的11个钻孔及浸出单元以黑色线框标注。经总结，目前获得了以下规律性的认识，有望对其他地浸矿山的二次开发有重要的指导意义。

（1）目标采区钻孔生产累计运行时间等值分布

颜色较深的、运行时间较长的钻孔必定是浸出液铀浓度较高的区域，若该钻孔持续低浓度运行则会被矿山关停；其周围的矿体平米铀量较高，虽然经过20多年的生产运行但其残留的铀资源仍相对其他区域要高。由图1可以看出，新施工抽孔中浸出液铀浓度较高的1♯、5♯、6♯、9♯、10♯等均位于累计运行时间较短的区域（颜色较浅的区域），且靠近累计运行时间相对较长的钻孔（颜色较深的区域）。8♯钻孔因周围矿体运行时间较短、平米铀量低，所以其浸出液铀浓度相对要低得多。至于2♯、3♯、4♯、7♯、11♯钻孔虽然其周围有抽出时间较长的钻孔，但其周围可地浸铀资源经长时间酸法地浸已开采殆尽，或其原始平米铀量就低导致其浸出液铀浓度也相对很低。浸出液铀浓度较高的钻孔主要分布在目标采区内累计生产运行时间较短的区域。

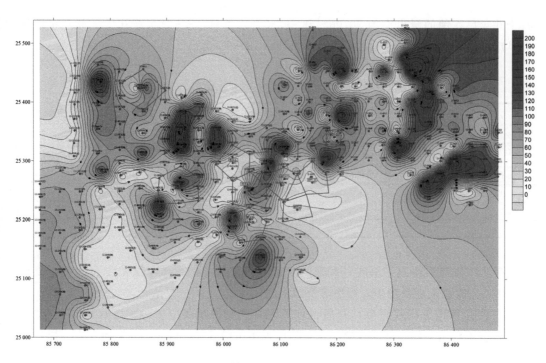

图1 目标采区钻孔生产累计运行时间等值分布

（2）目标采区钻孔终止运行时浸出液铀浓度分布

终止运行时浸出液铀浓度越高则代表该钻孔周围矿体中残留的铀资源越多，相对而言，布置在其周围的新施工钻孔越有可能将浸出回收更多的资源，其浸出液铀浓度也越高。如图2所示，浸出液铀浓度较高的1♯、6♯、9♯、10♯等钻孔周围生产孔终止运行时浸出液铀浓度含量相对较高。

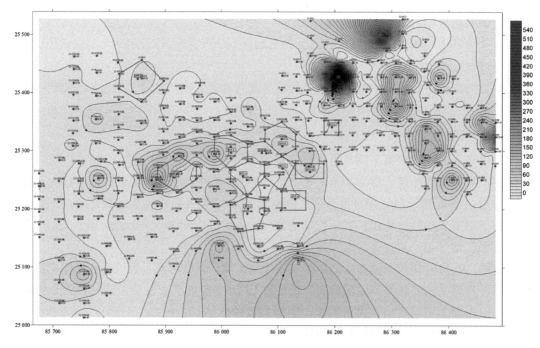

图2 目标采区钻孔终止运行时浸出液铀浓度等值分布

同理，在生产运行周期内浸出液平均铀浓度较高的钻孔区域矿体的平均铀资源含量较高，对应地在平均铀浓度较高的生产孔周围布置的新施工钻孔的浸出液铀浓度也相对较高（图3）。

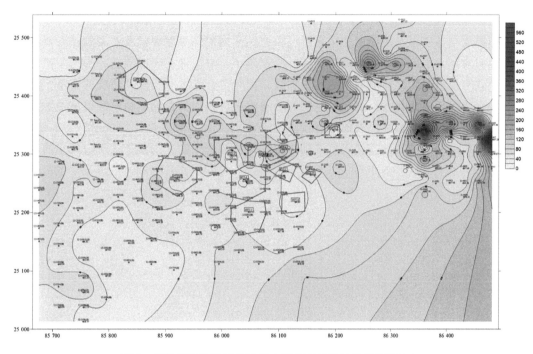

图3 目标采区钻孔运行周期内浸出液平均铀浓度等值分布

（3）本底平米铀量同生产孔周围布置的钻孔的浸出液铀关系

虽然经过较长时间的酸法浸出，但因平米铀量高的矿体可地浸铀资源本身就十分丰富，相对于平米铀量较低的区域，在同一采区经过相同时间的浸出，前者剩余的铀资源必定也较后者要多。如图4所示，6♯、9♯、10♯等浸出液铀浓度较高的区域均坐落于矿体原始平米铀量就很高的区域。值得注意的是，如图3所示，原始平米铀量较高的钻孔运行时间也较长，其残余铀资源也不会很可观，比如施工在原始平米铀量较高区域的5♯钻孔的浸出液平均铀浓度反而低于6♯、9♯、10♯等钻孔。因此在那些布置在原始平米铀量较高的钻孔周边、运行时间较短的钻孔的浸出液铀浓度会较高。

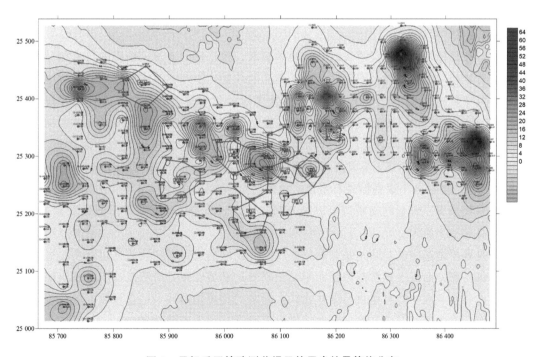

图4 目标采区钻孔测井揭示的平米铀量等值分布

（4）砂岩矿体厚度/含矿含水层厚度比值同区域布置的钻孔的浸出液铀关系

砂岩矿体厚度与含矿含水层厚度之比直接反映该钻孔内矿体厚度规模及溶浸液被稀释的程度，该比值越小则说明含矿含水层内可地浸砂岩矿体的厚度越小，溶浸液在该区域越容易与非矿化的围岩发生反应从而导致溶浸液（硫酸）浓度的消耗和稀释；同时也会导致浸出液铀浓度的下降。反之，矿体厚度与含矿含水层厚度之比越大，溶浸液越能充分地溶解矿体内的含铀矿物，浸出液中铀浓度也就会越大。同样由图 5 可以看出，浸出液铀浓度较高的 6♯、9♯、10♯ 等钻孔均位于砂岩矿体厚度/含矿含水层厚度之比较大的区域，而其他浸出液铀浓度较低的新施工钻孔则位于该比值较小的区域。

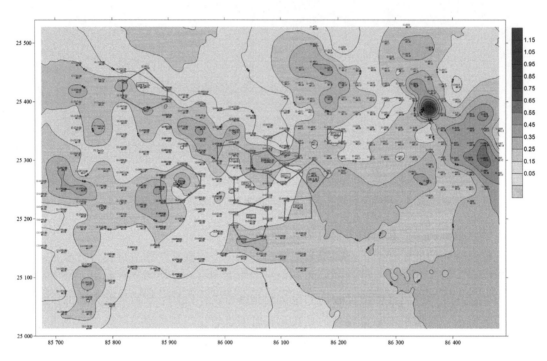

图 5　目标采区砂岩矿体厚度/含矿含水层厚度比值的等值分布

2.3　测井曲线有效性分析

一般认为，在目标采区这样经过长时间地浸的矿区，由于铀的浸出，矿石的自然伽马曲线上的异常值主要由镭贡献而来；因此对老旧采区新施工钻孔的放射性测井并不能反映地下矿体中铀的分布规律。以岩芯采取率较高的 6♯ 和 5♯ 为例，将岩芯铀含量的化学分析结果按深度排列并与自然伽马测井曲线相对比（图 6、图 7）。由上述两个图可见，虽然经过长期酸法地浸开采后岩芯中铀含量普遍偏低（尤其是砂岩矿样），但垂向上岩芯中的铀含量的变化趋势仍与自然伽马测井曲线基本保持一致。图 6 中 5♯ 岩芯铀品位变化曲线上异常点对应的样品岩性为炭质泥岩，这意味着该部分铀并不能有效地浸出；而图 7 中 6♯ 钻孔出顶底板岩石为致密粉砂岩/泥岩外，其余样品均为疏松砂岩，这意味着 6♯ 钻孔中砂岩中残余有一定量的铀资源可以被有效地浸，这也是 6♯ 钻孔浸出液铀浓度是所有 11 组抽注单元中最高的一个原因。

钻孔成井是地浸最基本的步骤，是顺利完成二次开发的前提，在钻孔成井过程中，过滤器的安装位置依据自然伽马测井曲线上异常的位置而定。正确的过滤器位置是对溶浸液顺利浸出矿石中的铀有重要意义。图 6 和图 7 表明，自然伽马测井曲线上异常的位置仍是残余铀含量较高的位置，这意味着在目标采区二次开发中仍可参考自然伽马曲线的异常确定过滤器安装位置。

测井曲线与岩芯化学分析结果之间的吻合表明测井结果仍比较可信，在判断地下残余铀资源分布特征时具有一定的参考价值。

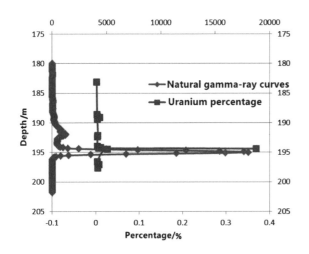 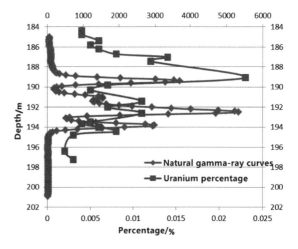

图6　5#钻孔岩芯化学分析铀品位与自然伽马曲线对比　　图7　6#钻孔岩芯化学分析铀品位与自然伽马曲线对比

3 二次开发潜力分析

参考现场运行条件对11个钻孔砂岩岩心样进行的强化浸出试验则一定程度上反映了残余的赋存状态。强化浸出[14-15]试验条件为：SO_4^{2-} 15 g/L；Fe^{3+} 1.5 g/L；H_2SO_4 2.5 g/L；液固比2∶1。试验结果（表2）表明对目标采区部分钻孔的岩心仍有相当可观的浸出率；部分铀含量较低的样品经过强化浸出仍可以释放出一定的铀。针对长期地浸的矿石的室内强化浸出试验获得的浸出液中铀含量最高达0.099 g/L，渣计的浸出率最高77.4%。

强化浸出的试验结果表明，虽然目标采区矿层已经过了长时间的酸法地浸，整体矿石铀品位不高，但矿石中剩余铀资源仍有相当一部分以可地浸的形式存在，经强化浸出处理后可以获得可观的金属量，部分矿石仍有相当可观的浸出率；即使原样中铀含量较低的样品经过强化浸出仍可以释放出一定的铀。强化浸出试验为开发目标采区残余铀资源打下了基础，也表明对目标采区的二次开发在技术上是可行的。

表2　砂岩样强化溶浸实验结果汇总

样品名称	浸出液中铀/（g/L）	酸/（g/L）	pH	Eh/mV	浸出原样中的铀	残渣中铀	渣计浸出率
1	0.099	1.47	1.66	412	0.034%	0.007%	77.4%
2	<0.005	1.81	1.64	438	0.003%	0.001%	66.7%
3	0.014	2.40	1.72	450	0.005%	0.002%	60.0%
4	0.025	1.33	1.73	411	0.004%	0.002%	50.0%
5	<0.005	1.47	1.65	427	0.002%	0.001%	50.0%
6	0.019	1.67	1.64	404	0.009%	0.003%	66.7%
7	0.158	0.773	1.83	399	0.049%	0.012%	75.5%
8	0.007	1.43	1.90	397	0.005%	0.004%	20.0%
9	0.024	2.69	1.52	456	0.002%	0.001%	50.0%
10	0.018	1.85	1.70	422	0.009%	0.005%	44.4%
11	0.038	1.15	1.93	412	0.007%	0.005%	28.6%

4 结论

结合生产孔的运行数据，分析目标采区靶区位置并施工了 11 组新钻孔，结合原始生产孔的累计运行时间、终止运行时浸出液铀浓度、运行周期内浸出液平均铀浓度、本底平米铀量、矿体厚度/含矿含水层厚度比值等参数在目标采区内等值线分布图，寻找了残余铀赋存规律，结果对其他地浸矿山的二次开发有重要的指导意义。新施工钻孔取样开展强化浸出试验，分析了目标采区残余铀二次开发的潜力，结果表明，该采区可具有进一步的强化开采的潜力，可采取强化浸出措施，提高资源利用率。

参考文献：

[1] 王成，宋继业，张晓，等．世界铀资源支撑能力与我国碳达峰碳中和对策［J］．铀地质学，2021 (5)：765 - 779.

[2] 陈俊强，曾伟，王家英，等．世界和中国铀资源供需形势分析［J］．华北地质，2021 (2)：25 - 34.

[3] 李晓翠，李林强，蔡玉琪，等．我国天然铀资源安全战略研究［J］．铀地质学，2020 (3)：183 - 189.

[4] 刘良艳，程明．基于甘分析框架的中国铀可持续发展安全评价［J］．资源与生态学杂志，2020 (4)：394 - 404.

[5] ABZALOV M Z．Sandstone-hosted uranium deposits amenable for exploitation by in situ leaching technologies［J］．Applied earth science，2012，121 (2)：55 - 64.

[6] HAQUE N，NORGATE T．The greenhouse gas footprint of in-situ leaching of uranium, gold and copper in Australia［J］．Journal of cleaner production，2014 (84)：382 - 390.

[7] 周勇，李刚，徐磊，等．砂岩型铀矿床酸浸提铀研究：以库尔台矿为例［J］．湿法冶金，2020，191：105209.

[8] SARANGI A K，BERI K K．Uranium mining by in-situ leaching［C］//Proceedings of the International conferen6ce on "Technology management for mining processing and environment"，IIT，Kharagpur．2000.

[9] 汪润超．酸法地浸过程铀伴生矿的时空演化及其对浸铀影响研究［D］．南昌：东华理工大学，2022.

[10] 潘宏峰，刘成东，万建军，等．内蒙古巴彦乌拉铀矿床地质特征［J］．中国金属通报，2021 (4)：116 - 117.

[11] ZHAO L，LI P．Relationship between chamosite alteration and Fe-plugging in sandstone pores during acid in situ leaching of uranium［J］．Minerals，2021，11 (5)：497.

[12] 苏学斌，杜志明．我国地浸采铀工艺技术发展现状与展望［J］．中国矿业，2012，21 (9)：79 - 83.

[13] 阙为民，苏学斌，姚益轩，等．512 矿床翼部矿体地浸开采问题初探［J］．铀矿冶，2002 (1)：12 - 18.

[14] 赵利信，许影，邓锦勋，等．新疆某地浸退役采区矿石的强化浸出工艺研究［J］．中国资源综合利用，2019，37 (5)：32 - 35.

[15] 邓锦勋，许影，赵利信，等．不同氧化剂在酸法地浸铀矿山难浸出矿石中的应用研究［J］．中国矿业，2018，27 (11)：116 - 120，127.

Characterization of residual uranium resources in the decommissioned final mining area of a uranium deposit

XU Ying, CHENG Hong, DING Ye, JIANG Guo-ping, ZHAO Li-xin, CHENG Wei

(Beijing Research Institute of Chemical Engineering Metallurgy, Beijing 101149, China)

Abstract: After the operation of a uranium deposit for more than 20 years, there are some problems such as low leached uranium concentration, low resource recovery rate and high operation cost in the final mining area. In order to improve the recovery rate of uranium resources and maximize the recovery of resources, the characterization of residual uranium resources in the final mining area to be decommissioned was carried out. To stay retired finally the ore deposit mining area as the research object, through collecting the operation data of production hole of the mining area, the contour map of targets within the mining area of the deposit, such as the total run time, concentration of uranium at the termination moment of production and average leaching liquid concentration of uranium during operation cycle, were plotted. Combined with data of well logging, the regularity distribution of residual uranium in the final mining area was known. The preliminary enhanced leaching test show that the residual uranium resources in the target mining area have the potential of secondary development, which is technically feasible and can be further enhanced. The research results have important guiding significance for the secondary development of the target mining area and other in-situ leaching mining area to be decommissioned.

Key words: In-situ leaching uranium mining; Final mining area; Residual uranium; Secondary development

我国低渗透砂岩铀矿：分布、成因、增渗手段及开发对策

赵利信[1]，苏学斌[2]，吴童盼[1,3]，李宏星[1]，翁海成[1]

（1. 核工业北京化工冶金研究院，北京　101149；2. 中国铀业股份有限公司，
北京　100013；3. 南华大学，湖南　衡阳　421001）

摘　要： 低弱渗透砂岩铀资源占我国砂岩铀资源总量的 70％以上，摸清我国低渗透砂岩铀矿的资源分布、低渗成因机制对开发这些低渗资源具有重要意义。目前国内已发现的低渗透（渗透系数＜0.1 m/d）砂岩铀矿主要分布在内蒙古鄂尔多斯盆地的库计沟-大营-巴音青格利矿床、巴音戈壁盆地塔木素矿床、松辽盆地海力锦矿床和新疆的吐鲁番盆地十红滩矿床。研究发现各低渗透砂岩铀矿的工艺矿物学特征控制了其低渗机制，如鄂尔多斯盆地大部分低渗透矿床含矿含水层中普遍发育钙质夹层，矿石中方解石和蒙脱石含量较高；而巴音戈壁盆地塔木素矿床矿石成岩度较高，普遍发育石膏、碳酸盐及磷酸盐矿物。根据工艺矿物学特征和微米 CT 图像解读，低渗透矿床区域内普遍发育的各类型致密层和水敏性黏土矿物等不同因素共同造成了含矿含水层渗透性偏低。本文还总结了各类常见的物理、化学增渗手段的优缺点，并针对不同成因的低渗透矿床提供了增渗开发对策和依据。

关键词： 低渗透；砂岩铀矿；工艺矿物学；增渗

　　砂岩型铀矿是我国最主要的天然铀矿资源类型，我国砂岩型铀矿资源占查明铀资源总量 43％，超过了其他三种类型的铀资源（碳硅泥岩型、火山岩型和花岗岩型），位居第一位[1]。在提升天然铀产能、保障核电发展的需求背景下，针对砂岩铀矿采冶工艺的不断升级，是保障核能可持续发展的关键前提。砂岩型铀资源首选的开采方式是原地浸出工艺（简称"地浸"）。世界范围来看，至 2022 年世界范围内采用地浸工艺生产的天然铀比例达 56％，居天然铀生产的第一位[2]，到 2020 年，地浸产能将占我国天然铀产能的 90％以上[1]。地浸技术的发展对我国天然铀的开采有着重要意义，是保障核能可持续发展的关键。我国砂岩型铀资源赋矿岩层渗透性普遍偏低，渗透性较差的资源占砂岩铀资源的 70％以上[3]。这导致我国地浸开采"难注、难采、低回收率及高成本"等诸多突出问题，造成大量铀资源无法正常开采，且随着开采深度的增加，这些问题将更加突出，亟待解决。比如内蒙古鄂尔多斯盆地内低渗透砂岩铀矿主要赋存在盆地北部，从纳岭沟以西的库计沟，至大营、巴音青格利一带。区域内铀矿赋存的中侏罗统直罗组含矿含水层的渗透系数低于 0.1 m/d。但同时这些低渗透矿床的资源量已达到大型-特大型规模，若无有效的、针对低渗透的开发方法，会造成大量的砂岩铀资源无法开采回收，从而造成资源浪费。本文研究了我国低渗透砂岩铀矿的分布特征，根据工艺矿物学特征和微米 CT 图像解读了低渗透矿床含水层渗透性偏低的原因，对低渗透矿床的增渗改造有重要指导意义。结合各类常见的物理、化学增渗手段的优缺点，可为不同成因的低渗透矿床增渗开发提供对策和依据。

1　我国典型低渗透砂岩铀矿分布特征

　　目前国内已发现的规模比较大的低渗透（渗透系数＜0.1 m/d）砂岩铀矿主要分布在内蒙古的鄂尔多斯、巴音戈壁、松辽盆地和吐鲁番盆地。

作者简介： 赵利信（1987—），男，高级工程师，现主要从事原地浸出采铀工艺技术研究。

基金项目： 国家自然科学基金（U1967208）。

鄂尔多斯盆地内低渗透砂岩铀矿主要赋存在盆地北部，从纳岭沟铀矿以西的库计沟，至大营、巴音青格利矿床一带。整个区域内砂岩铀矿均赋存在中侏罗世的直罗组地层中，已有部分矿体埋藏深度超过 600 m。含矿含水层的渗透系数均低于 0.1 m/d，甚至低于 0.01 m/d。区域内含矿含水层中普遍发育钙质夹层，这些钙质夹层的厚度、层数不等，最厚超过 1 m。

大营铀矿位于鄂尔多斯盆地北部，矿体主要赋存于中侏罗统直罗组下段下亚段及上亚段砂体中，矿体以平整的板状为主，厚度变化范围为 0.80~26.40 m；品位平均为 0.0329%；平米铀量变化范围平均为 4.19 kg/m^2。水文地质试验结果表明大营铀矿床 112 线地段计算的平均渗透系数为 0.114 m/d；208 线计算的平均渗透系数为 0.031 m/d。从绝对值上来看，两个地段的渗透性能都不好，属低渗透型砂岩铀矿。内蒙古塔然高勒矿区西部库计沟地段铀矿体平面上总体呈东西向展布，长度约 6.4 km，倾向上多为单孔控制，宽度 200~600 m。所在层位为中侏罗统直罗组（J$_2$z）含水岩组，下伏于下白垩统含水岩组之下。据煤田水文孔揭示，直罗组下段含水层地下水位埋深 183.6~221.5 m，渗透系数 0.0173~0.0564 m/d，库计沟地区铀矿属于低渗透砂岩铀矿床。巴音青格利矿床位于大营铀矿西北部，铀矿体同样发育在中侏罗直罗组，区域内直罗组下段的上亚段和下亚段均发育有工业矿体，矿体埋深由北向南逐渐加大，至南部埋深已超过 600 m。抽水资料显示矿床中南部上亚段含矿含水层的渗透系数 0.11 m/d，下亚段含矿含水层渗透系数仅为 0.065 m/d，反映该区段含矿层的富水性及渗透性较弱，属低渗透砂岩铀矿。

巴音戈壁盆地的塔木素矿床位于盆地南部，矿化产于下白垩统巴音戈壁组上段（K$_1$b^2）中，其中第二岩段（K$_1$b$^{2-2}$）为主要的砂岩型铀矿化产出层位。矿化厚度 0.5~5.8 m，品位 0.051%~0.2939%。塔木素铀矿床地下水呈高矿化度特征，平均 35.39 g/L。水文试验表明塔木素铀矿含矿层钻孔涌水量大，但矿岩石致密坚硬，多数钻孔岩心中发育有裂隙构造，岩石密度大、含水率低，矿石孔隙度小（平均 10.68%），渗透性极差（平均 11.01 mD），属于基本不渗透砂岩。

吐鲁番盆地南缘十红滩矿床南带、中带、北带探明了可观的资源。盆地内十红滩矿床主要含矿层为中下侏罗统西山窑组第三岩性段（J$_2$x^3），含矿含水层区内分布较为稳定，平均厚度在 110~120 m。矿化主要产于西山窑组第三岩性段辫状河砂体中，受层间氧化带控制。在十红滩南带 13 号勘探线附近区域水文条件试验结果显示含矿含水层渗透系数 0.04 m/d，也属于低渗透砂岩铀矿。

目前海力锦铀矿床 L0 线、L16 线共施工 2 组水文地质孔（均为 1 个抽水孔和 1 个观测孔），通过水文地质试验，确定姚家组下段中亚段含矿含水层承压水水位埋深为 -6.60 m~-3.52，均为自流井，但抽水试验数据表明含水层的渗透系数仅为 0.08~0.11 m/d，低渗透砂岩铀矿。

2　典型低渗透矿床矿石低渗透原因分析

通过对不同盆地和低渗透砂岩铀矿床采取的铀矿矿石样品的工艺矿物学、渗透率和 CT 图像解读，分析了不同矿床低渗透的原因，并针对性的为增渗提供了依据。

2.1　钙质胶结作用

首先使用 Xradia 微米 CT 扫描仪对大营柱塞岩心（代表渗透系数<100 mD）进行 CT 扫描以观察其矿物和孔隙结构特征。图 1a 为圆柱岩心横剖面 CT 图像，图 1b 和图 1c 分别为圆柱岩心竖向不同方向的剖面图，图 1d 是立体 CT 图像。

不同矿床样品、不同渗透率段的砂岩铀矿石在 CT 下呈现出了不同的特征。微米 CT 扫描技术在砂岩孔隙结构方面可获得较为直观的结果，可有效反映不同级别渗透系数的样品的孔隙分布情况。样品尺寸越小、矿石颗粒越粗，其 CT 扫描效果越好，反之则 CT 扫描会出现较多噪点且难以识别出较小的微孔隙。

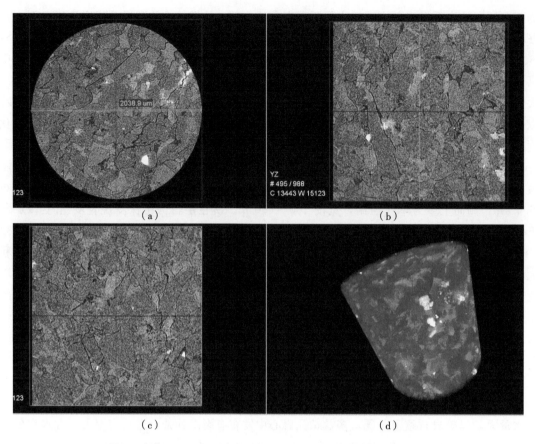

图 1　大营 C-1-20（渗透系数<10 mD）CT 切片及其三维图像

　　对大营样品来说，扫描中截取了一段直径为 2000 μm 的圆柱来分析；虽然 CT 下可以看出矿石碎屑矿物颗粒较大、界限明显，矿石属中粗粒砂岩，但颗粒孔隙间几乎被胶结物充填，孔隙之间无法有效连通、多为死孔隙（图 1a 至图 1c），这也是该样品极低的渗透系数的原因（4.31 mD）。紧密排列的矿物颗粒之间多被胶结物充填，胶结物的存在导致砂岩孔隙尺寸较小，孔隙之间连通性较差。对这些结构致密的矿石来说，在地浸开采初期，由于外界溶液难以进入矿石内部孔隙喉道，因此难以被化学增渗方式进行渗透性提升改造，通过物理法如爆破或超声波松散矿石结构在理论上较为可行。

　　为进一步研究鄂尔多斯盆地北部矿石低渗透原因，使用扫描电镜对大营低渗透样品的矿物形态进行了观察，结果发现在矿石颗粒间的孔隙中广泛充填方解石、白云石等碳酸盐矿物。图 2 所示为因失水而

图 2　包围石英颗粒的碳酸盐（a）及区域的放大（b）

龟裂的铁白云石，其主要化学元素组成为铁、钙、碳、氧等，含少量铝和硅。这表明这些样品中发生了较大规模的碳酸盐胶结现象。与矿物学观察结果一致，在样品中均检测出了高含量的 CaO 含量（8.9％和 25.7％）。这些碳酸盐矿物胶结石英、长石等造岩矿物，甚至完全包围矿物颗粒，造成研究砂岩样品孔隙喉道尺寸的减小和渗透性能的下降（对应样品渗透系数＜5 mD）。

值得注意的是部分钙质夹层厚度较大且其中铀的品位超过了 0.01％，这意味着部分钙质夹层中蕴含了一部分铀资源。

对于碳酸盐矿物胶结造成的"低渗透"，在增渗方法选择时需要考虑地浸工艺开采时溶解的碳酸盐进入液相后产生碳酸盐二次沉淀。这需要整个浸出环境保持 pH 值在 7 以下，否则在开采进行过程中，整个含矿层的渗透性能会逐渐变差。若采用酸法地浸工艺可以预见的是，由于矿石中钙的存在，浸出时易形成 $CaSO_4$ 永久结垢；$CO_2 ＋ O_2$ 中性浸出工艺可缓慢溶蚀钙质夹层，一方面提高了矿层渗透性，另一方面也可释放出钙质夹层内赋存的铀资源。但采用 $CO_2 ＋ O_2$ 浸出时浸出液 pH 值一般为 7.0～7.5，易形成 $CaCO_3$ 二次沉淀。

2.2 水敏黏土矿物膨胀作用

除钙质胶结外，另外一个不容忽视的低渗透因素是膨胀性黏土矿物的遇水膨胀作用。鄂尔多斯盆地北部的砂岩铀矿石中黏土矿物含量相对较高，其中蒙脱石是其最主要成分，占全岩含量 10.5％～26.1％，因此需要注意蒙脱石遇水膨胀造成矿层渗透性降低的现象。在蒙脱石晶格结构中，由于钠离子的水化能力较强，和晶层间本身的引力较弱，外界的水分子就很容易进入到晶层，引起蒙脱石的晶层间发生水化膨胀。膨胀后的蒙脱石在液流的冲击下进一步发生分散运移，作用的结果是缩小孔道，引起储层渗透率降低。针对蒙脱石膨胀，常见使用黏土稳定剂的方法防止蒙脱石膨胀造成的渗透性下降问题，黏土稳定剂的使用浓度范围一般为 0.1％～2.0％。

常用的黏土稳定剂为聚合季铵盐或聚合胺，其中聚合季铵盐在石油行业得到了广泛的应用。NH_4Cl、KCl（不能用于 HF 体系）也是常用的无机黏土稳定剂，但其稳定期限较短，不是永久性稳定剂。

LXNT 型聚合季铵盐和 NH_4Cl 黏土稳定剂防膨效果最好，该黏土稳定剂能与水以任意比例互溶。用矿层水、铁离子掩蔽剂、柠檬酸与黏土稳定剂配成溶液，没有析出沉淀物，表明这种黏土稳定剂与矿层水配伍性好，后续增渗试验可采用该方案来预防蒙脱石的膨胀。

2.3 矿石成岩度高

对塔木素铀矿中粗粒砂岩来说，矿石成岩度较高，岩石硬度大，胶结致密，三维 CT 成像图中絮凝状物质为较致密的黏土矿物，黏土矿物充填矿石颗粒之间（即砂岩孔隙）造成了矿石的渗透率偏低。黏土矿物密实地充填孔隙空间，造成部分区域孔隙连通性较差。

塔木素铀矿石普遍存在赤铁矿/针铁矿/褐铁矿化、碳酸盐化、石膏化、绿泥石化、萤石化等蚀变现象，其中黄铁矿化、碳酸盐化与铀矿化关系比较密切。广泛发育的石膏、碳酸盐及磷酸盐矿物（如方解石、白云石、石膏）等的胶结现象与矿石低渗透有密切关系。针对塔木素铀矿砂岩的精细化矿物学研究发现，除了常见的碳酸盐胶结外，该样品颗粒表面普遍覆盖着一层薄膜状胶结物，这些胶结物经能谱分析显示为磷酸钙（可能为纤磷钙铝石矿物，图 3）。碳酸盐磷酸盐胶结会缩小矿石孔径、降低孔隙连通性及矿石渗透性能。此外，岩心 CT 结果显示有致密黏土矿物充填矿石孔隙的现象。因此，造成该矿床低渗透的原因主要是碳酸盐（白云石）和磷酸盐胶结孔隙。这种磷酸盐胶结同大营铀矿碳酸盐胶结一样，可采用酸化增渗手段来提升矿石渗透性能。

图3 塔木素矿钠长石颗粒被碳酸盐矿物胶结覆盖

3 低渗透砂岩铀矿渗透性提升改造分析

目前国内外地浸采铀领域使用的渗透性提升方法可主要分为物理法和化学法。在美国和苏联、保加利亚、捷克、澳大利亚等，由于它们的砂岩铀矿结构疏松，矿石渗透性能较好，在低渗透砂岩铀矿增渗方面可借鉴的先例并不多。

3.1 物理增渗

以水力压裂为代表的物理储层改造方法在页岩气、煤层气以及石油开采中已广泛应用[4]。这些方法的主要目的是在钻井周围形成几条长大裂缝并与岩层原有天然弱面形成裂隙网络，使其成为油、气的汇集通道，利用长大裂缝高导流能力，增加油、气的采收效率。然而根据地浸开采工艺要求，铀储层渗透性提升过程中不能产生具有显著几何尺寸的长大裂隙，以免出现溶浸液的优势流，造成地浸开采失败，因此这些技术并不能在砂岩铀储层渗透性改造中直接应用。常规水力压裂技术在运用过程中由于要使用大量大的水，以及压裂液返排不完全的问题，对储层会造成一定的伤害，同时也面临污水处理费用高的问题。高能气体压裂是在总结爆炸压裂的经验基础上发展而来的一种工艺，具有成本低、施工简便，无须分层工具即可改造地层几乎不污染地层，可沟通更多的天然微裂缝等诸多优点。高能气体压裂可压出多方位的径向裂缝，增大了井筒附近的导流能力，同时能量的释放过程可以控制，并且不会导致套管的破坏，是一种潜在可行的低渗透矿层增渗手段。

除压裂外，前期在巴彦乌拉某采区开展了超声波解堵增渗试验研究大功率超声波改善地浸矿山地层渗透性的效果[5]。试验选择了邻近的两组抽注单元，包含 2 个抽液孔，7 个注液孔，共计 9 个钻孔。大功率超声解堵增渗频率范围选择为 $20\sim25$ kHz，平均功率大小为 $13\sim18$ kW，峰值功率为 $50\sim80$ kW。表 1 是大功率超声波解堵增渗作业前后的钻孔注液及抽液量变化数据统计表。对比作业前后的流量变化可以看出，在大功率超声波的影响下，7 个注液孔稳定最大流量平均提高 162%；两口抽液井的钻孔稳定最大流量平均提高 14%。运行 12 天后平稳注液量下降至最大瞬时流量的 $50\%\sim87\%$，平均注液量提高 35%。

表1 超声波洗井试验钻孔抽液流量变化情况[6]

阶段	KC2306			KC2704		
	运行流量/（m³/h）	频率/Hz	电流/A	运行流量/（m³/h）	频率/Hz	电流/A
试验前	9.00	45.0	11.10	8.20	45.0	11.60
12月15日	9.20	45.0	10.90	8.15	45.0	11.70

阶段	KC2306			KC2704		
	运行流量/（m³/h）	频率/Hz	电流/A	运行流量/（m³/h）	频率/Hz	电流/A
12月16日	9.50	45.0	11.00	9.80	45.0	11.00
12月17日	9.60	45.0	11.00	9.90	45.0	11.00
12月18日	9.67	45.0	11.00	10.00	45.0	11.00

根据以上分析结果，可以看出大功率超声波解堵增渗技术对注液孔和抽液孔均有作用，并且由于注液孔的堵塞往往较为严重，在本试验中针对注液孔的解堵增渗效果更为明显。大功率超声波解堵增渗技术是纯物理法，与传统技术相比无污染、对地层无破坏、可反复作业[6-7]。参考类似深度的低渗高瓦斯煤矿工况，超声波对埋深 680 m、矿层较为松软的煤矿水压裂区域的解堵有效半径可达 8.5 m（平均作业功率为 10 kW，频率 18～26 kHz），因此如果进行规模化区块作业，在地浸抽孔钻孔间距较小（约 30 m）的条件下可更好地提高区块整体产量。但缺点是超声波作业总体能量较小，尚无法对硬质低渗透砂岩铀矿进行有效的致裂增渗，未来超声波的应用应聚焦在地浸工艺孔的洗井。

3.2 化学增渗

在化学增渗方面，目前主要有酸化和表面活性剂法两类，目前均已在地浸采铀领域有所应用[8-9]。在砂岩铀矿储层增渗方面，酸化增渗主要是用酸（盐酸、土酸、氢氟酸、氨基磺酸、醋酸和甲酸等）溶解低渗铀储层中的碳酸盐、氢氧化铁、黏土等物质，使钻孔周围渗流通道扩大，孔隙度增大，以提高低渗铀储层的渗透性[10]。酸化增渗法具有简便易行、增渗效果显著、增渗成本低等优势，已经成为目前低渗砂岩型铀矿化学增渗所采用的主要方法。

对酸化增渗而言，筛选完合适的试剂后，利用注液孔注入增渗剂即可。前期的酸化增渗试验研究中曾一次在四个试验钻孔内注入酸剂约 70 t，平均单孔约 17 t，注酸后关井反应 36 h 后直接转注浸出剂。结果显示，钻孔平均注液量增大了 1 倍。而且浸出液分析表明，酸化不会对浸出工艺产生负面影响。采用酸化技术对低渗透砂岩铀矿床地浸采铀工艺具有十分明显的增抽增注效果，可以大大提高钻孔注液能力，实现低渗透砂岩铀矿的经济可采[11]。

特别是碳酸盐胶结型低渗透矿床，采用酸化增渗的方式可直接溶蚀碳酸盐胶结，扩大矿石间孔隙，提高矿层渗透性。但对鄂尔多斯盆地北部的低渗透矿床来说，虽然碳酸盐胶结矿石颗粒，客观上造成矿层低渗透，但高含量的碳酸盐在中性 CO_2＋O_2 地浸工艺中可为浸出提供足量的 HCO_3^-，亦客观上降低了试剂消耗和生产成本。若大范围采用酸化方式增渗，虽然渗透性可有效提升，但一方面降低了地下水中的 HCO_3^- 浓度，未来地浸开采需要人工补加 NH_4HCO_3，增加了成本；另一方面碳酸盐释放的钙、镁、铁等金属离子，会在地浸过程中重新沉淀形成新的堵塞物，降低含矿含水层渗透性。

而使用有机酸浸出时，其官能团会与浸出液中的杂质离子钙、镁、铁等形成络合物，避免这类金属离子形成沉淀物。对高碳酸盐砂岩铀矿而言，有机酸作为一种弱酸，可将地层中碳酸盐转变成可溶的碳酸氢盐，化解了酸法浸出酸耗高的难题。其次，有机酸络合钙、镁等元素的特点也可防止地浸采铀中这些敏感元素的沉淀，维持矿层渗透性能。此外，有机酸由碳、氢、氧组成，结构简单，使用有机酸作浸出剂后地下水的恢复治理也较容易[12]。

酸化增渗的另一个重要考虑因素是使用量和由此带来的成本问题。像鄂尔多斯盆地和塔木素等几大低渗透矿床，由于碳酸盐胶结严重，且存在赤铁矿化和绿泥石化等现象，若使用酸化手段增渗，要想达到想要的效果对酸化试剂的消耗将是巨量的，势必会大幅提高生产成本导致地浸开采不经济可行。无论是有机酸还是无机酸，单纯利用酸进行增渗时酸耗较高，经济上不可行。以反应效果最好的乙酸为例，其市场批发价格在 3000 元/t，远超硫酸的 500 元/t，因此对有机酸的利用应落在其缓速性，可溶解碳酸盐，提高铀矿层的渗透性能并同时利用生产的 HCO_3^- 和有机酸根络合铀方面。未来，在该高碳酸盐铀矿的地浸开发中，单纯利用有机酸进行酸法地浸经济上不可行，但可采用 $CO_2 + O_2$ 中性浸出工艺辅以 5:1 的乙酸与柠檬酸的混合有机酸对矿层进行酸化增渗和强化浸出方案[13]。

表面活性剂是指那些具有很强表面活性、能使液体的表面张力显著下降的化学物质。表面活性剂增渗法是用含有表面活性剂的增渗液减小储层矿物颗粒与溶浸剂之间的摩擦阻力，同时改变矿物颗粒的润湿性、凝聚性、表面电荷、界面张力等特性，虽无法本质上提高低渗透砂岩铀储层的渗透性，但对提高矿层中溶液流动性有帮助。在铀矿地浸和堆浸中都曾有表面活性剂的研究，在溶浸液中加入适当的表面活性剂可显著提高矿层的渗透系数，对低渗透性矿石可使其渗透系数增高 30%～40%。对新疆某低渗透性地浸砂岩铀矿样的柱浸试验表明溶浸液中加入 50 mg/L 的复合表面活性剂（辛基酚聚氧乙烯醚，氟碳表面活性剂，聚氧乙烯醚），可有效降低溶液表面张力，提高溶液对矿石的润湿能力，并显著提高溶液在矿样中的通过能力[9]。值得注意的是，无论是单一还是复合表面活性剂的加入对树脂吸附铀的过程均无影响，且均能够提高淋洗液中铀的峰值，降低树脂中的残余铀含量[10]。

4 结论

（1）目前国内已发现的低渗透砂岩铀矿主要分布在内蒙古的鄂尔多斯、巴音戈壁、松辽盘地和新疆的吐鲁番盆地。

（2）造成砂岩铀矿低渗透的原因主要有碳酸盐矿物的致密胶结、高含量的水敏性黏土矿物及矿石的高成岩度。

（3）常见的超声波等物理增渗方法受能量限制无法满足低渗透砂岩铀矿的增渗要求，而酸化增渗虽能有效溶蚀碳酸盐和黏土矿物，但大规模使用的成本较高，同时也会为降低了地下水中的 HCO_3^- 浓度对地浸工艺不利。未来低渗透砂岩铀矿的增渗方向应放在高能量、缝网致密的物理压裂增渗方面和能与地浸采铀工艺较好配合的酸化增渗工艺上。

参考文献：

[1] 苏学斌，王海峰，刘乃忠．$CO_2 + O_2$ 原地浸出采铀工艺 [M]．北京：中国原子能出版社，2016.

[2] NEA/IAEA. Uranium 2022：resources，production and demand [EO/OL]．[2023-01-21]．https：//doi.org/10.1787/d82388ab-en.

[3] 孙明源，苏学斌．地浸采铀，从"跟跑"到"领跑"的飞跃 [N]．科技日报，2023-10-09（5）.

[4] 苏学斌，杜志明．我国地浸采铀工艺技术发展现状与展望 [J]．中国矿业，2012（9）：79-83.

[5] 仝少凯，高德利．水力压裂基础研究进展及发展建议 [J]．石油钻采工艺，2019，41（1）：101-115.

[6] 杜志明，廖文胜，赵树山，等．地浸铀矿大功率超声波解堵增渗技术的应用研究 [J]．中国矿业，2020，29（S2）：344-347，352.

[7] 许洪星，蒲春生，李燕红．大功率超声波处理近井带聚合物堵塞实验研究 [J]．油气地质与采收率，2011，18（5）：93-96.

[8] 蒲春生，石道涵，赵树山，等．大功率超声波近井处理无机垢堵塞技术 [J]．石油勘探与开发，2011，38（2）：243-248.

[9] 吉宏斌，阳奕汉，孙占学，等．地浸采铀过程中的矿层解堵增渗技术及现场应用 [J]．湿法冶金，2017，36（2）：143-147.

[10] KAIXUAN T，CHUNGGUANG L，JIANG L. A novel method using a complex surfactant for in-situ leaching of low permeable sandstone uranium deposits [J]．Hydrometallurgy，2014，150：99-106.

[11] 周磊，江国平，原渊，等．内蒙古某低渗透砂岩铀矿稀酸酸化试验研究 [J]．铀矿冶，2016，35（1）：25-30.

[12] LIAO W，WANG L，YAO Y，et al. Acid stimulation used in in-situ leaching uranium [C]//Proceedings of the 18th International Conference on Nuclear Engineering. ASME，2010.

[13] 江国平，赵利信．某高碳酸盐砂岩铀矿混合有机酸原地浸出试验研究 [J]．原子能科学技术，2021，55（S2）：380-388.

Low permeable sandstone uranium deposit in China: distribution, formation mechanism, permeability — improvement technology and development strategy

ZHAO Li-xin[1], SU Xue-bin[2], WU Tong-pan[3],
LI Hong-xing[1], WENG Hai-cheng[1]

(1. Department of in situ leaching technology, China Nuclear Mining Science Technology Corporation,
Beijing 101149, China; 2. China Nuclear Uranium Co., Ltd., Beijing 100013, China;
3. University of South China, Hengyang, Hunan 421001, China)

Abstract: Low-permeability sandstone uranium resources account for more than 70% of the total sandstone uranium resources in China. To reveal the distribution and the formation mechanism of low-permeability sandstone uranium resources is important for exploring these resources. At present, the low-permeability (permeability coefficient <0.1 m/d) sandstone uranium deposits found in China are mainly distributed in Hailijin deposit in Songliao Basin, Daying-Bayinqingeli deposit in Ordos Basin, Tamusu deposit in Bayin Gobi Basin, and Shihongtan deposit in Turpan Basin. It is found that the permeability is controlled by the mineralogical characteristics of each low permeable sandstone uranium deposit. For example, in most low-permeability deposits in Ordos Basin, calcareous interlayers are widely developed in ore-bearing aquifers, as well as the content of calcite and montmorillonite. However, the Tamusu deposit in Bayin Gobi Basin has high diagenesis degree, and gypsum, carbonate and phosphate minerals are commonly developed. According to the processing mineralogy characteristics and micron CT interpretation, the low-permeability of ore-bearing aquifers is caused by different factors such as various types of tight layers and water-sensitive clay minerals. This paper also summarizes the advantages and disadvantages of various common physical and chemical permeability-improvement means, and provides the development strategy for the low permeability deposits.

Key words: Low-permeability; Sandstone uranium deposit; Processing mineralogy; Permeability improvement

地浸采铀溶浸范围确定理论与影响因素研究进展

张　翀，贾　皓，谢廷婷*，李沁慈

（核工业北京化工冶金研究院，北京　101149；铀矿采冶工程技术研究中心，北京　101149）

摘　要：半个世纪以来原地浸出采铀技术在全球广泛应用，加快推动砂岩型铀资源的开发进程。作为我国最主要的铀矿开采手段，地浸采铀技术是在耦合地下水动力和化学反应动力等多重动力场基础上，分析并掌握溶液在原位矿石内的反应运移过程和井场流场状态，进而提出科学、具体溶浸范围调控手段，最终实现砂岩型铀资源的高效回收。目前针对地浸采铀溶浸范围的概念、溶液扩散过程、地下水动力影响范围、抽注井间水力联系、溶浸范围控制方法等基础理论和关键技术等，系统性的对比研究不够充分。因此，对地浸采铀井场溶浸范围理论的发展进程、影响因素、圈定方法和控制技术等方面进行梳理和总结，以便对相关理论完善和技术创新提供辅助作用。

关键词：地浸采铀；溶浸范围；水动力场；调控方法

天然铀（Uranium，U）是国家的特殊战略资源，具有高度敏感性、无可替代性、军工亟须和保障国家安全等重要属性。天然铀既是保障军工的重要原料，同时也是核电反应堆的基本"燃料"。公开数据显示，截至 2021 年全球地浸采铀的年产量已占到铀生产总量的 66%[1]，截至 2021 年底我国地浸采铀年产量已占到国内铀生产总量的 90% 以上。

地浸采铀是一种通过钻井工程，借助化学试剂在天然埋藏条件下将含矿层中的铀溶解出来而不使矿石产生位移的集采、冶于一体的新型铀矿开采方法[2-3]，如图 1 所示。铀元素的原位浸出是在地下水动力学和化学反应动力学等多重因素作用下的作用结果[4-5]，这就决定要深入研究原地浸出采铀中溶液与矿石反应运移过程，就必须先透彻了解矿床地下水的水动力状态。只有准确掌握地浸采铀生产

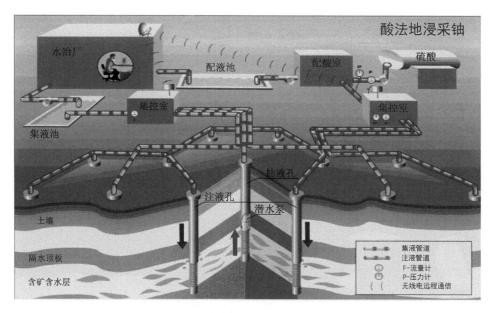

图 1　原地浸出采铀过程示意

作者简介：张翀（1988—），男，山西高平人，高级工程师，工学博士，现主要从事地浸采铀技术研究与工程应用。

区地下流场中溶液的运移规律,才能更好地调控抽注液量以提高生产效益[6],进一步有效控制浸出液扩散范围并避免污染事故的发生[7]。

然而,目前对地浸采铀地下水流动状态的描述,如井场水力影响范围、抽注井间水力联系、溶浸液扩散区域等科学问题极少进行量化表征,有待深入研究。未对溶浸范围这一理论基础进行精确定义,限制了对地浸采铀地下水流场的准确认识,进而影响井场抽注液流场的精准控制。因此,对地浸采铀溶浸范围和地下水流场运移规律等关键学术问题进行深入剖析和量化描述尤为关键。

1 溶浸范围定义及理论发展

溶浸范围作为地浸采铀技术的基础性概念,诸多学者对其进行过定义:苏联科学家格拉博夫尼科夫认为,溶浸范围是指浸出剂在含矿层和围岩中所渗流到的区域[8];王西文[9]认为向含矿含水层注入化学浸出剂与地下水系统一起形成了地浸采铀流场,浸出剂在地层中流经的区域称为溶浸范围;王海峰等[10]认为溶浸范围是指地浸过程中浸出剂在地下的覆盖范围;阙为民等[11]与王海峰等[10]的观点一致,认为溶浸范围是指浸出剂在地下的覆盖范围;谭凯旋等[4-5]则认为溶浸范围是在地下水动力学和化学反应动力学等多重因素作用下,由抽注液流和天然地下水流构成的一个耦合流场所形成的范围。可见,以上定义均为概括性描述,缺乏对其实质构成的阐述。

张翀等认为地浸采铀含矿含水层中溶液的运移受3个"场"控制:①抽注液水力梯度作用下形成的水动力渗流场;②浸出剂在浓度梯度作用下形成的溶质弥散场;③浸出剂与矿石化学反应形成的物理化学反应浸出场。渗流场、弥散场和浸出场相互作用,推动溶液的运移扩散,三者一起构成地浸采铀流场[12]。浸出剂和浸出液在该流场的作用下不断迁移,在地层中形成一个随时间变化的空间范围,这个范围包括2个空间:水动力渗流场形成的溶液对流迁移空间范围,以及溶质弥散场形成的溶液弥散运移空间范围。溶液对流和弥散迁移所形成的随时间变化的这个空间范围就是王西文等学者所定义的地浸采铀溶浸范围,浸出剂与矿石的化学反应只能发生在这个范围内。

地浸生产抽出井所抽采的含铀浸出液全部来自于溶液对流迁移所形成的空间范围,且包括SHAYAKHMETOV等[13]提出的由于地层的非均质性导致的溶浸死角区和无效弥散域。该空间是地浸采铀生产最主要的研究对象,也有学者将该空间范围定义为地浸采铀溶浸范围。为了将上述两个范围明确区分,本文将溶液对流和弥散形成的空间范围定义为广义溶浸范围,将溶液对流形成的空间范围定义为狭义溶浸范围,即地浸采铀抽-注水动力范围。广义溶浸范围是浸出剂的覆盖空间,狭义溶浸范围是浸出剂的对流空间。

2 溶浸范围的圈定方法

对于原地浸出采铀而言,溶浸范围过大会造成大量浸出剂浪费、增加开采成本,且对采区周边地下水体造成额外污染;过小则会浪费宝贵的天然铀资源。因此,通过合理方法描述、圈定溶浸范围,才能深入掌握浸出剂对矿体的覆盖程度,合理指导科研工作和实际生产。但溶浸范围的精准圈定具有一定复杂性,除直接观测外,物探方法与数值模拟是常见的圈定方法。

传统溶浸范围的圈定方法是基于采区外围观测井的直接观测法,通常是人工对观测井取水样后,经过化学分析水体化学成分来实现。但这种方法施工钻井的成本较高,且探测精确度不足、存在较大盲区与偶然性。

为了克服传统观测法的缺点,一些学者利用众多先进方法与工具探测溶浸范围。周义朋等[14]认为物探方法不但能反映出浸出剂在地下矿体中的立体分布,还可根据液体在不同介质中的迁移速度的不同,预测出井场地下溶液分布范围未来的发展方向,为井场水量调配调度、环保探测等提供依据[15]。崔欣[16]通过研究浸出剂侵入地层后,其理化性质发生改变的特点,对地质模型进行正演反演迭代计算来验证各类实验方法的实际效果,结果表明电法精度优于激发极化法,但该方法存在计算量大，耗时的缺点。何柯等[17]采用时间域激发极化法（TDIP）和大地电磁法（CSAMT）对内蒙古二连盆地某砂岩型铀矿地浸采铀地下的溶浸范围开展探测试验，推断出该矿山的溶浸范围，但这种方法的应用受矿区地表环境、地质构造和水文条件影响和人工标志物拟合度不确定因素影响较大，还有待进行进一步的深入研究。

溶浸范围与矿床的地质、水文地质条件、钻井的布置方式、抽注液操作条件等密切相关。在一定的地质条件下，溶浸范围受抽注井的布置方式和抽注液比值等控制。同时，由于地浸过程是一个带有化学反应的流动过程，溶浸范围必然与浸出过程的化学反应动力学因素有关。因此可通过对浸出区溶质迁移进行计算机数值模拟来圈定溶浸范围。王树德在20世纪90年代即对圈定地浸采铀过程中溶浸范围的方法和计算机模拟系统做了细致而周密的工作，可以实现从注入井到抽出井流线长度及所需时间，作业区不同地点流速、方向和水头，但限于当时计算机和软件技术的限制，仅可完成初步的溶浸面积计算[18]；谭凯旋等[4-5]对地浸开采中的多过程耦合作用与反应前锋运动开展相关研究工作，形成其基本理论体系，并通过数值模拟得到与现场试验结果较为相符的结论。

使用数值模拟方式确定溶浸范围也是一种常用方式，目前各类商业软件均涵盖此类功能，其中地下水数值模拟软件 Visual MODFLOW 使用最为广泛。赵春虎等[19]在某地浸采铀采区示踪弥散试验的基础上，使用 Visual MODFLOW 对某铀矿山含矿含水层的水动力场和溶质运移开展模型识别与校正工作，认为采用数值模型方法可对采区的水位和水质实现准确刻画。周义朋等[14]利用 Visual MODFLOW 软件模拟浸出剂在含矿含水层的渗流运移过程，利用软件中 Modpath 模块的粒子示踪技术模拟溶液渗流路径，最终根据踪迹线的分布计算并确定具体的溶浸范围。郑和秋野[20]以内蒙古巴彦乌拉铀矿床为研究对象，采用 Visual MODFLOW 建立地浸采铀水动力模型，研究不同抽注液量和不同井距条件下的溶浸范围与浸出剂利用率的定量表现。杨蕴等[21]以北方某采用中性浸出的砂岩型铀矿的抽注单元为研究对象，使用 T-PROGS 通过随机模拟和不确定性分析方法探究溶浸范围，结果表明其与储层非均质性分布息息相关，该方法对于浸出液铀浓度预测精度约94%，较为可靠。吴慧等[22]以动力模型与溶质运移模型为基础，通过 OpenGeoSys 软件探究不同酸碱度、自然水力梯度、迹线累计流量3种方式确定溶浸范围的差异，其中以酸碱度为标准圈定溶浸范围的方式精度最高，且易于实现。

李金柱[23]在室内渗流实验的基础上，结合我国某铀矿山的开采数据进行数值模拟，探究原地浸出过程中溶质运移规律及其溶浸范围，结论指出通过对井网参数的合理设置能够实现浸出剂和铀资源的不必要浪费。陈梦迪等[24]提出一种矿层非均匀参数分布随机表征方法，在此基础上，开展水盐耦合数值随机模拟，揭示不同渗透系数空间分布条件下，群井抽注所引起的溶液在砂岩铀矿储层内部迁移过程和影响范围。陈茜茜等[25]在内蒙古巴彦乌拉含铀矿床现场试验基础之上，建立水动力场—化学场耦合的反应运移模型，模拟酸法地浸工艺中铀矿物溶解沉淀的时空演化过程和矿物组成、反应动力学、铀矿浸出和铀的迁移影响机制。陈亮等[26]对伊犁盆地某矿床有针对性地开展浸出动力学特征研究，进一步进行丰富相关理论并模拟客观渗流特征；王晓东、谢廷婷、周义朋、刘正邦等分别采用示踪技术对地浸采铀过程中流体和相关离子的运移特征、溶浸范围和控制方式开展研究工作，相关成果可作为影响溶浸范围的重要影响因素，为生产科研提供有效指导[27-30]；Rehmann[31]、左维等[15]分别对某种病毒和某退役井场地下水污染物在含水层中传播特征进行研究，描述狭义溶浸范围内污染物的相关运移特征和规律。

3 溶浸范围的影响因素与控制方法

影响地浸采铀溶浸范围的因素包括矿体地质条件、溶液流动条件和矿体周围的区域水文地质条件等。有学者认为地浸采铀流场，是由渗流场、弥散场和浸出场3者构成的[28]，这3者也是由人工抽-注系统与天然地下水系统耦合而成的。其中天然地下水系统拥有自身客观的水文地质条件，而抽注液流系统是人为控制的人工流场，后者也是决定溶浸范围控制的手段。因此在理论和实践中，地浸从业者通过井网密度优化、设置抽注比、单元流量调控和减少外围水体稀释等方式来控制溶浸范围，地浸科研人员也对此开展大量的探索和研究[32]。

3.1 井网密度优化

地浸采铀井场是由按一定方式和间距布置的注入井、抽出井、监测井及其配套管网组成的完整系统，具体描述为一个抽出井与其空间上对应的若干个注入井组成的一个地浸采铀抽注单元，不同的抽注井分布方形成不同的井网类型。钻井施工是地浸采铀生产中最大的工程投资之一，钻井数量越多，所需建设资金越大，金属吨生产成本越高。合理的井网布置是地浸采铀行业长期聚焦的热点问题，井网密度决定着浸出剂的有效循环和资源回收率的高低。砂岩型铀矿资源的成功浸出很大程度上取决于井场工艺，而井场工艺首要面临的工作是选择合理的井网密度。相同工艺条件下，井网密度越大，矿山前期一次性投资成本越高，铀金属回收周期越短，矿山运营成本越大；井网密度越小，金属回收周期越长，矿山运营成本降低，矿山前期投资成本越低。对于低渗透铀矿床应该采用较小的井距才能取得较好的浸出效果，但较小的井距意味着需要较多钻井才能控制矿体。如何对井网密度进行科学合理的优化，是地浸采铀生产可同时兼顾资源回收率与经济效益，也是一个需要深入研究的科学问题。

地浸采铀井场网密度决定着浸出剂的有效循环和资源回收率的高低，选择合理的井网密度是井场工艺首要开展的工作[33]。井型和井距影响地浸开采的地下水动力学特征，从而影响浸出效果。地浸采铀的井型一般为网状或行列式结构，常用的有七点型、五点型、行列式Ⅰ、行列式Ⅱ[34]。井型不同，则抽出井、注入井在平面上的相对位置关系也不同，将会影响浸出剂的分配和矿体的均匀浸出。以五点型为例的网格井型矿体浸出相对比较均匀；而行列式井型的注入井分布于抽出井两侧，由于沟流作用导致该井型条件下矿体浸出的均匀性较差。苏联地浸专家卢切恩科等认为网格式井型可使浸出剂从边沿工艺井均匀流到中心工艺井，有利于铀矿体的均匀浸出，而且染色剂示踪法也证明在相同的操作条件下，七点型井型分布条件下矿体浸出效果最好[35]。美国最初的各地浸铀矿山井场钻井布置多采用网格式井型，苏联也仅在早期的小规模试验中采用过五点型[36]。随着地浸采铀技术的飞快进步和从业者知识结构的快速更新，各国在地浸采铀井型的选择上也出现了新变化，美国怀俄明州Christensen和内布拉斯加州Crow Butte地浸铀矿山根据矿体实际形态部分使用非传统井型[37]；捷克、保加利亚等国地浸铀矿山是网格式和行列式井型共存状态[38]；我国地浸采铀试验和实际生产中，主要选择是以五点型为主的网格式井型[39]。

在确定合理的井型后，也需要对井距进行确定，即抽出井和注入井之间的距离，以更好地浸出矿体中的铀。20世纪90年代美国地浸矿山井距的确定是通过计算机模拟不同井距的浸出过程，以确定最佳井距[40]；乌克兰、乌兹别克斯坦、哈萨克斯坦、俄罗斯及捷克等国家用地下水动力学模型的方法揭示不同井距的溶液运移特征[41]。王海峰等[42]分别在矿体埋深、矿层渗透性、铀品位、矿石组分、浸出率、酸耗、铀浓度、抽注液量等指标与井距之间的关系进行概化分析，建立确定合理井距的一般原则和方法。徐强对某地浸矿山从理论上计算出适宜矿山抽-注井距的范围[43]。

在与地浸采铀相近的石油行业，学者们对油田的井网开展诸多研究。孙致学等探究油田井网系统及注采参数对水合物开发的影响，建立矿场尺度的非均质性水合物矿体三维模型，并对井型、井距、CO_2注气速度等参数进行分析[44]。姚洪田[45]对油田不同类型井组进行参数分析，通过扩大波及体积提高聚驱采收率。杨子由等[46]根据地层各向异性、油藏渗流及井网具体特点，得到注采平面渗流场计算公式，并引入排驱概念对地层各向异性、井网加密方式进行适应分析。

相似地，谢廷婷等[47]在分析地浸铀矿开采工艺特点的基础上，通过对采区复杂多变地质条件的地浸采铀流场进行模拟，研究地浸采铀流场中抽注流量关系。胡柏石等[48]在层间氧化带砂岩铀矿床翼部矿体浸出剂流向控制技术研究中提出地浸钻井距的选择应密切联系矿床地质水文条件，同时应考虑地浸钻井工程费用和浸出液提升设备性能等因素，并根据不同地层条件提出井网密度经验值。常云霞等[49]开展关于地浸采铀井网密度优化及单元流量调控模拟技术的研究。因此基于地浸采铀的工艺特点，针对采区复杂多变地质条件的地浸采铀流场进行模拟，定义可表征井网密度优劣的特征参数并建立其求解方法；建立可计算地浸采铀流场中抽注井之间流量联系的方法及求解方程，为地浸采铀井场设计和流场控制提供理论依据及可量化计算的方法。

3.2 抽注比

在地浸采铀过程中的抽液量与注液量的比值，影响采区内溶液流失量和采区外围天然地下水流入量。溶液流失量随抽注液流量比值的增加而减少，而采区外围天然地下水的流入量则随抽注液流量比值的增大而升高[48]。因此，抽注比与地浸采铀矿山的生产成本直接相关，也影响开采区环境影响范围大小。为了在获得较高资源回收率的同时减少化学试剂对地下水的污染，国内外学者通过设置"固定抽注比"[11]来抑制溶液的扩散，即井场总抽液量大于总注液量0.3%～1%[50-51]，目前已开展了大量研究，并取得重要的成果。甘泉、张勇等针对钱家店铀矿床CO_2+O_2中性浸出地浸采铀矿山[52-53]，确定在较小抽注比（不超过1.003：1）条件下，能有效地控制溶液向外围扩散。徐强[43]对现行抽注液比措施进行详细阐述，并建议采运用单井精确控制方法可以将抽注比控制在1：1，大幅度降低企业生产成本。吉宏斌等[54]根据新疆某铀矿床采区地质、水文地质条件，研究抽注流量在采区各工艺井中不同的分配方式及不同抽注比对溶液渗流运移的影响。龙红福等[55]在总结伊犁某矿床近30年的地浸开采相关历史数据，表明地浸采铀过程中可通过适当的控制措施，做到不对采区外围及上下含水层造成污染，使地下水各项离子浓度均处于环保要求之内，溶液的扩散运移范围处于可控状态。曹英学等[56]探索不同抽注比例对地下水的环境影响，在不同抽注比例控制下，地下水环境影响范围是可控的。李德等[57]采用差异化的微单元抽注平衡管理，实现溶浸范围的有效控制，为水成砂岩型铀矿床地浸开采的溶浸范围控制提供借鉴经验。利广杰等[58]对新疆某地浸采铀矿山采区尺度进行水文地质数学模型的建立工作，提出改变个别注入井的注液量和抽出井的抽液量，就可以控制开采区内的地下水流向的观点。

目前我国地浸采铀科研和工程实践中，普遍采用抽液量大于注液量的方式来保证地下水安全环保，常规做法是抽注液比大于1：1.003。这种作业方式理论上简单可靠，但相对粗放，也存在着一些弊病：一是地浸井场通常可以达到几百个工艺井的抽注规模、日常抽注液量大，即便抽液量仅多出3‰，由于不能回注造成地表液体处理量非常庞大、成本较高。近年来，相关科研人员也在抽注液比方面开展了相关工作，论证抽注液比总体控制方式存在的不合理性[59]。二是工业实践中采用整体控制仅是总体的抽出大于注入，具体到边缘工艺井和采区某些边界单元实际控制效果难以预测，效果不理想，谢廷婷[47]、张翀等[12]开展的关于地浸采铀渗流场特征研究显示证实了这一点，该方法在我国地浸采铀生产实践中沿用了较长时间，但随着天然铀生产规模的扩大，地浸矿山每天需多抽高达数百立方米的溶液（按照最小抽注比0.3%计算）排放至蒸发池，排放溶液越多，配套蒸发池越大，从而带来基础建设投入高、占地面积大和地表环境友好度差等问题。此外，地浸采铀抽注液平衡控制方法受地层均质性、抽注流量、井距、过滤器安放位置及过滤器长度、抽注系统持续稳定运行能力等因素影响[12]，工程上很难实现精确控制。

3.3 单元流量调控

一个抽注单元是由一个抽出井与若干个注入井组成，地浸采铀流场的单元流量并非是抽注井流量计上简单的流量数值记录并加减。而是指每组抽注单元中，抽出井所抽取的液体和与其关联注入井的注液，以及地下水流体组成的有机系统；每组抽注单元中，从注入井注入的浸出剂流向哪些抽出井和地下水系统，以及与关联抽出井所抽取流体之间的体积关系。抽注作业形成群井抽注流场，抽注液量的大小及抽注比直接决定矿体的溶浸范围及地下矿体浸出效率。然而，目前对地浸采铀地下水水流状态的描述，如抽注井间水力联系、抽注比大小及其效果范围、人工抽注液与天然地下水体联系等，尚无明确数学定义，更未开展相应进行量化计算。

地浸采铀流场的单元流量，是由抽出井所抽取液体与其关联的注入井注入液体，及地下水流体共同组成；同时，注入井所注液体流向了哪些抽出井及相关地下水系统，与其关联的抽出井所抽取流体之间的体积关系。

由于国外地浸矿山铀资源储量大，品位高，地层开采条件好，因此对采区内单元流量调控关注较少，鲜有相关报道。在我国原地浸出采铀行业中，水文模拟技术应用较晚，处于起步阶段，并且多应用于浸出理论研究或者污染物迁移预测。例如，谭凯旋等[5]基于 Fortian 与 C++语言编制了一维至三维地浸采铀浸出过程各阶段的模拟程序系统。对于地浸采铀流场中水动力对流场和溶质弥散场的模拟多通过 Visual MODFLOW 和 GMS 软件实现。赵春虎等[19]在弥散试验基础上应用 Visual MODF-LOW 对某地浸矿山试验段建立三维数学模型。对利用实际钻孔资料、抽注液数据、示踪试验数据进行采区流场模拟的实例极少，在单元流量调控方面处于起步阶段。

虽然学者们对地浸采铀地下水水流状态的量化描述进行了多方面的探索，但是关于地浸采铀水动力对流场的研究都只从流场整体抽注平衡着手，没有更进一步考虑抽注井间水力联系和抽注单元内部的平衡，这限制了地浸采铀流场的准确认识，难以对采区抽注液平衡进行更精准的控制。

3.4 地浸采铀流场稀释

地浸采区流场是一个开放且持续与天然地层水产生水体交换的流场系统[49]，因此会造成部分天然地层水进入地浸流场，并与流场中的溶浸液进行水体交换[60-61]。这种水体交换不仅会造成铀浓度的降低，还会对周边天然地层水环境带来不利影响。目前，天然地层水对流场的影响分析停留在理论模型或单采区的简单定量描述阶段，很少有在地层非均质体刻画前提下进行的多采区多因素量化分析研究。王海峰等[42]采用 Visual MODFLOW 软件分析不同井型与地层水稀释量的关系，同时提出窄条带状矿体和正方形矿体中溶浸液受地层水影响的差异，但其仅对理论矿体模型进行分析评价；周义朋等[14]对新疆某地浸采区单元设置不同的抽注流量组合，进行数值模拟计算，得出地浸抽注平衡关系对采区内地层水流量的影响，但其仅分析一个浸出单元的流量数据，并采用层状概化法对地质体进行非均质性刻画。谢廷婷等[47,62]采用 GMS 软件中的 MODFLOW/MODPATH 和 MT3D 模块对内蒙古某地浸矿山井场水动力和弥散特征进行了模拟计算与研究，同时根据各抽出井的地层水影响比率对地浸流场进行了周期划分，但未对地层均质性、总体抽注比、不同抽注流量、过滤器安放位置及过滤器长度等因素的影响进行深入分析，存在一定局限性。

4 结束语

4.1 问题及表现

地浸采铀行业长期对溶浸范围概念缺少准确定义，对地下水流场运移规律的精准描绘也存在诸多不足，是科研生产中难以精准浸出的原因之一。具体表现在 3 个方面：一是难以精准确定溶浸范围的大小和边界；二是难以高效提升铀资源回收率；三是难以精确控制浸出剂向外围天然地下水系统的扩散。

4.2 建议

① 建议针对复杂地质水文条件下的流场精细刻画、抽-注系统对流场边界、井网密度、单元流量平衡及调控机制等关键科学问题的加强系统性研究，增加项目支持和资金投入。

② 建议加强对采区地层水稀释、井场外围小流量注液、过滤器精准布设等溶浸范围控制技术的科研攻关，及时进行工程验证。

参考文献：

[1] 世界核协会．WNA 发布最新版核燃料报告［J］．辐射防护通讯，2021，41（3）：38－41.

[2] 姜岩，姚益轩，廖文胜，等．地浸采铀作业过程地层伤害原因分析［C］．//中国核学会．中国核学会 2009 年学术年会论文集：第 1 卷．北京：中国原子能出版社，2009：752－762.

[3] SEREDKIN M, ZABOLOTSKY A, JEFFRESS G. In-situ recovery, an alternative to conventional methods of mining：Exploration, resource estimation, environmental issues, project evaluation and economics. ［J］. Ore Geology Reviews, 2016, 79：500－514.

[4] 谭凯旋，王清良，胡鄂明，等．原地溶浸开采中的多过程耦合作用与反应前锋运动：1. 理论分析［J］．铀矿冶，2005，24（1）：14－18.

[5] 谭凯旋，王清良，胡鄂明，等．原地溶浸开采中的多过程耦合作用与反应前锋运动：2. 数值模拟［J］．铀矿冶，2005，24（2）：57－61.

[6] PANFILOV M, URALBEKOV B, BURKITBAYEV M. Reactive transport in the underground leaching of uranium：Asymptotic analytical solution for multi-reaction model ［J］. Hydrometallurgy, 2016，160：60－72.

[7] GRESKOWIAK J, PROMMER H, LIU C, et al. Comparison of parameter sensitivities between a laboratory and field scale model of uranium transport in a dualdomain, distributed-rate reactive system ［J］. Water Resources Research, 2010, 46（9）：4921－4921.

[8] В. А. Грабовников. ГЕОТЕХНОЛОГИЧЕСКИЕ ИССЛЕДОВАНИЯ ПРИ РАЗВЕДКЕ МЕТАЛЛОВ ［R］.1983.

[9] 王西文．原地浸出采铀控制溶浸范围的原理［Z］．核工业第六研究所，1993.

[10] 王海峰，苏学斌．新疆伊宁地浸矿山井场抽注平衡问题的刍议［J］．铀矿冶，1999（3）：145－149.

[11] 阙为民，谭亚辉，曾毅君，等．原地浸出采铀反应动力学和物质运移［M］．北京：中国原子能出版社，2002，43－44.

[12] ZHANG C, XIE T T, Tan K X, et al. Hydrodynamic simulation of the influence of injection flowrate regulation on in-Situ leaching range ［J］. Minerals, 2022, 12：787.

[13] SHAYAKHMETOV N M, AIZHULOV D Y, ALIBAYEVA K A, et al. Application of hadrochemical simulation model to determination of optimal well pattern for mineral production with In-Situ Leaching, ［J］. Procedia computer science, 2020（178）：84－93.

[14] 周义朋，沈照理，孙占学，等．地浸采铀抽注平衡关系对溶浸液流失与地下水流入的影响［J］．有色金属（矿山部分），2013，65（4）：1－4.

[15] 左维，谭凯旋．新疆某地浸采铀矿山退役井场地下水污染特征［J］．南华大学学报（自然科学版），2014（4）：17－24.

[16] 崔欣．物探方法监测地浸矿山溶浸范围的模型试验研究［C］//中国核学会．中国核科学技术进展报告（第三卷）：中国核学会 2013 年学术年会论文集第 2 册（铀矿冶分卷、核能动力分卷（上））．北京：中国原子能出版社，2013：144－151.

[17] 何柯，李建华，叶高峰，等．砂岩型铀矿床地浸开采过程电法监测原理与应用［J］．铀矿地质，2018，34（5）：305－313.

[18] 王树德．圈定溶浸范围的方法及计算机模拟系统［Z］.2007.

[19] 赵春虎，李国敏，雷奇峰，等．数值模拟技术在地浸采铀矿山中的应用［J］．工程勘察，2008（7）：27－31.

[20] 郑和秋野．巴彦乌拉铀矿现场地浸条件试验与地浸场水动力模拟［D］．南昌：东华理工大学，2017.

[21] 杨蕴，南文贵，邱文杰等．非均质矿层 $CO_2＋O_2$ 地浸采铀溶浸过程数值模拟与调控［J］．水动力学研究与进展 A 辑，2022，37（5）：639－649.

[22] 吴慧，罗跃，李寻，等．利用数值模拟确定地浸采铀过程中溶浸范围［J］．有色金属（冶炼部分），2023（4）：28－37.

[23] 李金柱．原地浸出采铀物理化学渗流实验及溶质运移模拟［D］．衡阳：南华大学，2020.

[24] 陈梦迪，姜振蛟，霍晨琛．考虑矿层渗透系数非均质性和不确定性的砂岩型铀矿地浸采铀过程随机模拟与分析［J］．水文地质工程地质，2023（2）：63－72.

［25］ 陈茜茜，罗跃，李寻，等．基于 PHT3D 软件的酸法地浸采铀过程模拟探讨［J］．有色金属：冶炼部分，2019（11）：6．

［26］ 陈亮，谭凯旋，刘江，等．伊犁盆地某砂岩铀矿的浸出动力学特征［J］．金属矿山，2013，43（3）：18-20．

［27］ 王晓东，吴黎武，段柏山，等．井间示踪在新疆某地浸采铀中的试验研究［J］．铀矿冶，2014，33（3）：130-133．

［28］ 谢廷婷，丁叶，周根茂，等．某地浸采铀条件试验酸化前后同源示踪对比试验模拟分析［J］．铀矿冶，2018，37（1）：1-8．

［29］ 周义朋，沈照理，孙占学，等．应用粒子示踪模拟技术确定地浸采铀溶浸范围［J］．中国矿业，2015（2）：117-120．

［30］ 刘正邦，王海峰，闻振乾，等．地浸采铀井场溶液运移特征与抽注液量控制研究［J］．铀矿冶，2017（1）：23-26．

［31］ REHMANN C，LINDA L，WELTY C，et al. Stochastic analysis of virus transport in aquifers［J］. Water Resources Research，1999，35（7）：1987-2006．

［32］ SIMON R B，THIRY M，SCHMITT J M，et al. Kinetic reactive transport modelling of column tests for uranium In Situ Recovery（ISR）mining［J］. Applied geochemistry，2014（51）：116-129．

［33］ 姚益轩，阙为民．地浸采铀中几个重要因素的技术经济分析［J］．铀矿开采，1999，23（3）：1-8．

［34］ 姚益轩．原发浸出采铀井型研究［J］．铀矿冶，2000，19（3）：153-160．

［35］ 卢切恩科 И К，别列茨基 В И，达维多娃 Л Г．无井采矿法［M］．衡阳：核工业第六研究所，1986．

［36］ 张建国，王海峰，姜岩，等．美国碱法地浸采铀工艺技术概况［J］．铀矿冶，2005，24（1）：6-12．

［37］ KNODE R H. Crow Butte ISL Uranium Mine：Well fields from design through operation．［C］.//Technical Committee Meeting on ISL Uranium Mining. Alma-Ata：IAEA，1996．

［38］ 王正邦．国外地浸砂岩型铀矿地质发展现状与展望［J］．铀矿地质，2002，（18）1：9-21．

［39］ 李珍媛．美国过去、现在和将来的铀地浸采铀业［J］．世界核地质科学，2000，17（4）：299-306．

［40］ 徐乐昌，王德林，孙先荣，等．美国 SmithRanch 铀矿地浸工艺与设施介绍［J］．铀矿冶，24（2）：71-75．

［41］ 李晓剑，李建东．哈萨克斯坦地浸钻孔工程与资源评价相关技术［J］．铀矿冶，24（2）：62-65．

［42］ 王海峰，阙为民，钟平汝．原地浸出采铀技术与实践［M］．北京：中国原子能出版社，1998：121-124．

［43］ 徐强．地浸矿山抽注比对溶浸范围影响研究［J］．铀矿冶，2017，（B06）：93-97．

［44］ 孙致学，姚军，唐永亮，等．低渗透油藏水平井联合井网型式研究［J］．油气地质与采收率，2011（5）：4．

［45］ 姚洪田．通过扩大波及体积提高聚驱采收率［J］．石油工业技术监督，2019，35（6）：8-12．

［46］ 杨子由，陈民锋，屈丹等．特低渗透各向异性油藏井网加密储量动用规律［J］．油气地质与采收率，2020，27（3）：57-63．

［47］ 谢廷婷，姚益轩，甘楠，等．地浸采铀渗流弥散场特征分析及应用（待续）［J］．铀矿冶，2016，35（3）：149-158．

［48］ 胡柏石，谭亚辉，姜岩．低承压水头条件下地浸钻孔施工与成孔工艺特征探讨［J］．铀矿冶，2005（3）：118-123．

［49］ 常云霞，谭凯旋，张翀，等．地浸采铀井场溶浸范围的地下水动力学控制模拟研究［J］．南华大学学报（自然科学版），2020，34（5）：29-36．

［50］ 王海峰，谭亚辉，杜运斌，等．原地浸出采铀井场工艺［M］．北京：冶金工业出版，2002：48-55．

［51］ 苏学斌，周根茂，谭亚辉，等．复杂砂岩型铀矿床地浸开采特殊技术［M］．北京：中国原子能出版社，2020：346-347．

［52］ 甘泉．CO_2+O_2 中性原地浸出采铀矿山井场抽注液平衡与地下水环境的影响关系［J］．铀矿冶，2017，36（S1）：87-92．

［53］ 张勇，马连春，张渤，等．低渗透性铀矿床浸出过程对地下水环境影响的探讨［J］．铀矿冶，2017，36（S1）：75-86．

［54］ 吉宏斌，黄群英，周义朋，等．抽注流量分配及抽注比对地浸溶液扩散的影响［J］．铀矿冶，2017（3）：172-181．

［55］ 龙红福，沈红伟，何小同，等．酸法地浸采铀过程中地下水控制的实践［J］．铀矿冶，2017，36（S1）：58-65．

［56］ 曹英学，左维，鲍占祥，等．不同抽注比例控制对地浸采铀矿山地下水环境影响的实践与探索［J］．铀矿冶，2017，36（2）：134-143．

［57］ 李德，段柏山．微观平衡优化地浸采场溶浸范围［J］．铀矿冶，2017（4）：41-45．

[58] 利广杰，王海峰，张勇．基于 Visual MODFLOW 地下水数值模拟在地浸采铀中的应用 [J]．铀矿冶，2011，30（1）：1－5.

[59] ZHANG C，TAN K X，XIE T T，et al. Flow sicrobalance simulation of pumping and injection unit in situ leaching uranium mining area [J]．Processes，2021，9：1288.

[60] TAN K X，WANG Q L，LIU Z H，et al. Nonlinear dynamics of flow-reaction coupling in porous media and application to in-Situ leaching uranium mining [J]．International journal of modern physics B，2004，18（17－19）：2663－2668.

[61] LI L，XIA F，LIU J，et al. 3D quantitative prediction of the groundwater potential area-a case study of a simple geological structure aquifer [J]．ACS omega，2022（7）：18004－18016.

[62] 谢廷婷，姚益轩，甘楠，等．地浸采铀渗流弥散场特征分析及应用（续完）[J]．铀矿冶，2016，35（4）：229－239.

Research progress on leaching range theory and influencing factors of in-situ leaching of uranium

ZHANG Chong，JIA Hao，XIE Ting-ting*，LI Qin-ci

(Beijing Research Institute of Chemical Engineering Metallurgy，Beijing 101149，China；Research Center of Uranium Mining and Metallurgical Engineering Technology，Beijing 101149，China)

Abstract：For the past half-century, the extensive application of in-situ leaching technology has greatly promoted the development of sandstone-type uranium resources worldwide. As the most important uranium mining method in China, in-situ leaching technology needs to couple multiple dynamic fields such as groundwater hydrodynamics and chemical reaction dynamics in order to grasp the reaction and transport processes of the solution inside the ore and the flow field state of the wellfield, and to adopt more scientific methods to regulate the specific leaching range and thus improve the recovery efficiency of uranium resources. Currently, research on basic laws and key technical issues such as the theoretical connotation of the leaching range of in-situ leaching of uranium, the range of influence of wellfield hydrodynamics, the spreading process of the leaching solution, the hydraulic connection between extraction holes, the systematic comparative studies are insufficient. Therefore, a detailed summary of the historical development of the leaching range in the wellfield of in-situ leaching of uranium, the delineation methods, influencing factors, and control methods is of great significance for the improvement and enhancement of the fundamental theory of the in-situ leaching of uranium industry.

Key words：In-situ leaching of uranium；Leaching range；Hydrodynamic field；Regulation method

聚合硫酸铁在纯化废水中深度除铀的技术研究

王　岳，胡　港，孙　斌，张　希

（中核二七二铀业有限责任公司，湖南　衡阳　421004）

摘　要：随着国家对含铀废水的排放要求愈加严格，急须找到一种能深度处理水中铀含量的方法。本实验针对中核二七二铀业有限责任公司含铀废水的特点，通过选用市面常见的聚合硫酸铁对铀纯化废水进行了实验条件下的深度除铀的小型台架试验，利用聚合硫酸铁的水解产生的疏水氢氧化铁沉淀的机制，通过吸附、架桥、黏附等作用，吸附水中的金属铀离子，实现废液除铀的目的。实验分别从反应 pH 值、反应后静置时间、聚合硫酸铁加入量、反应搅拌速度等几个方面研究聚合硫酸铁对含铀废水铀去除率的影响，并得到聚合硫酸铁除铀优化的最佳工艺参数：在选取反应 pH 值在 5～7，聚合硫酸铁用量 0.5 g/L，搅拌速度 300 r/min 的情况下，废水中除铀率可达到 98％以上，铀浓度基本实现低于 100 μg/L，基本实现铀浓度达标排放的要求。

关键词：废水除铀；絮凝；聚合硫酸铁

中核二七二铀业有限责任公司铀纯化生产以铀化学浓缩物为原料，经硝酸溶解、萃取后产生的含铀、含硝酸根废水。含铀废水一般具有以下几个特点：水体中铀的存在形态主要是以 U（Ⅳ）价态可溶性较好的铀酰离子（UO_2^{2+}）的形式而存在，不容易去除[1]。目前纯化废水处理一般以控制酸性废水（峰值铀浓度低于 30 mg/L，平均浓度低于 10 mg/L）与碱性废水混合，排放至废水处理中心，经与石灰乳中和后外排，外排废水符合《铀矿冶辐射防护和辐射环境保护规定》（GB 23727—2020），废水排放口处铀浓度低于 300 μg/L。

随着国家环保执行标准越来越严格，含铀废水的排放必将要求更高，根据《铀加工与燃料制造设施辐射防护规定》（EJ 1056—2005）要求，废液处理设施排出口铀浓度限值 100 μg/L，工业下水总排出口铀浓度限值为 50 μg/L，该规定不止对公司废水排放总出口提出了要求，也对车间废水出口提出了明确的规定。要能进一步做到对大量的放射性废水进行优化处理，减少废水中的铀含量，降低放射性废水量对环境的影响，达到节能减排。因此，研究开发含铀废水深度除铀技术，实现铀纯化生产含铀废水的零排放是十分必要的。

聚合硫酸铁目前大量用于处理饮用水、工业用水、工业废水、城市污水的处理行业。用聚合硫酸铁处理含氟量中等或偏低的水，水样中氟离子除去率可达到 96％以上，残留的氟离子不超过 1 mg/L[2]。用聚合硫酸铁处理地下渗水的小试结果表明，通过 PFS 的混凝作用，协同沉淀的吸附作用，可以有效地对含锑砷废水进行处理，废水处理中锑浓度降至 0.30 mg/L 以下，砷浓度降至 0.10 mg/L 以下[3]。聚合硫酸铁去除水中砷，当砷的初始浓度小于 5000 μg/L 时，用该法可将砷的浓度降低到 50 μg/L 以下[4]。因此，考虑选用聚合硫酸铁来进行试验，探究其在废水中除铀的效果。

1　实验部分

1.1　实验原理

聚合硫酸铁［$Fe_2(OH)_n(SO_4)_{3-n/2}$］$_m$ 在水中水解产生［$Fe(OH)(H_2O)_5$］$^{2+}$、［$Fe_2(OH)_3(H_2O)_7$］$^{3+}$、［$Fe_2(OH)_2(H_2O)_8$］$^{4+}$、［$Fe_3(OH)_4(H_2O)_5$］$^{5+}$、［$Fe_3(OH)_3(H_2O)_6$］$^{6+}$ 等一系列多核高价络合阳离子，能够中和水中的悬浮颗粒表面电荷，增大颗粒的不稳定倾向，当胶体粒子相互运动碰撞

作者简介：王岳（1993—），男，湖南衡阳人，工程师，学士学位，核化工行业。

时，聚集起来迅速沉降，形成矾花状络合物，这些络合物进一步水解，产物通过吸附、黏附等作用，吸附水中的金属铀离子。同时它还具有架桥联结作用，高分子絮凝体的许多链节分别吸附在水中的胶体杂质、重金属离子等不同颗粒表面上产生架桥联结，生成粗大的絮凝体而沉淀下来，从而把纯化废水中铀浓度降低下来[5]，实现深度除铀的目的。

1.2 主要仪器与试剂

搅拌器，烧杯，量筒，电子秤，胶头滴管，移液管，pH 计。聚合硫酸铁 [$Fe_2(OH)_n(SO_4)_{3-n/2}]_m$，稀硝酸，NaOH 溶液（0.18 g/mL），纯化生产现场废液。

1.3 实验方法

（1）①取纯化生产现场废液（U 浓度 6015.21 μg/L，pH＝1.00）。②取 10 g 聚合硫酸铁粉末配置浓度为 100 g/L 聚合硫酸铁溶液。

（2）取一定量原液。

（3）预处理在搅拌过程中加入 NaOH 溶液调投料 pH 值。

（4）在低速搅拌过程中加入一定量的聚合硫酸铁溶液（100 g/L）。

（5）在低速搅拌过程中加入 NaOH 溶液或稀硝酸调反应 pH 值。

（6）低速搅拌 10 min，静置，过滤取上清液分析。

1.4 分析方法

pH 采用玻璃电极测定，铀浓度采用微量铀分析仪测定。

2 结果及分析

2.1 探究反应 pH 值对聚合硫酸铁除 U 效果影响

加入 5.0 mL 聚合硫酸铁溶液（100 g/L）。用 NaOH 溶液分别调节反应 pH 值为 5.03、6.05、7.11、8.05、9.05，搅拌 10 min，静置 21 h，过滤取上清液分析（图 1）。

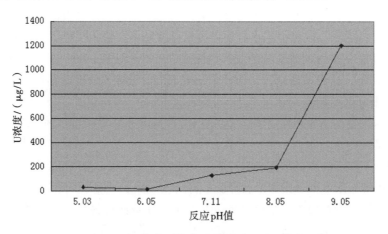

图 1 反应 pH 值对聚合硫酸铁除 U 效果影响

由图 1 可见，加入聚合硫酸铁溶液后，调节反应 pH 值 5～7 时，溶液铀浓度可少于100 μg/L，在 pH＝6.00 时，效果最好，反应 pH 大于 7.00 时溶液 U 浓度随着 pH 的增大而增高。这主要是由于在弱酸或酸性的条件下，铀主要是以铀酰根离子 UO_2^{2+} 存在，宜被还原，水解生成氢氧化铀酰沉淀，铀去除率高，但由于氢氧化铀酰具有两性性质，在 pH 值接近中性或者呈碱性的情况下，氢氧化铀酰可以形成 UO_4^{2-} 和 $U_2O_7^{2-}$ 等离子，铀又重新回到溶液中，故在碱性条件下铀的去除率随 pH 的增加而减少[6]。因此 pH 值过高，铀去除率会急剧下降，酸性或者弱酸性条件更有利于铀的去除。

2.2 探究聚合硫酸铁的用量对聚合硫酸铁除 U 效果影响

分别取 200 mL 原液于 5 个烧杯中，用 NaOH 溶液调节投料 pH 值为 pH 值在 6.50 左右，分别加入 0.5 mL、1.0 mL、2.0 mL、3.0 mL、5.0 mL 的聚合硫酸铁溶液（100 g/L）。用 NaOH 溶液调节反应 pH 值在 6.50 左右，搅拌 10 min，静置 21 h，过滤取上清液分析（图 2）。

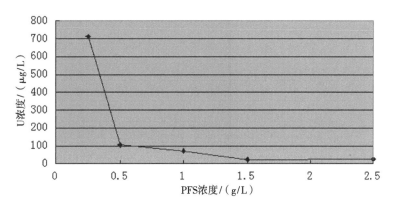

图 2　聚合硫酸铁的用量对除 U 效果影响

由图 2 可见，当废水铀浓度在 6015.21 $\mu g/L$ 情况下，0.5 g/L 的聚合硫酸铁用量已能达到预期效果，用量在 0.5～1.5 g/L 时用量越多聚合硫酸铁的除 U 效果越好，大于 1.5 g/L 聚合硫酸铁越多对聚合硫酸铁的除 U 影响不大。

2.3 探究静置时间对聚合硫酸铁除 U 效果影响

分别取 1L 原液于烧杯中，用 NaOH 溶液调节投料 pH 值为 pH 值在 6.50 左右，加入 5.0 mL 的聚合硫酸铁溶液（100 g/L）。用 NaOH 溶液调节反应 pH 值在 6.50 左右，搅拌 10 min，分别静置 0.1 h、0.5 h、1 h、7 h、24 h，过滤取上清液分析（图 3）。

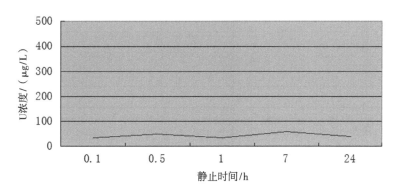

图 3　静置时间对聚合硫酸铁除 U 效果影响

由图 3 可见，静置时间大于 10 min 以后，溶液中铀含量基本无变化，表明在加入聚合硫酸铁低速搅拌过程中，反应在最初进行的很快，铀离子基本已被吸附载带沉淀下来，随后长时间的静置，除铀效果较为稳定，并没有出现反溶解的现象。

2.4 探究搅拌速度对聚合硫酸铁除 U 效果影响

分别取 1 L 原液于烧杯中，用 NaOH 溶液调节投料 pH 值为 pH 值在 6.50 左右，加入 5.0 mL 的聚合硫酸铁溶液（100 g/L）。用 NaOH 溶液调节反应 pH 值在 6.50 左右，分别在 50 r/min、100 r/min、200 r/min、300 r/min 的搅拌速度下搅拌 10 min，静置 21 h，过滤取上清液分析（图 4）。

絮凝过程中，絮体的沉降速度是影响混凝效果的重要因素，絮凝速度快，则絮凝效果高。搅拌可使聚合硫酸铁均匀的分散到悬浮液中，使水中颗粒碰撞机会增加，达到高效絮凝，搅拌过于剧烈，会使形成的絮体结构破碎，造成絮凝效果降低，导致除铀能力下降[7]。由图4可见，搅拌速度300 r/min效果达到最佳。

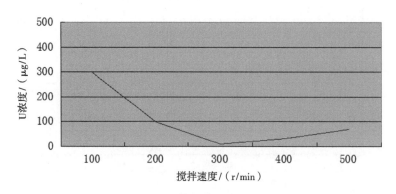

图4 搅拌速度对聚合硫酸铁除U效果影响

2.5 最优参数验证实验

根据上述实验结果，选取最优的一组参数进行验证实验。分别取1 L原液于烧杯中，加入1.5 g聚合硫酸铁，用NaOH溶液调节反应pH值在6.50左右，在300 r/min的搅拌速度下搅拌10 min，静置10 min，过滤取上清液分析（表1）。

表1 最优参数组合除U效果影响

序号	U浓度/（μg/L）	除铀率
原液	6015.21	—
1	21.61	99.6%
2	17.27	99.7%
3	19.19	99.7%
4	15.15	99.7%
5	13.54	99.8%

注：根据最优参数进行重复实验，实验数据表明，废液的除铀率基本保持在99%以上，具有良好的除铀效果。

3 总结

① 采用聚合硫酸铁对含铀废水进行深度除铀，选取反应pH值为6.00，聚合硫酸铁用量1.5 g/L，搅拌速度300 r/min的情况下，废水中除铀率可达到99%以上，铀浓度基本实现低于50 μg/L。

② 整个除铀流程控制参数少，操作简单，易于调节，对废水初始pH值要求低，不用配置特定的反应环境，除铀速度快，沉淀不会产生反溶解现象，具有明显的深度除铀应用效果，且聚合硫酸铁来源广泛、成本较低，在废水除铀领域中有良好的应用前景。

参考文献：

[1] 林莹，高柏，李元锋．核工业低浓度含铀废水处理技术进展 [J]．山东化工，2009，38（3）：35-38．

[2] 陈杰山，杨春平．聚合硫酸铁处理含氟废水的研究 [J]．广东化工，2008，35（12）：82-84．

[3] 欧阳慧，欧阳彬，赵工业．聚合硫酸铁处理含锑砷地下渗水试验研究 [J]．中国金属通报，2017（10）：77-78．

［4］ 肖明尧，张欣，李义连，等．聚合硫酸铁去除水中砷的实验研究［J］．安全与环境工程，2007（4）：49－53．

［5］ 张萍，古伟，宏朱淑．聚合硫酸铁在废水处理中的应用［J］．黑龙江省环境报，1999，23（1）：58－59．

［6］ 沉朝纯．铀及其化合物的化学与工艺学［M］．北京：中国原子能出版社，1991．

［7］ 杜锡蓉，陈冬辰，王珊珊．聚合硫酸铁的混凝机理［J］．山东建筑工程学院报，1998（1）：82－86．

Study on deep removal of uranium from uranium purification wastewater by polyferric sulfate

WANG Yue，HU Gang，SUN Bin，ZHANG Xi

(272 uranium industry Co，Ltd of China National Nuclear Cooperation，Hengyang，Hunan 421004，China)

Abstract：With the increasingly strict national requirements for the discharge of uranium containing wastewater, it is urgent to find a method to deeply treat the solubility of uranium in water. According to the characteristics of uranium containing wastewater of China Nuclear 272 uranium industry Co. , Ltd. , a small bench test of deep uranium removal from uranium purification wastewater under experimental conditions was carried out by selecting common polyferric sulfate in the market. The metal uranium ions in the water were adsorbed by the mechanism of hydrophobic iron hydroxide precipitation produced by the hydrolysis of polyferric sulfate through adsorption, bridging and adhesion, The purpose of uranium removal from waste liquid is realized. The effects of polymeric ferric sulfate on uranium removal from uranium containing wastewater were studied from the aspects of reaction pH value, standing time after reaction, amount of polymeric ferric sulfate and reaction stirring speed, and the optimal process parameters were obtained：when the reaction pH value was 5~7, the amount of polymeric ferric sulfate was 0. 5 g/L and the stirring speed was 300 r/min, The uranium removal rate in the wastewater can reach more than 98%, the uranium concentration is basically lower than 100 μg/L, and the uranium concentration meets the discharge requirements.

Key words：Uranium removal from wastewater；Flocculation；Polyferric sulfate

氧压酸浸钼浸出率降低的原因分析及技改方案研究

高东星[1]，刘　硕[1]，程瑞泉[1]，刘　辉[2]，刘永涛[1]，

任志刚[1]，李映兵[1]，霍艳彬[1]

（1. 中核沽源铀业有限责任公司，河北　张家口　076561；2. 核工业北京化工冶金研究院，北京　101149）

摘　要： 针对河北某铀钼矿氧压酸浸生产线钼浸出率降低的原因进行调查分析和试验研究，查明导致钼浸出率降低的主要原因是工艺循环水中的一价阳离子 Na_4^+ 和 Na^+ 的积累，试验结果表明，当 Na^+ 为 10 g/L 时，钼浸出率降至 72.75%；当 Na^+ 为 2.5 g/L 时，钼浸出率降至 75.98%。提出导致钼浸出率降低的反应机理是氧压高温条件下一价阳离子与 Fe^{3+} 形成铁矾沉淀后与 Mo 共沉淀的结果。通过技改方案对比研究，针对 Na^+ 的解决方案是采用 "TFA 萃取回收酸沉母液中的钼、萃余水中和汽提生产氨水" 的工艺流程，既避免 Na^+ 引入生产系统水中，又实现酸沉母液中钼金属和副产品氨水的回收，可起到提质增效的作用，同时还将改善生产操作环境，产生一定环境效益。基于本文研究提出的技改方案，为工业化改造实施提供了技术依据。

关键词： 氧压酸浸；钼浸出率；酸沉母液；中和汽提；技改方案

钼的应用非常广泛，不仅主要作为生产低合金钢、合金钢、不锈钢、工具钢、铸铁、超级合金、钼基合金等的添加剂；钼化学品主要用作润滑剂，产品包括纯钼氧化物、钼酸盐及润滑剂等；同时钼在催化剂、颜料、防腐蚀剂和试剂等方面有着重要作用。根据国际钼业协会（IMOA）的统计数据，2020 年全球约 81% 的钼产品以氧化钼或钼铁等炉料形式应用于钢铁业，13% 用于钼化工，6% 用于金属制品等行业。由于钼资源在各领域的消费占比可以看出钼的消费主要受钢铁工业发展的影响，随着社会的不断发展推进，高精尖科技及其他领域对钼资源的需求会逐渐升高和快速发展起来，不仅如此，钼在现代工业的消费终端也渗透应用较为广泛。

本文针对河北某铀钼矿水冶厂工艺循环水中杂质离子对氧压浸出的影响展开试验研究，查明造成钼浸出率降低的具体杂质元素及其影响程度，并通过开展相应的技术研究，为工业化改造实施提供技术依据。

1　工艺循环水主要成分分析

该厂水冶生产为零废水排放。生产废水（主要是铀萃余水）用电石渣中和（终点 pH 值为 8.0 ± 0.5），固液分离后的水再经活性炭吸附除油（控制油分 <50 $\mu g/g$）后返回生产系统使用，为此对生产系统的废水及中和处理后的工艺循环水中的杂质元素进行分析统计，数据如表 1 所示。

表 1　生产废水、工艺循环水中杂质离子浓度

样品名称	杂质离子浓度/（g/L）										
	SO_4^{2-}	Na_4^+	Na^+	CaO	K^+	MgO	Fe^{3+}	Al^{3+}	SiO_2	P	As
生产废水	57.460	9.115	1.705	0.679	0.445	0.280	3.450	1.545	0.359	0.059	0.138
工艺循环水	24.470	8.210	1.405	0.565	0.435	0.186	0.077	0.068	0.018	0.015	0.008

作者简介： 高东星（1986—），男，吉林省榆树市，中级工程师，大学本科，主要从事铀钼矿湿法冶炼科研、生产工作。

可见，铀萃余水中 Fe、Al、Si、As 等经电石渣中和反应生成了沉淀，固液分离后随尾渣排出，中和处理后的工艺循环水中这些杂质离子的浓度明显降低，而 NH_4^+、Na^+、Ca^{2+}、K^+ 在工艺循环水中浓度未有明显减少。其中，K^+ 是由矿石中的少量含钾矿物溶解而进入系统水中，但其总体含量少；Ca^{2+} 是由电石渣中和引入生产系统，因 $CaSO_4$ 微溶于水，故其在系统水中浓度并不高；而 NH_4^+、Na^+ 是由工艺生产中所需的化工原材料引入，在中和处理后除少部分被夹带外，大部分仍留在回用水中，其浓度分别达到了 8.210 g/L、1.405 g/L。

2 杂质离子对氧压酸浸钼浸出率的影响试验

根据工艺循环水主要成分分析结果，确定 NH_4^+、Na^+、Ca^{2+} 为试验考察的杂质离子，采用 GSA 型 2 L 立式衬钛加压釜进行杂质离子影响试验研究。试验内容包括：①验证工艺循环水与清水配制浸出剂对氧压浸出的影响；②采用单一变量法，在清水中添加某种杂质离子进行氧压浸出，探明造成钼浸出率差异的具体杂质离子，及该种杂质离子在不同浓度条件下的钼浸出率情况。

2.1 试验准备

从生产线上取得的铀钼矿经破碎—干磨—混匀，获得粒度 60 目占比＞96％的原矿试验样品，将矿样、硫酸、制浆水分别按一定比例混合放入加压釜中，将氧分压调整至试验需要值，密闭升温，当温度升至设定值时开始计时，反应结束后降温、冷却釜体，物料过滤分离，浸出渣放入烘箱烘干。浸出渣进行钼含量分析，以计算钼浸出率。试验矿样及试验用工艺循环水组成如表 2、表 3 所示。

表 2 铀钼矿主要成分化学分析

成分	U	Mo	P	Fe^{3+}	Al	CaO	SiO_2	SO_4^{2-}	K
含量	0.069％	1.020％	0.054％	1.910％	5.900％	0.304％	85.680％	9.030％	0.510％

表 3 试验用工艺循环水主要成分化学分析

成分	Mo	NH_4^+	K^+	Na^+	Fe^{3+}	Al^{3+}	Ca^{2+}	SiO_2	SO_4^{2-}
浓度／(g/L)	0.016	9.730	0.200	2.020	0.029	0.054	0.580	0.015	31.210

2.2 试验工艺参数

试验基本条件：单釜矿样量 300 g，液固比 2，浸出剂根据试验要求由清水与该杂质离子的盐配制而成，添加的杂质离子以工艺循环水中杂质离子浓度进行参考，工艺循环水取自生产线，初始反应酸度 35 g/L，反应温度 160 ℃，反应时间 2 h，搅拌转速 600 rpm，釜压 0.9 MPa，氧分压 0.3 MPa。

2.3 试验结果与分析

2.3.1 工艺循环水配制浸出剂的影响试验

分别用工艺循环水与清水配制浸出剂，在模拟现有氧压生产工艺参数条件下分别进行浸出试验，试验结果如表 4 所示。

表 4 工艺循环水对氧压浸出的影响试验结果

编号	试验条件／(g/L)			浸出液／(g/L)						
	NH_4^+	Na^+	Ca^{2+}	U	Mo	Fe^{3+}	H_2SO_4	NH_4^+	Na^+	Ca^{2+}
GY-1	/	/	0.060	0.320	4.510	3.220	26.000	/	0.040	0.338
GY-2	9.730	2.020	0.580	0.318	3.140	2.380	36.000	9.480	1.900	0.758

编号	浸出渣			备注
	Mo	U	Mo 浸出率	
GY-1	0.184%	0.005%	81.96%	清水（"/"表示未检出）
GY-2	0.316%	0.007%	69.02%	工艺循环水

结果表明：①清水配制浸出剂时钼的浸出率为 81.960%，工艺循环水配制浸出剂时钼浸出率 69.020%，证实了工艺循环水对钼浸出率的影响较大；②与清水相比，工艺循环水的浸出液中 Fe^{3+} 浓度从 3.220 g/L 降低至 2.380 g/L，而余酸从 26 g/L 增加到 36 g/L，同时 NH_4^+ 和 Na^+ 浓度有一定的降低，说明有铁的水解沉淀物产生，同时释放出了一定量的硫酸。

2.3.2 NH_4^+ 对氧压浸出的影响

在清水中添加不同量硫酸铵的条件下配制浸出剂，对不同 NH_4^+ 浓度对氧压浸出的影响开展试验，试验条件及结果如表 5 所示。

表 5 NH_4^+ 对氧压浸出的影响试验结果

编号	试验条件 NH_4^+/(g/L)	浸出液/(g/L)					浸出渣	
		U	Mo	Fe^{3+}	H_2SO_4	Na^+	Mo/(g/L)	Mo 浸出率
GY-3	1	0.305	4.120	2.540	34.120	0.940	0.212	79.22%
GY-4	2	0.296	3.850	2.070	35.550	1.880	0.252	75.29%
GY-5	5	0.299	3.770	1.930	35.240	4.920	0.261	74.41%
GY-6	10	0.315	3.680	1.770	36.880	9.840	0.278	72.75%

单一因素试验结果表明，当 NH_4^+ 从 1 g/L 增加到 10 g/L 时，钼的浸出率从 79.22% 降低至 72.75%，同时浸出液中 Fe^{3+} 浓度也呈现逐渐降低的趋势，余酸呈逐渐升高的趋势，因此要想维持钼在 80% 左右的高浸出率则需要将 NH_4^+ 降低至 1 g/L 以下。

2.3.3 Na^+ 对氧压浸出的影响

在清水中添加不同量硫酸钠的条件下配制浸出剂，对不同 Na^+ 浓度对氧压浸出的影响开展试验，试验条件及结果如表 6 所示。

表 6 Na^+ 对氧压浸出的影响试验结果

编号	试验条件 Na^+/(g/L)	浸出液/(g/L)					浸出渣	
		U	Mo	Fe^{3+}	H_2SO_4	Na^+	Mo/(g/L)	Mo 浸出率
GY-7	0.50	0.299	4.280	2.610	24.580	0.370	0.205	79.90%
GY-8	1.25	0.296	4.030	2.410	25.150	1.090	0.226	77.84%
GY-9	2.00	0.305	3.960	2.280	26.230	1.820	0.240	76.47%
GY-10	2.50	0.295	3.880	2.110	26.440	2.300	0.245	75.98%

试验结果表明，当 Na^+ 从 0.50 g/L 增加到 2.50 g/L 时，钼的浸出率从 79.90% 降低至 75.98%，浸出液中 Fe^{3+} 浓度也呈现逐渐降低的趋势，而余酸呈逐渐升高的趋势，因此要想维持钼在 80% 左右的高浸出率则需要将 Na^+ 降低至 0.50 g/L 以下。

2.3.4 Ca^{2+} 对氧压浸出的影响

用清水配制浸出剂，通过添加氯化钙，使得溶液中含有不同量的 Ca^{2+} 进行试验，试验结果如表 7 所示。

表 7 Ca²⁺ 对氧压浸出的影响试验结果

编号	试验条件 Ca²⁺ / (g/L)	浸出液/ (g/L)					浸出渣	
		U	Mo	Fe³⁺	H₂SO₄	Ca²⁺	Mo/ (g/L)	Mo 浸出率
GY－11	0	0.320	4.510	3.220	26.000	0.338	0.187	81.67%
GY－12	0.5	0.315	4.400	3.090	25.000	0.555	0.181	82.25%
GY－13	1.0	0.322	4.450	3.180	26.500	0.825	0.191	81.27%

试验结果表明，浸出剂中 Ca^{2+} 的含量不会对氧压浸出造成影响。

2.3.5 NH_4^+ 与 Na^+ 对氧压浸出的影响

用清水配置浸出剂，通过添加不同量的硫酸铵与硫酸钠，使溶液中含有不同量 Na_4^+ 与 Na^+ 进行试验，实验结果如表 8 所示。

表 8 NH_4^+ 与 Na^+ 对氧压浸出的影响试验结果

编号	试验条件		浸出液/ (g/L)						浸出渣	
	NH_4^+/ (g/L)	Na^+/ (g/L)	U	Mo	Fe³⁺	H₂SO₄	Na⁺	NH₄⁺	Mo/ (g/L)	Mo 浸出率
GY－14	1	0.50	0.291	3.530	2.310	32.230	0.420	0.840	0.232	77.25%
GY－15	10	2.50	0.305	3.030	1.660	36.520	2.360	9.660	0.299	70.67%

试验结果显示，加入 10 g/L 的 NH_4^+ 和 2.5 g/L 的 Na^+ 两种离子，钼的浸出率降至 70.67% 左右，与除油水条件钼浸出率相差不大，这也就证明钼浸出率的降低是由于工艺循环水中 NH_4^+ 和 Na^+ 的富集造成的。

2.3.6 试验小结

通过以上条件试验可以得出，导致钼浸出率降低的原因是工艺循环水中积累的一价阳离子 Na_4^+ 和 Na^+，其中，Na_4^+ 对钼浸出率影响相对较大，当 NH_4^+ 为 10 g/L 时，钼浸出率降至 72.75%；Na^+ 影响次之，当 Na^+ 为 2.5 g/L 时，钼浸出率降至 75.98%；当加入 10 g/L 的 NH_4^+ 和 2.5 g/L 的 Na^+ 两种离子，钼的浸出率降至 70.67% 左右，与除油水条件钼浸出率相差不大；而 Ca^{2+} 对钼浸出率基本无影响。

2.4 一价阳离子对钼浸出率的影响机理分析

根据以上试验结果，一价阳离子对钼浸出率的影响进行机理分析。首先，铀钼矿中的铁在酸浸过程中先以二价的铁离子被浸出到溶液中，然后氧化成三价铁离子，三价铁离子会与溶液中的 NH_4^+、Na^+ 等一价阳离子及硫酸根一起水解成黄铵铁矾 $NH_4Fe_3(SO_4)_2(OH)_6$ 或黄钠铁矾 $NaFe_3(SO_4)_2(OH)_6$。形成铁矾的条件是[1-2]：溶液中一价阳离子达到一定浓度，温度达到 90 ℃以上，温度越高成矾速度越快，反应时间越长铁矾产物越多。在形成铁矾反应的过程中，溶液中的 MoO_4^{2-} 可以部分取代铁矾中 SO_4^{2-} 而进入到铁矾中并沉淀下来。而二价金属离子不会与铁离子发生成矾反应，所以溶液中的钙镁离子的存在不会对钼的浸出率造成影响（图 1）。

复杂钼矿在高温加压氧化浸出过程中，钼及铁浸出氧化过程、铁矾形成过程及其钼的共沉淀过程涉及的化学反应式如下：

① 铁氧化反应

$$FeS + 2O_2 = FeSO_4, \tag{1}$$

$$4FeSO_4 + O_2 + 2H_2SO_4 = 2Fe_2(SO_4)_3 + 2H_2O_{\circ} \tag{2}$$

② 钼浸出反应

$$2MoS_2 + 9O_2 + 2H_2O = 2MoO_2 \cdot SO_4 + 2H_2SO_4。 \tag{3}$$

③ 三价铁与一价阳离子沉淀成铁矾的反应，以铵离子为例

$$(NH_4)_2SO_4 + 3Fe_2(SO_4)_3 + 12H_2O = 2NH_4Fe_3(SO_4)_2(OH)_6 + 6H_2SO_4。 \tag{4}$$

④ 溶液中钼与铁矾共沉淀的反应

$$NH_4Fe_3(SO_4)_2(OH)_6 + MoO_4^{2-} + H_2O = NH_4Fe_3(SO_4)(MoO_4)(OH)_6(H_2O) + SO_4^{2-}。 \tag{5}$$

式中，分子式为铁与钼共沉淀存在的可能形式，离子在溶液中的状态及实际反应比所列方程式要复杂得多。

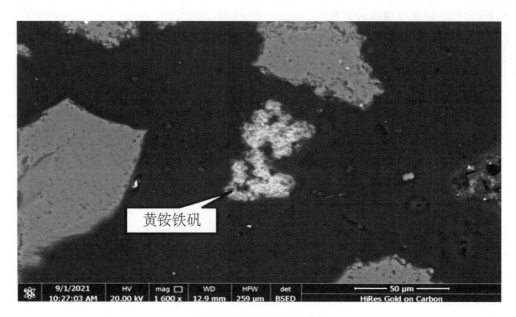

图 1　黄铵铁矾背散射图像

为了证实理论分析的结果，对铀钼原矿及氧压浸出渣矿物组成进行了分析研究，结果如表 9 所示。

表 9　铀钼原矿及氧压浸出渣矿物组成

矿物名称	化学式	含量	
		原矿	浸出渣
石英	SiO_2	76.720%	84.560%
伊利石	$K_{0.6}(H_3O)_{0.4}Al_{1.3}Mg_{0.3}Fe_{0.1}Si_{3.5}O_{10}(OH)_2 \cdot H_2O$	11.150%	7.195%
钾长石	$KAlSi_3O_8$	7.080%	6.211%
辉钼矿	MoS_2	1.020%	0.294%
萤石	CaF_2	0.747%	0.017%
黄铁矿	FeS_2	0.739%	0.086%
闪锌矿	ZnS	0.598%	0.157%
钼华	MoO_3	0.512%	0.045%
高岭石	$Al_2Si_2O_5(OH)_4$	0.512%	/
绿泥石	$MgFe_2(OH)_6Mg_{0.5}Al_{1.5}FeSi_3AlO_{10}(OH)_2$	0.376%	/
方铅矿	PbS	0.177%	0.081%
赤铁矿	Fe_2O_3	0.088%	/
沥青铀矿	U_3O_7	0.075%	/

矿物名称	化学式	含量	
		原矿	浸出渣
铀石	$(UO_2)Si_7O_{15}$	0.065%	0.003%
锆石	$Zr_{0.9}Hf_{0.05}La_{0.05}SiO_4$	0.038%	0.024%
菱铁矿	$Fe_{0.9}Mn_{0.1}(CO_3)$	0.021%	0.087%
金红石	TiO_2	0.018%	0.016%
钼铀矿	$U(MoO_4)_2$	0.014%	/
钠长石	$Na_{0.95}Ca_{0.05}Al_{1.05}Si_{2.95}O_8$	0.006%	0.004%
黄铜矿	$CuFeS_2$	0.003%	/
方解石	$CaCO_3$	0.003%	/
Mo-Fe-NH$_4$	$NH_4Fe_3(SO_4)(MoO_4)(OH)_6 \cdot (H_2O)$	/	0.316%
Mo-Fe-Na	$NaFe_3(SO_4)(MoO_4)(OH)_6 \cdot (H_2O)$	/	0.185%
硫酸钙	$CaSO_4$	/	0.034%

注：仪器型号为 Bruker Quantax 200 Xflash 能谱仪 & AMICS-Mining 矿物参数自动定量分析系统。

可见，浸出渣中约 60% 的钼为硫化钼，氧化钼少量，其余则为含钼的复杂化合物，主要以 Mo-Fe-NH$_4$/Na 形式分布，这些化合物不具备晶体结构，呈不规则团粒状分布于石英颗粒或硅质微粒间隙，部分包裹微细粒方铅矿，为氧压水冶浸出过程的产物，这与前面的试验结果和机理分析相一致。

3 技改方案研究

通过对水冶工艺流程的分析，生产系统中 NH$_4^+$ 主要来源于钼酸铵酸沉母液，其中含 Mo 12～16 g/L、含 $(NH_4)_2SO_4$ 约 210 g/L。因此，方案制定的总体思路是先将酸沉母液中的钼进行萃取回收[3]，再将不含钼的母液进行除杂处理，同时回收硫酸铵。

酸沉母液萃取回收钼后，萃余水中含 $(NH_4)_2SO_4$ 约 210 g/L，结合生产实际，对以下 3 种处理方案进行分析研究。

（1）双极膜电渗析工艺处理，在直流电场的作用下，以电位差为推动力，利用离子交换膜的选择透过性，把电解质从溶液中分离出来[4]。该方案投资大，运行成本高，产生的氨水浓度低，不能全部利用，所以排除该方案处理高含硫酸铵酸沉母液。

（2）蒸发结晶工艺生产硫酸铵，通过蒸发使原来的不饱和溶液逐渐变为饱和溶液，饱和溶液再逐渐变为过饱和溶液，使溶质从过饱和的溶液中结晶析出[5-6]。该方法工艺成熟，投资相对较少，但副产品硫酸铵不能在生产中利用，只能销售，硫酸铵一般农用为主[7]，而铀矿企业生产的硫酸铵，办理无放射性的验证手续难度大，存在难以销售的风险，故不采用该方案。

（3）中和汽提工艺回收氨水[3]，氨汽提是基于气液相平衡原理，利用蒸汽汽提的物理作用，降低水体中氨的浓度，过程的推动力是蒸汽中氨的分压与废水中氨浓度相当的平衡分压两者的压差，通过蒸汽与废水充分接触，两者分压之差使得废水中溶解的氨气穿过气液界面，向气相扩散，从而达到降低废水中氨浓度的目的[8]。该方法是目前国内最先进的高浓度含氨氮废水的处理工艺，投资略高于蒸发结晶法，但出水氨含量低，运行成本低，产出的氨水可作为水冶生产的钼反萃取剂，可将钼酸铵生产的氨耗降到国内同行业先进水平，因此建议采用该工艺处理高含量硫酸铵的酸沉母液。

处理能力和技术参数：根据测算，建议原液中和系统应具备处理 12～15 m³/h 原水的能力，汽提塔具备 10 m³/h 处理能力，因出水不直接排放，故出水氨氮含量可适当放宽，但回收氨水浓度指标应达到 14%～18%，可直接返回生产使用。

根据以上研究结果，提出对酸沉母液采用"萃取钼、中和汽提工艺回收氨水"的方案，处理工艺流程为：酸沉母液—调 pH 值预处理—TFA 萃取钼—萃余水除油—中和汽提回收氨水，基本工艺流程如图 2 所示。本方案的优势体现在：

（1）相比于在水处理环节对 1400 m³/d 工艺循环水进行处理，本方案的处理量（只处理 60 m³/d 的酸沉母液）相对较低。

（2）现生产工艺将酸沉母液返回与钼萃原液混合，因酸沉母液中的钼不断沉淀析出，进入萃取前经硅藻土过滤尾弃，无法有效回收，钼金属损失约有 1.5 t/月，而采用本工艺后可避免这部分钼金属的损失，起到提质增效的作用。

（3）通过中和汽提工艺可将酸沉母液中的硫酸铵加工为水冶生产所需的氨水，变废为利，直接降低生产原材料的消耗，增加企业生产效益。

（4）采用本工艺后将实现从源头切断铵根离子向系统水中的引入，有效避免各车间中氨气味的弥散，彻底改善员工工作环境，改善厂区周边大气环境，节省企业在大气环境治理方面的资金投入。

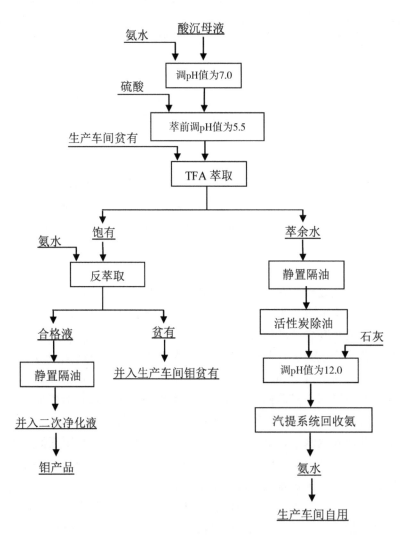

图 2 酸沉母液处理工艺流程

4 成果效益测算

该厂拟建设日处理 120 m³ 钼酸沉母液中和气提回收氨水综合处理车间，车间内设置钼酸沉母液预处理系统、脱氨回收系统和尾气净化系统等。钼酸沉母液日处理量为 120 m³/d，年处理量为 21 600 m³/a。其中，汽提回收氨装置处理中和后清液量 10 m³/h；原液中和系统处理原水及部分回水调浆量 10～15 m³/h。出水氨氮含量可降低至 15 mg/L 以下，氨氮的脱去率可达到 99.9%。厂房投入运行后，钼回收率可稳定提高 8～10 个百分点，年增加钼酸铵 260 t；全年可综合回收氨水（折合液氨计）972 t。

5 结论

（1）查明导致钼浸出率降低的主要原因是工艺循环水中的一价阳离子 NH_4^+ 和 Na^+ 的积累，反应机理为氧压高温条件下一价阳离子与 Fe^{3+} 形成铁矾沉淀后与 Mo 共沉淀的结果。

（2）重点对 NH_4^+ 的解决方案开展研究，提出采用"酸沉母液预处理－TFA 萃取回收钼－萃余水中和汽提生产氨水"的工艺，既避免了 NH_4^+ 引入生产系统水中，又实现了降本增效，同时还将改善生产操作环境，产生一定环保效益。

（3）基于本文对系统水中 Na^+ 和 NH_4^+ 的解决措施，该厂拟建设一条日处理 120 m³ 钼酸沉母液中和汽提的工业线，从而提升铀钼矿氧压酸浸中钼的浸出率。

参考文献：

[1] 邹学功.黄钾铁矾除铁理论分析 [J].冶金丛刊，1998 (6)：18－20.

[2] 黎红兵，周志辉，陈志飞，等.黄钾铁矾法炼锌的沉矾过程研究 [J].湖南有色金属，2010，26 (4)：27－30.

[3] 胡继峰，刘怀.含氨废水处理技术及工艺设计方案 [J].水处理技术，2003，29 (4)：244－246.

[4] 黄灏宇，叶春松.双极膜电渗析技术在高盐废水处理中的应用 [J].水处理技术，2020，46 (6)：4－8.

[5] 李先华，党乐平，殷萍，等.硫酸铵蒸发结晶过程影响因素研究 [J].无机盐工业，2008，40 (11)：40－43.

[6] 李琼.硫酸铵多效蒸发结晶工艺的应用及设计特点 [J].硫酸工业，2018 (3)：17－19，23.

[7] 王兴华，邹先军，石松林.利用硫酸铵母液生产含氮磷肥 [J].磷肥与复肥，2013，28 (4)：58－59.

[8] 李武东，朱志亮.汽提法处理稀土行业高浓度氨氮废水模拟计算 [J].化工装备技术，2012，33 (1)：37－40.

Reason analysis and technical improvement of molybdenum leaching rate decrease by oxygen pressure acid leaching

GAO Dong-xing[1], LIU Shuo[1], CHENG Rui-quan[1], LIU Hui[2],
LIU Yong-tao[1], REN Zhi-gang[1], LI Ying-bing[1], HUO Yan-bin[1]

(1. Guyuan Uranium Co., Ltd., Zhangjiakou, Hebei 076561, China; 2. Beijing Research
Institute of Chemical Engineering and Metallurgy, Beijing 101149, China)

Abstract: The causes of molybdenum leaching rate decrease in oxygen pressure acid leaching production line of a uranium molybdenum ore in Hebei province were investigated, analyzed and tested. It was found that the main reason for the decrease in molybdenum leaching rate was the accumulation of monovalent cations NH_4^+ and Na^+ in the process circulating water. The experimental results showed that when NH_4^+ was 10 g/L, the molybdenum leaching rate decreased to 72.75%; When Na^+ is 2.5 g/L, the molybdenum leaching rate decreases to 75.98%. The reaction mechanism leading to the reduction of molybdenum leaching rate is the result of coprecipitation of monovalent cation and Fe^{3+} with Mo after forming alum precipitation under oxygen pressure and high temperature. Through comparative research on technological transformation plans, The solution for NH_4^+ is to adopt the process flow of "TFA extraction and recovery of molybdenum from acid precipitation mother liquor, extraction residual water, and stripping to produce ammonia water". This not only avoids the introduction of NH_4^+ into the production system water, but also achieves the recovery of molybdenum metal and by-product ammonia water from acid precipitation mother liquor, which can improve quality and efficiency, and also improve the production operating environment, generating certain environmental benefits. Based on the technical transformation plan proposed in this study, it provides a technical basis for the implementation of industrial transformation.

Key words: Oxygen pressure acid leaching; Molybdenum leaching rate; Acid sinking mother liquor; Neutralizing stripping; Technical reform plan

沽源低品位铀钼矿机械活化预处理研究

王永良，王聪颖

（核工业北京化工冶金研究院，北京　101149）

摘　要： 沽源地区铀钼矿通常是非晶态的 MoS_2 矿物，矿物嵌布粒度细、单体解离困难、易泥化，很难通过传统选矿方法回收钼。本研究采用机械活化法对矿区表层剥离的低品位铀钼矿进行预处理，进而采用硫酸酸浸的方式对处理后的矿物进行浸出。研究了机械活化时间、氧化剂和矿物水分含量对机械活化效果的影响，并在此基础上对酸浸条件进行优化。研究结果证明在氧化剂存在的条件下，机械活化能够有效提高 Mo 的回收率，机械活化对铀的浸出回收影响较小。通过机械活化-酸浸浸出工艺优化，单钼矿中 Mo、U 的浸出率达到了 80％和 55％以上。

关键词： 低品位；机械活化；酸浸；钼；铀

钼（Mo）是一种难熔的稀有金属，具有强度大、熔点高、耐磨耐腐蚀等优良性能，广泛应用于化工冶金工业[1]。自然界中已发现的钼矿物种类大约有 30 多种，但最具开采价值的是可选性优异的辉钼矿，能够从复杂矿物中很好的分离出来[2]。随着近年来我国钼矿资源的大规模开采，易处理钼矿的储量严重不足，制约着钼工业的发展，对难处理钼矿的开发利用迫在眉睫[3]。而胶硫钼矿就是其中一种难处理矿物，它与辉钼矿组成相同，但是成矿温度更低，导致成矿过程中结晶不完全，形成无定形矿物，因而对其进行浮选回收非常困难[4]。

我国沽源地区是已探明资源较为丰富的大型火山岩型铀钼共生矿床，是一种典型的低品位复杂钼矿。该地区铀钼矿多以胶硫钼矿物形式存在，嵌布粒度细、单体解离困难、并且易泥化导致其可浮性差，很难通过浮选等选矿方法实现矿物的富集。目前，企业采用氧压法对埋藏较深、品位较高的铀钼矿进行处理，但是该方法处理成本较高，对表层剥离出来的品位更低的铀钼矿进行处理经济性较差，因而该部分矿物暂时堆存而未处理。科研工作者针对胶硫钼矿提出了很多方法，主要有酸浸浸出、氧化焙烧-酸浸、加压强化浸出、浮选-微生物浸出等。上述方法虽然可以对特定矿物进行处理，但是由于存在着 Mo 回收率低、生产成本高、易造成环境污染等缺点，在实际应用过程中都受到了一定的限制。相对于上述方法，机械活化是一种有效的矿物预处理方法。通过撞击、切削、摩擦、挤压等机械力作用，对矿物进行破碎和细化，增大矿物比表面积，进而引起矿物表面化学键或者矿物分子结构的变化，从而改变矿物表面的理化性能，将部分机械能转化为化学能，促进矿物表面反应的发生。目前，机械活化法被广泛应用于辉钼矿提 Mo 的研究过程中，大量研究证明采用机械活化法对辉钼矿进行预处理，可以很好地提高钼的回收率[5-6]。此外，该方法相对环保清洁，处理过程中不会产生环境污染，是一种环境友好的预处理手段。

因而，本研究针对沽源地区表层低品位胶硫铀钼矿进行研究，采用机械活化法对单钼矿进行预处理，进而采用酸浸的方法提取钼和微量的铀，通过工艺参数优化提高钼、铀的浸出效率。

1　材料与方法

1.1　实验原料

本研究中所用矿物来自沽源地区铀钼矿山剥离出的表层矿石，其氧化程度高，矿物品位低。对现场取样的大块矿石破碎混合均匀，取样烘干后，采用 XRF 和 XRD 的检测手段对矿样进行分析。XRF 结果

作者简介：王永良（1984—），男，山东菏泽人，副研究员，博士，主要从事有色冶金资源综合利用研究。

显示该矿的主要成分是 SiO_2 和 Al_2O_3，分别为 73.3％ 和 14.8％，而 MoO_3 的含量仅有 0.291％，U 的含量为 0.013％。可见该矿中的目标元素铀、钼含量较低，实现矿物的经济高效利用难度较大。图1是对该矿进行 XRD 分析的结果，该图谱显示该矿的主要化学组成是 SiO_2 和 $KAlSi_3O_8$，即石英和钾长石。由于铀钼含量较低导致 XRD 谱图中没有发现铀钼元素的谱峰，这一结果同 XRF 分析结果一致。

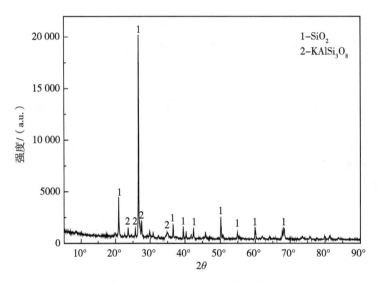

图1　沽源低品位铀钼矿的 XRD 谱图

1.2　实验方法

实验使用四罐行星式球磨机，分别称取 100 g 矿加入到球磨罐中，球磨罐对称放置，每次放置 2 个或者 4 个球磨罐。根据实验需要设定不同的球磨时间，转速恒定为 400 r/min。机械活化完毕后，将球磨矿物筛分出来，取 50 g 球磨后的矿物加入锥形瓶中，按照实验设计需要加入一定浓度的硫酸溶液，放入水浴锅中恒温磁力搅拌，反应完成后，真空抽滤分离，采用 ICP 方法对滤液进行钼和铀含量分析，固体烘干后取样分析铀钼含量。钼、铀的浸出率（φ）用下式计算：

$$\varphi = \frac{V \times C}{V \times C + M \times m} \times 100\% 。 \tag{1}$$

式中，V 和 C 分别表示浸出完成后浸出液的体积和铀或者钼的浓度；M 和 m 分别表示浸出完成后渣的重量和铀或者钼含量。

2　结果与讨论

2.1　机械活化时间单钼矿浸出效果的影响

分别取 100 g 矿样对称放入两个球磨罐中，设置不同的球磨时间，球磨完成后分离矿样，取 50 g 球磨后的矿样放入锥形瓶，加入质量浓度为 5％ 的硫酸溶液 100 g，水浴加热 80 ℃，磁力搅拌 4 h，反应完成后过滤取样分析。球磨时间对矿物中铀钼浸出率的影响如图2所示。

图2结果显示，活化 10 min 时钼的浸出率为 52.8％，而随着机械活化时间的延长，钼的浸出率迅速下降，当活化时间达到 120 min 时，钼的浸出率仅仅为 10.7％。120 min 后继续增大磨矿时间，钼的浸出率趋于稳定。这说明在没有氧化剂的条件下，实验结果同预期结果完全相反。在没有氧化剂存在的情况下，反应容器中的氧气会迅速消耗完，MoS_2 在没有氧气的情况下无法被氧化成 MoO_3。但是，在机械力的作用下，矿物界面产生摩擦力、剪切力等作用下，矿物表面温度会迅速升高，有可能在矿物表面产生一个局部的高温，导致的 MoS_2 分解。单质硫的存在可能导致覆盖着矿物的表面，阻碍 MoS_2 的进一步反应。

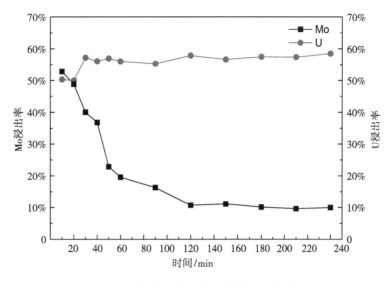

图2　机械活化时间对钼、铀浸出率的影响

$$4\mathrm{MoS_2} \rightarrow 2\mathrm{Mo_2S_3} + \mathrm{S_2}。 \tag{2}$$

与此同时，活化时间为 10 min 时，铀的浸出率 50.3%，随着活化时间的延长，铀的浸出率在 40 min 时达到了 57.1%，随后铀的浸出率随着活化时间的延长趋于稳定，变化不在明显。这说明矿物中铀主要以氧化态的形式存在，矿物粒度的细化，使得包裹铀裸露出来而被浸出。

2.2　机械活化时氧化剂加入量对胶硫单钼矿浸出效果的影响

从低品位铀钼矿中提取钼，关键措施是让 $\mathrm{MoS_2}$ 有效分解，使 Mo 转化为氧化态，因而添加氧化剂就十分必要。本研究通过向球磨罐中加入氧化剂 $\mathrm{MnO_2}$ 以提高 Mo 的浸出率，分别取 100 g 矿样对称放入两个球磨罐中，按照一定的比例向球磨罐中加入 $\mathrm{MnO_2}$，球磨 20 min 后分离出矿样，取 50 g 球磨后的矿样加入锥形瓶，加入质量浓度 5% 的硫酸溶液 100g，水浴恒温 80 ℃，磁力搅拌 4 h，反应完成后过滤取样分析。为了对比氧化活化效果，对矿物空白球磨 20 min，在浸出过程中加入相应的氧化剂，计算浸出率。图 3 为分别在活化过程和浸出过程加入氧化剂，随着 $\mathrm{MnO_2}$ 加入量的增加，矿物中钼、铀浸出率变化情况。

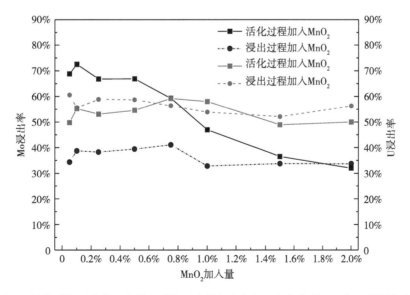

图3　活化过程（实线）和浸出过程（虚线）中加入不同氧化剂 Mo 和 U 的浸出率

图 3 结果可以看出，活化过程中加入氧化剂，Mo 的浸出率受到氧化剂的影响较大。当 MnO_2 加入量为矿物的 0.05% 时，钼的浸出率为 68.8%；当加入量为 0.1% 时，钼的浸出率为 72.5%；当氧化剂加入量为 0.5% 时，钼的浸出率为 66.9%；随着 MnO_2 加入量的继续增大，Mo 的浸出率开始逐渐下降，当 MnO_2 的加入量为 2% 时，Mo 的浸出率仅仅为 32.0%。这是因为当少量的 MnO_2 加入时，可能发生式（3）～式（5）所示反应。在机械活化过程中，由于摩擦力、剪切力等作用下，发生界面反应，生成 MoO_3 或者 $MnMoO_4$ 中间产物，这种中间产物更易溶液酸中。但是，随着 MnO_2 的增加，过量的 MnO_2 可能和矿物中的还原性物质反应消耗过量的酸，此外过的 MnO_2 在机械力作用下形成微细颗粒，促使团聚现象的发生，阻碍 MoS_2 的进一步反应并被浸出。

$$2MoO_2 \rightarrow 2MnO + O_2， \tag{3}$$

$$2MoS_2 + 7O_2 \rightarrow 2MoO_3 + 4SO_2， \tag{4}$$

$$MoS_2 + 3MnO_2 \rightarrow MnMoO_4 + 2MnO + 2S。 \tag{5}$$

作为对比，在不加氧化剂时进行活化，浸出过程中加入氧化剂，从图 3 中的结果可以看出，浸出过程中加入 MnO_2，Mo 的浸出率低于 40%，也证明了在机械活化过程中加入氧化剂对 Mo 的浸出率有着显著影响。

从图 3 结果看，铀的浸出率变化不是太明显，无论是活化过程中加入氧化剂，还是浸出过程中加入氧化剂，铀的浸出率都在 50%～60% 的范围内波动。这可能是因为原矿中铀的含量非常低，只有 0.0141%，而矿石浸出过程中本身会有 Fe^{3+} 的释放，这部分 Fe^{3+} 能够满足铀浸出的需要，加入 MnO_2 并不能引起铀回收率的大幅度变化。

2.3 机械活化时矿物含水量对浸出效果的影响

考虑到实际生产过程中矿物本身可能含有少量水，水在反应过程中可以充当传导介质的作用。故本研究对不同含水量的矿物进行机械活化，加入 MnO_2 的量为矿物的 0.1%，球磨 20 min。从实验结果看，含水矿物机械球磨后，矿物的细化效果明显降低，活化后存在明显的大颗粒，含水量越大矿物的颗粒越大，当矿物含水量为 0.1% 时，矿物过 1 mm 筛的占比 95.0%，当矿物的含水量增大到 3% 时，过 1 mm 筛的矿物占比迅速下降到 72.1%。这说明由于水分的增加，会影响球磨细化程度，增大矿物表面的阻力，降低矿物的细化效果。

对粒径小于 1 mm 的矿物进行酸浸浸出，所得结果也验证了机械活化效果下降，得到的钼、铀浸出效果如图 4 所示。

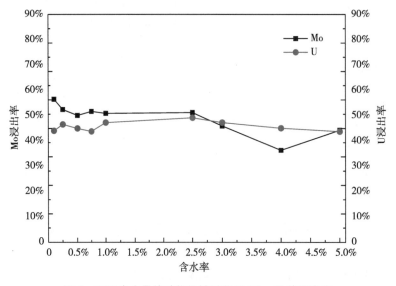

图 4 不同含水量的矿物机械活化后 Mo、U 的浸出率

图 4 结果显示，含水量为 0.1％时，Mo 的浸出率为 60.1％，同干燥的矿物活化效果差别不大；随着含水量的增大，Mo 的浸出率也逐渐下降，含水量达到 0.5％时，Mo 的浸出率下降到 54.5％，此后趋于稳定。因为，当有水分存在时，除了矿物粒度受到影响外，由于水分的增加，在机械活化过程中会汽化挥发，带走一部分热量，影响硫化物的氧化效果。此外，含水量对铀的浸出效果影响较小，铀的浸出率基本上在 50％左右。

2.4 浸出条件对铀钼回收率的影响

根据机械活化实验，选取活化时间为 20 min，MnO_2 含量为 0.1％，完全干燥的矿物进行机械活化预处理，活化后的矿物进行酸浸条件实验。在液固比 2，反应温度 80 ℃，反应时间 4 h 的条件下，研究不同硫酸初始含量（质量百分比）对钼、铀浸出效果的影响，实验结果如图 5a 所示；按照液固比 2，初始酸含量 6％，反应时间 4 h 的条件下，研究不同反应温度对钼、铀浸出效果的影响，结果如图 5b 所示；初始酸含量 6％，反应温度为 80 ℃，反应时间 4 h 的条件下，研究不同液固比（L：S）对钼、铀浸出效果的影响，结果如图 5c 所示；初始酸含量 6％，反应温度为 80 ℃，液固比为 2.5，研究不同浸出时间对钼、铀浸出效果的影响，结果如图 5d 所示。

浸出条件实验结果可以看出，初始酸浓度、液固比、反应温度和反应时间都对钼和铀的浸出有着重要影响。硫酸初始浓度从 1％增大到 8％时，Mo 的浸出率从 0.46％增大到 82.1％，U 的浸出率从 37.1％增大到 53.6％。当浸出温度从 30 ℃增大到 90 ℃时，钼、铀的浸出率分别从 24.1％和 47.2％增大到 79.1％和 61.4％。当液固比从 1 增加到 4 时，钼的浸出率从 23.7％增加到 84.5％，铀的浸出率从 51.9％增大到 58.3％。浸出时间从 1 h 延长到 8 h，Mo 的浸出率从 32.7％增大到 82.0％，而铀的浸出率从 45.2％增大到 56.0％。在机械活化的基础上，通过进一步优化浸出工艺条件可以有效提高铀和钼的浸出率。

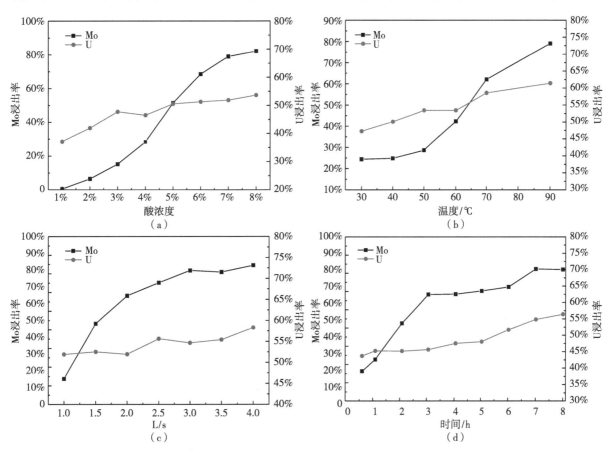

图 5　浸出工艺条件对 Mo、U 浸出率的影响

3 结论

本研究采用机械活化法对沽源地区表层低品位铀钼矿进行预处理，进而采用酸浸的方法提取矿物中的钼和铀，该方法可有效提高钼的浸出率。研究结果揭示：

（1）在密闭的环境中进行空白机械活化，可以将矿物粒度细化，但活化过程中由于氧化剂的不足导致 MoS₂ 不能有效氧化，加入氧化剂后可以显著提高 Mo 的浸出率。

（2）机械活化法预处理过程中，活化预处理对铀浸出的影响较小，铀的浸出主要受到硫酸用量、温度和粒度等因素的影响。

（3）通过机械活化预处理后进行酸浸条件优化，初始酸含量 6％，反应温度为 80 ℃，液固比为 3，反应时间 4 h 的条件下，可以将 Mo 浸出率提高到 80％以上，铀的浸出率提高到 55％以上。

致谢

感谢中核集团青年英才项目（机械活化预处理单钼矿浸出机理及工艺研究）给予的经费支持。

参考文献：

［1］ 佟升．钼及其合金的最新发展［J］．中国钼业，1993（4）：13－16.

［2］ 邹艳．钼矿选矿技术进展［J］．冶金与材料，2021，41（2）：129－130.

［3］ 白久园．压力场下黑色岩系镍钼矿氧化转化浸出研究［D］．昆明：昆明理工大学，2017.

［4］ 刘建东，刘三军，潘从辉，等．镍钼矿中胶硫钼矿的赋存状态及浮选试验研究［J］．南华大学学报（自然科学版），2019，33（4）：27－31.

［5］ LI Y，XIAO Q，LI Z，et al. Enhanced leaching of Mo by mechanically co-grinding and activating MoS₂ with NaClO₃ as an oxidizing additive［J］．Hydrometallurgy，2021（203）：105625.

［6］ LI Y，LI Z，WANG B，et al. A fundamental study of leaching kinetics and mechanisms of molybdenite assisted by mechanical activation［J］．Minerals engineering，2019（131）：376－384.

Pretreatment of Guyuan low-grade uranium-molybdenum ore through mechanical activation

WANG Yong-liang，WANG Cong-ying

（Beijing Research Institute of Chemical Engineering and Metallurgy，CNNC，Beijing 101149，China）

Abstract：The colloidal mono-molybdenum ore from Guyuan is usually an amorphous MoS₂ mineral, which has fine embedded particle size, difficult monomer dissociation and easy mudding. Therefore, it is difficult to recover molybdenum by traditional beneficiation methods. In this study, mechanical activation was utilized to pretreat the low-grade uranium-molybdenum ore obtained from shallow layer of the mine, then the treated minerals were leached by sulfuric acid. The effects of mechanical activation time, oxidant and moisture content on mechanical activation were studied, and the acid leaching conditions were also optimized. The research results show that mechanical activation can effectively improve the recovery rate of Mo in the presence of oxidant, mechanical activation has little effect on the leaching recovery of uranium. Through mechanical activation-acid leaching process, the leaching rates of Mo and U can reach more than 80％ and 55％, respectively.

Key words：Low-grade；Mechanical activation；Acid leaching；Molybdenum；Uranium

电感耦合等离子体发射光谱法测定钼精矿中铼的含量

王志梅，王冬月，霍玉宝，魏恩波，武路萱，周紫婷

（中核沽源铀业有限责任公司，河北　张家口　076561）

摘　要： 采用电感耦合等离子体发射光谱法（ICP-OES）对钼精矿中的痕量铼进行测定。研究主要运用硝酸—双氧水—高氯酸强氧化体系溶解钼精矿，去除矿物中的碳和浮选剂等有机质，采取过滤将三氧化钼沉淀从样品溶液中与铼分离开来，有效消除了基体干扰。同时确定了光谱仪的工作参数，在发射功率为 1.2 kW、辅助气流速为 1.0 mL·min^{-1}、雾化气流速为 0.7 mL·min^{-1}、蠕动泵泵速为 12 rpm 条件下对内标溶液、溶液酸度、基体及共存元素的干扰进行了探究。结果表明，工作曲线线性相关系数为 0.999 9，该方法的检出限为 0.000 4%。采用本方法测定钼精矿样品中的铼，相对标准偏差为 0.02%～0.06%。本试验方法与 YS/T 555.10—2009 中规定的分光光度法进行了对比，对钼精矿标准物质 GBW（E）070212 和 GBW（E）070213 进行了分析，铼含量结果基本一致。

关键词： 钼精矿；铼含量；电感耦合等离子体发射光谱法

铼是一种稀有的金属元素，主要用于多种用途的催化剂。地壳中铼的含量约为 10^{-9} 个数量级，绝大多数铼都存在于矿物中。钼矿和硫化铜矿石中铼的含量相对较高，为 10^{-7}～10^{-4} 个数量级，钼精矿已成为精炼铼的主要矿物原料。

我国稀有资源匮乏，铼价格昂贵，一直以来对铼的分析方法研究较少，研究更侧重于工艺研究[4]。随着工业发展飞速猛进，铼的应用越来越广泛，对稀有资源铼的检测也引起了广泛关注[5-7]。据文献研究，痕量铼的测定方法主要包括中子活化法[8]、分光光度法[9]、电感耦合等离子体质谱法（ICP-MS）[10]、电感耦合等离子体发射光谱法（ICP-OES）[11-12] 和极谱法[13] 等。在分光光度法中，样品经碱熔融浸出，再加入四苯基氯化砷（Ⅴ）烷盐酸盐、氯仿等有机试剂进行萃取后测定，操作烦琐，成本高且效率低；传统化学法对于分析痕量的铼存在准确度低、精密度差、检出限高等困难；电感耦合等离子体质谱法[14-16] 主要应用于科学研究，很少用于工艺分析。与其他方法相比，电感耦合等离子体原子发射光谱法[17-18] 在宽线性范围上更有优势，抗干扰能力强、灵敏度高、操作简单、分析速度快等特点。该方法的线性范围和检出限均优于其他方法。同时 ICP 光谱仪对不同样品具有很高的兼容性，适用于矿物、地下水、工艺样品的测定。这种方法大大提高对钼精矿中铼的检测效率和检测精度。因此，有必要开发一种基于 ICP-OES 技术的钼精矿中铼含量的分析方法。

研究主要运用硝酸-双氧水-高氯酸强氧化体系溶解钼精矿[19-21]，可以更好地去除矿物中的碳和浮选剂等有机物质，使用过量的过氧化氢将基质钼氧化成三氧化钼，三氧化钼是不溶于水的白色沉淀，可以采取过滤将三氧化钼沉淀从样品溶液中与铼分离开来。在这种体系下矿物中的铼会被氧化成淡黄色的七氧化二铼（Re_2O_7），Re_2O_7 极易溶于水且形成高铼酸。采用 ICP–OES 测定滤液，消除测定过程中钼基体对铼的干扰，保证检测结果的准确性。同时对电感耦合等离子体光谱仪的工作参数进行优化，主要从样品消解、内标溶液、溶液酸度、基体及共存元素的干扰几方面进行探究。本次研究对 3 种钼精矿样品进行测定，并开展精密度和准确度试验。建立 ICP-OES 测定钼精矿中痕量铼的分析方法，分析测试结果满足国家标准要求。

作者简介： 王志梅（1995—），女，助理工程师，硕士研究生，现主要从事于矿物分析以及分析方法的开发等科研工作。

1 实验部分

1.1 主要仪器与试剂

1.1.1 仪器

电感耦合等离子体发射光谱仪、电热板（EG37B 型）、电热恒温鼓风干燥箱（DHG－9070A 型）、电子天平（BS224S 型）。

1.1.2 试剂

盐酸（$\rho=1.19$ g/mL，优级纯）、过氧化氢（30％，优级纯）、高氯酸（$\rho=1.77$ g/mL，优级纯）、硝酸（$\rho=1.42$ g/mL，优级纯）、铼标准溶液 1000 μg/mL（国家有色金属及电子材料分析测试中心）、铼储备溶液 100 μg/mL，由铼标准溶液稀释而成。

钼精矿样品：GBW（E）070212（济南众标科技有限公司）、GBW（E）070213（济南众标科技有限公司）。本实验使用水均为超纯水。

1.2 样品消解

准确称取 0.20 g（精确至 0.0001 g）样品于 100 mL 聚四氟乙烯烧杯中，少量水将样品润湿。加入 5 mL 双氧水并盖上表面皿于 120 ℃电热板上进行加热溶解（此步需在低温电热板进行，温度不宜过高，导致样品飞溅），待剧烈反应结束后继续加入 5 mL 硝酸，电热板可升温至 230 ℃，继续加热至白烟冒尽后加入 4 mL 高氯酸。不断加热至样品逐渐形成白色沉淀，去盖继续加热至仅余约 1 mL 溶液。用少量水转洗至 50 mL 容量瓶中定容摇匀。放置澄清取上清液进行上机测定。

同时随试样做空白试验。

1.3 工作曲线的绘制

从铼标准储备溶液（100 μg/mL）中移取 0.50 mL、1.00 mL、2.50 mL 于 50 mL 称量瓶中，用超纯水稀释至刻度，混匀。该溶液分别含铼 1.0 μg/mL、2.0 μg/mL、5.0 μg/mL；其次从铼标准储备溶液（10 μg/mL）中移取 0.25 mL、0.50 mL、2.50 mL 于 50 mL 称量瓶中，用 2％硝酸定容（整个过程采用重量法进行标准溶液的配制）。此标准溶液分别含铼 0.05 μg/mL、0.10 μg/mL、0.50 μg/mL；此系列标准溶液分别含铼 0.05 μg/mL、0.10 μg/mL、0.50 μg/mL、1.00 μg/mL、2.00 μg/mL、5.00 μg/mL。

将系列标准溶液在等离子体光谱仪最佳工作条件下，测定标准溶液的强度，依据发射光强度和浓度的关系绘制工作曲线。当曲线的相关系数＞0.999 时，即可用于分析测定。

1.4 样品测定

本实验选择样品为钼精矿国家标准物质 GBW（E）070212、GBW（E）070213，含铼量均为0.0022％，同时选取含量为 0.103％的钼精矿作为样品，分别命名为 S1、S2、S3。将消解的试样溶液引入光谱仪中，在最佳工作参数下，在合适的分析谱线处，测定溶液中铼的发射强度，根据工作曲线计算样品的含铼量。

2 结果与讨论

2.1 溶样条件探究

钼精矿颜色与石墨接近，有金属光泽，我国大部分的钼矿都是以辉钼矿（MoS_2）状态下开采出来的，浮选法是得到钼精矿的主要方法。添加的捕收剂在遇到水或酸时会沿着烧杯内壁漂浮到表面皿上，导致样品未完全溶解，铼含量偏低。钼精矿中的铼含量很低，增加称样量会增加基体干扰。故试样在硝酸-双氧水-高氯酸的强氧化体系下进行除油氧化。在该体系中，铼氧化为淡黄色稳定的Re_2O_7，钼氧化为 MoO_3 且不易溶于水。本方法选择过硝酸、氧化氢、过氧化氢＋硝酸、过氧化氢＋

盐酸、过氧化氢＋盐酸、过氧化氢＋后有酸＋高氯酸来消解 3 个钼精矿样品。称取 0.20 g 试样，用少量水润湿，过氧化氢、硝酸、盐酸和高氯酸的加入量及溶解情况如表 1 所示。

表 1　溶样试验及结果

序号	加入量	3 组试验现象/结果		
		S1	S2	S3
1	5 mL 硝酸	试样溶解缓慢；黑色油状物质漂移到烧杯内壁，底部有部分黑粒，飞溅严重	试样溶解缓慢；黑色油状物质漂移到烧杯内壁，底部有部分黑粒，飞溅严重	试样溶解缓慢；油层较多，难以溶解
2	5 mL 过氧化氢	反应较为剧烈；不能完全溶解，底部黑粒较多	反应较为剧烈；不能完全溶解，底部黑粒较多	反应较为剧烈；不能完全溶解
3	5 mL 过氧化氢＋4 mL 硝酸	试样溶解较快；黑色油状物质得到有效处理；保持微沸状态；但样品溶液不透亮微浑浊	试样溶解较快；黑色油状物质得到有效处理；保持微沸状态；但样品溶液不透亮微浑浊	试样溶解较快；黑色油状物质得到有效处理；保持微沸状态；样品溶液呈现灰色沉淀物
4	5 mL 过氧化氢＋4 mL 盐酸	试样溶解缓慢且内壁有黑色残留物，反应不完全	试样溶解缓慢且内壁有黑色残留物，反应不完全	试样溶解缓慢且不能完全溶解（底部存在未溶解完全的黑粒）
5	5 mL 过氧化氢＋4 mL 硝酸＋4 mL 高氯酸	试样溶解很快；黑色油状物质得到有效处理；样品溶液透亮保持微沸，能完全溶解	试样溶解很快；黑色油状物质得到有效处理；样品溶液透亮保持微沸，能完全溶解	试样溶解很快；黑色油状物质得到有效处理；样品溶液透亮保持微沸，能完全溶解

从表 1 可以看出，采用 5 mL 硝酸、5 mL 过氧化氢、5 mL 过氧化氢＋4 mL 硝酸、5 mL 过氧化氢＋4 mL 盐酸在短时间内将钼精矿试样溶解完全存在一定的难度。确定采用 5 mL 硝酸＋5 mL 过氧化氢＋4 mL 高氯酸溶解试样。试验现象可以发现黑色油层得到有效处理未漂浮到内壁及表面，试样溶解较快，溶液透亮且保持微沸，有 MoO_3 沉淀析出。该方法可将钼精矿溶解完全。

2.2　分析谱线的选择

分析谱线的选择应依据稳定性好、发射强度高、低干扰、高灵敏等原则。分析线的选择参考 ICP-OES 波长编辑功能中列出铼元素所有推荐的分析谱线，以及每个波长所有可能的干扰波长，还有干扰波长对目标波长可能造成的干扰。分别研究铼 228.751 nm、221.427 nm、227.525 nm、202.364 nm、204.910 nm、197.248 nm、185.802 nm、189.773 nm 的工作曲线的线性、信背比及峰的强度，最终本方法优先选择 189.773 nm、228.751 nm 作为铼元素的分析谱线。

2.3　内标溶液的选择

ICP-OES 中通常所选内标元素的激发能和原子半径与待测元素基本相近，故本研究选择 Bi、In、Y 作为内标元素，研究内标元素对曲线稳定性的影响，在添加 Bi、In、Y 元素的情况下，重复 6 次对工作曲线的最低点和最高点进行测定，计算该测定结果的相对标准偏差（RSD），如表 2 和表 3 所示。

表 2　不同内标元素下在 189.773 nm 处铼标准溶液的工作曲线

	无内标	Bi	In	Y
R	0.999 99%	0.999 98%	0.999 95%	0.999 87%
最低点 RSD	0.90%	0.61%	0.76%	0.58%
最低点回收率	98.8%～101.6%	99.1%～101.2%	101.3%～102.0%	98.9%～101.7%
最高点 RSD	0.68%	0.57%	0.36%	1.20%
最高点回收率	100.1%～101.9%	99.5%～101.6%	99.6%～100.3%	99.3%～99.9%

表 3 不同内标元素下在 228. 751 nm 处铼标准溶液的工作曲线

	无内标	Bi	In	Y
R	0.999 97％	1.000 0％	0.999 96％	0.999 85％
最低点 RSD	0.77％	0.60％	0.87％	0.56％
最低点回收率	99.0％～101.3％	99.6％～102.5％	99.2％～101.4％	98.7％～99.6％
最高点 RSD	0.52％	0.30％	0.45％	1.02％
最高点回收率	99.6％～102.6％	99.8％～101.5％	99.5％～101.2％	99.1％～99.8％

研究发现，可选择 Bi、In、Y 作为内标元素进行分析，本方法中是否添加内标物对工作曲线的稳定性影响很小，分析结果并未出现明显偏差，故本研究不添加内标物。

2.4 仪器参数优化

本试验 ICP 光谱仪最佳工作条件的选择以铼标准溶液（0、0.05 μg/mL、0.10 μg/mL、0.50 μg/mL、1.00 μg/mL、2.00 μg/mL、5.00 μg/mL）为考察研究对象。采用单一变量法固定光谱仪其他工作参数，改变不同的发射功率、蠕动泵泵速、雾化气流速、辅助气流速进行研究，根据参数的改变导致不同的发射光强度来选择最优参数。

2.4.1 发射功率的影响

在根据光谱仪默认参数：固定雾化气流速 0.7 L/min、蠕动泵泵速 12 rpm、辅助气流速 1.0 L/min，通过对 1.10 kW、1.15 kW、1.20 kW、1.25 kW 下的发射功率进行研究，不同发射功率在 189.773 nm、228.751 nm 下对不同铼标准溶液发射光强度的影响。

研究表明，在 189.773 nm 和 227.751 nm 下发射功率越大，铼的发射强度越大，随之功率过大会导致背景辐射强度也会增大，同时也会影响信背比变差。综合考虑，本实验选择仪器发射功率为 1.20 kW。

2.4.2 蠕动泵泵速的影响

光谱仪发射功率 1.20 kW、辅助气流速 1.0 L/min、雾化气流速 0.7 L/min 不变，研究蠕动泵泵速为 8 rpm、10 rpm、12 rpm、14 rpm、16 rpm，在 189.773 nm、228.751 nm 下不同泵速对不同铼标准溶液发射光强度的影响。

研究表明，泵速越大，铼标准溶液发射强度也越大，而背景强度增加幅度不大。蠕动泵泵速过快可能会导致等离子体火焰不稳定，出现熄火现象，同时也会使样品消耗量加大，加速耗材的使用。综合考虑，本实验选择仪器默认的蠕动泵泵速 12 rpm。

2.4.3 雾化气流速的影响

雾化器流速的大小很大程度上决定雾化器的效率，气溶胶在通道中的停留时间以及雾滴的粒径，故雾化器流速的选择是至关重要的。固定光谱仪参数：发射功率 1.20 kW、辅助气流速 1.0 L/min、蠕动泵泵速 12 rpm，研究雾化气流速为 0.5 L/min、0.6 L/min、0.7 L/min、0.8 L/min、0.9 L/min，在 189.773 nm、228.751 nm 下不同雾化气流速对铼标准溶液发射光强度的影响。

研究表明，随着雾化气流速的增加，铼标准溶液的发射强度和背景强度均先增加后降低。主要是由于雾化气流速增加，单位时间内进入等离子体的分析物质量液会增加，因此发射强度会增大。随着雾化气流速不断增加，导致进入等离子体的离子在被激发之前冲出，从而稀释分析物。同时，雾化气流速过大也会降低等离子体温度，导致元素的停留时间缩短，信噪比差，光谱的发射强度减低。综合考虑，在雾化气流速为 0.7 L/min 时，不同浓度的铼标准溶液信号值最高。因此，本实验选择的雾化气流速为 0.7 L/min。

2.4.4 辅助气流速的影响

光谱仪发射功率 1.20 kW、雾化气流速 0.7 L/min、蠕动泵泵速 12 rpm，研究辅助气流速为 0.8 L/min、0.9 L/min、1.0 L/min、1.1 L/min、1.2 L/min，在 189.773 nm、228.751 nm 下，辅助气流速不同对铼标准溶液发射光强度的影响。

实验表明，随着辅助气流速的增加，不同铼标准溶液的发射强度逐渐降低，而信背比呈现先增大后减少的趋势，在辅助气流速为 1.0 L/min 时信背比达到最大。通过试验以上研究，确定了本实验光谱仪最佳使用条件：发射功率 1.20 kW、蠕动泵泵速 12 rpm 雾化气流速为 0.7 L/min、辅助气流速 1.0 L/min。

2.5 不同酸度的影响

在光谱仪最佳条件下，以铼标准溶液（0、0.05 μg/mL、0.10 μg/mL、0.50 μg/mL、1.00 μg/mL、2.00 μg/mL、5.00 μg/mL）为研究对象，分别加入 0 HNO_3、1% HNO_3、2% HNO_3、3% HNO_3、5% HNO_3、10% HNO_3，研究在 189.773 nm、228.751 nm 下酸度不同对铼标准溶液发射光强度的影响。

研究表明，溶液酸度越高，铼标准溶液的发射光强度反而降低。经分析，MoO_3 会溶解在酸性溶液中，钼基体浓度太大会引起基体效应造成光谱干扰。综上所述，选择 2% HNO_3 作为本试验最佳酸性介质。

2.6 工作曲线的绘制

在光谱仪最佳工作参数下，对系列标准溶液的发射强度进行测定并绘制工作曲线，如图 1 和图 2 所示。

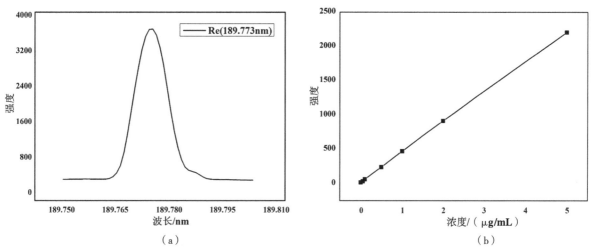

图 1　在 189.773 nm 处铼标准溶液（a）谱图及（b）工作曲线

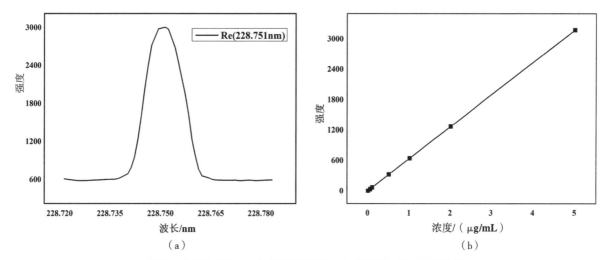

图 2　在 228.751 nm 处铼标准溶液（a）谱图及（b）工作曲线

铼 189.773 nm 所得到的工作曲线方程为 $y = 621.54x + 8.54$，线性相关系为 0.999 99；铼 228.751 nm $y = 406.63x + 19.21$，线性相关系为 0.999 97，两条线均能满足实验要求。

2.7 共存元素干扰的考察

2.7.1 基体元素影响的考察

本试验研究钼基体对铼标准溶液的影响，分别加入不同量的钼基体（50 μg/mL、100 μg/mL）对铼进行测定。

铼标准溶液在钼基体为 50~100 μg/mL 时发射强度变化微小，说明钼基体对铼元素的测定影响较小，可忽略不计。

2.7.2 单一元素干扰的考察

选取 0.05 μg/mL 和 5.00 μg/mL 铼标准溶液作为本次实验研究对象，分别加入不同量的单一共存元素，研究单一共存元素对铼元素标准溶液发射强度的影响。

研究表明，在 189.773 nm 处，当 Ca、Cu、Al、Fe、Mn、Mg、Si、Ni、Ti、W 作为单一元素与铼标准溶液共存时，发射强度变化微小，对铼含量的测定几乎没有影响，可忽略不计。而在 228.751 nm 处发现，当单一共存元素为 Ni 时，发射强度发生明显的减弱。故以铼 e 5.0 μg/mL 作为研究对象，加入等量（5.0 μg/mL）与过量（50.0 μg/mL）的镍标准溶液，发现镍标准溶液对铼标准溶液的干扰较大，如图 3、图 4 所示。由于 Ni 元素对铼标准溶液干扰过大，且钼精矿中含有杂质元素 Ni，故 228.751 nm 分析线排除，选择抗干扰能力强的谱线 189.773 nm。

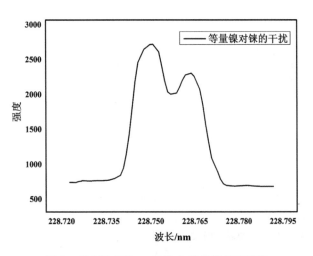

图 3　在 228.751 nm 下加入等量镍标准溶液对发射光强度的影响

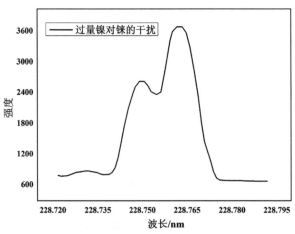

图 4　在 228.751 nm 下加入过量镍标准溶液对发射光强度的影响

2.7.3 综合干扰的考察

在最优仪器工作条件下，测定系列标准溶液的强度，并绘制工作曲线。以 0.05 μg/mL、5.00 μ/mL 铼标准溶液为研究对象，加入钼基体元素及其他共存元素可能的最大量，在相同的仪器工作条件下测定其检出量，以考察共存元素对铼元素测定的综合影响，结果如表 4 所示。

表 4　在 189.773 nm 下共存元素对铼元素发射强度综合干扰情况

序号	共存元素及加入量	铼标准溶液浓度	
		0.05 μg/mL	5.00 μg/mL
1	0	28.77	3357.79
2	Mo1 mg	27.65	3342.02

序号	共存元素及加入量	铼标准溶液浓度	
		0.05 μg/mL	5.00 μg/mL
3	Mo5 mg	28.32	3304.26
4	Mo 1 mg, Al、Ca、Cu、Fe、Mg、Mn、Ni、Si、Ti、W 0.5 μg	29.63	3316.37
5	Mo 1 mg, Al、Ca、Cu、Fe、Mg、Mn、Ni、Si、Ti、W 50.0 μg	28.89	3327.42
6	Mo 5 mg, Al、Ca、Cu、Fe、Mg、Mn、Ni、Si、Ti、W 0.5 μg	29.06	3305.39
7	Mo 5 mg, Al、Ca、Cu、Fe、Mg、Mn、Ni、Si、Ti、W 50.0 μg	28.89	3319.85

从表 4 可知, 加入钼基体元素及其他共存元素可能的最大量时, 铼 189.773 nm 处发射光强度变化微小, 对铼含量的测定几乎没有影响或者影响在允许差范围内, 因此, 根据钼精矿质量标准 (GB 3200—1989) 中技术条件规定的杂质元素可能存在的最大量考虑, 在加入 50.0 μg 的杂质元素时共存元素对铼含量测定的影响可不考虑。

2.8 精密度试验

按照选定的试验方法, 在重复性条件下分别对 3 种钼精矿样品进行 8 次独立测定, 考察该方法的精密度, 测定结果如表 5 所示。

表 5　精密度试验结果

样品编号	测定结果	平均值	标准偏差	RSD
样品 1	0.002 19%、0.002 06%、0.002 15%、0.002 03%、0.002 20%、0.001 98%、0.001 89%、0.002 17%	0.002 08%	1.05×10^{-4} %	0.050%
样品 2	0.002 18%、0.002 21%、0.002 19%、0.001 96%、0.002 18%、0.002 16%、0.002 22%、0.002 12%	0.002 16%	7.82×10^{-5} %	0.036
样品 3	0.098 2%、0.105%、0.099 3%、0.098 0%、0.102%、0.098 0%、0.098 5%、0.101%	0.100%	0.002 3%	0.023%

从表 5 中结果可以看出, 3 种钼精矿样品铼含量测定结果的 RSD 在 0.023%～0.050%, 表明该方法精密度良好。

2.9 准确度试验

按照选定的试验方法对 3 种钼精矿试样进行加标回收试验, 加标回收率如表 6 所示。

表 6　加标回收实验结果

样品编号	样品中含铼元素量/μg	加入铼元素量/μg	测得铼元素量/μg	回收率
S1	4.10	5	9.13	100.73%
		10	13.99	97.32%
S2	4.05	5	8.98	98.27%
		10	14.02	99.26%
S3	202	50	254.88	101.42%
		100	301.79	99.90%

表 6 中可以看出, 3 种钼精矿加标回收率在 97.32%—101.42%, 回收率良好, 能够满足检测要求。

2.10 比对试验

本研究将本试验方法与标准方法 YS/T 555.10—2009 中采用的分光光度法进行比较相比，测定结果基本一致，分析结果可靠准确，研究结果如表 7 所示。

表 7   本方法与标准方法测定结果比对

样品名称	方法	测定值	平均值	RSD
S1	YS/T 555.10—2009	0.002 07％、0.001 88％、0.002 11％、0.002 18％、0.001 97％、0.002 05％	0.002 04％	0.052％
	ICP - OES	0.001 98％、0.002 26％、0.002 19％、0.002 07％、0.002 13％、0.002 08％	0.002 11％	0.046％
S2	YS/T 555.10—2009	0.002 01％、0.001 89％、0.002 05％、0.001 85％、0.002 14％、0.001 99％	0.001 98％	0.061％
	ICP - OES	0.002 12％、0.002 16％、0.001 98％、0.002 27％、0.002 25％、0.002 19％	0.002 16％	0.048％
S3	YS/T 555.10—2009	0.101％、0.098 7％、0.099 6％、0.102％、0.101％、0.099 0％	0.100％	0.013％
	ICP - OES	0.105％、0.106％、0.099 0％、0.098 8％、0.099 3％、0.102％	0.102％	0.031％

3   结论

本研究采取电感耦合等离子体光谱法对钼精矿中的痕量铼进行测定，在硝酸—双氧水—高氯酸强氧化体系对样品进行预处理的基础上，通过试验确定了光谱仪最佳工作条件、样品溶解条件，同时对内标溶液、溶液酸度、基体及共存元素的干扰均进行了探究。准确建立了钼精矿中测定痕量铼的分析方法。结果表明，该方法与分光光度法相比，测量结果准确、操作简单、分析速度高，适用于测定钼精矿中痕量的铼。

参考文献：

[1] 宋文平，邬莉婷，李自强，等．稀有金属元素铼的测定方法探究 [J]．科技创新与应用，2022，12 (4)：114 - 116.

[2] 孙宝莲，李波，周恺，等．钼精矿及烟道灰中铼的测定 [J]．稀有金属材料与工程，2011，40 (11)：2065 - 2068.

[3] 杨劲松，谭雪红，郭晋川．ICP - OES 测定地质样品中微量铼 [J]．光谱实验室，2009，26 (5)：1073 - 1077.

[4] 李延超，李来平，周恺，等．加压氧化钼精矿浸出液中铼的测定 [J]．分析试验室，2014，33 (9)：1030 - 1033.

[5] 孟庆森，王云晓，赵展眉，等．XRF 内标法测定钼精矿中金属元素试验 [J]．现代矿业，2022，38 (9)：257 - 260.

[6] 吴德珍，钱庆长，倪莹．电解—电感耦合等离子体原子发射光谱（ICP-AES）法测定铼酸铵中铼 [J]．中国无机分析化学，2022，12 (5)：119 - 124.

[7] 柳诚，陈洪流，李永林，等．ICP - MS 测定西藏辉钼矿石中微量铼 [J]．广州化工，2017，45 (18)：90 - 91，135.

[8] 赵刚，丁丁，黄艳，等．电位滴定—中子活化法联合测定铀铌合金中铀 [J]．化学分析计量，2021，30 (5)：42 - 45.

[9] 李立明，李娅璇，邹世伟．ICP-OES 法和分光光度法测定水中硅的比较分析 [J]．科技视界，2022 (33)：146 - 148.

[10] 许萍，柴爽爽，陈铭学，等．电感耦合等离子体串联质谱法（ICP－MS/MS）混合模式同时测定土壤中7种重金属元素 [J]．中国无机分析化学，2023，13（6）：543－548.

[11] 赵炳建，赵浩年，赵越，等．微波消解：电感耦合等离子体原子发射光谱法测定钼铁合金中的钼含量 [J]．分析测试技术与仪器，2022，28（4）：422－426.

[12] 廖彬玲，赖秋祥，邱才升．电感耦合等离子体发射光谱法测定铼滤饼中的铼含量 [J]．世界有色金属，2019（16）：122－125.

[13] 杨宝龙．极谱法快速测定土壤中的钼 [J]．新疆有色金属，2015，38（5）：52－53.

[14] 刘洪鹏，张夺，金丽．电感耦合等离子体质谱法测定岩石中的铼 [J]．有色矿冶，2016，32（3）：55－57.

[15] 周能慧．应用电感耦合等离子体质谱法测定铜铅锌矿石中的铼的研究 [J]．当代化工研究，2016（5）：88－89.

[16] 金丽．ICP－MS法测定钼矿石中铼的研究 [J]．湖南有色属，2020，36（5）：78－80.

[17] 李延槐，姚良俊，李爱玉．ICP-AES法测定钼精矿中杂质元素研究 [J]．中国钼业，2022，46（6）：51－54.

[18] 邱才升，赖秋祥，刘芳美，等．电感耦合等离子体发射光谱法测定铜冶炼烟灰中的铼含量 [J]．世界有色金属，2020（24）：143－145.

[19] 熊英，吴峥，董亚妮，等．封闭消解-阳离子交换分离-电感耦合等离子体质谱法测定铜铅锌矿石中的铼 [J]．岩矿测试，2015，34（6）：623－628.

[20] 王璐，李梦超，阙标华，等．辉钼精矿的氧化焙烧 [J]．中国有色金属学报，2021，31（7）：1952－1964.

[21] 赵常泰，马力言，张卓，等．焙烧钼精矿中 MoO_2 含量对钼铁冶炼的影响 [J]．中国钼业，2022，46（2）：46－50.

Determination of rhenium in molybdenum concentrate by inductively coupled plasma Atomic Emission Spectrometry

WANG Zhi-mei，WANG Dong-yue ，HUO Yu-bao，WEI En-bo，
WU Lu-xuan ，ZHOU Zi-ting

(China Nuclear Guyuan Uranium Industry Co. , Ltd. , Zhangjiakou, Hebei 076561, China)

Abstract：The trace rhenium in molybdenum concentrate was determined by inductively coupled plasma atomic emission spectrometry (ICP-OES) . In this study, the strong oxidation system of nitric acid, hydrogen peroxide and perchloric acid was used to dissolve molybdenum concentrate, remove the organic matter such as carbon and flotation agents from minerals and filter the molybdenum trioxide precipitation from the sample solution to separate rhenium, effectively eliminating the matrix interference. At the same time, the operating parameters of the spectrometer were determined. The interference of internal standard solution, solution acidity, matrix and co-existing elements was investigated under the conditions of 1. 2 kW transmission power，1. 0 mL • min⁻¹ auxiliary gas flow rate，0. 7 mL • min⁻¹ atomizing gas flow rate and 12 rpm peristaltic pump. The results show that the linear correlation coefficient of the working curve is 0. 9999, and the detection limit of this method is 0. 0004％. Using this method to determine rhenium in molybdenum concentrate samples, the relative standard deviation is 0. 02％～0. 06％. Compared with the spectrophotometric method specified in YS/T555. 10－2009, the rhenium content of standard substances GBW （E）070212 and GBW （E）070213 of molybdenum concentrate was basically consistent.

Key words：Molybdenum concentrate；Rhenium content；ICP-OES

某铀矿山岩硐型危险废物填埋场地下水风险评价

霍晨琛，雷明信，于宝民，施林峰

（中核第四研究设计工程有限公司，河北　石家庄　050000）

摘　要： 岩硐型危险废物填埋场具有地质条件优越和风险可控性强等特点，本研究以我国第一座某铀矿山危险废物地下填埋场为例，结合矿区水文地质条件及工程特点，研究构建了岩硐型危险废物填埋场地下水溶质运移模型，对特征污染物进行了识别，模拟表征了特征污染物总铬在防渗层出现破损孔洞条件下的污染迁移规律。研究模拟结果表明：在填埋场防渗层出现持续渗漏的情况下，污染物渗漏会对地下水环境产生影响，污染羽超标范围主要集中在填埋区的地下含水层内，扩散至场外环境的可能性较小；垂向上高浓度污染羽主要分布于填埋层范围内。研究成果可为同类型工程地下水环境预测和防治提供技术指导与一定的借鉴。

关键词： 铀矿山；岩硐型危险废物填埋场；地下水溶质运移；防渗层渗漏；污染羽

随着城市化进程不断推进，工业化不断发展，我国危险废弃物产生量持续快速增长，其中工业危险废物是危险废物的主要来源[1-2]。据《2016—2019 年环境统计年报》，工业危险废物产生量、综合利用处置量均逐年上升，由 2016 年 5219.5 万吨、4317.2 万吨，上升为 2019 年 8126.0 万吨、7539.3万吨，分别上升 55.7%、74.6%[3]。工业危险废物具有腐蚀性、毒性、易燃性、反应性和感染性等特性，来源广泛、成分复杂[4]，危险废物不当处置会对大气环境、土壤环境和水资源等产生危害[5]。危险废物的处置方式有综合利用、焚烧和安全填埋等，危险废物安全填埋是危险废物的最终处置方式[6]。

目前，我国危险废物填埋场基本是地表填埋场，岩硐型危险废物填埋场在我国尚属首例。岩硐型危险废物填埋场使用完整坚硬的围岩作为危险废物处置外部自然屏障，具有优越的地质条件，废物处置时不会受到降雨、温湿度变化等影响，降低了渗滤液产生的可能性，并且便于对填埋硐室开展全方位的监测和维护。危险废物填埋场环境风险主要体现在防渗层泄漏[7]，防渗层破损导致的渗滤液泄漏，以及由此造成的地下水污染已经成为危险废物填埋场及其周边地区环境风险的首要问题，而岩硐型危险废物填埋场在防渗层渗漏情况下的地下水污染风险和特征尚不完全掌握。因此，本文选取某铀矿山岩硐型危险废物填埋场，应用地下水数值模拟技术研究危险废物填埋场防渗层持续泄漏条件下地下水污染的风险和特征，为实施填埋场地下水环境保护工程提供依据。

1　研究区概况

1.1　填埋场工程情况

某铀矿山岩硐型危险废物填埋场填埋处置对象为《国家危险废物名录（2021年版）》中 HW18 类（飞灰和焚烧残渣）危险废物，地下填埋场可填埋的飞灰固化体规模为 20 000 t/a，焚烧残渣固化体规模为 20 775 t/a，生产服务年限 11 年，第 1 年为基建期。

场址所在区域属亚热带季风气候，气候湿润，雨量充沛，年平均降雨量 1763.7 mm，年蒸发量986.5 mm，年平均气温 17.3 ℃，最高气温 40.5 ℃，最低气温 - 10.4 ℃。区内地形以低山 - 丘陵为主，海拔 160～600 m，整体上南部高、北部低，地势起伏较大，植被发育。

作者简介：霍晨琛（1991—），女，研究生，工程师，现主要从事铀矿水文地质等科研工作。

1.2 地层岩性及地质构造

场址区域内地层主要为第四系全新统地层及侏罗系上统磨山石组火山岩及火山碎屑岩。第四系地层主要为人工填土和残坡积层，火山岩及火山碎屑岩岩性主要为流纹岩及少量绿色层。场址区大地构造位于扬子淮地台与华南褶皱系两大构造单元交界处，区域性构造以北东向断裂为主，有江山—绍兴深大断裂、大塘底断裂等，场址区内主要发育有北北东组和北西西组断裂，断层延伸长度280～2200 m不等，宽度1～20 m，断层内多发育角砾岩带和破碎带，并有硅质、断层泥或高岭土充填。

1.3 水文地质条件

研究区东西两侧分别为小丘源河和桐子坑，地表水由南向北流动。场地内地下水类型可分为第四系孔隙潜水、基岩风化裂隙潜水、基岩裂隙水、构造裂隙水。第四系孔隙潜水为冲洪积层孔隙水和残破积层孔隙水，冲洪积层孔隙水主要沿小丘源河呈带状分布，残破积层孔隙水广泛分布于场址区及周围，残坡积层的厚度0.5～5.0 m。

基岩风化裂隙潜水主要赋存于强风化基岩中，出露于山脚，地势低洼处和陡坎处。常与第四系残坡积层孔隙潜水混杂在一起，共同构成具有统一地下水位的潜水含水层，而未（微）风化基岩是良好的隔水层。

基岩裂隙水多分布于岩体因多次构造运动产生的构造破碎带或节理裂隙密集带内，水量分布不均匀，流量0.05～0.62 L/s。构造裂隙水赋存于构造裂隙含水带中，场址内主要构造裂隙含水带有F_1、F_4、F_6、百里崖及大茶园断层含水带，多表现为阻水断层。

大气降水为场址区内潜水主要补给源，潜水径流途径短，具有就地补给就地排泄的特征，地下水从地势高处向地势低处径流，径流至沟谷底部，多以下降泉的形式出露地表。

2 研究方法

2.1 水文地质概念模型

根据填埋场及附近水文地质条件及区内敏感区域分布情况，结合现有资料，确定模拟范围如下：西部以小丘源河为界，东部以桐子坑溪流为界，北部和南部人为圈定范围，其中北部距F_1断层中心位置约300 m，南部距水碓坑断层约310 m。模拟区总面积约2.4 km²，基本构成了一个较完整的水文地质单元，研究区模拟范围如图1所示。

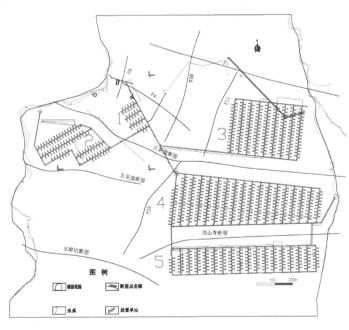

图1 填埋场模拟范围示意

研究区为低山丘陵区，地势整体南高北低，地下水从地势高处向地势低处流动，因此，研究区南部边界概化为第二类定流量补给边界，北部边界概化为第二类定流量排泄边界，东西两侧概化为通用水头边界，上边界为降水补给、蒸发排泄边界，下边界以基岩作为底部相对隔水边界。

区内地层主要为第四系残破积层和磨山石组火山岩及火山碎屑岩，第四系残坡积层主要分布于山脊及山坡两翼，厚度较小；火山岩及火山碎屑岩主要为强风化、中风化和微（未）风化流纹岩，由于该岩硐型填埋场为地下填埋场，填埋区设计标高为170～185 m，设计标高以上主要为微（未）风化流纹岩。因此，为更好研究危险废物渗滤液浓度沿垂向上的变化，将模型划分为三层：第一层为第四系残破积层至填埋区顶板（185 m标高）；第二层为填埋层所在位置（170～185 m）；第三层为填埋层底板至110 m标高。

2.2 特征污染物泄露环境设定

该填埋场主要由填埋硐室、填埋巷道、开拓运输巷道，渗滤液收集池、地下水和掘进涌水储存池等组成，依次分为一区～五区（图1），根据《危险废物安全填埋处置工程建设技术要求》（环发〔2004〕75号），该填埋场采用钢筋混凝土外壳与柔性人工衬层组合的刚性防渗结构，由下向上依次为：岩石基底、抗渗钢筋混凝土、混凝土找坡层、观察层复合土工网、保护层土工布，HDPE防渗层、保护层土工布、渗滤液导流层卵石厚度等。完好的防渗膜对渗滤液中的污染物能起到很好的防渗作用，然而在危险废物处置过程中及填埋场营运条件下，防渗层不可避免地会发生穿刺、拉裂、老化等破坏，产生圆孔型、裂缝型等缺陷，存在缺陷或破损的防渗结构对污染物的防渗作用大幅减弱，容易发生地下水污染风险[8]。

根据我国填埋场漏洞密度调查结果及相关案例[9]，确定本次防渗层的漏洞密度为每4047 m²形成30个孔洞，每个孔洞均为10 cm直径的圆形孔洞。通过破损孔洞进入地下水中的渗滤液流量按下式计算：

$$Q = K \cdot J \cdot A 。 \tag{1}$$

式中，Q为单位时间内破损孔洞处的渗流量，m³/d；K为土工布的垂向渗透系数，m/d；J为垂向上水力坡度；A为孔洞的渗漏面积，m²。

土工布渗透系数为1×10^{-4}～1×10^{-3} cm/s，按风险最大考虑，渗透系数取1×10^{-3} cm/s；J取1.0；渗漏面积按直径为10 cm的孔洞计算，得出单孔渗滤液流量为$Q_{单孔} = 0.0067$ m³/d。结合各填埋区填埋硐室和填埋巷道面积测算可能发生防渗层破损的面积，各区的渗滤液流量分别为：$Q_{一区} = 0.16$ m³/d，$Q_{二区} = 0.62$ m³/d，$Q_{三区} = 1.53$ m³/d，$Q_{四区} = 3.21$ m³/d，$Q_{五区} = 1.37$ m³/d，通过点源的形式加入模型中。

本填埋场危险废物富集了Cr^{6+}、总铬、总汞、总镉、总砷、总铅、总镍等重金属元素，预测因子识别如表1所示，依据标准指数得出本模拟预测因子为总铬。依据填埋方案，标高为170～185 m设置为污染层，渗漏污染物浓度取15 mg/L，污染物最终迁移边界浓度取值参照《地下水质量标准》（GB/T 14848—2017）Ⅲ类标准限值。依据填埋场设计年限，模拟填埋场在20年内特征污染物运移情况。

表1 预测因子识别

项目	Cr^{6+}	总铬	总汞	总镉	总砷	总铅	总镍
进入填埋区控制限值/（mg/L）	6	15	0.12	0.6	2	1.2	2
Ⅲ类标准	0.05	0.05	0.001	0.005	0.01	0.01	0.02
标准指数	120	300	120	120	200	120	100

2.3 地下水流模型和溶质运移模型

根据上述水文地质概念模型，建立研究区地下水渗流数学模型，采用基于有限差分法的 Visual Modflow 软件对上述数学控制方程进行求解。

$$\begin{cases} \dfrac{\partial}{\partial x}\left(K\dfrac{\partial H}{\partial x}\right)+\dfrac{\partial}{\partial y}\left(K\dfrac{\partial H}{\partial y}\right)+\dfrac{\partial}{\partial z}\left(K\dfrac{\partial H}{\partial z}\right)+W=\mu\dfrac{\partial H}{\partial t} & (x,y,z)\in\Omega,t>0 \\ H(x,y,z,t)=H_0(x,y,z) & (x,y,z)\in\Omega \\ -KM\dfrac{\partial H}{\partial n}\Big|\Gamma_2=q & t>0 \end{cases} \quad (2)$$

式中，H_0 为初始水头，m；H 为地下水位标高，m；K 为渗透系数，m/d；μ 为给水度；M 为含水层厚度，m；x、y、z 为坐标变量，m；W 为垂向水量交换强度/$m^3/(d\cdot m^2)$；q 为第二类边界上的单宽渗流量，m^2/d；n 为二类边界外法线方向；Γ_2 为二类边界 Ω 为计算区范围。

基于 MT3DMS 模块对连续泄露条件下特征污染物运移规律进行模拟和预测，本研究不考虑吸附和化学反应，仅考虑对流弥散效应，并借由地下水流数值模型进行污染物运移模拟。本次模拟采用的溶质运移方程如下：

$$\begin{cases} n\dfrac{\partial C}{\partial t}=\dfrac{\partial}{\partial x_i}\left(nD_{ij}\dfrac{\partial C}{\partial x_i}\right)-\dfrac{\partial}{\partial x_i}(nv_iC)+q_sC_s & (x,y,z)\in\Omega;i,j=1,2,3;t>0 \\ C(x,y,z,0)=C_0(x,y,z) & (x,y,z)\in\Omega;t=0 \end{cases} \quad (3)$$

式中，n 为介质孔隙度；C 为组分质量分数，mg/L；t 为时间；D_{ij} 为水动力弥散系数张量，m^2/d；V_i 为地下水渗流速度张量，m/d；Ω 为计算区；C_0 为初始质量分数分布，mg/L；q_s 为单位体积含水层源和汇的体积流量；C_s 为源和汇水流中组分质量分数，mg/L。

2.4 模型构建和校正

在空间上，采用分别平行于 x，y 轴的两组正交网格对计算区进行平面上的剖分，每个网格大小为 5 m×5 m，将整个模拟区在平面上沿南北方向剖分为 324 列，沿东西方向剖分为 364 行，有效单元格为 97 455 个，代表实际面积 2.4 km²。在垂向上，将整个模拟区在垂向上剖分为 3 层，在空间上共将计算区剖分了 292 365 个活动单元。

模型中的地面标高采用数字高程模型表示，对研究区内 1∶2000 地形图进行数字化处理形成高程数据。经过提取高程点，剔除异常点后获得模拟区原始高程数据。在此基础上，进一步采用克里格（Kriging）空间插值方法生成数字高程模型，符合建立地下水流数值模型的精度要求。

渗透系数、给水度等水文地质参数根据相关资料进行取值，通过参数率定，最终确定模拟区水文地质参数如表 2 所示。将上述数据及边界条件输入系统模型，对模型进行校正识别。利用区内 7 个水文地质钻孔进行识别与校正，结果如图 2 所示，水位拟合相关系数为 0.998，证明水位拟合效果较好。完成模型识别后得到研究区稳定流地下水流场如图 3 所示。

表 2 水文地质参数

参数	第四系	强风化流纹岩	中风化流纹岩	微（未）风化流纹岩	断层
$K_{xx}/$ (m/d)	0.2~1	0.1~0.2	0.02	0.002~0.02	0.0055~0.012
$K_{yy}/$ (m/d)	0.2~1	0.1~0.2	0.02	0.002~0.02	0.0055~0.012
$K_{zz}/$ (m/d)	0.2~1	0.1~0.2	0.02	0.002~0.02	0.0055~0.012
给水度	0.2	0.1	0.05	0.05	0.05

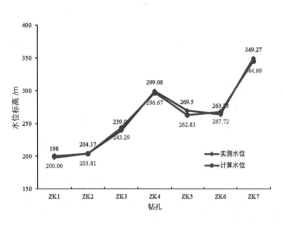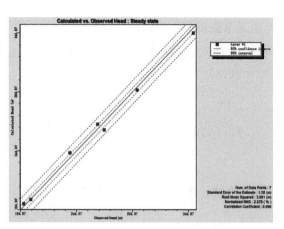

图 2　实测水位与计算水位拟合

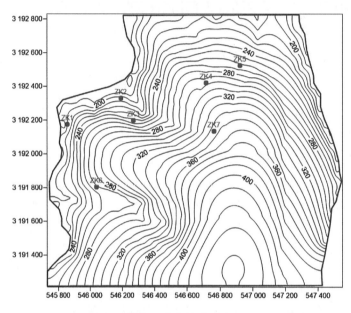

图 3　模拟区稳定流地下水流场

3　结果分析

根据垃圾填埋场服务年限,模拟了垃圾填埋场 20 年内污染物的迁移特征。图 4 和图 5 显示了填埋场地下水中总铬在第 1 年、第 5 年、第 10 年和第 20 年的迁移扩散情况。表 3 列出了总铬在上述时间点的污染羽迁移距离和污染面积等模拟结果。

第 1 年、5 年、10 年和 20 年,在污染物持续泄露不对其采取防治措施条件下总铬最大浓度分别为 0.2 mg/L、0.45 mg/L、0.6 mg/L 和 0.8 mg/L,超过《地下水质量标准》Ⅲ类标准限值要求,最大浓度主要分布在填埋场范围内。在平面上,污染羽整体沿地下水流动方向迁移。第 1 年各填埋区污染羽基本以点源为中心,扩散面积较小。第 5 年至第 20 年,污染羽以点源为中心,水平迁移距离增加,污染羽面积增大,第 20 年三区、四区和五区填埋场的污染羽穿过了场址内大茶园断层和西山寺断层,其他断层受到污染影响较小。持续渗漏 20 年后各填埋区地下水质超标面积分别为 0.03 m²、0.07 m²、0.16 m²、0.27 m² 和 0.18 m²,距污染羽中心最大迁移距离 158.48 m、180.82 m、253.57 m、396.20 m 和 419.97 m。在模拟时间段内,总铬污染羽超标范围主要集中在填埋区范围内的地下含水层内,超标范围没有运移到地表水,渗滤液对场地外围地下水环境影响较小。

垂向上，模型中对危险废物不设置顶部防水层，渗滤液直接和围岩顶部和侧壁接触，由于对流和弥散作用，防渗层破损会造成污染物对填埋层上下含水层会产生一定影响，由于围岩渗透系数较小，填埋层上下含水层污染物浓度较低，高浓度污染羽仍主要分布在填埋层。

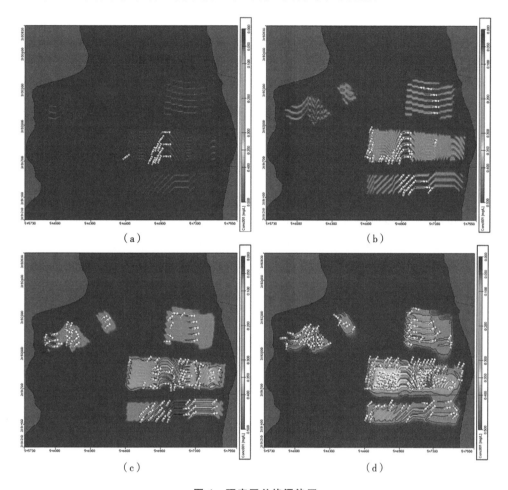

图 4　研究区总铬污染羽

(a) 1 a；(b) 5 a；(c) 10 a；(d) 20 a

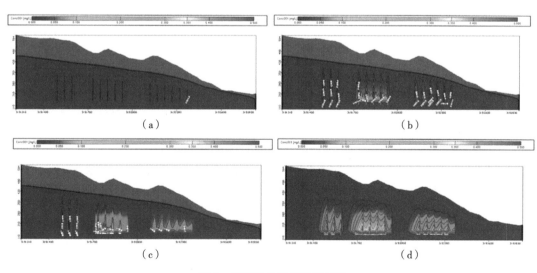

图 5　研究区总铬污染羽剖面

(a) 1 a；(b) 5 a；(c) 10 a；(d) 20 a

表 3   地下水中总铬污染羽预测结果

时间点	一区		二区		三区		四区		五区	
	最大水平迁移距离/m	污染面积/m²	最大水平迁移距离/m	污染面积/m²	最大水平迁移距离/m	污染面积/m²	最大水平迁移距离/m	污染面积/m²	最大水平迁移距离/m	污染面积/m²
第 1 年	0	0	158.33	0.01	200.00	0.07	366.67	0.10	166.67	0.04
第 5 年	95.42	0.02	130.17	0.06	213.33	0.12	395.00	0.22	387.50	0.13
第 10 年	120.50	0.03	137.67	0.07	222.50	0.13	404.17	0.22	416.67	0.14
第 20 年	158.48	0.03	180.82	0.07	253.57	0.16	396.20	0.27	419.97	0.18

注：最大水平迁移距离为距污染羽中心的水平最大距离。

4   结论

本文建立了我国首例铀矿山岩硐型危险废物填埋场水文地质数值模型，揭示了渗滤液连续渗漏条件下地下水污染风险，结论如下。

（1）在防渗层出现孔洞，污染物渗滤液持续渗漏且不采取任何防治措施的情况下，整个模拟期内总铬污染扩散范围随时间逐渐扩大。由于污染物渗漏量较小，且含水层具有较小的渗透系数，结合工程布置方案，污染羽超标范围主要集中在填埋区的地下含水层内，迁移距离较短，扩散至场外环境的可能性较小。因此，对场地外围地下水环境影响较小。垂向上高浓度污染羽主要分布于填埋层范围内，对填埋层上下含水层影响较小。

（2）在进行危险废物填埋场建设及填埋过程中，严格按照相关标准和导则施工和填埋，可保证防渗层的完整程度，降低由于防渗层破损导致的地下水污染风险。岩硐型危险废物填埋场在我国尚属首例，通过本研究证明采用岩硐型安全填埋工业危险废物是可行的，对今后类似工程的实施具有一定借鉴意义。

（3）根据岩硐型危险废物填埋场特点，为降低污染物对地下水环境影响的可能性，建议危险废物与硐室壁之间设置空间隔离，如顶部设置 HDPE 防水层，防护池与硐室壁设置一定间隙。在填埋及运营期内加强填埋场的巡检巡视和渗滤液监测。

参考文献：

[1]   HUABO DUAN，QIFEI HUANG，QI WANG，et al. Hazardous waste generation and management in China：a review［M］．Journal of hazardous materials，2008（158）：221 - 227.

[2]   KANG P，ZHANG H，DUAN H. Characterizing the implications of waste dumping surrounding the Yangtze River economic belt in China［J］．Journal of hazardous materials，2020（383）：121 - 207.

[3]   生态环境部．2016—2019 年环境统计年报［R］．北京：生态环境部，2019.

[4]   王艳艳．基于 FEFLOW 预测工业危险废物对地下水环境的影响：以漳州市某工业危险废物填埋场为例［J］．地下水，2021，43（1）：40 - 41.

[5]   唐伟．典型危险废物填埋场渗漏源强及其环境风险评价研究［D］．合肥：合肥工业大学，2014.

[6]   罗育池，宋宝德，吴雯倩，等．危险废物填埋场地下水环境风险防控体系研究：以某危险废物处置企业为例［J］．环境科学与技术，2017，40（4）：193 - 199.

[7]   王月，安达，席北斗，等．某基岩裂隙水型危险废物填埋场地下水污染特征分析［J］．环境科学，2016，35（6）：1196 - 1202.

[8]   周炼，安达，杨延梅，等．危险废物填埋场复合衬层渗漏分析与污染物运移预测［J］．环境科学学报，2017，37（6）：2210 - 2217.

[9]   徐亚，能昌信，刘玉强，等．垃圾填埋场 HDPE 膜漏洞密度及其影响因素的统计分析［J］．环境工程学报，2015，9（9）：4558 - 4564.

Groundwater risk assessment of a rock cave type landfill with hazardous waste in a uranium mine

HUO Chen-chen, LEI Ming-xin, YU Bao-min, SHI Lin-feng

(The Fourth Research and Design Engineering Corporation, Shijiazhuang, Hebei 050021, China)

Abstract: Rock cave landfill has the characteristics of superior geological conditions and strong risk controllability. In this study, taking the first rock cave type nontraditional solid waste landfill in a uranium mine in China as an example, combined with the hydrogeological conditions and engineering characteristics of the mining area, the solute transport model of underground water in a rock cave type nontraditional solid waste landfill was constructed, and the characteristic pollutants were identified, and the pollution migration law of total chromium in the impervious barrier with damaged holes was simulated and characterized. The results show that the leakage of pollutants will affect the groundwater environment when the impervious barrier of the landfill is damaged. The pollution plume exceeding the standard is mainly concentrated in the groundwater aquifer within the landfill area, which is less likely to spread to the off-site environment. The vertical high concentration pollution plume is primarily distributed in the landfill layer. The research results can provide technical guidance for groundwater environment prediction and prevention measures for the same type of project.

Key words: Uranium mine; Cavern type hazardous waste landfill; Groundwater solute transport; Seepage of impervious layer; Pollution plume

我国南方某退役铀矿山放射性环境现状调查与分析

钟春明[1,2]，张　鑫[1,2]

（1. 核工业二三〇研究所，湖南　长沙　410007；2. 湖南省伴生放射性矿产资源评价与
综合利用工程技术研究中心，湖南　长沙　410007）

摘　要：对我国南方某退役铀矿山的放射性环境现状进行调查与分析，查明了该铀矿山辐射污染源项与辐射水平现状，确定了该铀矿山退役治理项目。结果表明，矿区尾渣库、尾矿库、废石堆的氡析出率高于 0.74 Bq/（m² · s）的管理限值，固废中 ^{226}Ra 活度浓度远高于 0.18 Bq/g，下风向空气中氡浓度均大于 200 Bq/m³；矿区排放废水中 $U_{天然}$浓度低于 0.3 mg/L 的排放限值，^{226}Ra 浓度低于 1.1 Bq/L 的排放限值，^{210}Pb 和 ^{210}Po 均不超过 0.5 Bq/L 排放限值，经矿区处理设施处理后可达标排放；周边环境敏感点地表水、地下水、农田等放射性检测结果属正常本底水平，未出现明显污染现象。

关键词：退役铀矿山；调查；管理限值；源项

　　伴随我国核工业 60 多年来的快速发展，国内南方大部分铀矿山也陆续退役，其放射性废物的处理和处置已成为环保领域亟须解决的重大问题之一[1]。铀矿山退役后，遗留了大量的铀矿冶废弃物和采冶工作遗留的废弃设施，其周围的辐射环境随着铀矿冶工作的停止会发生明显变化[2-3]。通过对退役铀矿山的尾渣库、尾矿库、废石堆、工业场地、受纳水体及周边敏感环境中的地下水、农田土壤、底泥等进行辐射环境监测，了解退役铀矿山周围辐射环境现状，查明存在的辐射污染源项和潜在安全隐患，为制定全面有效的退役治理方案提供科学依据和支撑数据。亦使周边居民科学地了解当地的辐射环境现状，改善与群众的关系，促进我国核工业的健康持续发展。

　　作者于 2018—2019 年，对南方某退役铀矿山进行放射性环境现状调查与分析，查明了退役前辐射污染源项，调查了辐射水平现状，为矿区今后退役治理提供科学有效的数据支撑。

1　项目概况

1.1　矿区

　　该铀矿山是我国第一批开发建设的铀矿山之一。自 1958 年建矿以来，已建成具备采矿、选矿、水冶综合生产能力及社会职能齐全的铀矿冶联合企业，整个矿区面积约 200 km²。2013 年起该矿全面闭坑淹井，只保留废水处理设施，以便处理尾矿库及地表堆场渗滤水。2016 年起该矿矿井及水冶厂全面暂停生产，只保留矿井抽排水及外排水处理设施等维护工作。

　　矿区丘陵起伏，整个地势南高北低，由西南向东北倾斜，呈坐南朝北的斜坡，地形垂直高差 100～300 m，坡度 20°～40°。地貌属低山丘陵区。最低点堆头的高程为 80 m。境内有小溪自东向西北流经矿点北部，小溪最大流量为 1.44 m³/s，最小流量为 0.044 m³/s，平均流量为 0.766 m³/s；最大洪水流速为 2～5 m/s。

1.2　水冶厂

　　水冶厂位于该矿山西南面，厂区内三面环山。尾渣库、尾矿库位于厂址以北约 3 km 的山谷中，库区汇水面积为 1.63 km²。库区在山区地带，山势陡峻，相对高差 150 m 左右，山坡较陡。坡度在 30°～

作者简介：钟春明（1986—），男，学士，高级工程师，现主要从事物理分析、辐射环境监测工作。

45°。整个区域气候属亚热带山区气候，湿温多雨，年平均降雨量为 1771.8 mm，最大降雨量为 2411.3 mm。年主导风向秋冬季多东北风，夏季多东南风。厂区 3 km 范围内有一条河流，其为废水处理站排放口最终受纳水体。该河流自南向北流经工业场地，全长 8.5 km，汇水面积 1.5 km²，主要靠雨季雨水和裂隙水补给，补给充足，沿岸没有污染源，洪水季节最大流量为 2.84 m³/s，枯水季节最小流量为 0.054 m³/s。

矿区废水处理站采用密室固定床离子吸附处理工艺，废水处理站设计处理能力为 1500 m³/d，实际日平均处理能力 1200 m³，通过采用老塔和新塔同时运行，实际最大处理能力为 2190 m³/d；水冶厂尾矿库建有废水除镭处理设施，采用软锰矿吸附除镭处理工艺，设计处理能力为 10 000 m³/d，实际日平均处理能力 2500 m³（包括尾矿库渗出水）。

综上所述，该矿现有 1 处矿区、1 间水冶厂。水冶厂有尾渣库和尾矿库各 1 座，废水处理站 1 座；矿区有排风井 2 个、废石堆 1 座、废水处理站 1 座。

2 调查内容与方法

2.1 调查内容

根据 GB14586—1993《铀矿冶设施退役环境管理技术规定》[4]、EJ 993—2008《铀矿冶辐射防护规定》[5]、GB23727—2020《铀矿冶辐射防护和辐射环境保护规定》[6] 等相关标准及该铀矿山的具体特点，2017 年 11 月至 2019 年 12 月对该退役铀矿山进行调查监测，源项调查主要内容和特征参数如表 1 所示。

表 1 源项调查主要内容和特征参数

序号	调查对象	监测介质	监测因子	监测频次
1	矿区、水冶厂、废石场、尾矿库、尾渣库	空气	氡浓度、γ 辐射剂量率、氡析出率	1 次/半年
2	废石场、尾矿库、尾渣库	固体废物	U天然、²²⁶Ra	1 次/半年
3	渗滤水、矿井积水、废水排放口	废水	U天然、²²⁶Ra、²¹⁰Po、²¹⁰Pb	1 次/半年
4	环境敏感点水井	地下水	U天然、²²⁶Ra、²¹⁰Po、²¹⁰Pb	1 次/半年
5	运矿道路、废石场等周边土壤；受纳水体底泥	土壤、底泥	U天然、²²⁶Ra	1 次/半年
6	受纳水体	地表水	U天然、²²⁶Ra、²¹⁰Po、²¹⁰Pb	1 次/半年

注：退役设备、管线已另行处理完毕，不在此次调查当中。

2.2 调查监测方法及仪器

为了保证调查结果的可靠性和准确性，本次调查项目根据 HJ/T61-2001《辐射环境监测技术规范》[7] 制定了全面的质量保证措施。使用的仪器和采样设备均经过相关计量部门检定校准，监测分析人员均经过专业培训，做到持证上岗。保证了样品在采集、制备及分析过程中的规范性和准确性。各监测项目采用的监测方法及使用仪器参数如表 2 所示。

表 2 监测方法及仪器

监测介质	监测因子	监测方法	仪器名称及型号	检出限
空气	γ 辐射剂量率	《环境地表 γ 辐射剂量率测定规范》GB/T 14583—1993	FB-4000 型 γ 辐射剂量率仪	10 nGy/h
	氡浓度	《环境空气中氡的标准测量方法》GB/T 14582—1993	SARAD3200 型测氡仪	1 Bq/m³

监测介质	监测因子	监测方法	仪器名称及型号	检出限
土壤、固体废物、底泥	U$_{天然}$	《硅酸盐岩石化学分析方法 第30部分：44个元素量测定》GB/T 14506.30—2010	NEXION2000型电感耦合等离子体质谱仪	0.003 μg/g
	^{226}Ra	《高纯锗γ能谱分析通用方法》GB/T 11713—2015	GEM100-95 P型高纯锗γ谱仪	3.5 Bq/kg
	氡析出率	《表面氡析出率测定 积累法》EJ/T 979—1995	SARAD3200型测氡仪	0.001 Bq/m²·s
水	U$_{天然}$	《水质 65种元素的测定 电感耦合等离子体质谱法》HJ 700—2014	NEXION2000型电感耦合等离子体质谱仪	0.04 μg/L
	^{226}Ra	《水中镭-226的分析测定》GB 11214—1989	PC2100型室内测氡仪	2.1 mBq/L
	^{210}Po	《水中钋-210的分析方法》HJ 813—2016	7200-4-1型低本底α能谱仪	1.1 mBq/L
	^{210}Pb	《水中铅-210的分析方法》EJ/T 859—1994	MPC-9604型α、β测量仪	2.3 mBq/L

3 管理限值

3.1 剂量限值

根据 GB 18871—2002《电离辐射防护与辐射源安全基本标准》[8]对于"持续照射情况下的行动水平或剂量约束"的相关规定并结合本项目实际情况，确定职业照射有效剂量目标值不超过 15 mSv/a；公众个人有效剂量管理限值不超过 0.30 mSv/a。

3.2 空气监测管理限值

根据铀矿山退役总体目标，矿区、水冶厂、废石场退役整治后环境地表 γ 辐射剂量率水平不超过 450 nGy/h。运矿道路、废石场周边土壤、周边农田土壤退役整治后，环境贯穿辐射剂量率达到背景水平（根据《江西省环境天然贯穿辐射水平调查研究》[9]，江西地区原野 γ 辐射剂量率在 13.7～340.8 nGy/h 范围内）；依据 GB 18871—2002《电离辐射防护与辐射源安全基本标准》"附录 H"规定，工作场所中氡持续照射情况下补救行动的行动水平 500 Bq/m³，保守起见，氡浓度限值取 300 Bq/m³；根据《铀矿冶设施退役环境管理技术规定》附录 A 的规定，废石场、尾矿库、堆浸、地浸、露天废墟厂地经最终处置后，其表面年均氡析出率不超过 0.74 Bq/（m²·s）。

3.3 土壤中放射性核素管理限值

根据 GB 14586—1993《铀矿冶设施退役环境管理技术规定》附录 A 的规定，土地去污整治后对核素 ^{226}Ra 的最高比活度要求：任何平均 100 m² 范围内，上层 15 cm 厚度土层中平均值为 0.18 Bq/g；15 cm 厚度土层以下的平均值为 0.56 Bq/g；根据退役项目的环境影响评价文件及相关批复，天然铀的土壤限值为 32.5 mg/kg（400 Bq/kg）。

3.4 水体放射性核素管理限值

根据 GB 23727—2020《铀矿冶辐射防护和辐射环境保护规定》对各核素废水排放口处的排放浓度要求，天然铀不超过 0.3 mg/L、^{226}Ra 不超过 1.1 Bq/L、^{210}Pb 和 ^{210}Po 均不超过 0.5 Bq/L 排放限值。

4 调查结果与分析

4.1 当地辐射环境本底水平

经过对矿区分布区域调查，选择距离矿区 12.4 km 的上风向（正北方向）一处开阔地作为对照点，进行辐射环境本底监测，监测项目为氡、氡析出率、U$_{天然}$、^{226}Ra 和 γ 辐射剂量率，并对受纳水体上游 1 km 处水体的 U$_{天然}$、^{226}Ra、^{210}Pb、^{210}Po 及底泥的 U$_{天然}$、^{226}Ra 进行辐射环境本底监测。当地辐射环境本底调查结果如表 3 所示。

表 3 当地辐射环境本底值监测结果

监测介质	监测项目	点位数/个	范围	均值
空气	氡浓度	8	9.6～22.5 Bq/m³	17.9 Bq/m³
	氡析出率	8	0.015～0.047 Bq/（m²·s）	0.031 Bq/（m²·s）
	γ 辐射剂量率	8	76～183 nGy/h	109 nGy/h
土壤	U$_{天然}$	5	3.53～4.49 mg/kg	3.75 mg/kg
	^{226}Ra	5	39.5～59.1 Bq/kg	45.1 Bq/kg
底泥	U$_{天然}$	4	2.14～5.46 mg/kg	3.01 mg/kg
	^{226}Ra	4	22.1～67.9 Bq/kg	38.7 Bq/kg
溪水	U$_{天然}$	4	0.04～2.2 μg/L	1.2 μg/L
	^{226}Ra	4	3.1～10.2 mBq/L	8.3 mBq/L
	^{210}Pb	4	2.5～8.4 mBq/L	4.2 mBq/L
	^{210}Po	4	1.6～7.8 mBq/L	3.6 mBq/L

4.2 空气中氡浓度和氡析出率

4.2.1 空气中氡浓度

根据相关标准规定及该退役铀矿山实际情况，调查人员在水冶厂和矿区工业场地每 300 m² 至少布置 1 个空气中氡监测点位，具体氡浓度监测点位数和结果见表 4。从表 4 的监测结果可知，水冶厂工业场地环境空气中氡浓度监测值范围为 21.1～63.2 Bq/m³，平均值为 33.5 Bq/m³，比当地本底水平偏高；水冶厂中的尾渣库下风向氡浓度均值（559.2 Bq/m³）明显高于上风向氡浓度均值（52.7 Bq/m³），是上风向氡浓度的 10 倍。同时，水冶厂中的尾矿库下风向氡浓度均值为 325.4 Bq/m³，高于上风向氡浓度均值 65.1 Bq/m³，是上风向氡浓度的 5 倍。由此，水冶厂中的尾矿库下风向氡浓度均值为 325.4 Bq/m³，高于管理限值 300 Bq/m³。

矿区工业场地环境空气中氡浓度监测值范围为 20.3～91.2 Bq/m³，平均值为 40.8 Bq/m³；矿区废石堆下风向氡浓度均值为 201.2 Bq/m³，上风向氡浓度均值为 37.4 Bq/m³，下风向是上风向氡浓度的 5 倍。矿区氡浓度低于管理限值 300 Bq/m³。

表 4 空气中氡浓度监测结果

区域名称	监测点位	点位数/个	氡浓度/（Bq/m³）	
			范围	均值
水冶厂	水冶厂工业场地	15	21.1~63.2	33.5
	尾渣库上风向	5	33.2~66.5	52.7
	尾渣库下风向	5	304.1~825.8	559.2
	尾矿库上风向	5	41.6~116.4	65.1
	尾矿库下风向	5	276.9~488.2	325.4
矿区	矿区工业场地	16	20.3~91.2	40.8
	废石堆上风向	5	28.9~85.6	37.4
	废石堆下风向	5	118.7~358.6	201.2

4.2.2 氡析出率

调查人员在水冶厂和矿区工程场地每 400 m² 至少布置 1 个氡析出率监测点位，具体氡析出率监测点位数和结果如表 5 所示。由表 5 的监测结果可知，水冶厂工业场地氡析出率范围为 0.025~0.126 Bq/（m²·s），平均值为 0.085 Bq/（m²·s），虽比当地本底水平偏高，但低于管理限值 0.74 Bq/（m²·s）；水冶厂中的尾渣库氡析出率均值为 15.851 Bq/（m²·s），尾矿库氡析出率均值为 8.975 Bq/（m²·s），均远远大于管理限值 0.74 Bq/（m²·s）。

矿区工业场地氡析出率范围为 0.031~0.117 Bq/（m²·s），平均值为 0.081 Bq/（m²·s），低于氡析出率管理限值 0.74 Bq/（m²·s）；矿区的废石堆氡析出率均值为 1.680 Bq/（m²·s），高于管理限值 0.74 Bq/（m²·s）。

表 5 氡析出率监测结果

区域名称	监测点位	点位数/个	氡析出率/[Bq/（m²·s）]	
			范围	均值
水冶厂	水冶厂工业场地	8	0.025~0.126	0.085
	尾渣库	5	10.036~21.289	15.851
	尾矿库	5	5.038~11.342	8.975
矿区	矿区工业场地	9	0.031~0.117	0.081
	废石堆	5	1.154~1.969	1.680

4.3 环境 γ 辐射剂量率

退役铀矿山工业场地 γ 辐射剂量率监测布点按 10 m×10 m 布设，尾渣库、尾矿库和废石堆按 20 m×20 m 布设，在每个网格中央测定其 γ 辐射剂量率，监测仪器探头距离地面 1 m 高，并根据污染程度及仪器巡测值变化适当加密布点。退役铀矿山各监测点 γ 辐射剂量率监测结果如表 6 所示。从表 6 的监测结果可知，水冶厂的尾渣库表面 γ 辐射剂量率范围为 4240~7210 nGy/h，平均值 5570 nGy/h，尾矿库表面 γ 辐射剂量率范围为 580~919 nGy/h，平均值 764 nGy/h；矿区废石堆表面 γ 辐射剂量率范围为 1082~2076 nGy/h，平均值 1542 nGy/h，超过本项目 450 nGy/h 管理限值；水冶厂工业场地、水冶车间、矿区工业场地及各区域运矿道路部分监测点位的 γ 辐射剂量率超过江西地区原野 γ 辐射剂量率最大值 340.8 nGy/h。

水冶厂周边环境和矿区周边环境 γ 辐射剂量率监测结果总体在当地环境本底范围内，辐射环境质量状况未见异常。

表 6　γ辐射剂量率监测结果

区域名称	监测点位	点位数/个	γ辐射剂量率/（nGy/h）	
			范围	均值
水冶厂	水冶厂工业场地	102	231～514	312
	水冶车间	32	258～575	356
	尾渣库	66	4240～7210	5570
	尾矿库	70	580～919	764
	运矿道路	16	285～1541	462
	水冶厂周边环境	19	130～343	221
矿区	矿区工业场地	106	324～512	408
	废石堆	89	1082～2076	1542
	运矿道路	22	142～852	317
	矿区周边环境	20	119～335	176

4.4　土壤中天然放射性核素

根据该退役铀矿山实际情况，从水冶厂工业场地和运矿道路、矿区工业场地和运矿道路采集 0～15 cm 深度土壤和 15～30 cm 深度土壤进行实验室 $U_{天然}$ 和 ^{226}Ra 分析检测；对尾渣库、尾矿库、废石堆进行固废采集并分析 $U_{天然}$ 和 ^{226}Ra。土壤样品的采集按照土层在 10 m×10 m 的范围内，采用梅花型布点，样品在采样现场充分混合，运至实验室后进行分析检测。土壤中天然放射性核素检测结果如表 7 所示。

由表 7 的监测结果可知，水冶厂、矿区的工业场地及运矿道路 15～30 cm 深度的土壤 ^{226}Ra 检测平均值均超过管理限值 180 Bq/kg，存在不同程度的污染情况；水冶厂、矿区的工业场地及运矿道路 0～15 cm 深度的土壤 $U_{天然}$ 检测结果基本上超过管理限值 32.5 mg/kg；尾矿库、尾渣库、废石堆的 ^{226}Ra 检测平均值均超过 3000 Bq/kg、$U_{天然}$ 检测平均值均超过 250 mg/kg，需注意尾矿库、尾渣库、废石堆由于 ^{226}Ra 结果偏高，造成下风向氡浓度升高现象。后期退役治理过程中需对尾矿库、尾渣库、废石堆做稳定化、无害化处置。

该项目东南方向 5 km 内存在一处环境敏感点，有几个村部坐落于此。根据调查内容，采集环境敏感点农田 0～15 cm 深度土壤进行天然放射性核素分析。其中，农田土壤 $U_{天然}$ 检测范围为 1.48～13.5 mg/kg，平均值为 7.21 mg/kg、^{226}Ra 检测范围为 36.6～173.2 Bq/kg，平均值为 85.2 Bq/kg，$U_{天然}$ 和 ^{226}Ra 检测结果均未超过管理限值。

表 7　土壤中放射性核素检测结果

区域名称	监测点位	土层/cm	点位数/个	$U_{天然}$/（mg/kg）		^{226}Ra/（Bq/kg）	
				范围	均值	范围	均值
水冶厂	水冶厂工业场地	0～15	7	17.8～52.1	32.3	268.2～865.9	572.1
		15～30	7	21.5～62.4	42.7	310.0～1021	694.2
	尾渣库	固废	5	784.6～1240.8	914.2	12015～22902	15428
	尾矿库	固废	5	158.1～414.9	252.5	1512～6587	3247
	运矿道路	0～15	6	42.1～63.5	53.1	321.5～615.8	521.6
		15～30	6	45.6～85.7	62.5	251.6～857.0	701.8

区域名称	监测点位	土层/cm	点位数/个	U天然/（mg/kg）		^{226}Ra/（Bq/kg）	
				范围	均值	范围	均值
矿区	矿区工业场地	0～15	6	21.3～55.9	30.2	178.2～815.9	356.5
		15～30	6	18.9～62.5	34.0	165.6～893.2	401.2
	废石堆	固废	5	215.9～614.8	291.8	2314～9158	4028
	运矿道路	0～15	5	36.5～56.9	44.5	195.8～701.5	458.6
		15～30	5	29.8～68.1	50.3	186.6～910.7	621.0
环境敏感点	农田	0～15	6	1.48～13.5	7.21	36.6～173.2	85.2

4.5 水中天然放射性核素

根据表 1 源项调查主要内容，主要采集地下水、地表水、废水进行放射性检测分析。对水冶厂、矿区废水处理站对应的受纳水体上游 0.5 km 处、下游 1 km 处溪水及周边环境敏感点地下水进行水样采集；矿区一矿井在丰水期存在淹井现象，会有水溢出，采集矿井水进行水样分析。水样采集后按照相关规定要求进行固定、运输，送至实验室分析测量。水中放射性核素检测结果如表 8 所示。

从表 8 的监测结果可知，水冶厂废水处理站和矿区废水处理站排放废水中 U天然、^{226}Ra、^{210}Po、^{210}Pb 检测结果均未超过管理限值，满足《铀矿冶辐射防护和辐射环境保护规定》废水排放要求；矿区中矿井积水 U天然检测范围为 102～457 μg/L，平均值 315 μg/L，超过管理限值 0.3 mg/L，其余 ^{226}Ra、^{210}Po、^{210}Pb 核素未超过管理限值；尾渣库渗滤水 U天然检测范围为 5021～9814 μg/L，平均值 6587 μg/L，远远超过管理限值 0.3 mg/L，周边环境存在辐射污染风险；2 条受纳水体上下游地表水中 U天然、^{226}Ra、^{210}Po、^{210}Pb 检测结果属本底水平；当地村落井水中 U天然、^{226}Ra、^{210}Po、^{210}Pb 检测结果属本底水平，未见异常。

表 8 水中放射性核素检测结果

监测点位	点位数/个	U天然/（μg/L）		^{226}Ra/（mBq/L）		^{210}Po/（mBq/L）		^{210}Pb/（mBq/L）	
		范围	均值	范围	均值	范围	均值	范围	均值
水冶厂废水处理站排放口	4	75.2～210	185	72.1～201	142	7.2～41.1	25.4	6.2～38.7	23.4
矿区废水处理站排放口	4	54.2～254	124	65.7～187	133	5.9～54.5	31.2	7.1～35.4	19.5
矿井积水	4	102～457	315	85.2～254	205	8.9～74.2	41.2	8.2～42.8	31.2
尾渣库渗滤水	4	5021～9814	6587	546～914	712	165～314	158	115～284	138
水冶厂受纳水体上游 0.5 km	8	0.04～8.5	2.2	3.1～19.2	11.4	1.5～12.5	4.0	2.4～13.7	5.2
水冶厂受纳水体下游 1 km	8	0.11～130	14.2	3.3～33.5	15.2	1.3～19.7	8.9	2.7～18.8	7.6
矿区受纳水体上游 0.5 km	8	0.07～11.5	3.5	2.5～20.2	14.3	1.9～13.7	4.2	2.1～14.9	5.8
矿区受纳水体下游 1 km	8	0.22～145	18.7	3.2～40.1	18.9	1.8～22.4	9.3	2.4～21.5	8.9
环境敏感点井水 1	4	0.04～2.4	0.09	5.8～67.1	26.7	1.5～4.3	3.2	2.4～21.8	7.2
环境敏感点井水 2	4	0.05～1.8	0.08	3.2～52.8	21.4	1.6～5.9	4.1	2.1～18.6	6.6
环境敏感点井水 3	4	0.05～3.1	0.12	2.6～54.1	23.6	1.4～9.8	5.7	2.3～26.4	8.5

该项目有两条主要废水排放受纳水体，对受纳水体上游 0.5 km、下游 1 km 底泥进行采样检测。底泥样品采集后送实验室 105 ℃烘干、制样，分析 U天然、^{226}Ra 放射性活度浓度。底泥放射性核素检测结果如表 9 所示。由表 9 的监测结果可知，水冶厂和矿区受纳水体上游 0.5 km 处、矿区受纳水体下游 1 km 处底泥的 U天然、^{226}Ra 检测结果均未超过管理限值；水冶厂受纳水体下游 1 km 处底泥的

$U_{天然}$检测范围为 4.45～21.5 mg/kg，平均值 14.9 mg/kg，^{226}Ra 检测范围为 57.5～205.4 Bq/kg，平均值 112.1 Bq/kg，$U_{天然}$检测结果未超过管理限值，部分 ^{226}Ra 检测结果超过管理限值 0.18 Bq/kg。

表 9　底泥干重放射性核素检测结果

监测点位	点位数/个	$U_{天然}$/（mg/kg）		^{226}Ra/（Bq/kg）	
		范围	均值	范围	均值
水冶厂受纳水体上游 0.5 km	6	2.45～8.81	6.92	22.9～83.1	45.1
水冶厂受纳水体下游 1 km	6	4.45～21.5	14.9	57.5～205.4	112.1
矿区受纳水体上游 0.5 km	6	3.14～9.27	7.12	31.2～88.9	49.2
矿区受纳水体下游 1 km	6	3.51～14.6	11.9	45.6～170.3	85.6

4.6　确定退役治理项目

根据对该退役铀矿山各源项的调查监测结果和相应的管理限值，以及治理项目的确定原则，确定了退役治理项目和治理区域，详情如表 10 所示。

表 10　退役治理项目清单

区域	详细内容	污染项目
水冶厂	水冶厂工业场地表层土，地面约 1540 m²	0～30 cm 土层中 $U_{天然}$、^{226}Ra 超过管理限值；部分区域 γ 辐射剂量率超过管理限值
	尾渣库、尾矿库固废，裸露面积约 25 400 m²	属于铀矿冶废物，固废中 $U_{天然}$、^{226}Ra 含量过高，造成下风向氡浓度及氡析出率超过管理限值
	尾渣库渗滤水，过水面积约 1010 m²	尾渣库渗滤水中 $U_{天然}$超过管理限值
	运矿道路上下坡、弯道两侧土壤，长度约 10.2 km	运矿道路部分区域 γ 辐射剂量率超过管理限值；道路表层土壤中 $U_{天然}$、^{226}Ra 超过管理限值
	受纳水体底泥，2.3 km	底泥中部分 ^{226}Ra 超过管理限值
矿区	矿区工业场地表层土，地面约 2170 m²	0～30 cm 土层中 $U_{天然}$、^{226}Ra 超过管理限值；部分区域 γ 辐射剂量率超过管理限值
	废石堆固废，裸露面积约 13 600 m²	属于铀矿冶废物，固废中 $U_{天然}$、^{226}Ra 含量过高，造成下风向氡浓度及氡析出率超过管理限值
	运矿道路上下坡、弯道两侧土壤，长度约 8.6 km	运矿道路部分区域 γ 辐射剂量率超过管理限值；道路表层土壤中 $U_{天然}$、^{226}Ra 超过管理限值
	矿井积水	在丰水期，矿井积水溢出，其水中 $U_{天然}$超过管理限值

5　结论

通过对南方某退役铀矿山进行放射性环境现状调查与分析，查明了该铀矿山辐射污染源项与辐射水平现状，确定了该铀矿山退役治理项目。

（1）该水冶厂尾渣库、尾矿库，矿区废石堆的氡析出率高于 0.74 Bq/（m²·s）的管理限值，水冶厂尾渣库、矿区尾矿库、矿区废石堆下风向空气中氡浓度均大于 200 Bq/m³，远高于上风向氡浓度。固废中 ^{226}Ra 活度浓度远高于 0.18 Bq/g，后期退役治理过程中需对尾矿库、尾渣库、废石堆做稳定化、无害化处置。

（2）矿区两个废水处理站排放口废水中 $U_{天然}$浓度低于 0.3 mg/L 的排放限值、^{226}Ra 浓度低于 1.1 Bq/L 的排放限值，^{210}Pb 和 ^{210}Po 均不超过 0.5 Bq/L 排放限值。部分水冶厂受纳水体底泥中 ^{226}Ra 浓度超过管理限值现场，底泥受到一定程度污染。

（3）水冶厂运矿道路上下坡、转弯易洒落处两侧的 γ 辐射剂量率超过 450 nGy/h 的管理限值。矿区和水冶厂的工业场地、运矿道路表层土壤存在 U$_\text{天然}$、^{226}Ra 超过管理限值情况，需进一步处理。

（4）矿区周边环境敏感点地表水、地下水、农田等放射性检测结果属正常本底水平，未出现明显污染现象。

致谢

在进行相关调查和实验室检测中，得到了核工业二三〇研究所正高级工程师张鑫的大力支持，并提供了很多有益的数据和意见，在此向张鑫同志的大力帮助表示衷心的感谢。

参考文献：

［1］ 廖燕庆，占德雄，彭崇，等．广西某铀矿山退役治理后环境放射性调查与分析［J］．辐射防护，2017，37（1）：62－66，72.

［2］ 李娜娜．某退役铀矿山放射性环境现状调查及评价［J］．铀矿冶，2023，42（1）：80－90.

［3］ 邱国华．铀矿山探采冶设施退役治理工程放射性环境影响评价［J］．铀矿地质，2008（3）：188－192.

［4］ 环境保护部与国家质量监督检验检疫总局．铀矿冶设施退役环境管理技术规定：GB 14586—1993［S］．北京：中国标准出版社，1993.

［5］ 国防科学技术工业委员会．铀矿冶辐射防护规定：EJ 993—2008［S］．北京：中国标准出版社，2008.

［6］ 生态环境部，国家市场监督管理总局．铀矿冶辐射防护和辐射环境保护规定：GB 23727—2020［S］．北京：中国标准出版社，2020.

［7］ 环境保护部．辐射环境监测技术规范：HJ/T 61—2001［S］．北京：中国标准出版社，2001.

［8］ 核工业标准化研究所．电离辐射防护与辐射源安全基本标准：GB 18871—2002［S］．北京：中国标准出版社，2002.

［9］ 李莹，郑水红．江西省环境天然贯穿辐射水平调查研究［J］．辐射防护，1991（2）：107－123.

Investigation and analysis of the radioactive environment in a decommissioned uranium mine in southern China

ZHONG Chun-ming[1,2], ZHANG Xin[1,2]

(1. Research Institute No. 230, CNNC, Changsha, Hunan 410007, China; 2. Hunan Engineering Technology Research Center for Evaluation and Comprehensive Utilization of Associated Radioactive Mineral Resources, Changsha, Hunan 410007, China)

Abstract: The investigation and analysis of the radioactive environment of a retired uranium mine in southern China, the radiation pollution sources and current radiation level of the uranium mine were found out, and the retirement treatment project of the uranium mine was determined. the results show that, The radon precipitation rate of tailings ponds, tailings ponds and waste rock piles in the mining area is higher than the management limit of 0.74 Bq/ (m^2 · s), The activity concentration of ^{226}Ra in solid waste is much higher than that of 0.18 Bq/g, Radon concentration in the downwind air is more than 200 Bq/m^3; The natural concentration of U in mine discharge wastewater is below the discharge limit of 0.3 mg/L, the ^{226}Ra concentration is below the discharge limit of 1.1 Bq/L, Both ^{210}Pb and ^{210}Po do not exceed the 0.5 Bq/L emission limit, The treatment by the treatment facilities in the mining area can meet the discharge standards; The radioactive test results of surface water, groundwater and farmland at the sensitive points of the surrounding environment are normal background levels, There was no obvious pollution phenomenon.

Key words: Decommissioned uranium mine; Survey; Management limits; Source items

纳滤膜对氯化钠溶液中铀的分离富集试验研究

胥国龙[1,2]，闻振乾[3]，张　翀[1,2]，周　越[1,2]，姚益轩[1,2]

(1. 核工业北京化工冶金研究院，北京　101149；2. 铀矿采冶工程技术研究中心，
北京　101149；3. 中国铀业有限公司，北京　100013)

摘　要：针对酸法地浸采铀工艺中淋洗液铀浓度低、氯化钠淋洗液中铀的二次富集方法较少等问题，开展了纳滤膜对氯化钠溶液中铀的分离富集试验研究。通过选型试验筛选出纳滤膜 NF1，考察氯化钠和操作压力对其分离富集的影响。试验结果表明，当温度为 25 ℃、操作压力为 2.0 MPa、Cl^- 浓度为 33.60 g/L、铀浓度为 2.20 g/L 时，纳滤膜 NF1 对氯化钠含铀溶液具有较好的分离富集效果：SO_4^{2-} 透过率为 33.33%，Cl^- 透过率为 82.74%，铀浓度富集至 16.25 g/L，铀回收率达 93.32%。

关键词：纳滤膜；铀；氯化钠；分离富集

　　砂岩型铀矿是我国主要的天然铀资源类型之一，地浸采铀是针对砂岩型铀矿开采的最主要方法。由于价格低廉、性质稳定及对矿石中铀浸出率高等优点，硫酸常被用作配制酸法地浸采铀工艺中的浸出剂[1]。硫酸与铀矿石中多种矿物反应，导致浸出液中存在大量杂质离子[2]。这些杂质离子直接影响离子交换树脂的吸附容量，导致溶液铀浓度富集程度有限，尤其是酸法地浸采铀过程到达中后期，铀浓度逐渐降低，杂质离子浓度缓慢升高，这一问题表现更为明显。

　　提高淋洗液铀浓度，不仅可改善铀的沉淀效果，还会降低原材料的消耗，减少工业废水的产生。目前，国内酸法地浸采铀矿山，主要采用饱和树脂再吸附和淋萃流程等方法对淋洗液中的铀进行二次富集[3-4]。饱和再吸附主要针对硝酸盐淋洗体系，利用饱和树脂对淋洗液中的铀进行吸附，使离子交换树脂吸附容量再次提高，再用硝酸盐溶液淋洗后得到高浓度铀溶液。淋萃流程主要针对硫酸淋洗体系，利用萃取剂对淋洗液中的铀进行萃取，经反萃取后得到高浓度铀溶液。但针对氯化钠淋洗液中铀的二次富集，还未有较为成熟的方法。

　　近年来，纳滤膜分离技术成为了新的研究热点[5]。纳滤膜对溶质的截留性能介于反渗透膜和超滤膜之间，对特定的溶质具有高脱除率。与反渗透膜相比，在浓缩分离含多价金属离子料液的过程方面，纳滤膜的操作压力低，成本效益高，优势明显。因此，纳滤膜被认为是分离过程最合适的材料。采用纳滤膜分离技术，不但可以纯化 90% 以上的料液，还可以同时浓缩近 10 倍的金属离子含量[6]。目前，纳滤膜分离技术在湿法冶金和环境工程水处理等领域展现出了巨大的潜力，提供了更广阔的研究领域，并在实际应用过程中展现了优异的效果。于文圣等[7]研究用纳滤膜浓缩分离技术处理含钴铜萃余液，钴离子截留率和硫酸回收率分别达 96.72% 和 67.48%，实现了铜萃余液中有用资源的回收。李红等[8]采用纳滤法处理高浓度实际冶炼废水，DL 纳滤膜对高浓度废水在最佳条件下的膜通量及金属离子截留率都很高。其中，锌的截留率为 96.8%，钙的截留率为 97.5%，镉的截留率为 89.7%。Hani 等[9]应用纳滤膜截留模拟废水中的 Cu^{2+} 和 Cd^{2+}，结果表明，对两种重金属离子的平均截留率为 97%，浓缩液中金属离子含量低水质良好，可进一步回收利用。

作者简介：胥国龙（1988—），男，北京人，高级工程师，现主要从事地浸采铀相关工作。

纳滤膜截留成分的分子量大 200～1000，对高价态离子电荷作用强，截留溶解性盐的能力为 20％～98％。氯化钠含铀溶液中，铀主要是以 UO_2^{2+} 形式与 Cl^- 和 SO_4^{2-} 配位，其分子量在 300 以上，而杂质离子 Na^+、Cl^- 和 SO_4^{2-} 等分子量在 100 以下；铀酰配位离子带电荷数高，受电荷作用力强于杂质离子。因此，理论上在纳滤膜范围内可实现铀酰配合物和杂质离子的分离[10]，同时将无法透过膜界面的铀酰配合物有效富集[11]。虽然纳滤膜分离富集铀有较好的应用前景，但受制于纳滤膜材料的性能，目前相关研究较少[12]。本研究为探索纳滤膜对氯化钠溶液中铀的分离富集效果，筛选出了具有较好效果的纳滤膜，考察了氯化钠与操作压力对铀分离富集的影响，为酸法地浸采铀水冶工艺提供一条新的思路和技术路线。

1 试验部分

1.1 试验材料

试验所用溶液为酸性铀溶液和氯化钠溶液。将重铀酸钠产品溶于稀硫酸溶液中，制得酸性铀溶液。向酸性铀溶液中加入一定质量的氯化钠，制得氯化钠溶液。溶液主要成分如表 1 所示。

表 1 试验所用溶液主要成分 　　　　　　　　　　　　　　　　单位：g/L

溶液名称	U	Cl^-	SO_4^{2-}	Na^+
酸性铀溶液	2.20	0.27	4.65	2.36
氯化钠溶液 1	2.20	16.81	4.65	13.07
氯化钠溶液 2	2.20	33.60	4.65	23.95

试验所用纳滤膜为卷式膜组件，卷式膜组件的两个纳滤膜片三边黏合密封，中间夹着一层隔膜网，开口边缘与透过液芯柱相连。当膜组件工作时，料液由筛网进入后，部分组分透过膜层进入隔膜网，最终流入透过液芯柱，形成透析液；而没有透过膜层的组分则从膜芯的另一端流出，形成浓缩液。试验所用纳滤膜均为聚酰胺复合材料，其具有化学稳定性好、生物稳定性好、操作压力低、脱盐率高等特点，是纳滤膜中最为常见的膜材料。试验所用纳滤膜产自 3 个不同厂家：纳滤膜 NF1 和 NF2 为国产膜，二者主要区别是截留分子量不同；纳滤膜 NF3 和 NF4 为进口膜，NF3 具有高通量特性，NF4 具有高脱盐率特性；纳滤膜 NF5、NF6 和 NF7 为国产耐高压膜，截留分子量存在差异。纳滤膜具体参数如表 2 所示。

表 2 不同纳滤膜参数

膜编号	截留分子量	膜面积/m^2	Zeta 电位/mV	膜表面电荷性质	操作温度/℃	操作 pH 值	操作压力/MPa
NF1	100	0.40	−30	负电	5～45	2～11	0.5～2.0
NF2	150	0.40	−28	负电	5～45	2～11	0.5～2.0
NF3	150～300	0.37	−42	负电	2～50	2～11	1.0～2.5
NF4	150～300	0.37	−35	负电	2～50	2～11	1.0～2.5
NF5	200	0.40	−133	负电	2～45	2～11	0.5～2.5
NF6	300	0.40	−57	负电	2～45	2～11	0.5～2.5
NF7	400	0.40	−81	负电	2～45	2～11	0.5～2.5

1.2 试验方法

试验所用膜分离装置的料液罐设计容量为 10 L，卷式膜组件在循环泵的供液和压力作用下，对溶液进行分离富集。透析液通过塑料软管分流接出，浓缩液回流至料液罐，试验操作流程如图 1 所示。取 8 L 溶液进行纳滤膜对铀的分离富集试验,当流出的透析液体积为 2 L、4 L、6 L、7 L 时,记录所需时间,并进行取样分析。

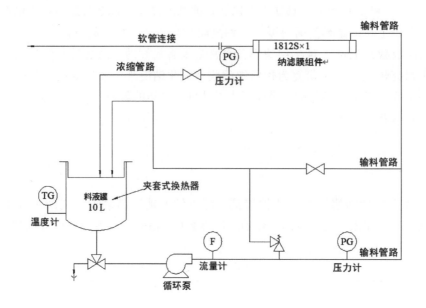

图 1　试验操作流程

2　结果与讨论

2.1　纳滤膜的筛选

2.1.1　膜通量

料液罐中倒入酸性铀溶液开展试验,铀溶液体积为 8 L,温度为 25 ℃,操作压力为 2.0 MPa。记录透析液达到不同体积所用时间,考察不同纳滤膜膜通量与透析液体积变化关系。试验结果如图 2 所示。

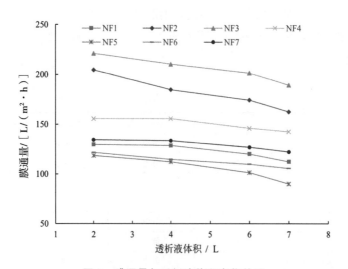

图 2　膜通量与透析液体积变化关系

试验结果表明,各个纳滤膜都具有较高的膜通量,基本在 100 L/(m² · h) 以上,膜通量顺序为 NF3＞NF2＞NF4＞NF7＞NF1＞NF6＞NF5。随着透析液体积增加,膜通量均有所下降。这是由于随着透析液的流出,浓缩液回流至料液罐,罐中溶液离子浓度不断升高,导致纳滤膜料液侧渗透压持续增大；并且随着纳滤膜对溶液中离子不断截留，膜表面离子浓度越来越高，浓度极化作用变强，阻碍溶液透过膜层。因此，在渗透压和浓度极化共同作用下，膜通量呈下降趋势。整个试验过程中，纳滤膜 NF4、NF7、NF6 和 NF1 表现出较好的稳定性，膜通量分别下降了 8.47%、9.11%、13.23% 和 13.28%。

2.1.2 SO_4^{2-} 的分离效果

试验条件同 2.1.1，透析液达到不同体积时取样分析，考察不同纳滤膜对铀溶液中 SO_4^{2-} 的分离效果。试验结果如图 3 所示。

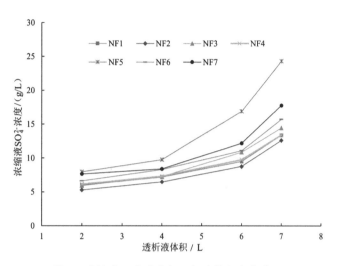

图 3 浓缩液 SO_4^{2-} 浓度与透析液体积变化关系

试验结果表明，各个纳滤膜对铀溶液中 SO_4^{2-} 均有分离效果，分离效果顺序为 NF2＞NF1＞NF4＞NF3＞NF6＞NF7＞NF5。随着纳滤膜电荷作用增强，SO_4^{2-} 分离效果变差。整个试验过程中，纳滤膜 NF2 和 NF1 对 SO_4^{2-} 具有较好的分离效果，NF2 富集后浓缩液 SO_4^{2-} 浓度为 12.60 g/L，SO_4^{2-} 透过率为 67.53%；NF1 富集后浓缩液 SO_4^{2-} 浓度为 13.36 g/L，SO_4^{2-} 透过率为 62.80%。

2.1.3 铀的富集效果

试验条件同 2.1.1，透析液达到不同体积时取样分析，考察不同纳滤膜对铀的富集效果。试验结果如图 4、图 5 所示。

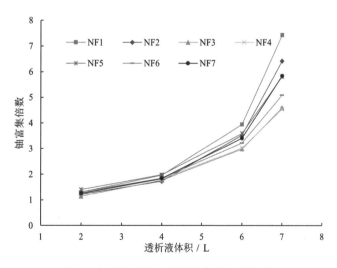

图 4 铀富集倍数与透析液体积变化关系

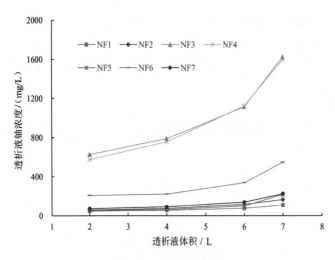

图 5　透析液铀浓度与透析液体积变化关系

试验结果表明，随着透析液体积增加，铀富集倍数增加。所有纳滤膜对溶液中的铀均有一定的富集作用，但富集效果存在差异，铀富集倍数大小顺序为 NF1＞NF2＞NF7＞NF5＞NF6＞NF3＞NF4。纳滤膜 NF1 浓缩液铀浓度富集了 7.43 倍，浓度为 16.35 g/L。纳滤膜截留分子小，膜的电荷效应强，均有利于铀的富集。随着透析液体积增加，透析液铀浓度提高。这是由于浓缩液回流后，料液罐中溶液离子浓度不断升高，溶液中阳离子浓度也逐渐升高，使带有负电荷的纳滤膜电荷效应减弱，铀络合离子更容易透过膜层。纳滤膜 NF1 透析液中平均铀浓度为 71 mg/L，铀回收率为 97.18％。

综合考虑膜通量、SO_4^{2-} 分离效果和铀富集效果，选择纳滤膜 NF1 开展氯化钠溶液的分离富集试验研究。

2.2　氯化钠对铀分离富集的影响

2.2.1　氯化钠对膜通量的影响

料液罐中分别倒入酸性铀溶液和氯化钠溶液，溶液体积为 8 L，纳滤膜为 NF1，温度为 25 ℃，操作压力为 2.0 MPa。记录透析液达到不同体积所用时间，考察氯化钠对膜通量的影响。试验结果如图 6 所示。

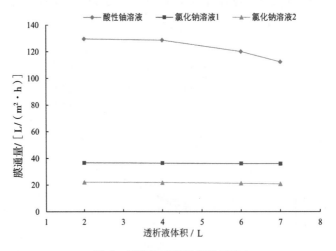

图 6　氯化钠对膜通量的影响

试验结果表明，当酸性铀溶液加入氯化钠后，膜通量急剧下降。当透析液体积达到 7 L 时，膜通量从 112.30 L/（m²·h）降至 20.77 L/（m²·h），降幅达到了 81.50%。这是由于氯化钠溶液中离子浓度高，导致纳滤膜料液侧渗透压大，膜表面离子浓度高，浓度极化作用强，阻碍溶液透过。

2.2.2 氯化钠对 SO_4^{2-} 分离效果的影响

试验条件同 2.2.1，透析液达到不同体积时取样分析，考察氯化钠对 SO_4^{2-} 分离效果的影响。试验结果如图 7 所示。

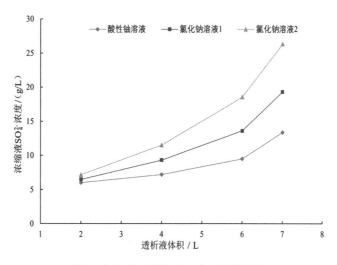

图 7　氯化钠对浓缩液 SO_4^{2-} 浓度的影响

试验结果表明，当酸性铀溶液加入氯化钠后，当透析液体积达 7 L 时，浓缩液 SO_4^{2-} 浓度从 13.36 g/L 升高至 26.33 g/L，SO_4^{2-} 的透过率从 62.80% 降至 33.33%，纳滤膜对淋洗液中 SO_4^{2-} 的分离效果明显变差。这是由于纳滤膜分离富集氯化钠溶液过程中，SO_4^{2-} 与 Cl^- 存在透析竞争关系。SO_4^{2-} 由于带有高价电荷，受到的电荷排斥作用大于 Cl^-，并且 SO_4^{2-} 分子量大于 Cl^-，受到筛分作用进一步降低了 SO_4^{2-} 的透过率。

2.2.3 氯化钠对铀富集效果的影响

试验条件同 2.2.1，透析液达到不同体积时取样分析，考察氯化钠对铀富集效果的影响。试验结果如图 8、图 9 所示。

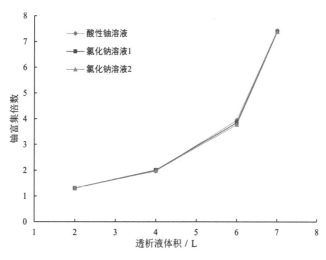

图 8　氯化钠对铀富集倍数的影响

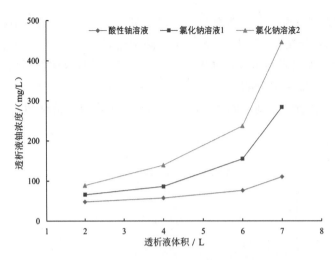

图 9　氯化钠对透析液铀浓度的影响

试验结果表明，当酸性铀溶液加入氯化钠后，铀富集倍数略有降低，透析液铀浓度有所升高，铀富集效果略有变差。当透析液体积达到 7 L 时，浓缩液铀富集倍数从 7.43 降低至 7.39，浓度从 16.35 g/L 降低至 16.25 g/L；透析液平均铀浓度从 71 mg/L 升高至 168 mg/L，铀回收率从 97.18% 降至 93.32%。这是由于加入氯化钠后溶液中阳离子浓度升高，在静电力作用下中和膜表面部分负电荷，使电荷作用稍有减弱，少量铀透过膜层。

2.3　操作压力对铀分离富集的影响

2.3.1　操作压力对膜通量的影响

料液罐中倒入氯化钠溶液 2，体积为 8 L，温度为 25 ℃，操作压力分别为 0.5 MPa、1.0 MPa 和 2.0 MPa。记录透析液达到不同体积所用时间，考察不操作压力对膜通量的影响。试验结果如图 10 所示。

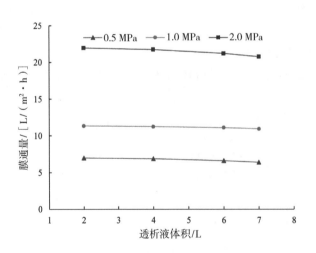

图 10　操作压力对膜通量的影响

试验结果表明，随着操作压力增加，膜通量增大。当操作压力从 0.5 MPa 升高至 2.0 MPa 时，当透析液体积达 7 L 时，膜通量从 6.40 L/（m² · h）提高至 20.77 L/（m² · h）。这是由于随着操作压力增加，溶液克服渗透压和浓度极化作用力增强，溶液更容易透过膜层。提高操作压力有利于提高膜通量，但超过一定极限值时，纳滤膜压实形变严重，导致膜通量降低和膜的老化。因此，合理的操作压力可以在保证溶液处理效率的前提下延长，使纳滤膜具有较高的膜通量，处理溶液效率高。

2.3.2　操作压力对 SO_4^{2-} 分离效果的影响

试验条件同 2.3.1，透析液达到不同体积时取样分析，考察操作压力对 SO_4^{2-} 分离效果的影响。试验结果如图 11 所示。

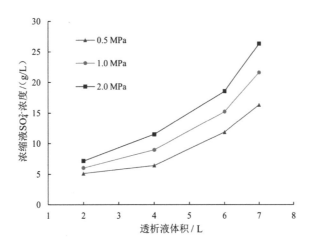

图 11　操作压力对浓缩液 SO_4^{2-} 浓度的影响

试验结果表明，随着操作压力增加，浓缩液 SO_4^{2-} 浓度升高，纳滤膜对 SO_4^{2-} 的分离效果变差。当操作压力从 0.5 MPa 升高至 2.0 MPa、透析液体积达到 7 L 时，浓缩液 SO_4^{2-} 浓度从 16.34 g/L 升高至 26.33 g/L，SO_4^{2-} 的透过率从 52.69％降至 33.33％。增大操作压力会提高膜通量，但纳滤膜对 SO_4^{2-} 具有截留作用，而容易透过膜层的水分子通量变大，导致浓缩液 SO_4^{2-} 浓度升高。

2.3.3　操作压力对 Cl^- 分离效果的影响

试验条件同 2.3.1，透析液达到不同体积时取样分析，考察操作压力对 Cl^- 分离效果的影响。试验结果如图 12 所示。

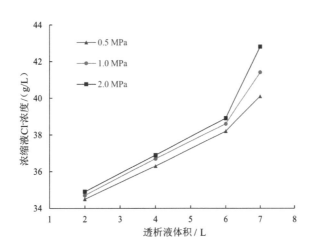

图 12　操作压力对浓缩液 Cl^- 浓度的影响

试验结果表明，随着操作压力增加，浓缩液 Cl^- 浓度略有升高，分离效果变化不大。当操作压力从 0.5 MPa 升高至 2.0 MPa、当透析液体积达到 7 L 时，浓缩液 Cl^- 浓度从 40.10 g/L 升高至 42.80 g/L，Cl^- 的透过率从 86.90％降至 82.74％。这是由于 Cl^- 分子量小，所带低价电荷，受到的筛分作用和静电作用弱，纳滤膜对其具有较高的透过率。Cl^- 的高透过率，有利于氯化钠与铀的分离。

2.3.4 操作压力对铀富集效果的影响

试验条件同 2.3.1，透析液达到不同体积时取样分析，考察操作压力对铀富集效果的影响。试验结果如图 13、图 14 所示。

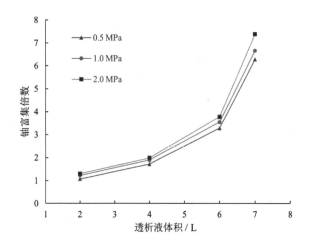

图 13 操作压力对铀富集倍数的影响

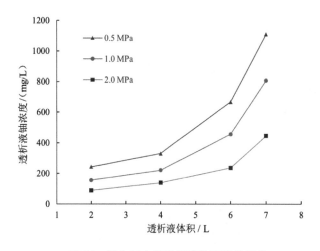

图 14 操作压力对透析液铀浓度的影响

试验结果表明，随着操作压力增加，铀富集倍数增加，透析液铀浓度降低，铀富集效果增强。当操作压力从 0.5 MPa 升高至 2.0 MPa、透析液体积达到 7 L 时，浓缩液铀富集倍数从 6.29 增加至 7.39，浓度从 13.83 g/L 提高至 16.25 g/L；透析液平均铀浓度从 492 mg/L 降低至 168 mg/L，铀回收率从 80.43% 升高至 93.32%。增大操作压力使膜通量提高，但纳滤膜对铀具有强截留作用，而容易透过膜层的水分子通量变大，导致浓缩液铀浓度升高，最终实现铀的高效富集。

3 结论

（1）试验结果表明，纳滤膜对酸性铀溶液具有较好的分离富集效果。通过不同纳滤膜对比，优选出对铀具有较好分离富集效果的纳滤膜 NF1。

（2）纳滤膜对氯化钠溶液中主要离子截留作用大小顺序为铀 > SO_4^{2-} > Cl^-。溶液中存在大量氯化钠，导致铀分离富集效果变差；提高操作压力，有利于铀的分离富集。

（3）温度为 25 ℃、操作压力为 2.0 MPa、Cl⁻浓度为 33.60 g/L、铀浓度为 2.20 g/L 时，纳滤膜 NF1 可将铀富集至 13.25 g/L，SO_4^{2-}透过率为 33.33％，Cl⁻透过率为 82.74％，铀回收率达 93.32％。

参考文献：

[1] 王海峰，叶善东．原地浸出采铀工程技术［M］．北京：中国原子能出版社，2011：84.

[2] 闻振乾，姚益轩，牛玉清，等．酸法地浸采铀过程中杂质离子的沉淀及对铀沉淀的影响［J］．铀矿冶，2015，34（3）：171-177.

[3] 阳奕汉，龙红福．负载树脂饱和再吸附工艺的生产实践［J］．铀矿冶，2007，26（2）：105-109.

[4] 李世俊，朱国明，桂增杰，等．淋萃流程在内蒙某地浸矿山的应用研究［J］．铀矿冶，2019，38（4）：273-278.

[5] 张玉忠，郑领英，高从堦．液体分离膜技术及应用［M］．北京：化学工业出版社，2004.

[6] 侯立安，刘晓芳．纳滤水处理应用研究现状与发展前景［J］．膜科学与技术，2010，30（4）：1-7.

[7] 于文圣，李淑梅，姜超．用纳滤膜浓缩分离技术处理铜萃余液试验研究［J］．湿法冶金，2019，38（4）：326-329.

[8] 李红，赵东，杨晓松，等．纳滤对高浓度冶炼废水处理的可行性研究［J］．现代化工，2013，33（3）：74-77.

[9] QDAIS H A, MOUSSA H. Removal of heavy metals from wastewater by membrane processes: a comparative study［J］. Desalination, 2004, 164（2）：105-110.

[10] TORKABAD M G, KESHTKAR A R, SAFDARI S J. Comparison of polyethersulfone and polyamide nanofiltration membranes for uranium removal from aqueous solution［J］. Progress in nuclear energy, 2017（94）：93-100.

[11] TORKABAD M G, KESHTKAR A R, SAFDARI S J. Selective concentration of uranium from bioleach liquor of low-grade uranium ore by nanofiltration process［J］. Hydrometallurgy, 2018（178）：106-115.

[12] 袁中伟，汪润慈，晏太红，等．纳滤处理重铀酸铵沉淀母液的研究［J］．原子能科学技术，2018，52（2）：193-198.

Experimental study on separation and enrichment of uranium in sodium chloride solution by nanofiltration membrane

XU Guo-long[1,2] , WEN Zhen-qian[3] , ZHANG Chong[1,2] ,
ZHOU Yue[1,2] , YAO Yi-xuan[1,2]

(1. Beijing Research Institute of Chemical Engineering Metallurgy, Beijing 101149, China；

2. Research Center of Uranium Mining and Metallurgical Engineering Technology, Beijing 101149, China；

3. China National Uranium Co., Ltd., Beijing 100013, China)

Abstract： To solve the problems of low uranium concentration in eluate and limited choice of enrichment methods in NaCl elution solution, a study on the separation and enrichment of uranium chloride solution by nanofiltration membranes was carried out. Nanofiltration membrane NF1 was selected through screening experiments, and the effect of sodium chloride concentration and operating pressure on its separation and enrichment was examined. The experimental results showed that at a temperature of 25 ℃, an operating pressure of 2.0 MPa, a Cl⁻ concentration of 33.60 g/L, and a uranium concentration of 2.20 g/L, the nanofiltration membrane NF1 had a good separation and enrichment effect on the uranium chloride solution: the SO_4^{2-} transmission rate was 33.33％, the Cl⁻ transmission rate was 82.74％, the uranium concentration was enriched to 16.25 g/L, and the uranium recovery rate reached 93.32％.

Key words： Nanofiltration membrane; Uranium; Sodium chloride; Separation and enrichment

某地浸采铀退役采场地下水污染物自然衰减研究与预测

江国平，陈　乡，李芳芳，谢廷婷

（核工业北京化工冶金研究院，北京　101149）

摘　要：近 20 年随着地浸采铀在我国的快速发展，已涌现出了较多的亟待退役治理的地浸采场，而地浸采场退役的关键是地下水修复治理。737 厂 1# 和 3# 采区停产至今已分别有 27 年和 14 年，本文通过 2009 年和 2022 年对采区内外矿含水层地下水的污染物调查，确定了井场地下水污染物的种类；通过分析污染物的时间和空间分布特征，研究了经过 13 年污染物的衰减和迁移变化规律，揭示了地下水污染物自然衰减的作用机理，证实了自然衰减在一定程度上是可行的。通过将 UGrid 方法模型与地下水水动力和水化学的实测数据相结合，利用 Modflow - USG 进行地下水模拟，预测了在自然衰减条件下采区内外污染物的时空变化。

关键词：地浸采铀；地下水治理；自然衰减；模拟预测

地浸采铀与常规采冶方法比，虽无尾矿坝和废石场，但由于浸出剂注入，除了与铀矿物发生反应外，还会与砂岩铀矿造岩矿物发生反应，从而导致含矿含水层（地下水）地球化学环境发生了变化。尤其采用硫酸和双氧水的酸法浸出工艺，不仅浸出铀，同时其他非放射性组分一并浸出，使得地下水环境由近中性和还原状态变为酸性（pH<2）和氧化状态，形成放射性与非放射性组分共存的高 TDS 地下水溶液。在地浸开采时，由于严格的监测和控制措施，有效控制了地下水的溶浸范围；但停产后，只能进行监测，无法进行控制，为了防止污染范围的进一步扩大，停产后的采区仍需要保持抽液量大于注液量，这样无形中增加了人力物力的投入。本文以我国最早投入工业生产的 737 厂 1# 和 3# 采区为研究对象在 2009 年和 2022 年对采区内外含矿含水层地下水进行污染物调查，研究了 13 年来污染物的衰减和迁移变化规律，揭示了地下水污染物自然衰减的作用机理，证实了自然衰减在一定程度上是可行的。

1　1#、3# 采区停产后状况

1# 采区 1996 年 8 月部分停产（保留部分铀含量高的抽孔），1997 年 8 月全部停产。1996 年 8 月，在对 11# 采场进行超前酸化时，启用 1# 采场 13 个抽孔，抽取含矿含水层中残液 9360 m³；1999 年 11 月至 2000 年 1 月在对 11#-3 采区进行超前酸化时，在 1# 采区选用了 10 个抽孔，抽取含矿含水层中残液 15 600 m³。

3# 采区 1995 年初开始酸化，2009 年 6 月停产，停产后对采区内部 3 - D10 监测井只抽不注，抽液量保持 100 m³/d 左右。

1#、3# 采区退役时含矿含水层地下水的污染现状是：水中铀含量为 7～48.9 mg/L、酸度为 0.1～2.79 g/L、NO_3^- 浓度为 0.12～1.18 g/L、SO_4^{2-} 浓度为 7.18～22.80 g/L、Cl⁻ 浓度为 177～762 mg/L、总 Fe 浓度为 388～1048 mg/L。

作者在 2009 年、2022 年对 1#、3# 采区进行了较为详细的地下水污染调查。

作者简介：江国平（1984—），男，硕士，高级工程师，现主要从事原地浸出采铀与退役治理科研和设计工作。

基金项目：本论文得到了中核集团青年英才项目"酸法地浸采铀高污染区地下水强化修复关键技术研究"支持。

2 1#、3#采区现状

2022 年调查时 3# 采区上游位置的 22# 采区正在生产，两个采区边界交织在一起（图 1），如 2009 年调查时监测井 1-D4 已作为 22# 采区生产井，22# 采区边界的抽注液对 3# 采区边界钻孔调查影响较大。

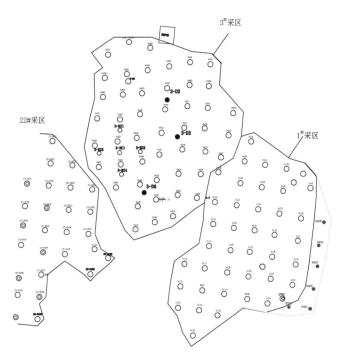

图 1 1# 和 3# 采区内钻孔及监测井平面布置情况

为此，2022 年调查时以 3# 采区内钻孔及 1#、3# 采区下游监测井和 22# 采区边界生产井最近距离为基础，分析污染物浓度的变化趋势。2022 年地下水所含主要物质浓度如表 1 所示。

表 1 2022 年 1#、3# 采区取样分析结果

钻孔编号	地下水层位	浓度/(mg/L)										pH 值
		U	总铁	SO$_4^{2-}$	Zn	Pb	Cd	Mn	Al	Cl$^-$	TDS	
1-9404	含矿含水层	0.1600	66.96	400.04	<0.01	<0.003	<0.01	0.17	<0.4	74.25	534	6.5
3-9425	含矿含水层	0.7400	22.32	329.05	0.05	<0.003	<0.01	0.06	<0.4	78.03	465	6.67
3-9431	含矿含水层	0.4800	58.03	710.54	1.70	<0.003	<0.01	1.31	<0.4	71.73	1062	4.23
3-9432	含矿含水层	0.9300	14.23	311.11	<0.01	<0.003	<0.01	0.06	<0.4	85.58	572	6.80
3-9433	含矿含水层	3.7700	333.70	2834.96	3.65	0.04	0.16	13.10	<0.4	57.39	1950	3.28
3-9437	含矿含水层	0.04600	47.99	723.80	0.31	0.09	<0.01	0.78	<0.4	83.06	910	6.78
3-9439	含矿含水层	55.2600	1897.20	15 546.50	31.00	0.56	0.17	83.85	<0.4	/	7380	2.21
3-9440	含矿含水层	26.2200	1774.40	13 213.80	22.16	0.81	0.11	74.52	693.0	192.55	7860	2.29
3-9461	含矿含水层	0.5500	66.96	1339.47	3.13	0.07	<0.01	2.21	<0.4	75.51	1326	4.05
3-9444	含矿含水层	0.9000	117.18	1103.47	2.50	0.13	<0.01	2.23	<0.4	71.73	1231	3.50
3-D9	含矿含水层	1.0800	50.22	775.29	1.96	0.05	<0.01	1.76	<0.4	83.06	1226	3.48
3-9462	含矿含水层	0.2800	3.56	775.29	1.75	<0.003	<0.01	1.37	<0.4	117.04	1238	5.06
1-D1	含矿含水层	0.02700	<0.20	545.93	<0.01	<0.003	<0.01	<0.006	<0.4	191.29	918	7.68
1-D2	上含水层	0.00300	<0.20	216.27	<0.01	<0.003	<0.01	<0.006	<0.4	91.87	519	7.59
1-D3	含矿含水层	0.01300	<0.20	227.72	<0.01	<0.003	<0.01	0.02	<0.4	83.06	458	7.20

钻孔编号	地下水层位	浓度/(mg/L)										pH值
		U	总铁	SO$_4^{2-}$	Zn	Pb	Cd	Mn	Al	Cl$^-$	TDS	
1-D6	含矿含水层	0.0031	<0.20	33.69	—	<0.003	<0.01	<0.006	<0.4	58.39	329	11.00
1-D8	含矿含水层	0.0150	<0.20	494.54	<0.01	<0.003	<0.01	<0.006	<0.4	151.52	855	7.62
1-D9	含矿含水层	0.0032	<0.20	372.82	<0.01	<0.003	<0.01	<0.006	<0.4	164.86	761	7.77
1-D10	含矿含水层	0.0032	<0.20	217.96	—	—	—	—	<0.4	79.28		7.53
1-D11	含矿含水层	0.0034	<0.20	345.91	<0.01	<0.003	<0.01	<0.006	<0.4	178.70	756	7.77
1-D12	含矿含水层	0.0011	<0.20	138.39	—	—	—	—	<0.4	120.31	483	8.11
1-D14	含矿含水层	0.0080	<0.20	217.57	<0.01	<0.003	<0.01	<0.006	<0.4	55.37	491	8.00
3-D1	含矿含水层	0.0033	<0.20	153.99	<0.01	<0.003	<0.01	<0.006	<0.4	135.29	469	7.94
3-D2	上含水层	0.0095	<0.20	281.16	<0.01	<0.003	<0.01	<0.006	<0.4	65.94	491	8.08
3-D3	含矿含水层	0.4900	130.14	681.67	2.99	<0.003	<0.01	1.700	<0.4	60.41	1078	3.66
3-D6	下含水层	0.0032	33.37	186.81	<0.01	<0.003	<0.01	<0.006	<0.4	105.71	560	7.67
3-D7	含矿含水层	0.0120	<0.20	318.13	<0.01	<0.003	<0.01	<0.006	<0.4	143.47	1683	7.81
3-RZ-1	含矿含水层	21.9800	1735.24	11 580.80	20.50	0.250	0.13	<0.006	<0.4			
3-RC-1	含矿含水层	8.1600	1389.42	7760.70	15.67	<0.003	0.03	61.590	942.7	27.76	6820	2.06
3-RZ-2	含矿含水层	5.6500	1646.10	8556.40	19.22	0.070	0.08	73.600	1173.7	—	7620	1.87
3-RZ-3	含矿含水层	13.0300	1768.86	11 645.80	19.65	0.090	0.10	75.310	1057.1	—	7762	2.02
3-RZ-4	含矿含水层	9.4200	1857.60	16 164.17	20.62	0.390	0.14	79.220	1100.0	—	8320	2.03

2.1 金属阳离子分布特征

根据表 1 及钻孔相对位置关系，绘制了金属阳离子浓度随距离的变化规律，如图 2 所示。

（1）铀分布特征：从图 2 可知，3# 采区内高铀浓度区主要集中在距 22# 采区最近生产井 100 m 范围内，浓度最高达 50 mg/L，随着距离增加，铀浓度迅速下降。在平行和垂直于地下水流方向上，到 3# 采区下游北部边界时（边界距 22# 采区最近生产井 150～180 m），铀浓度在 0.3～0.9 mg/L，衰减率达 90% 以上；距 3# 采区外 93 m 的 3-D7 监测井，铀浓度已降至本底值以下；在 1# 采区下游 1-9404 铀浓度已降至 0.16 mg/L，垂直于水流方向距边界 50 m 处的 1-D3 和距下游边界 92 m 处的 1-D8 监测井铀浓度均降至本底值以下。表明在采区边界外铀浓度衰减较快。

（2）总铁离子分布特征：高铁浓度区集中在两采区交界处，达 1900 mg/L；远离两区交界处，其浓度迅速下降，到达边界时降低 90% 以上。3# 采区中部形成以 3-9444 为中心 117 mg/L 的污染区，至 3# 采区东北边界处在 3～67 mg/L；1# 采区下游 1-9404 铁离子浓度较高，为 66.96 mg/L。从 1#、3# 采区边界外的监测井看，边界外铁离子浓度下降较快，监测井浓度均满足 Ⅲ 类标准。

（3）锰离子分布特征：在靠近 22# 采区位置，达 70～80 mg/L；在距两采区交界 100 m 下降 95% 以上；表明锰离子未迁移扩散。到 3# 采区垂直于地下水流方向的东部边界处，降至 0.1 mg/L 以下，在平行地下水流方向的北部，降至 1～2 mg/L；1# 采区下游边界 1-9404 为 0.17 mg/L，低于 Ⅳ 类地下水标准，垂直于水流方向距边界 50 m 处的 1-D3 监测井为 0.02 mg/L，低于 Ⅲ、Ⅳ 类标准。

（4）镉离子分布特征：在靠近 22# 采区位置，最高 0.17 mg/L，超标 17 倍。到距离 100 m 后无论采区内还是采区外，均小于 0.01 mg/L，低于 Ⅲ、Ⅳ 类标准，表明镉离子自然衰减效果良好。

（5）锌离子分布特征：在距 22# 采区 100 m 内，锌离子迅速从 20～31 mg/L 降低至 1～3 mg/L，降低 90% 以上。到 3# 采区下游边界，均低于 Ⅳ 类标准（5 mg/L），1# 内部钻孔及 1#、3# 采区外围监测井已低于 Ⅲ 类标准（1 mg/L），表明锌离子自然衰减效果良好。

（6）铅离子分布特征：在距 22# 采区 100 m 内，铅离子最高 0.81 mg/L；超过 100 m 后在迅速降至 Ⅳ 类标准以下，在采区外围监测井铅离子浓度均低于 Ⅲ 类标准。

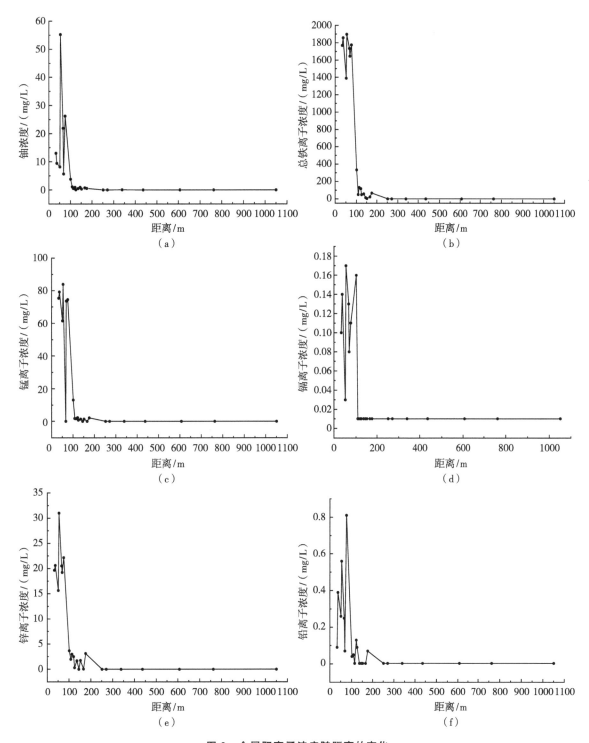

图 2　金属阳离子浓度随距离的变化

（a）铀浓度；（b）总铁离子浓度；（c）锰离子浓度；（d）镉离子浓度；（e）锌离子浓度；（f）铅离子浓度

2.2　阴离子、pH 值、TDS 分布特征

根据表 1 及钻孔相对位置关系，绘制了阴离子、pH 值、TDS 随距离的变化规律，如图 3 所示。

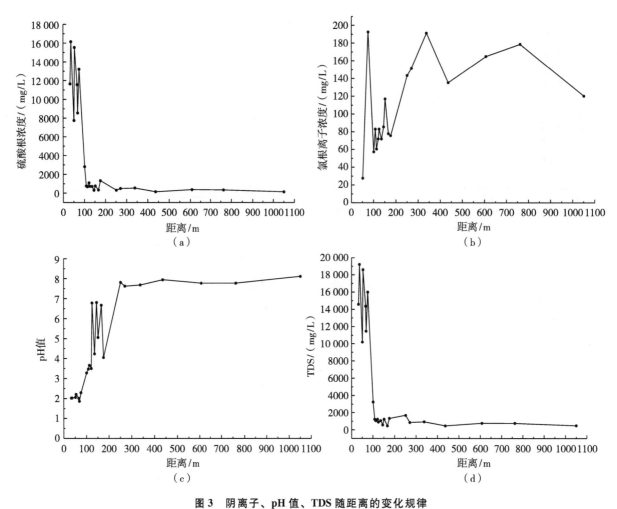

图 3　阴离子、pH 值、TDS 随距离的变化规律

（a）硫酸根浓度；（b）氯根离子浓度；（c）pH 值；（d）TDS

（1）阴离子分布特征：SO_4^{2-} 高浓度区集中在两采区交界处，最高达 16 g/L，随着距离增大，其浓度迅速下降；从 1#、3# 采区外监测井看，距边界 90 m 处 1‑D1、1‑D3 和 3‑D7 监测井浓度降至 210～550 mg/L，距边界 650 m 的 1‑D11 监测井降为 346 mg/L，距边界 930 m 的 1‑D12 监测井已降至本底水平。Cl^- 浓度在整个区域内变化波动不大，均小于 200 mg/L，符合Ⅲ类标准（250 mg/L）。

（2）pH 值分布特征：在靠近 22# 采区的位置，地下水中的酸度较高（2 左右）；距交界 100 m 后，pH 值升高较快，至 3# 采区边界处已达 4～6；采区外的监测井，pH>7，地下水成中性。

（3）TDS 分布特征：在靠近 22# 采区的位置，TDS 较高，达到 19 g/L；3# 采区内 TDS 为 500～1300 mg/L；1# 采区内和 1#、3# 采区外监测井低于Ⅲ类地下水标准，至 1‑D12 时 TDS 降至 480 mg/L 左右，达到本底值。

3　主要污染物自然衰减

根据 2009 年与 2022 年 1#、3# 采区主要污染物调查结果，绘制了自然衰减时间等值线图（图 4）。

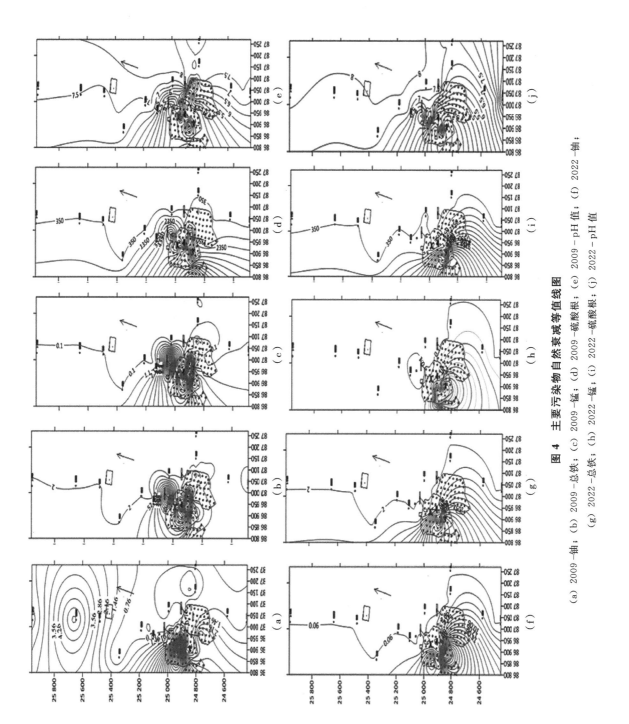

图 4　主要污染物自然衰减等值线图

(a) 2009－铀；(b) 2009－总铁；(c) 2009－锰；(d) 2009－硫酸根；(e) 2009－pH 值；(f) 2022－铀；
(g) 2022－总铁；(h) 2022－锰；(i) 2022－硫酸根；(j) 2022－pH 值

（1）铀离子：对比 2009 年和 2022 年调查结果，U 自然衰减效果明显；除受 22# 采区影响的 100 m 范围，到 2022 年采区内 U 浓度均<1 mg/L，降低 95% 以上，采区内外几个污染区均消失。受地下水流场变化的影响，采区内部 3－9425 和 3－9432 的 U 易出现反复。

（2）铁离子：对比 2009 年和 2022 年的铁浓度等值线，到 2022 年 3# 采区东北部铁离子浓度已降至 70 mg/L，较 2009 年降低 90% 以上，内部其他位置降至 3.5～43 mg/L。1# 采区东北部铁离子浓度也降低至 60～70 mg/L。1#、3# 采区边界外，铁离子则降至 0.2 mg 以下。

（3）锰离子：由图 4 可知，到 2022 年 3# 采区东北部降至 2 mg/L，较 2009 年降低 90%。1# 采区东北部 1－9404 从 0.47 mg/L 降至 0.17 mg/L，降低 63.8%。1#、3# 采区边界外，锰离子降至本底值。

（4）SO_4^{2-}：对比两年的 SO_4^{2-} 等值线，到 2022 年 3# 北部边界降至 320～1330 mg/L，其他边界降至 700～800 mg/L，采区内下降 90%，高浓度硫酸根下降速度明显。1#、3# 采区下游至 1－D11 监测井，仍有 346 mg/L，表明 SO_4^{2-} 仍然有向下游迁移趋势。

（5）pH 值：对比两年的 pH 等值线，除受 22# 采区影响的边界外，到 2022 年 3# 采区内 pH 值整体上升至 4 以上，部分边界处钻井在 6 以上。

4 自然衰减预测

4.1 地下水流场模拟

在 Solid 地质实体的基础上，利用 UGrid 功能进行非结构化的不规则网格剖分，在剖分网格的基础上利用 MODFLOW 进行地下水流场模拟。基于地下水水头实测数据，对初始水头进行插值并导入 MODFLOW 的 starting head 模块中，在平面图上将模型的上边界和下边界设置为定水头边界。根据模拟预测，地下水流场在第五年时已基本达到稳定，在第 5 年至第 10 年期间并未出现显著变化。

4.2 地下水溶质运移模拟

在完成地下水流场模拟后，调用 MT3DMS 模块接口进行地下水溶质运移模拟。以 2022 年的铀、硫酸根、铁离子和锰离子的实测浓度为模型初始条件进行自然衰减溶质运移模拟。

（1）模拟结果表明，采区内部的铀浓度值要显著大于采区外，3# 采区的铀浓度值高于 1# 采区；铀沿地下水流动方向迁移，采区内的铀浓度不断降低，随着模型区域内铀浓度不断降低，不同位置的浓度差减小，低浓度梯度使铀的稀释过程趋于缓慢，因此随着模拟时间的延长，铀浓度热图变化更加不明显。

（2）与铀的迁移特征类似，硫酸根离子、铁离子和锰离子的初始浓度均在 3# 采区内最高；沿地下水流向下游迁移，浓度逐渐降低。铁离子在采区内最大浓度可超 900 mg/L，与周围环境的巨大浓差使铁离子的迁移速度要显著快于其他离子，自然衰减现象较明显，模拟 50 年后 3# 采区内部浓度已低于 0.01 mg/L。硫酸根离子由于浓度梯度小，在模拟时间达 50 年时 3# 采区内的残余浓度也降至 Ⅳ 类地下水水质指标。

5 结论

（1）通过本次调查研究，掌握了研究区地下水中铀、铁、铝、铅、硫酸、硝酸根、氯根及 pH 值、总离子浓度等各水质参数分布现状及变化趋势。

（2）通过对比 2009 年和 2022 年的调查数据，地下水污染物在迁移过程中，受地下水中的稀释、扩散及含水层矿物的吸附、还原、生物降解等作用，大部分离子浓度得到大幅降低。

（3）在自然衰减过程中，体现出高浓度污染物衰减快，金属阳离子衰减速度较阴离子快，不易生成沉淀的阴离子迁移距离远的特点，阴离子则自然衰减缓慢并迁移扩散较远距离。

（4）从 1# 采区内污染物分布水平看，从 1996 年停产至 2009 年铀降低约 10 倍，但至 2022 年仍未达到本底值，SO_4^{2-} 同样未能降低至 Ⅳ 类标准。因此，自然衰减至本底值需要较长时间。

（5）根据模拟结果，在停产采区内通过抽大于注等措施，自然流场影响较小，可以将生产区的影响范围控制在 100 m 左右；50 年后采区内外的 U 降至本底值，SO_4^{2-} 含量降至 Ⅳ 类地下水水质指标。

参考文献：

[1] 孙占学，马文洁，刘亚洁，等 . 内地浸采铀矿山地下水环境修复研究进展 [J]. 地学前缘，2021，28（5）：215 - 225.

[2] 王贤磊，姜瑭，丁德馨，等 . 酸法地浸采铀退役采区地下水二步修复法 [J]. 有色金属工程，2021，11（10）：136 - 142.

[3] 陈约余，张辉，胡南，等 . 地浸采铀地下水修复技术研究进展 [J]. 矿业研究与开发，2021，41（2）：149 - 154.

[4] 荣耀，荣恪萱 . 国外地浸铀矿山地下水修复技术 [J]. 铀矿冶，2021，40（2）：158 - 164，178.

[5] 何成垚，谭凯旋，李咏梅，等 . 新疆某铀矿酸法和 CO_2 地浸采区地下水的污染特征及机理 [J]. 有色金属（冶炼部分），2021（6）：53 - 59.

[6] 常云霞，谭凯旋，张羽中，等 . 地浸采铀井场溶浸范围的地下水动力学控制模拟研究 [J]. 南华大学学报（自然科学版），2020，34（5）：29 - 36.

[7] 徐海珍，高艳丽，李园敏，等 . 地下水中酸性污染羽的自然净化作用数值模拟研究 [J]. 工程地质学报，2013，21（6）：926 - 931.

[8] 左维，谭凯旋 . 新疆某地浸采铀矿山退役井场地下水污染特征 [J]. 南华大学学报（自然科学版），2014，28（4）：28 - 34.

[9] 李春光，谭凯旋 . 地浸采铀地下水中放射性污染物迁移的模拟 [J]. 南华大学学报（自然科学版），2011，25（3）：25 - 30.

[10] 李锦鹏，胡凯光，李小军 . 用 BP 神经网络评价地浸砂岩型铀矿床某退役采区地下水水质 [J]. 铀矿冶，2010，29（4）：199 - 203.

[11] 蔡萍莉，史文革，胡鄂明，等 . 酸法地浸采铀地下水主要污染物组分的确定 [J]. 工业用水与废水，2005，36（6）：45 - 46.

[12] 吕俊文，刘江，谭凯旋 . 我国北方某地浸采铀矿山采区地下水中 ΣFe 与 SO_4^{2-} 迁移预测 [J]. 甘肃科技，2006，22（5）：103 - 106.

[13] 吕俊文，史文革，杨勇 . 某地浸采铀井场地下水抽出处理修复的数值模拟 [J]. 南华大学学报（自然科学版），2006，20（4）：59 - 67.

Research and prediction of natural attenuation of groundwater pollutants in a retired uranium leaching site

JIANG Guo-ping, CHEN Xiang, LI Fang-fang, XIE Ting-ting

(Beijing Research Institute of Chemical Engineering Metallurgy, Beijing 101149, China)

Abstract: In the past two decades, with the rapid development of in situ leaching of uranium in China, there have been many in situ leaching sites that urgently need to be decommissioned and treated. The key to decommissioning in situ leaching sites is groundwater remediation and treatment. It has been 27 and 14 years, respectively since the 1 # and 3 # mining areas of 737 Plant ceased production. This article determined the types of pollutants in the groundwater of the well pad through the investigation of pollutants in the mining aquifers inside and outside the mining area in 2009 and 2022; By analyzing the temporal and spatial distribution characteristics of pollutants, the attenuation and migration patterns of pollutants over 13 years were studied, revealing the mechanism of natural attenuation of groundwater pollutants and confirming that natural attenuation is feasible to a certain extent. By combining the UGrid method model with measured groundwater hydrodynamic and hydrochemical data, and using Modflow-USG for groundwater simulation, the spatiotemporal changes of pollutants inside and outside the mining area under natural attenuation were predicted.

Key words: In situ leaching of uranium; Groundwater management; Natural attenuation; Simulated prediction

去除铀污染表面放射性可剥离膜去污剂研究

魏　鑫，周　磊，仇月双，戴相南，白云龙

（核工业北京化工冶金研究院，北京　101149）

摘　要： 在铀矿山和核电站长期生产过程中，积累了大量放射性污染的金属设备和材料，这些材料污染水平差别较大且种类繁多。为了减少表面放射性污染对环境、仪器设备及所有工作人员的辐射损伤，必须对表面放射性污染进行去污处理。可剥离膜去污技术所需设备简单，去污率能到达 90% 以上，产生的废物可以通过高温焚烧再收回放射性核素。通过实验研究可剥离膜去污剂的配制方法，测试可剥离膜去污剂对模拟样片的去污效果，最终合成一种去污效果好、成膜时间短、粘附性适中的可剥离膜材料。

关键词： 表面去污；可剥离膜；去污率；性能优化

为了减少表面放射性污染对环境、仪器设备及工作人员的辐射损伤，必须对表面放射性污染进行去污处理，使其能够重新使用[1-4]。因此，研究操作简便、效果明显、不腐蚀设备、二次污染少的设备表面放射性去污方法意义重大。当前共有 5 种类型的去污技术[5-9]：机械物理去污法、电化学去污法、生物去污法、熔融法和化学去污法。其中，电化学去污法、熔融法和化学去污法属于深度去污范畴。可剥离膜去污是一种新兴、优良的去污技术，将具有各种官能团的高分子化合物和添加剂混合，制成成膜去污溶胶。在成膜过程中，去污溶胶以物理和化学联合作用，与吸附在表面的放射性污染将进行结合，在去污溶胶成膜时把放射性污染物富集到膜上，随着膜的剥离即完成去污过程，达到去除放射性污染的目的[10-13]。可剥离膜放射性去污剂具有操作简单、产生二次污染量少且易处理、不需要配套的处理设备等优点，所以可剥离膜去污剂在放射性表面去污方面有较广阔的应用前景。

1　污染钢片制备

1.1　表面污染测试方法

使用手持式数字表面污染测量仪 RAS-80（芬兰 Mirion）测定钢片放射性表面污染，在钢片的四角和中间测量 5 个点，每个点取 6 个数，如图 1 所示。计算整个钢片的表面污染水平，根据式（1）计算得出去污剂的去污率。

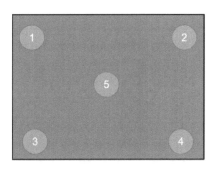

图 1　金属表面放射性污染测试

作者简介： 魏鑫（1996—），男，硕士，工程师，现主要从事放射性去污科研工作。

$$DE = \frac{A1 - A2}{A1 - A0} \times 100\%。 \tag{1}$$

式中，DE 为去污剂的去污率，%；$A1$ 为未扣除本底的污染样品表面污染，Bq/cm^2；$A2$ 为未扣除本底的去污样品表面污染，Bq/cm^2；$A0$ 为样品污染前本底，Bq/cm^2。

1.2 污染钢片的制备

第一步：将 80 mm×80 mm×1 mm 的钢片用清水刷洗干净后浸泡到浓度为 5% 的 HCl 中 4 h 进行预处理，预处理后的钢片置于 50 ℃ 烘箱内烘 6 h 取出，随后用 RDS-80（手持式数字表面污染测量仪）测定表面污染本底值备用；第二步：取预处理烘干后的不锈钢片浸泡在 5 g/L 的铀溶液中，1 h 后取出置于 50 ℃ 烘箱内烘 40 min。按照步骤二的顺序循环操作，钢片 7 次表面污染，测定钢片的放射性表面污染，钢片的污染结果如图 2 所示。由图 2 可知，钢片经过铀溶液浸泡后表面污染逐渐扩大，第 7 次浸泡后表面污染略有下降，说明经过 6 次浸泡后，钢片的表面污染值达到最大。因此经过 6 次污染，可制成放射性污染钢片。

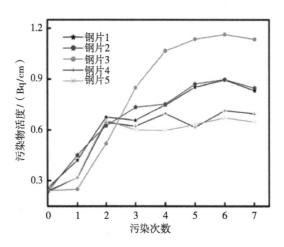

图 2 钢片表面污染与污染次数关系

2 实验结果

2.1 合成可剥离膜

常见的可剥离涂料有聚氨酯类、聚苯乙烯类、聚乙烯醇类（PVA）、有机硅类、聚丁基二烯类、氯醋树脂、丙烯酸树脂及其共聚物、乙基纤维素、聚乙烯-醋酸乙烯及有机硅类等。常见的可剥离膜主要分为水溶（乳液）型和有机溶剂型两大类，水溶型是以水作分散剂，有机溶剂型是以乙酸乙酯等有机溶剂作分散剂。水溶型可剥离膜随着水分的挥发而逐渐形成可剥离的膜体，具有无毒、无害、环保、成本低等优点，因此本实验以水作为溶剂。将 PVA（1788）、聚乙烯乙酸酯和 PVA（1799）分别配制成浓度为 15% 的溶液搅拌至完全溶解，实验结果见表 1。可见 PVA（1788）的成膜性能最佳，故选择其作为成膜剂。

表 1 成膜剂种类对性能影响实验

成膜主剂种类	聚乙烯醇溶解情况	成膜的情况	最高去污率
PVA（1788）	易溶解	成膜	85.4%
聚乙烯乙酸酯	易溶解	成膜，不易剥离	70.1%
PVA（1799）	不易溶解	成膜，不易剥离	75.4%

将 PVA（1788）分别配制成浓度为 5％、8％、10％、13％、15％、16％、20％溶液搅拌至完全溶解，将溶解后的溶液涂抹在不锈钢片上，观察记录其成膜情况及可剥离性，实验结果如表 2 所示。由表 2 可知 PVA（1788）浓度在 5％～16％容易溶解，当 PVA（1788）浓度达到 20％时，溶解比较困难，而且溶液黏度较大。当 PVA（1788）浓度大于等于 10％时均能成膜，而且容易剥离，PVA 含量对去污率影响不大，但是聚乙烯醇浓度越高合成的去污剂成本越高，而且溶解越困难，所以采用 10％的 PVA（1788）合成可剥离膜去污剂。

表 2　PVA 用量对膜性能影响实验

PVA 浓度	聚乙烯醇溶解情况	成膜情况	去污率
5％	易溶解	不成膜	—
8％	易溶解	成膜，不易剥离	82.1％
10％	易溶解	成膜，易剥离	85.4％
13％	易溶解	成膜，易剥离	81.3％
15％	易溶解	成膜，易剥离	85.5％
16％	易溶解	成膜，易剥离	83.7％
20％	不易溶解，黏度较大	成膜，易剥离	82.4％

10％的 PVA（1788）溶液黏度太低，在涂膜过程中膜液会大量溢出。为了降低膜液的流动性，故添加羧甲基纤维素Ⅱ作为增稠剂来提高膜液黏度和可揭性。增加羧甲基纤维素Ⅱ用量，去污剂黏度迅速增加，成膜干燥时间延长。由表 3 可知加入增稠剂后可剥离膜的去污率和流挂性能都大幅提升，在实验过程中发现当羧甲基纤维素Ⅱ添加量大于 1.4％时，溶液黏度大使得搅拌机速度很慢，增加了耗能和溶解时间。当羧甲基纤维素Ⅱ量为 1.2％时，在 22 ℃下测得的黏度为 9400 mPa·s，去污率为 96.87％，干燥时间为 17 h，抗流挂值为 200 μm。由图 3 可知，在大小相同的钢片上加入相同数量的去污剂时，羧甲基纤维素Ⅱ含量分别为 1.2％和 1.4％的去污剂流失的量较少并且相差不大，而羧甲基纤维素Ⅱ含量分别为 0.7％和 1％的去污剂流失量较多，流挂性能一般。为了提高去污剂的去污率和流挂性，在可剥离膜合成时选择羧甲基纤维素Ⅱ添加量为 1.2％。

表 3　增稠剂使用情况对膜性能影响实验

羧甲基纤维素Ⅱ添加量	0	0.7％	1％	1.2％	1.4％	1.6％	2.0％
黏度/(mPa·s)	1200	3680	4270	9400	13 300	16 480	19 870
去污率	85.33％	90.19％	95.86％	96.87％	95.73％	97.45％	94.38％
抗流挂值/μm	70	95	135	200	265	300	400
干燥时间/h	<16	<16	<16	17	18.5	18.5	18.5

实验了羧甲基纤维素Ⅱ含量分别为 1％和 1.2％两种膜的拉伸强度，首先将去污剂涂抹在不锈钢片上，待膜干燥后揭下并裁剪成 205 mm×30 mm 规格，实验结果如表 4 所示。由表可看出，可剥离膜中羧甲基纤维素Ⅱ含量对可剥离膜的柔韧性有较大影响，羧甲基纤维素Ⅱ含量低时，可剥离膜拉伸长度大，膜的韧性好，拉伸强度低；当羧甲基纤维素Ⅱ含量高时，可剥离膜拉伸长度短，膜的脆性高，拉伸强度大。在去污剂使用过程中，可剥离膜柔韧性越好越不容易破损，所以在不影响去污剂流挂性的基础上，尽量降低可剥离膜中羧甲基纤维素Ⅱ的含量，羧甲基纤维素Ⅱ量为 1.2％时性能最佳。

图 3　不同羧甲基纤维素Ⅱ合成膜试验

表 4　拉伸强度试验结果

羧甲基纤维素Ⅱ含量	最大拉力/N	最大变形长度/mm	最大伸长率	成膜时间/h
1%	27.9	80.2	39.1%	14
1.2%	32.4	15.6	7.6%	17

　　可剥离膜去污剂在污染设备的表面涂抹量是一个重要参数，涂抹量太少达不到去污效果，涂抹量过高，浪费试剂。实验中在污染钢片表面涂抹不同量的可剥离膜去污剂，测定揭膜后钢片的表面污染情况，实验结果如表 5 所示。由表 5 可知钢片的去污率和可剥离膜去污剂的涂抹量基本成正比，涂抹量增加，去污率提高，当涂抹量达到 0.2 g/cm² 时去污率最大，达到 99.72%，继续增加涂抹量对去污率影响不大，所以在以后试验中均选择可剥离膜去污剂涂抹量为 0.2 g/cm²。

表 5　可剥离膜用量对去污率的影响

可剥离膜用量/（g/cm²）	钢片本底/（Bq/cm²）	污染钢片表污/（Bq/cm²）	揭膜后钢片表污/（Bq/cm²）	去污率
0.04	0.239	3.569	1.136	73.07%
0.047	0.24	3.72	1.71	57.75%
0.061	0.257	2.578	1.155	61.32%
0.08	0.268	2.873	0.709	83.06%
0.1	0.24	2.626	0.721	79.83%
0.15	0.272	2.822	0.619	86.38%
0.2	0.247	3.501	0.256	99.72%
0.25	0.247	3.569	0.265	99.53%

2.2 不同污染材质对去污率的影响

对不同材质的污染样片进行了去污实验，选择的材质包括玻璃、不锈钢、陶瓷、塑料和木材，可剥离膜涂抹量为 0.2 g/cm²，实验结果如表 6 所示。由表 6 可知，可剥离膜去污剂对玻璃、不锈钢、陶瓷和塑料的去污率均达到 94% 左右，木材的去污率只有 86.32%，这是由于玻璃、不锈钢、陶瓷和塑料表面比较致密，铀溶液很难渗入这些材质内部，而木材结构比较疏松，铀溶液易于进入内部孔隙中，可剥离膜去污剂由于黏度较大，较难进入木材孔隙内，所以木材的去污率较低。

表 6 可剥离膜用于不同材料去污

材料	本底表污/（Bq/cm²）	污染后表污/（Bq/cm²）	揭膜后表污/（Bq/cm²）	去污率
玻璃	0.32	2.67	0.4	96.60%
不锈钢	0.44	2.89	0.49	97.96%
陶瓷	0.45	2.88	0.51	97.53%
塑料	0.33	3.27	0.49	94.56%
木材	0.38	3.89	0.86	86.32%

2.3 废弃可剥离膜的燃烧处理试验

将可剥离膜涂抹在钢板上，成膜后揭下膜并且进行回收燃烧试验。实验如图 4 所示，揭下的膜燃烧前质量为 5.95 g，燃烧后渣重 0.82 g，产生的渣量仅占废弃可剥离膜原始质量的 13.8%，固体废物减量化达到 86.2%，较大程度减少了废物产生量，避免了环境的二次污染。

  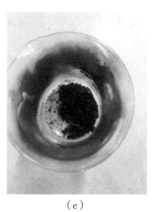

（a） （b） （c）

图 4 可剥离膜燃烧处理

（a）燃烧前；（b）燃烧时；（c）燃烧后

3 结论

（1）钢片经过 6 次铀溶液浸泡后，基本达到了最大表面污染。

（2）合成可剥离膜材料时，选择 10% 的 PVA（1788）作为成膜剂和 1.2% 的羧甲基纤维素Ⅱ作为增稠剂性能最佳。

（3）可剥离膜材料最佳使用量为 0.2 g/cm²，对玻璃、不锈钢、陶瓷和塑料的去污率均达到 94% 左右。

（4）废弃可剥离膜材料可进行燃烧处置，固体废物减量化达到 86.2%。

致谢

在实验过程中，得到了核工业北京化工冶金研究院徐乐昌教授的大力支持，并提供了很多有益的数据和资料，在此向徐教授的帮助表示衷心的感谢。

参考文献：

[1] 刘星浩，李银涛，王善强，等．碳钢表面腐蚀性自脆型去污剂制备及其性能［J］．西南科技大学学报，2019，34（3）：23－27.

[2] 陈二娟，李银涛，郭耀楠，等．一种形貌可控的自脆型去污剂的制备及其性能［J］．西南科技大学学报，2017，32（3）：71－76.

[3] 何智宇，周元林，谢长琼，等．BA/MMA/AA 三元共聚物基可剥离去污涂料的制备及性能研究［J］．涂料工业，2015，45（9）：39－43.

[4] 何智宇，周元林，谢长琼，等．水性可剥离去污涂料的制备及其性能研究［J］．化工新型材料，2016，44（2）：58－60.

[5] 张慧艳，周元林，李银涛，等．放射性气溶胶压制剂的制备与性能［J］．高分子材料科学与工程，2016，32（4）：126－131.

[6] 龙春华，李银涛，王善强，等．改性 PVA 的高固含量可剥离去污剂的制备及其性能［J］．西南科技大学学报，2019，34（2）：1－7.

[7] 何智宇，周元林，谢长琼，等．可剥离涂料的制备与去污性能研究［J］．化工新型材料，2015，43（7）：34－36.

[8] 何智宇，李银涛，周元林，等．可剥离气溶胶压制剂制备及性能研究［J］．化工新型材料，2016，44（8）：246－247.

[9] 陈云霞，林晓艳，陈帅，等．木钙/壳聚糖复合去污剂去除铀污染特性及机理研究［J］．西南科技大学学报，2016，31（1）：20－24.

[10] 陈云霞，林晓艳，罗学刚，等．KGM 醋酸酯去除模拟铀污染及去污材料热分解特性研究［J］．功能材料，2016，47（10）：10173－10179.

[11] 帅闯，陶波，林晓艳．改性甲基纤维素可剥离膜去除涂漆不锈钢表面模拟铀污染［C］//．中国环境科学学会．2014 中国环境科学学会学术年会论文集．北京：中国学术期刊（光盘版）电子杂志社，2014：6604－6610.

[12] 程振兴，王连鸳，朱海燕．核生化洗消剂及应用［M］．北京：清华大学出版社，2018：106.

[13] 赵渊中，詹金峰，沈忠，等．可剥离膜在放射性洗消中的研究进展［J］．化工新型材料，2020，48（8）：56－60.

Study on radioactive peelable film decontaminant for the removal of uranium-contaminated surfaces

WEI Xin, ZHOU Lei, QIU Yue-shuang,

DAI Xiang-nan, BAI Yun-long

(Beijing Research Institute of Chemical Engineering Metallurgy, Beijing 101149, China)

Abstract: In the long-term production process of uranium mines and nuclear power plants, a large number of radioactively contaminated metal equipment and materials have been accumulated, and the pollution levels of these materials vary widely and are widely varied. In order to reduce the radiation damage of surface radioactive pollution to the environment, equipment and all staff, surface radioactive contamination removal is necessary. Peelable membrane decontamination technology requires simple equipment, high decontamination efficiency, can reach more than 90%, the waste can be incinerated at high temperature in the recovery of radionuclides. In the long-term production process of uranium mines and nuclear power plants, a large number of radioactively contaminated metal equipment and materials have been accumulated, and the pollution levels of these materials vary widely and are widely varied. In order to reduce the radiation damage of surface radioactive pollution to the environment, equipment and all staff, surface radioactive contamination removal is necessary. Peelable membrane decontamination technology requires simple equipment, high decontamination efficiency, can reach more than 90%, the waste can be incinerated at high temperature in the recovery of radionuclides.

Key words: Surface decontamination; Peelable film; Decontamination rate; Performance optimization

某地浸铀矿山设备管理信息系统的设计与应用

刘金明，段和军

（中核内蒙古矿业有限公司，内蒙古　呼和浩特　010090）

摘　要： 设备管理是矿山企业管理的重要环节，设备管理的成效直接影响着生产成本和生产效能。移动互联网、计算机技术、网络技术的不断发展，直接推动着设备管理向智能化发展，传统的设备管理方式和手段已不适应现代化设备管理的需要，开发各终端均可同步的设备管理信息系统的需求极为迫切。本文旨在利用软件工程的结构化分析方法，对矿山设备管理系统进行需求分析和功能设计，完成系统的业务架构和技术架构的设计，并通过在现场实践应用取得一定成效，为矿山设备的信息管理提供可用参考。

关键词： 设备管理；信息管理系统；软件工程；结构化分析

随着矿山企业现代化、信息化发展，矿山设备规模化、智能化、自动化程度越来越高，设备的非计划停机对企业带来的损失将更加严重。目前大多数企业对设备的管理仍依赖于事后维修，缺乏对设备故障的前瞻性预测，且设备点检手段和各项设备资料记录方式、设备管理流程都比较传统，难以形成高效的设备管理体系，已不适用企业信息化、系统集约化发展的趋势。利用现有的网络技术、计算机技术对企业现行设备管理制度进行解析，以及对现场实际需要完成的设备管理系统进行需求分析，完成了该矿山企业的矿山设备管理信息化，加强了企业基础信息化的建设，为推动实现管控一体化的数字化矿山具有一定意义。

1　某地浸铀矿山设备管理现状

1.1　当前设备运行管理面临的问题

设备先进程度与设备维护管理人员能力不匹配。随着自动化技术在企业的广泛应用，这些设备具有智能化、高速化、精细化，生产规模增大，相应的设备也增多，整个生产自动化控制系统的结构复杂性提高，有时即使一般性的设备故障也会引发整个工艺流程的停正，由此与过去低自动化程度时相比对生产造成的影响成数量级增加。设备的自动化程度越高，设备停机造成的损失越大，将导致部分数据或报警信息的紊乱，但设备维护管理人员越来越少，很多设备维护人员的专业素质还达不到现代化设备运行管理的要求，因而企业面临设备的先进程度与设备维护人员的能力不匹配问题。

故障停机困境。现场的自动化设备占比越来越高，设备间的关联越来越密切，用自动化程序设定了各设备间的联动关系。这些设备的投资、检修和维护比传统设备要昂贵。企业在安全生产和产能提高方面的压力，要求设备管理更加精细化，既"不能停机"，也"停不起机"，故障停机给企业带来严重的损失。

企业设备信息化管理缺少运行数据支撑。企业信息化的不断深入发展，广泛引入了 ERP、MES 等信息化管理系统，但这类系统缺少对现场设备状态信息数据的收集和分析，设备点检，维报修等较频繁的动作缺乏必要的技术工具支持；管理者对设备的运行管控较少，不能掌握足够的设备历史运行数据，如设备点检信息、设备历史维修信息，设备发生故障后，只能依靠经验来检修，设备欠检修、过检修的现象时有发生，因而企业运行一套可靠的基于现场设备管理需要的管理信息系统十分必要。

作者简介：刘金明（1996—），男，助理工程师，现主要从事矿山信息化工作。

重建设轻档案思想盛行，信息填写难规范。按照设备管理制度规定设备档案管理应当是贯彻设备管理全过程，即设备购置前的技术与经济评估、设备开箱验收、设备安装调试、设备维修保养、设备报废。然而一些部门只重设备性能轻档案形成，不注意设备资料的整理和保存，后期维修人员对设备进行维护时难以查询到资料，如自动化仪表的科学校正方法、电气设备的电路原理图等信息，同时缺少设备长期运行记录的总结，难为新设备引进的可行性提供佐证。

设备档案管理信息化推进难。传统的档案管理以手工为主，缺点明显：效率低，信息无法充分利用，尤其是当设备管理岗位人员变动时，常会出现工作交接不清、资料遗失的情况，部分同类企业也认识到这一点，故而投入大量精力推进信息化管理，但先进技术操作的复杂性对一线员工提出了较高要求，盲目引入外部提供的信息管理系统培训成本高也难以灵活设置系统功能，虽然其在广度上适用了使用要求，但在深度上还远不够，不能根据需要及时改进功能容易导致被弃用，造成企业设备管理信息化进程难推进。

部门信息独立易形成数据孤岛，数据打通引发权限问题。职能部门和运行部门的设备数据不统一，企业的完整设备档案形成涉及多个部门，但各部门记录的纸质数据常出现遗漏或填写不规范现象，各部门难以实现数据共享与协作。

设备档案记载及归档形式主义严重。在传统方式下，一线巡检人员处于流动状态，部门领导无法对巡检人员记录的档案进行实时监督，导致巡检人员在记录时易流于形式，容易出现记载与事实不符、资料不完整等情况。

1.2 拟解决的问题

（1）要基本覆盖设备全寿命周期管理的各要素，基本实现设备资料无纸化。

（2）实现现场设备的动态管理，提升设备管理的运行效率和水平。

（3）系统满足现场管理需要，可根据实际需要增加功能模块，具有可持续性。

2 设备管理信息系统在地浸铀矿山的应用

为整体提高矿山设备管理水平，内蒙古某地浸铀矿山结合现场实际，对设备管理业务进行了系统梳理，结合该厂的组织架构，设计并开发了适用于该地浸铀矿山的设备管理信息系统，实现了设备全寿命周期管理，从现场应用及反馈效果看解决了以往矿山设备管理中的一些难点。同时应用该多端同步的设备管理信息系统覆盖了设备管理业务的全部流程，实现了从完全依赖于工作流到数字流的转变，切实提高了运行效率。

2.1 系统架构设计

从公司设备管理制度的机构与职责角度，对设备管理实行三级管理，即由设备管理领导小组、生产技术科和设备使用及维修部门组成。这即意味着公司建设的设备管理信息系统是一个集信息发起、信息填写、信息传递、审核批准、信息加工、信息统计、信息查询于一体的管理系统。设备使用部门、设备职能部门、设备领导小组在系统中按照职能划分配置不同的角色，将需要协同完成的工作设置成相应的流程，从流程发起到流程闭环，将过程内容和审批流结合起来，使碎片化的数据形成系统整合的数据，避免信息不对称导致的工作配合不够、沟通不畅的问题。按照系统设计精简易用的原则，对设备管理各模块进行设计、开发、使用和改进，最终完成适合公司设备三级管理模式的设备管理信息系统，公司的设备管理体系与该设备管理信息系统的业务架构设计如图1所示。

设备管理领导小组	生产技术科	设备使用及维护部门
决策审批	管理监督	操作执行
设备设施管理规章制度	管理制度草案编制修订	执行设备管理制度规划
设备采购、设备大修计划 设备设施事故 设备设施技术改造指导 设备管理过程指导审批 设备安全环保	设备采购、大修资金预算 设备台账数据 设备内（外）部维护保养 设备设施存在问题和相应解决方案 设备寿命周期	设备及备品备件购置申请 维修人员实操培训 设备定期维护保养 设备巡检 设备日常维修，生产保障

图 1 设备管理系统功能设计

2.2 系统需求分析

此次课题是企业实现基础信息化管理的重要部分，和各部门负责人多次进行交流疏通本系统的各个功能模块，并深化解析了现场设备管理制度要求，从用户角色的分配、角色权限、申报流程、详细功能设计等系统重要部分进行了详细的分析和实践论证。

2.2.1 可行性分析

无纸化操作是现今较为推崇的一种办公处理方式，传统的纸质报表和办公软件的简单结合效率低下，且数据的协同性较差，容易因信息壁垒导致工作协同上出现问题[1]。与传统模式相比，企业需要一个方便快捷的可覆盖设备管理基本要素的信息管理系统，由此设备管理信息系统的建设可以满足此项需求。

（1）经济可行性

在设备管理信息系统中，同时为设备管理人员和设备维护人员提供了更便捷的方式，在很大程度上降低了沟通的成本，并且运用此系统使得设备维保得到更及时的响应和解决，降低了设备事故风险造成的损失，在同等程度下降低了时间、物质成本。

（2）技术可行性

关于开发设备管理信息系统的技术解决方案，应从软硬件设备支持和架构设计上综合考虑。其中，在软硬件设备方面，系统同时支持 PC 和手机终端并保持同步，鉴于现场设备管理的场景，主要集中于手机终端的功能，系统的服务器端为第三方云服务，避免了服务器运维等问题，并可获得更快的访问速度；另外，依据现有设备管理的制度流程，较易形成业务架构。因此，基于以上几方面的考虑，开发本系统是完全可行的。

（3）系统可行性

随着互联网时代的到来，日常工作或学习中使用互联网技术的服务场景越来越多，而且随着突发因素的影响，智能化信息系统凭借使用便捷、快速响应、功能强大等优点得到了更迅速的部署和普[2]。此设备信息管理系统操作简易，流程符合制度规范，使用人员通过表单示例说明可以迅速使用此系统。

基于以上因素分析，设计并应用本设备管理信息系统在经济性、技术实现和系统应用上都是可行的。同时，该系统相比传统记录方式提供了一种更可靠便捷的手段，可基本满足设备管理全部参与人员的需求。综上所述，实行本系统是完全可行的。

2.2.2 用户需求分析

（1）功能分析

为覆盖设备管理的基本要素，拟将设备管理中的设备维报修、设备台账管理、设备维护保养、设备点检巡检、设备外部校验、设备备品备件管理、设备资料库及其他设备相关流程作为系统主体功能，从总体上分为前端的表单流程和后端的数据管理[3]。前端的不同岗位人员可以依据设备制度流程填写相应申请表单，依据审批流程完成表单流转直至流转结束；后端主要是针对设备管理人员的数据报表功能，设备管理人员可以从报表实时了解设备的概况，包括更新的设备台账信息、设备维保情况等。

（2）用例分析

用例图展示了一个外部用户能够观察到的系统功能模型图[4]。本系统主要的角色（Actor）包括设备管理人员、设备维护人员、调度员、管理层人员[5]。

① 设备管理人员功能用例：设备管理人员作为职能行使人员，在系统中的主要功能有设备相关流程审批、设备报表管理、设备外部校验管理、设备台账管理、设备资料库管理，用例图如图 2 所示。

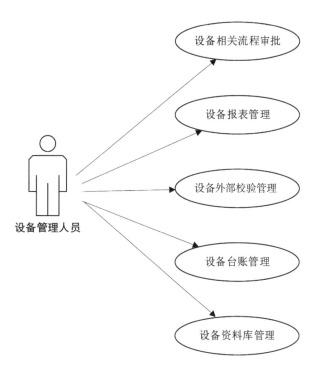

图 2　设备管理人员功能用例

② 设备维护人员功能用例描述如图 3 所示。

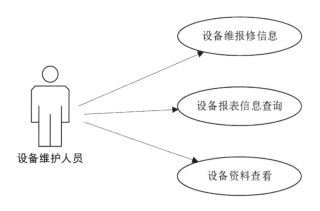

图 3　设备维护人员功能用例

③ 调度员功能用例描述如图 4 所示。

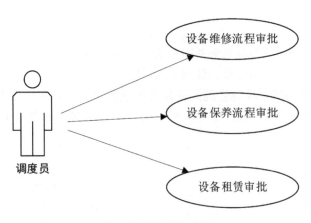

图 4　调度员功能用例

④ 管理层人员功能用例描述如图 5 所示。

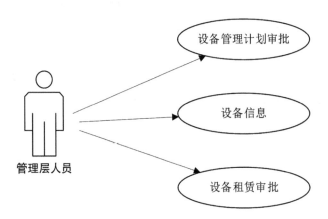

图 5　管理层人员功能用例

（3）以下是本系统的主要用例分析

① 设备维修管理用例描述如表 1 所示。

表 1　设备维修管理用例描述

用例名称	设备维修管理
参与者	设备报修人员、调度员、设备维护人员
描述	设备报修人员提出设备报修申请
前置条件	设备报修人员、调度员、设备维护人员登入系统
用例功能	设备报修人员进行设备申报
事件流	设备报修人员选择故障设备报修
异常事件流	设备报修人员输入不合法的数据无法流转或填写不规范回退
后置条件	系统无改变

② 设备开箱验收管理用例描述如表 2 所示。

表 2 设备开箱验收管理用例描述

用例名称	设备开箱验收管理
参与者	档案员、采购员、设备管理员、库管员、安防人员、设备使用人员
描述	设备管理员申请开箱验收
前置条件	档案员、采购员、设备管理员、库管员、安防人员、设备使用人员登入系统
用例功能	设备管理员进行设备开箱验收申请
事件流	设备管理员输入开箱设备相关数据资料申请验收
异常事件流	设备管理员输入数据不合法或者不符合流转条件
后置条件	系统无改变

③ 设备备品备件管理用例描述如表 3 所示。

表 3 设备备品备件管理用例描述

用例名称	设备备品备件管理
参与者	设备管理员、库管员、使用人员
描述	使用人员申请备品备件领用
前置条件	设备管理员、库管员、设备使用人员登入系统
用例功能	使用人员进行设备备品备件领用
事件流	设备使用人员选择相应备品备件申请领用
异常事件流	设备使用人员输入数据不合法或者领用数量大于库存
后置条件	系统无改变

④ 设备保养管理用例描述如表 4 所示。

表 4 设备保养管理用例描述

用例名称	设备保养管理
参与者	设备管理员、设备保养人
描述	设备保养人填写设备保养单
前置条件	设备管理员、设备保养人登入系统
用例功能	设备保养人进行设备保养
事件流	设备保养人选择
异常事件流	—
后置条件	系统无改变

2.2.3 业务流程图

本系统的主干业务针对设备的全寿命周期管理，涉及多个部门的协作，以设备管理制度为基础，确定管理系统的主干业务流程如图 6 所示。

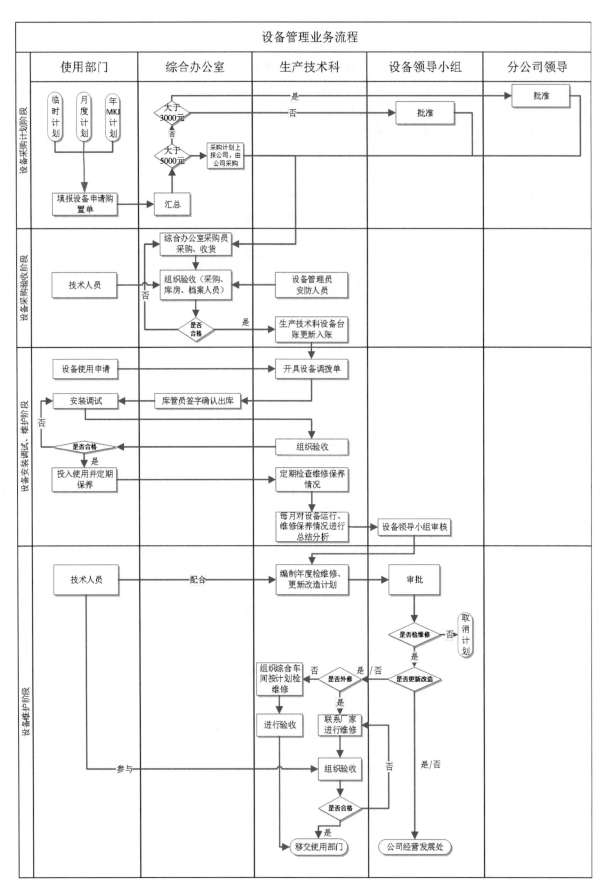

图 6 设备管理业务流程

3 系统详细设计

设备管理系统各模块的主要功能如图 7 所示。

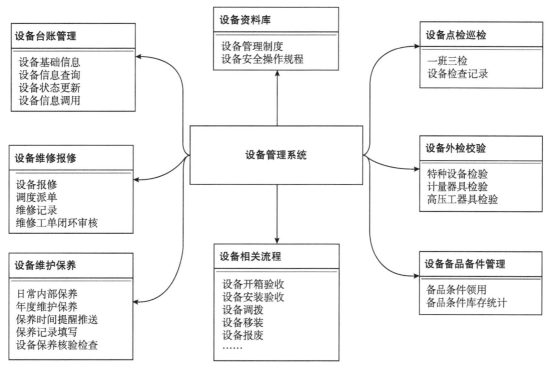

图 7 设备管理系统功能设计

（1）设备台账管理

将设备台账信息导入至管理系统，以设备编号为唯一标识，各项设备按设备名称、位置、时间等条件可查，设备信息包含额外附件，包含该设备的外观图、设备操作规程、设备技术说明书[6]。设备台账信息与其他维报修、保养等流程形成数据联动，保证设备状态信息、位置信息等实时更新，做到物账相符。

（2）设备维修报修

自控人员或设备巡检人员发现设备设施故障或异常情况，可通过发起维修工单至当班调度员，由调度员指派各维修班组至现场维修，维修班组人员接到维修工单后至设备现场组织维修，维修班组修复完成后，填写设备维修记录发送至调度员，经调度确认后通过维修工单审批，设备维报修流程完成。设备报修信息中的设备信息来自设备台账信息，报修人只需描述故障信息[7]，设备维修消耗材料、维修时间、设备故障原因等信息自动统计，在设备信息报表中完成设备状态的联动显示。

（3）设备维护保养

设备的维护保养分为年度维护保养和日常维护保养两类。年度的设备维护保养一般是针对大型设备或其他精密设备（车辆、空压机等），日常的设备维护保养按制定的月度设备保养单执行，系统设定的流程包括设备维护保养计划录入、设备保养时间提醒，设备保养人根据提示保养时间和设定的保养标准对设备进行维护保养并填好设备保养记录，经车间管理人员验收合格后，设备保养流程闭环[8]。其中，各设备的保养信息记录、统计数据联动至设备台账信息中显示。

（4）设备点检巡检

按照"一班三检"规定及时进行设备巡检，根据各设备的特点设定不同的标准设备检查表格，设备巡检人员对照标准表格进行设备检查，在检查表格中记录设备的运行状态信息，经巡检人员相关领导审批后完成设备巡检流程闭环。

（5）设备外检校验

设备外检校验包括特种设备外检和计量监测器具（含高压工器具）两部分，两者流程基本相同，在系统录入设备检定计划，按设备检定有效期提前一定时间推送提醒设备检定，设备检定完成形成的设备检定资料归档至设备检查资料中，供随时检索查阅。

（6）设备备品备件管理

备品备件管理是设备管理中的重要部分，设备维护保养过程中消耗的备品备件需经过备品备件领用流程，系统显示该项备件的库存信息，备件领取后自动计算库存量，各项设备的备品备件消耗情况自动汇总统计。

（7）设备资料库

按照公司标准化文件内容，将设备管理制度，设备安全操作规程等内容设为公开的知识库[9]，当文件内容重新编制时及时更新知识库内容，方便设备管理人员和操作人员检索查阅。

（8）其他设备相关流程审批

设备开箱验收、设备安装验收、设备调拨、设备移装等设备管理相关流程按设备管理制度设计数据流转流程，保证过程资料的完整规范，相关数据通过系统查询功能可回溯，保证设备全寿命周期各项资料的完整。

4 系统应用成效

（1）一物对一码

每个设备对应一个二维码，手机扫描设备机身二维码既可以查看对应设备的档案、技术说明书，设备操作规程，维保养记录信息[10]；也可更新设备点检、设备保养信息。

（2）无纸化巡检

按照计划时间提醒员工完成当日巡检任务；在员工手机扫码后，开始按照设备巡检单录入设备的巡检信息[11]；通过设定设备的拍照水印有效规避假巡检；实时展示已巡检、未巡检设备，防止遗漏。

（3）实时通知报修

在厂内巡检或巡视时发现设备故障或隐患，扫码即可打开保修工单；通过图、文、视频来描述故障信息，方便排查，维修工单实时提醒维修人员，加快维修流程；维修完成后流程闭环，及时通知报修人员和各级管理人员，并自动更新设备状态：由维修状态转为正常使用状态，便于管理人员及时了解设备状态，避免发生重复报修设备的情况。

（4）日历化保养

将设备的日常保养计划用日历形式展示，待进行设备保养计划一目了然；根据保养日历时间，设备保养单将会在指定时间提醒到个人。

（5）出入库记录

实时展示关键设备的备件库存情况，将维修工单关联关键设备备件领用，准确记录何人何时领用的关键备件；设置库存预警值，在库存不足时自动提醒相应责任人，责任人可依据库存情况和使用情况适时提出采购计划。

（6）数据化展示

从多维度展示设备数据；通过自定义筛选条件，查看设备数量、状态、维报信息等，便于从宏观角度了解设备状态。

5 结论

通过某地浸铀矿山场部署设备管理信息系统，有效解决了数据协作与整合的问题，特别是在设备管理的相关流程和信息管理上相比传统的线下报表形式提高了效率，保证了设备维保的实时性和设备相关资料的可及时调阅，在形式与内容上实现了统一，为设备管理制度的有效运行提供了技术支撑。

参考文献：

[1] 李晓林，闵华清，张彦铎. 基于三层结构的设备管理信息系统开发技术及其实现 [J]. 计算机应用，2001，21 (8)：222-223.

[2] 王军强，孙树栋，柴永生，等. 基于组件的设备管理信息系统的研究与实现 [J]. 计算机集成制造系统，2004，10 (9)：1095-1099.

[3] 史济民，顾春华，郑红. 软件工程：原理、方法与应用 [M]. 3 版. 北京：高等教育出版社，2009.

[4] 包彤. 结构化分析方法与面向对象分析方法集成的研究 [D]. 北京：北京工业大学，2001.

[5] 马松. 基于设备全生命周期的信息监控系统：CN201911202266.3 [P]. 2020-04-17.

[6] 朱心宇，叶青，吕明，等. 工程机械综合信息管理系统的设计与实现 [J]. 工业控制计算机，2020，33 (3)：105-106，109.

[7] 杨琳，冯婷婷，梁东云，等. 基于 Java 的实验室设备管理系统的设计与研究 [J]. 计算机技术与发展，2020，30 (2)：178-182.

[8] 王海庆. 设备管理信息系统设计与应用 [J]. 中国设备工程，2012 (5)：31-32.

[9] 张玉春，杨成峰，郭炜. 基于 B/S 的设备管理信息系统的开发与应用 [J]. 电力信息化，2007，5 (5)：56-59.

[10] 张锦荣，王润孝，赵维刚，等. ERP 环境下集成设备管理信息系统设计 [J]. 中国制造业信息化，2006，35 (13)：1-3.

[11] 高原. 基于二维码技术的高校实验室设备管理系统的设计与实现 [J]. 信息与电脑，2020 (14)：16-18.

Equipment management system of in-situ leaching uranium mine based on structured analysis method design and application

LIU Jin-ming，Duan He-jun

(Inner Mongolia Mining Co.，Ltd.，CNNC，Hohhot，Inner Mongolia 010090，China)

Abstract： Equipment management is an important part of the management of mining enterprises. The effectiveness of equipment management directly affects production costs and production efficiency. The continuous development of mobile Internet，computer technology and network technology，directly drives the intelligent development of equipment management. The equipment management methods are no longer suitable for the needs of modern equipment management，and there is an urgent need to develop equipment management information systems that can be synchronized by all terminals. This article aims to use the structural analysis method of software engineering to conduct demand analysis and functional design of the mine equipment management system，complete the design of the system's business architecture and technical architecture，and achieve certain results through on-site practical application，providing information management for mine equipment Available reference.

Key words： Equipment management；Information management system；Software engineering；Structured analysis

放射性分选机铀矿石品位核心检测系统研究

张　晨，刘志超，李　广，李春风，田宇晖，马　嘉

（核工业北京化工冶金研究院，北京　101149）

摘　要： 铀矿石放射性分选技术是通过检测铀矿石的放射性活度，实现高品位矿石和废石分离的选矿技术，具有减少水冶工艺矿石处理量、降低采矿边界品位、拓展可经济利用铀资源量的优势，可为企业生产降本增效。铀矿石品位检测系统是放射性分选机的重要组成部分。放射性分选机将铀矿石自身作为信号发生源，破碎铀矿石的随机性为品位的检测带来两个主要难点：一是被检测铀矿石形状、质量等物理参数随机；二是铀矿石在检测过程中处于运动状态。针对放射性分选机核心检测系统研究不深入、不全面，现有技术成熟度低，难以解决我国硬岩型铀矿山开发利用的瓶颈问题，本研究基于 NaI 晶体设计制造了铀矿石射线检测装置和本底辐射屏蔽系统，实现了铀矿石射线活度的快速、准确检测。通过制作铀矿石标准样品，减少试验过程中的影响因素，对影响探测效率的因素进行系统研究，查明各影响因素对探测效率的影响规律，揭示造成放射性分选机探测效率变化的机制。不同铀矿石质量的探测效率试验结果表明，探测效率的变化与矿石的质量成幂函数关系，基于此函数关系建立了探测效率的质量修正公式，铀矿石品位检测误差小于 15%，实现了铀矿石品位的准确探测，该研究为高效智能放射性分选机中动态铀矿石品位检测系统的研制奠定了基础。

关键词： 铀矿石；放射性分选；探测效率修正；矿石品位检测；射线检测系统

1　研究背景

铀矿石放射性分选技术是通过检测铀矿石的放射性活度，实现高品位矿石和废石分离的选矿技术[1]。在破碎段配置放射性分选技术，针对 −300＋25 mm 矿石提前抛废，能够减少水冶工艺矿石处理量，降低采矿边界品位，从而降低生产成本，拓展可经济利用铀资源量，为企业生产降本增效[2]。

放射性分选机是实现铀矿石高效放射性分选的关键装备，一台放射性分选机包含矿石处理系统、给矿系统、矿石检测系统、数据处理系统、拣选系统五部分[3]，如图 1 所示，各系统间协同稳定工作

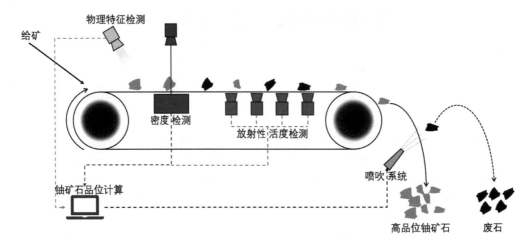

图 1　铀矿石放射性分选机工作示意

作者简介： 张晨（1993—），男，博士，工程师，主要从事放射性资源高效选矿富集理论与技术研究工作。

基金项目： 中核集团青年英才启明星项目（CNNC-2022-74），中国铀业有限公司-东华理工大学核资源与环境国家重点实验室联合创新基金项目（2022NRE-LH-03）。

是保证放选机抛尾率、分选效率、处理量的关键[4]。先进测量技术、自动化控制技术、智能化技术和计算机算力的发展，为放射性分选机的研发提供了有利条件[5]。美国、澳大利亚等国家围绕放射性分选持续开展相关研究，在国际上，放射性分选机出现了大处理量、高分选效率、多分选产品、智能化的发展趋势[6-7]。本研究基于 NaI 晶体设计制造了铀矿石射线检测装置和本底辐射屏蔽系统，实现了铀矿石射线活度的快速、准确检测。通过制作铀矿石标准样品，减少试验过程中的影响条件，进行了系统的探测效率影响因素研究，试验结果为放射性分选机铀矿石品位核心检测系统的设计优化奠定基础。

2　试验仪器与材料

2.1　γ射线活度检测仪器

放射性活度与核素质量成正比，准确的 γ 射线活度是计算铀矿石中金属量的关键。铀矿石释放的射线中，穿透力较强，最适合检测的为 γ 射线。正比计数管、G-M 计数管、闪烁计数器、半导体探测器、有机探测器均能够对 γ 射线实现准确稳定的探测。通过对不同探测器工作条件、探测效率、生产工艺等性质的对比分析，最终选择 NaI 晶体闪烁计数器作为 γ 射线活度的探测器。

探测器 NaI 晶体尺寸 ϕ75 mm，对于 1 MeV 以下的 γ 能量的探测效率为 80% 以上，能够保证铀矿石释放的 γ 射线的检测精度。NaI 晶体配合相应的光电倍增管及阻抗变换电路、高压供电电路，形成一体化探头。

探测器在工作过程中易接收环境本底射线，从而影响铀矿石的 γ 射线检测读数。因此为了提高放射性分选机的灵敏度，需要设计制作环境本底射线的屏蔽装置。密度大、原子序数高的物质对射线具有较高的吸收系数。本试验中，选择铅（原子序数 82，密度 11.34 g/cm³，γ 射线吸收系数为 0.869 7）作为射线的屏蔽材料。依据辐射吸收与材料厚度的关系，如式 1 所示。

$$I = I_0 e^{-\mu d}。 \tag{1}$$

式中，I_0 为 γ 射线起始强度，I 为经厚度 d 的吸收介质时剩下的射线强度；μ 为介质的吸收系数。经计算可知，当铅厚度为 26.4 mm 时，能够实现对环境中 γ 射线的屏蔽。所制作的铀矿石 γ 射线探测器和屏蔽装置组合后如图 2 所示。

图 2　γ射线活度探测器和屏蔽装置

2.2 铀矿石标准样品的制作

为控制试验过程中的变量，准确反映各影响因素对探测效率的影响规律，采用高品位铀矿石和低品位围岩按照设定的铀品位制作成具有特定形状和大小的标准样品，进行各项条件试验。高品位铀矿石从棉花坑铀矿取得，以保证矿石中的铀镭平衡系数与实际矿山一致，经人工拣选高品位铀矿石，通过破碎、摇床等物理分选工艺富集至品位 1.00%。采集棉花坑围岩，经 γ 射线活度仪检测，确保无放射性活度，经破碎磨矿，用作标准样品的脉石矿物。将有用矿物和脉石矿物按照一定比例混合，分别制作品位为 0.02%、0.10%、0.20%、0.30%、0.50% 的标准样品，按照试验需求设置不同质量和形状。所制备的标准样品如图 3 所示。

图 3 铀矿石标准样品

3 试验结果与分析

3.1 矿石质量对探测效率的影响因素试验

探测器的探测效率（S_d）是指在单位时间内，1 g 铀所检测到的脉冲次数。探测效率直接影响铀矿石品位计算的精确度和灵敏度。在理想的情况下，探测器对矿石的探测效率是定值，即静态探测效率（S_j），但在实际环境中，受到辐射吸收、射线统计误差的影响，探测器的探测效率会发生改变。因此，若要提高铀矿石品位检测的准确度，需对探测器的探测效率进行修正。

矿石中放射性核素释放的射线，与矿石中非放射性的脉石矿物相互作用而衰减，造成射线能量降低甚至消失。因此，矿石的质量直接影响探测器的探测效率。通过制备质量在 200~1000 g 的矿石样品，使用制作的 γ 射线检测仪器进行试验。由于矿石的射线存在着辐射涨落误差，因此需要在相同的点进行反复多次测量，以提高检测数据的准确性。不同品位矿石的质量与探测效率关系如图 4 所示。

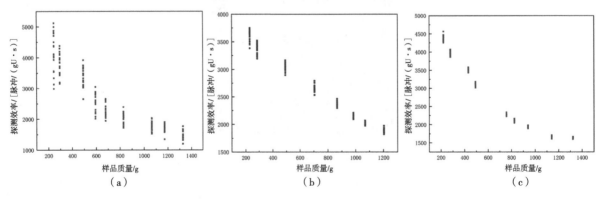

图 4 标准样品质量对探测效率的影响

（a）品位 0.02% 控制效率；（b）品位 0.2% 探测效率；（c）品位 0.5% 探测效率

从图 4 中可以看出，不同品位矿石的探测效率均受到矿石质量的显著影响，随着矿石质量的增加，探测效率逐渐减小。矿石品位对探测效率的影响较小，最高的探测效率均在 4000～5000 脉冲/gU。单个数据的离散程度受到矿石品位和质量的影响，呈现出质量越小，探测效率离散程度越高，矿石品位越低，探测效率离散程度越高的现象。矿石的离散程度影响着检测结果的稳定性，体现在检测过程中随机性较大，最难测准的为低品位、低质量矿石。综合以上分析，虽然不同品位、质量的矿石探测效率呈现出不同的变化规律，但是总体的趋势显示出，不同品位矿石的探测效率主要受矿石质量的影响，探测效率随矿石的质量提高而降低的规律。

3.2 矿石质量对探测效率影响规律的线性回归拟合

探测器对铀矿石的探测效率与矿石品位关系较小，主要受到质量的影响，因此建立矿石质量对探测效率的线性回归拟合方程，在实际的检测过程中通过检测矿石质量，即可以实现对不同质量矿石的探测效率修正，从而降低质量对探测效率的影响。为得到稳定的质量对探测效率的影响规律，本试验制备了 5 个品位不同质量的标准样品，以提高线性拟合回归对不同品位矿石的准确性，每个标准样品进行 10 次检测，以降低检测过程中辐射统计涨落误差对结果的影响。每组数据视数据的离散情况取平均值或中位数进行数据拟合，试验所得到的数据和线性拟合结果如图 5 所示。

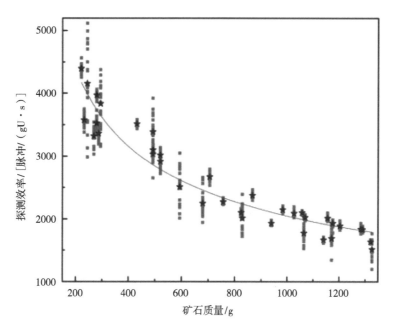

图 5　不同品位矿石质量对探测效率影响的线性拟合

当数据量越大时，质量对探测效率的影响规律便更加清晰。图 5 的拟合结果表明，不同品位矿石质量对探测效率的影响呈现幂函数的规律，在各标准样品检测结果的平均值和中位数间划定幂函数曲线，拟合得到质量（m）对探测效率（y）影响的幂函数为：

$$y = 53\ 741\ m^{-0.473}。 \tag{2}$$

3.3 铀矿石品位计算与线性回归检验

通过对比铀矿石的检测品位和真实品位，将得到的矿石质量对探测效率影响线性回归公式的准确度进行分析。铀矿石品位的计算如式（3）所示。

$$a = \frac{n}{mS_d t}。 \tag{3}$$

式中，a 为铀矿石品位；m 为矿石质量，单位 g；t 为探测时间，单位 s；n 为矿石的计数。

计算统计检测品位与铀矿石实际品位的误差如图 6 所示。每个样品均进行 10 次检测以保证检测结果的稳定性。从矿石检测品位与真实品位的误差分析可以看出，铀品位 0.02% 的矿石误差分布在 ±30% 之间，当铀品位高于 0.05%（含）时，检测品位和真实品位的误差在 20% 以内，且随着矿石质量的增加，检测误差越小。以上结果表明：质量对探测效率的线性回归方程能够实现探测效率的修正，提高铀矿石品位计算的准确度。试验结果探明了铀矿石质量与探测器探测效率的关系，建立的探测效率修正方程为放射性分选机核心检测系统提高检测的准确度和稳定性奠定了基础。

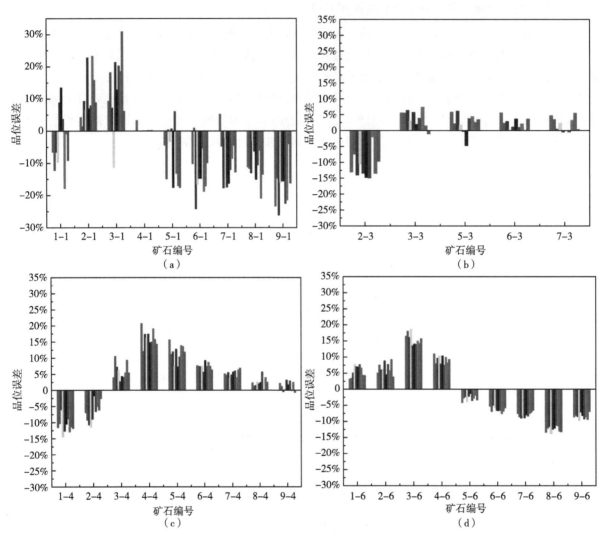

图 6　矿石检测品位与真实品位误差分析
（a）品位 0.02% 矿石；（b）品位 0.05% 矿石；（c）品位 0.1% 矿石；（d）品位 0.5% 矿石

以上误差的分布规律，在低品位、低质量的矿石中误差较大。该现象与图 4 中不同品位、不同质量矿石所呈现的趋势相同，表明铀矿石品位的计算结果受到探测器对射线统计涨落误差的影响。尤其是低品位矿石，其固有的射线活度低，如品位 0.02% 的矿石射线活度接近环境射线活度，因此矿石射线的涨落误差叠加环境辐射的涨落误差，就会增大检测品位与实际矿石品位的误差。屏蔽装置、探测器的灵敏度是降低辐射涨落误差的重要手段，下一步将改进屏蔽装置特征，采用新型的 γ 射线探测器，降低环境本底辐射影响，提高射线检测的灵敏度，从而进一步提高铀矿石品位计算的准确度。

4 结论与展望

本论文通过设计制造铀矿石活度检测装置、环境辐射屏蔽系统、铀矿石标准样品，进行了质量对探测效率影响的试验研究，建立了探测器探测效率基于铀矿石质量的线性回归方程，所得到的主要结论如下。

（1）探测器对铀矿石活度的探测效率受到铀矿石质量的影响较大，铀矿石质量越大，探测效率越低。探测器探测效率的稳定性受到铀矿石质量和品位的影响，质量越低，品位越低，探测效率的稳定性越差。

（2）探测器的探测效率随矿石质量的增加而减小，整体呈幂函数的关系曲线，通过多次试验，建立了铀矿石质量对探测效率的修正式。对建立探测效率的修正式的准确度进行了分析，品位高于0.05%（含）的矿石检测误差低于±20%，品位低于0.05%的矿石检测误差低于±30%。

（3）矿石射线的统计涨落和环境本底辐射影响铀矿石品位检测的准确度，下一步将围绕提高屏蔽系统效率和探测器的灵敏度，进一步提高铀矿石品位检测的准确度。

致谢

感谢北京博瑞赛科技有限责任公司侯江正高级工程师、李绍海正高级工程师对矿石射线检测装置组装和试验设计的建议和指导。

参考文献：

[1] 汪淑慧. 铀矿石放射性分选的计数与经济 [J]. 铀矿冶，2009，28 (3)：126-130.

[2] 阙为民，王海峰，牛玉清，等. 中国铀矿采冶技术发展与展望 [J]. 中国工程科学，2008 (3)：44-53.

[3] 汪淑慧，汤家骞. 铀矿石的放射性选矿 [J]. 矿产综合利用，1980 (1)：23-26，22.

[4] CHELGANI S C, ASIMI N A. Dry Mineral Processing [Z]. 2022.

[5] 杨伯和. 铀矿加工工艺学 [Z]. 北京化工冶金研究院，2002.

[6] GORDON H P, HEUER T. New age radiometric ore sorting - the elegant solution [C]. Uranium 2000：International symposium on the process metallurgy of uranium，2000.

Study on detection system of uranium ore in radiometric sorting

ZHANG Chen, LIU Zhi-chao, LI Guang, LI Chun-feng,
TIAN Yu-hui, MA Jia

(Beijing Research Institute of Chemical Engineering Metallurgy, Beijing 101149, China)

Abstract: The radiometric sorting technology for uranium ore is a mineral processing technique that separates high-grade ore from gangue by detecting the radioactive activity of uranium ore. It offers advantages such as reducing the volume of ore processed through hydrometallurgical processes, lowering the mining cutoff grade, and expanding the economically viable uranium resource base, thus enhancing cost-effectiveness in production for enterprises. The uranium ore grade detection system is a crucial technology for radiometric sorting machines. In radiometric sorting, uranium ore itself serves as the signal source, and the randomness of the characteristics of the crushed uranium ore presents two main challenges for grade detection: first, the physical parameters such as shape and mass of the uranium ore being detected are random; second, the uranium ore is in motion during the detection process. Due to the lack of in-depth and comprehensive research on the detection system of radiometric sorting machines, and the low maturity of existing technologies, it has been difficult to overcome the bottlenecks in the development and utilization of hard rock-type uranium mines in China. In this study, a uranium ore radiation detection device and a background radiation shielding system were designed and manufactured based on NaI crystals, enabling rapid and accurate detection of uranium ore radiation activity. By creating standard samples of uranium ore and reducing the influencing factors during the experimental process, a systematic study was conducted on the factors affecting detection efficiency, elucidating the impact of each factor on detection efficiency, and revealing the mechanisms causing variations in the detection efficiency of the sorting machine. The experimental results on detection efficiency for uranium ore of different qualities showed that the variation in detection efficiency follows a power-law relationship with the ore quality. Based on this relationship, a quality correction formula for detection efficiency was established, achieving an error of less than 15% in uranium ore grade detection. This research has laid the foundation for the development of a dynamic uranium ore grade detection system in efficient and intelligent radiometric sorting machines.

Key words: Uranium ore; Radiometric sorting; Detection efficiency correction; Ore grade detection; Radiometric sorting detection system